THIS IS HOW THEY TELL ME THE WORLD ENDS

The Cyberweapons
Arms Race

零時差攻擊

NICOLE
PERLROTH

著
妮可・柏勒斯

譯
李斯毅 張靖之

目次

第三部　間諜

第四部　傭兵

第五部　抵抗

第六部　龍捲風

第七部　自食其果

各章徵引資料出處請見網址：https://reurl.cc/0xOgK6

導讀

資安攻防的兩個零——零時差與零信任

吳其勳（iThome總編輯、台灣資安大會主席）

十年前我採訪資安新聞時，曾有一位白帽駭客專家對我說：「如果攻擊者真要入侵你的電腦，不管你裝了什麼樣的防毒軟體都沒有用，裝了等於沒裝。」

我原以為這只是他藉機嘲諷防毒軟體廠商的一句玩笑話，畢竟當時一般個人電腦的資安防護，主要就是靠防毒軟體過濾電腦病毒，以避免電腦中毒。所以我很納悶地問：「裝了防毒軟體也無效？難道可以不採取任何防護措施嗎？」

這位白帽駭客進一步說道：「如果中國網軍鎖定入侵你的電腦，他們會利用世人都還不知道的軟體漏洞，開發出連防毒軟體都無法辨識的新型攻擊程式，直接就穿越防毒軟體，堂而皇之地入侵電腦。」

後來我才逐漸理解，他的本意並非要我解除防毒軟體，而是提醒「零時差漏洞」這種資安威脅的存在與其嚴重性。

什麼是「零時差漏洞」？

所謂的零時差漏洞，是指軟體存在可被利用的安全漏洞，然而多數人、包括該軟體開發者與供應商卻對漏洞的存在一無所悉。從零時差漏洞的生命週期來看，一開始軟體開發者寫好了程式，而程式碼存在一些錯誤（這其實是尋常的事）；然而這些錯誤並不影響程式運作，因此連程式開發者自己都未察覺，可想而知，使用者更不會知道這些漏洞的存在。

但是，可能在某一天，這個軟體錯誤被人發現了，心存善意的發現者，會通知軟體開發者，以提供使用者修補更新程式。但若是遇到心懷不軌的人，例如別有居心的網軍、黑帽駭客或網路犯罪組織，他們就可能投入研究該漏洞是否有機可乘，一旦發現利用價值很高，例如可藉此入侵大多數人使用的微軟視窗作業系統或蘋果iOS作業系統，駭客便會進一步設計攻擊程式，利用這個漏洞入侵電腦。而**只要這個漏洞尚未曝光，網路攻擊便能持續進行**，這就是零時差漏洞。

恐將引發戰爭的核彈級武器

駭客擁有零時差漏洞就可以神不知鬼不覺地進出電腦，控制被駭的電腦，可能長期潛伏在電腦裡監聽使用者的一舉一動、持續竊取電腦裡的機密資料，或是挾持電腦作為發動其它攻擊的傀儡工具，甚至是綁架檔案進行勒索，或摧毀整台電腦的檔案。而這一切攻擊，都要等到有人也發現了這個程式漏洞，提報給軟體開發者，待修補程式釋出後，針對這個漏洞的攻擊才會失效。然而若使用者不予理會或不知道要安裝修補程式，那麼駭客的攻擊仍然會繼續得逞。

隨著最近幾年資安攻擊事件層出不窮，攻擊手法也日益詭譎多變，我才逐漸理解十年前這位白帽駭客沒有直接點明的事：利用軟體漏洞可以發展出網路武器，而網路武器庫裡的核彈級武器，就是零時差漏洞。

網路戰爭的型態有別於傳統戰爭，傳統戰爭的攻擊武器主要是破壞實體，但**網路攻擊武器卻是利用軟體漏洞入侵與控制電腦，進而控制與破壞仰賴電腦運作的設備與系統**。現今我們生活周遭，從食衣住行育樂到國防軍事，從宇宙的衛星太空船到人手一機的智慧型手機，無一不是依靠晶片、軟體與網路在運行，而這些都是網路武器可以悄然無聲攻擊的目標。近年來，天天目睹網路攻擊與地下漏洞交易的資安專家，紛紛敲響警鐘：網路戰爭即將觸發第三次世界大戰。然而就如同我過往的經驗一樣，當我們每天尚能如常上網、聊天、追劇，未曾親身感受到網路攻擊的威脅，其實很難想像零時差漏洞會對未來的生活造成多大的影響。

值此之際，《零時差攻擊》一書的問世，以第一手調查報導揭露零時差漏洞的地下經濟，帶我們正視零時差攻擊可能對世界造成不可逆轉的衝擊，就顯得格外重要。

遵奉零信任原則

紐約時報資深資安記者妮可．柏勒斯懷著她對零時差漏洞的好奇，發揮記者追查真相的天性，以長達七年的時間追蹤零時差漏洞市場。期間她採訪超過三百位專家學者、駭客、零時差漏洞掮客與國安官員等，更走遍全世界好幾個國家，一點一滴挖掘出原本難以窺視的零時差地下經濟，不僅讓世人得以一窺神祕的零時差漏洞市場，更帶領讀者探究許多國家為了掌握網路戰場的致勝優勢，而不惜斥資收購與儲備零時差漏洞的現象。這種種作為到底真正保障了國家安全？還是反而助長零時差攻擊走向更偏激的道路？

此外，本書內容的驚悚程度，絕對有助於喚醒大眾對於零時差漏洞日漸失控的警覺，然而驚嚇之餘不免感嘆，難道我們的未來只能任由零時差攻擊擺布嗎？

借鏡此刻全球對抗COVID-19的經驗，會發現零時差漏洞與新冠病毒有其共通之處。在疫苗與治療藥物尚未問世前，COVID-19如同人類的零時差病毒，那麼當時為何台灣能夠成功抵禦病毒入侵呢？其中一個重要關鍵，就是持續落實勤洗手、戴口罩、保持社交距離，設下一道道防線。這樣的防疫觀念其實與資安業界近來積極推動的「零信任」（Zero Trust）理念「絕不信任，一律驗證」不謀而合。**零信任資安不預設信任，針對每個用戶、每個裝置的每一次行為，唯有經過驗證，才賦予適當權限。**透過縮小信任空間、增加驗證頻率，以及適時適當的授權。若我們逐步落實零信任的精神，或許就可以逐漸削弱零時差攻擊的火力，有朝一日成功抑制零時差漏洞。

資安一直被視為專業技術領域，資安書籍也往往因為技術名詞令大眾卻步。本書作者以淺顯易懂的文字與第一人稱敘述方式撰寫，雖然有些描述看在資安專家眼裡或許不夠精準，卻更能吸引一般大眾。本書將帶領讀者一步步深入不為人知的零時差市場，一頁頁揭開零時差攻擊的神祕面紗，讓讀者宛如置身諜報電影，在不知不覺中親近資安議題，進而喚起其資安意識。

導讀

資安，人與技術的學問

叢培侃（奧義智慧科技共同創辦人、台灣駭客協會理事）

許多人對「駭客」一詞有著負面的印象。但駭客一詞，原本並不具有負面的意思，而是指**對事物內部運作原理深入研究、追求技術卓越的人**。不論置身於哪個地方、從事何種產業，深入探索系統原理、追求技術卓越的駭客，都是值得尊敬的。為了深入理解系統運行原理，他們開啟了逆向工程的領域，利用反編譯、反組譯等方式，剖析程式運作機制。為了探索軟體錯誤（Bug）延伸的可能性，他們創造了各種記憶體資料外洩、任意讀寫記憶體資料、遠端程式碼執行等漏洞利用方式。為了保護隱私，也衍伸出了許多身分認證、加解密研究的進展。而在追求技術精進的過程中，意外地創造了軟體漏洞、惡意程式、密碼破解，成了網路戰爭、網路犯罪及資訊安全的基石，延伸成了一個蓬勃的產業。

一本與每個人都息息相關的書

本書並非是一本專屬於駭客、研究員或資安從業人員的書籍。現今社會的資訊技術已完美融入我們的日常生活。先不論大家人手一台的手機已在資訊社會中成為人們的替身，智慧家電、物聯網的演化、辦公用的投影機及印表機，也已非單純的機械化裝置，內建了許多嵌入式裝置。家家戶戶都有的車，也是由數十甚至數百個電子控制單元（ECU）所組成，大量採用了資訊技術。資訊技術就如同空氣一般，無處不在。因此，資安事件是隱形、不可見，卻又隨時隨地都在發生的重要事件，小至個人電腦中毒、大到巨量個資外洩、企業勒索、情報戰、網路戰，甚至足以改變國與國之間的關係。因此，除非一個人不用電腦、不用手機、不上網、不使用任何電子設備，不然本書便是與每一個人都息息相關的書籍。

本書作者從美國的角度出發，從相關人員的觀點，讓我們以不同面向，認識這個產業。美國是網路戰爭的先驅，震網病毒、稜鏡事件、方程式網路戰隊一再顯示美國在網路戰仍領先其他國家，啟蒙了伊朗、中國、俄羅斯、北韓等國家的網路戰隊。因此，從美國角度來了解網路戰的發展是值得的。

他們是誰？新型戰爭如何引爆？

作者發揮了記者的駭客職人精神，採訪了許多資安領域的人物，其數量之多，令人咋舌。**「人」永遠是產業運作的關鍵。**在資安產業中，大家往往重視技術，卻忽略的人的問題。對於網路戰、網路地下犯罪、個人隱私、網路詐騙等重要議題，除了技術之外，人的運作至關重要。而本書中生動描述不同資安產業的人，讓我們更貼近地了解少為人深入探索的新興產業。

另一方面，受訪者的特質也相當精要，他們往往都是貼近這些重大資安事件的第一線人員。書中提到從以前到現在相當重要的各大資安事件，從震網病毒、極光行動、影子仲介商、烏克蘭基礎建設攻擊、美國大選干預等事件，勾勒出這些事件帶動的後續影響，令讀者了解對世界的衝擊。

由於網路漏洞的可複製性、低物理資源門檻，網路武器具有相當高的擴散性，不易為少數國家所壟斷。網路戰的技術，在短短十年內，已經從頂尖國家專有的，變成各國皆有自身的網路戰部隊。進一步，各國黑色產業、犯罪集團已經具有相當高的網路戰能量。因此受駭範圍已從政府、重要官員延伸至一般企業，甚至個人。

此外，與物理戰爭有別，不像飛彈或戰機等，軟體漏洞武器有其時效性，且難以有效監控管理。資訊系統容易複製、網路攻擊的隱蔽性、攻擊留下的證據，都與傳統攻擊相異，造成網路攻擊難以禁止、法規難以全面監管、國際間的武器限制公約也難以訂定，或是形同虛設。有鑑於此，網路戰爭的發展，可預計不會停下腳步，只會更加快速。

網路戰也慢慢與其他領域接合，發展成各種綜合戰。隨著對資訊技術的依賴，網路戰帶動了監控、隱私、關鍵基礎建設、社交網路、輿情戰、情報戰、智財權商業間諜等，未來在AI、影像、自駕車等領域也會是重要議題。資安問題將有更大的影響範圍。

在世界一隅，台灣如何看全球網路戰？

書中提到相當多俄羅斯針對烏克蘭的網路攻擊，令人深有同感。台灣的政治立場與烏克蘭有不少相似性，身為資安人員，負責保護許多台灣重要政府、企業，我們也經常看到中國網路戰的影響，中國網軍一直是我們可敬可畏的對手。

台灣在近幾年的發展下，社會大眾、政府也都廣泛理解資安的重要性，產官學研各界也逐漸投入此領域。台灣駭客年會（HITCON）在多年的發展之下，已經成為世界聞名的資安技術會議，吸引許多頂尖研究員前來。而 HITCON CTF 戰隊，這幾年在駭客圈的奧運 -DEFCON CTF 中（也許稱呼為駭客的電競大賽比較貼切），都取得非常好的成績。台灣本土的資安企業，也不再侷限於本土，輸出到世界各國。顯示出台灣在資安技術上，已有長程的進步，但除了領頭羊以外，整體資安產業能量仍然不足。要將人、技術等一小塊的拼圖，組出一幅漂亮的圖畫，還需大家努力探索。

書中最後一句話提到「紐西蘭駭客麥克曼納斯，還有他那件 T 恤上印的字：**總有人要做點事。**」資訊領域已成為我們生活中不可或缺的一環，因此資安領域不只需要更多工程師、研究員、駭客的加入，也需要更多元的切入點，與更多不同領域的專業加入。本書作者已藉記者角度作出了最佳貢獻，期望能讓鮮為人知的真相擴及一般大眾，因資安已是現代人不可或缺的基本常識。

作者的話

這本書集結了歷時超過七年、與三百多位受訪者訪談的成果。受訪者都曾經參與、追蹤地下網路武器產業，或直接受其影響，包括電腦駭客、激進主義者、異議分子、學者、電腦科學家、美國政府與外國政府官員、犯罪偵查員，以及外國傭兵。

書中每一頁所轉述的事件與對話，都耗費受訪者許多時間回想細節，有些甚至耗時多天。在可能的情況下，消息來源都被要求提供相關的證明文件，例如合約、電子郵件、通訊資料及其他數位索引路徑（digital crumbs）。那些證明文件都是機密檔案，或者，在許多案例中，是保密協定中享有特權之人才能閱讀的資料。訪談過程中都盡可能同步錄音，並利用行事曆和筆記來確證我與消息來源對事件的記憶。

由於主題敏感，本書許多受訪者只願意在不會被識別出身分的情況下接受訪問，其中兩人只願意以化名方式對談，他們的說法也都已經盡可能再與其他相關人士確認。還有許多受訪者只願意幫忙確認他人提供給我的資訊是否正確。

諸位讀者不宜將書中提及之人名認定為所述事件或對話的消息來源。在數則案例中，所陳事件或對話確實是由該人直接提供，但其他案例則是來自目擊者、第三人，以及盡量引自相關書面文件。

即便如此，在論及網路武器交易時，我在訪問過程中得知駭客、買方、賣方與政府單位都會竭盡所能地避免留下任何書面文件。在無法證實受訪者所述事件是真是假的情形下，本書不得不刪去許多陳述與軼事，期望諸位讀者能夠諒解。

我已經盡我所能完成這本書，然而當前許多關於網路武器交易的內幕仍舊難以穿透，因此我不可能愚昧地宣稱自己通盤了解全貌。此外，倘若書中有任何錯誤，當然是我個人的疏失。

我希望這本書能幫助讀者一窺極為祕密且幾乎隱形的網路武器產業，進而讓我們建立在物聯網這種數位海嘯浪頭上的社會開始進行必要對話，以免等到為時已晚才後悔莫及。

——妮可・柏勒斯

二〇二〇年十一月

前言

基輔，烏克蘭

我搭乘的班機於二〇一九年隆冬抵達基輔時，沒人能確定攻擊行動是不是已經結束，抑或才即將開始。

飛機進入烏克蘭領空的那一刻，機艙內就出現一陣微弱的恐慌，一種戒備的偏執。亂流讓我們精疲力竭，我可以聽見機艙後方傳來陣陣嘔吐聲。我隔壁是位身材纖瘦的烏克蘭模特兒，她嚇得抓著我的手臂，並緊閉雙眼默默祈禱。

在我們三百英尺下方，烏克蘭已進入橘色警戒狀態。一場突如其來的暴風雨吹翻了公寓的屋頂，鬆脫的屋瓦在馬路上砸得粉碎。首都外圍的村落以及烏克蘭西部的村莊全都停電了——這已經不是第一次發生。當我們搖搖晃晃地降落在飛機跑道，穿越鮑里斯波爾國際機場時，就連那些身形高瘦的年輕烏克蘭邊防警衛似乎也緊張地互問彼此：究竟是這場暴風雨來得太怪，還是俄羅斯又發動了網路攻擊？這段日子以來，沒有人敢妄下斷言。

為了勘查全世界有史以來最具毀滅性的網路攻擊現場，我在前一天向我的寶貝道別，懷著到暗黑之境朝聖的心態飛來基輔。不到兩年之前，俄羅斯向烏克蘭發動一場網路攻擊，導致烏克蘭的政府機關、鐵路、提款機、加油站、郵務系統，甚至廢棄的車諾比核電廠輻射監測器，全部當機。那次攻擊事件迄今仍讓世人萬分震驚。攻擊的程式碼緊接著從烏克蘭流出，在全球恣意亂竄。那個程式碼外洩之後，短短幾分鐘就癱瘓遠在澳洲塔斯馬尼亞州的工廠，摧毀了世界上最大製藥公司之一所生產的疫苗，並且滲透進聯邦快遞公司的電腦，讓這個全世界最龐大的運輸服務集團作業停擺。

克里姆林宮故意將這場攻擊訂在烏克蘭二〇一七年的行憲紀念日——相當於美國七月四日的獨立紀念日——以向烏克蘭人發出帶有威脅性的提醒：雖然烏克蘭人可以依自己的意思慶祝獨立，但他們永遠無法脫離母國俄羅斯的掌控。

俄羅斯一直暗中透過網路攻擊烏克蘭，而且攻勢逐漸加劇，這次的襲擊事件是最高峰，目的是報復二〇一四年的烏克蘭革命。當時有數十萬名烏克蘭人占領基輔的獨立廣場，反對克里姆林宮在烏克蘭成立的影子政府，最後罷免了俄羅斯總統普丁操控的傀儡總統維克多．亞努科維奇（Viktor Yanukovych）。亞努科維奇下台後，普丁在幾天內就把亞努科維奇找回莫斯科，並派遣軍隊入侵克里米亞半島。在二〇一四年之前，克里米亞半島是黑海海域的天堂，宛如一顆懸浮在烏克蘭南岸的鑽石。前英國首相邱吉爾曾經稱其為「冥王黑帝斯的海濱度假勝地」。如今它隸屬於俄羅斯聯邦，為普丁與烏克蘭對峙的控制中心。

從那個時候開始，普丁的數位軍團就一直招惹烏克蘭。俄羅斯的駭客毫不留情地以數位方式侵入烏克蘭的一切人事物。長達五年的時間，他們每天對烏克蘭人進行上千次網路攻擊，並且不斷掃描該國的網路，企圖找出弱點——鬆懈的密碼、錯置的零點、未修補的軟體破口、匆促安裝的防火牆——任何可以製造數位動亂的事物，任何可能散播紛擾並破壞烏克蘭親西方領導政權的事物。

普丁只為俄羅斯駭客訂定兩條規則。首先，駭客不得侵入俄羅斯境內；其次，克里姆林宮要求駭客幫忙時，駭客必須完全服從命令。除了這兩項規範之外，駭客擁有完全的自主權。普丁真的非常寵愛他的駭客。

二〇一七年六月，在普丁的駭客破壞烏克蘭的系統前三個星期，他對一群記者說：俄羅斯的駭客「就像早晨懷著好心情醒來，然後開始作畫的藝術家，如果他們愛國，就會致力對抗那些批評俄羅斯的人」。

烏克蘭已然成為俄羅斯的數位武器測試場，是俄羅斯可以試驗各種駭客手法及武器，又不必擔心遭到報復的地方。光是在二〇一四年，也就是他們進行測試的第一年，俄羅斯官方媒體和網路鄉民就以散播假消息的方式大肆抨擊烏克蘭總統大選，輪番指責烏克蘭的親西方起義活動是非法政變、軍人「執政團」（junta）或美國與歐洲的「深層政府」[1]。俄羅斯駭客竊取競選電子郵件、搜尋選民資料，並滲透至烏克蘭的選舉單位，刪除相關資料，還在該國的選舉結果報告系統中植入惡意軟體。該軟體原本將宣稱極右派的候選人勝出，但烏克蘭人在選舉結果交付至烏克蘭媒體手中之前就揭發了這項陰謀。選舉安全專家將這項陰謀稱為史上操縱國家選舉最無恥的舉動。

如今回想起來，這件事應該要在美國敲出更響亮的警鐘，可是在二〇一四年時，美國人的關注焦點在其他地方：密蘇里州佛格森的暴力事件[2]、伊斯蘭國的可怕及神出鬼沒，以及那年十二月北韓駭客侵入索尼影業。由於影星塞斯．羅根與詹姆斯．法蘭科主演的喜劇電影描述暗殺北韓摯愛的領袖金正恩，北韓駭客因此入侵索尼影業以資報復。北韓駭客用程式碼摧毀索尼影業的伺服器，然後選擇性地公開電子郵件內容，藉此羞辱索尼影業的高層。該攻擊事件為普丁在二〇一六年的計畫提供了完美的範本。

對大多數的美國人而言，烏克蘭依然像是另一個世界。我們只大概知道烏克蘭人在獨立廣場進行抗議，以及他們後來慶祝親西方派的新領袖取代了普丁的傀儡。還有一些人注意到發生在烏克蘭東部的戰爭。大多數人都記得俄羅斯的分離主義者無緣無故打落一架載滿荷蘭旅客的馬來西亞飛機。

但如果我們多留心，早該看見紅色警示燈已經亮起、新加坡與荷蘭的伺服器遭受危害、大停電，以及程式碼四處外洩。

我們應該早已看出不是烏克蘭玩完了，是我們。

俄羅斯干預烏克蘭的二〇一四年大選，只是一個開端。接下來，他們發動了一場全世界從未見識過的網路侵略和破壞行動。

他們仿照冷戰時期的做法。當我搭乘計程車從鮑里斯波爾機場前往烏克蘭革命淌血的心臟——位於基輔市中心的獨立廣場——時，不禁好奇他們接下來又會採取什麼行動，以及我們有沒有辦法預測出他們將怎麼做。

普丁的外交政策要點是削弱西方世界對於全球事務的控制。每一次駭客活動並散播假消息時，普丁的數位軍團都試圖讓俄羅斯的敵人受困於自身的政治議題中，使他們的注意力偏離普丁的真實目的：斷絕對於西方民主國家及北大西洋公約組織的支持，並進一步毀壞北大西洋公約組織，因為那是唯一壓制普丁的勢力。

烏克蘭人的幻想破滅得愈徹底，他們就愈可能對西方心生厭惡，進而返回母國俄羅斯冰冷的懷抱，因為他們得不到西方的保護。

1 深層政府（deep state）指由政府官僚、公務員、軍事工業團體、金融業、財團、情報機構所組成的非民選政府，目的是保護其既得利益。

2 麥可・布朗命案（Shooting of Michael Brown）於二〇一四年八月九日發生在美國密蘇里州的佛格森，十八歲的非裔美國青年麥可・布朗遭二十八歲的白人警員達倫・威爾遜（Darren Wilson）射殺。該事件引發連續多日的抗議行動。

在酷寒的冬天關閉烏克蘭的暖氣與電力系統，是激怒烏克蘭人並使他們質疑新政府的最好方法。二〇一五年十二月二十三日，就在平安夜的前一天，俄羅斯斷然採取一次重大行動。數月以來，在烏克蘭媒體和政府機關放置破解程式碼之暗門程式[3]及虛擬爆炸物的同一批俄羅斯駭客，也正默默侵入烏克蘭的發電廠。那年十二月，他們駭入控制烏克蘭輸電網路的電腦，將斷路器一個接一個關掉，直到成千上萬的烏克蘭人無電可用為止。除此之外，他們還關閉緊急電話線。更狠的是，他們切斷了烏克蘭配送中心的備用電源，迫使作業人員只能在黑暗中摸索。

烏克蘭的電力並未中斷太久——不到六個小時——但當天發生在烏克蘭西部的這件事，確實是史無前例。許多數位領域的先知和陰謀論者早就警告過駭客可能會攻擊輸電網路，但是直到二〇一五年十二月二十三日前，沒有哪個具備這種能力的國家真的敢落實這種行動。

烏克蘭的攻擊者花了很多心思隱匿自己的真實位置，他們採用犯罪偵查員從未見過的混淆手法，先繞過新加坡、荷蘭和羅馬尼亞遭受感染的伺服器，然後才進行攻擊。他們將武器以看似無害的小東西加以包裝，下載至烏克蘭的網路，以躲過入侵檢測器，並且仔細地隨機設定程式碼，以避開防毒軟體。儘管如此，烏克蘭的政府官員還是馬上就查出是誰發動這次攻擊，因為要進行如此複雜的輸電網路攻擊，所需花費的時間和資源，普通駭客是做不到的。

駭客切斷電源無法獲得任何經濟利益，因此這顯然是出於政治意圖。在接下來的幾個月，資訊安全研究人員也證實了此項推論。他們將這次攻擊追溯至一個知名的俄羅斯情報部門，因而獲悉對方的動機。這次攻擊的目的是要提醒烏克蘭人他們的政府很弱小、俄羅斯很強大，而且普丁的數位軍團已經深入烏克蘭每個數位角落，俄羅斯可以隨意關閉烏克蘭的供電系統。

為了避免這個訊息表達得不夠清楚，一年後，同一批俄羅斯駭客再次採取行動，於二〇一六年十二月切斷烏克蘭的電力。只不過，他們這次切斷的是烏克蘭的核心城市基輔的暖氣與電力，以展現他們的膽識與技術。這種行為使得俄羅斯的對手，也就是總部設於美國馬里蘭州米德堡（Fort Meade）的美國國家安全局，不禁皺起了眉頭。

許多年來，機密國家情報評估認為俄羅斯與中國是美國在網路領域中最強勁的敵手。中國占了壓倒性的優勢，但並不是因為他們的科技產品精密，而是因為中國駭客經常竊取美國的商業機密。美國國安局前任局長奇斯・亞歷山大（Keith Alexander）的名言，就是將中國的網路間諜活動稱為「史上最大規模的財富轉移」。中國人偷走了美國所有值得竊取的智慧財產，並交給他們的國有企業模仿。

伊朗和北韓在網路威脅方面也名列前茅，因為這兩個國家都明顯表現出傷害美國的意圖。美國拉斯維加斯金沙集團（Las Vegas Sands Corp.）的執行長謝爾登・阿德爾森（Sheldon Adelson）公開鼓勵華府轟炸伊朗之後，伊朗對美國的銀行網站發動攻擊，並且刪光拉斯維加斯金沙賭場電腦裡的資料。在勒索軟體的攻擊浪潮中，伊朗以及伊朗的網路犯罪分子以程式碼挾持美國的醫院、公司，甚至整座城鎮。北韓入侵美國的伺服器，只因為好萊塢冒犯了金正恩的電影品味。金正恩的數位爪牙後來還從孟加拉的一家銀行偷走八千一百萬美元。

但是就手法的複雜性而言，俄羅斯始終是第一名，這點毫無疑問。俄羅斯駭客曾侵入美國的五角大廈、白宮、參謀首長聯席會議及國務院。俄羅斯的納什青年組織（Nashi youth group）[4]在愛沙尼亞人膽

---

3 編注：暗門程式（trapdoor），指祕密且無文件的程式進入點，用以擷取未經授權的資料。為一常見的電腦犯罪伎倆。

4 納什（Nashi）是俄羅斯的青年運動，正式全稱是「青年民主反法西斯運動『納什』」（Youth Democratic Anti-Fascist Movement "Nashi"）。

敢遷移一尊蘇聯時代的雕像之後[5]，就癱瘓了整個愛沙尼亞的網路。可能是克里姆林宮下令要求他們這麼做，也可能是他們受到愛國心驅使。在一次網路攻擊中，俄羅斯駭客偽裝成伊斯蘭基本教義派，一口氣讓十多個法國電視頻道無法播出，還移除沙烏地阿拉伯一家石油化學公司的安全控制系統，這都讓俄羅斯駭客距離觸發一場網路大爆炸又靠近了一步。他們攻擊了英國的脫歐公投、侵入了美國輸電網路、干預了二〇一六年的美國大選、法國大選、世界反禁藥組織，以及神聖的奧林匹克運動會。

但就整體而言，截至二〇一六年為止，美國情報圈仍認為美國的能力遠遠超出這些敵手。克里姆林宮還在烏克蘭測試其網路軍械庫，而且就美國的反情報專家判斷，俄羅斯的網路技術仍大幅落後美國。

這種狀態可能還會維持一段時間，至於確切時間多長，沒人能預料。但在二〇一六年至二〇一七年之間，美國的數位能力和其他各國及心懷惡意者之間的差距已經大幅縮短。美國國安局的網路軍械庫是美國在網路空間占有攻擊優勢的唯一原因，然而從二〇一六年開始，國安局的網路軍械庫被一個迄今仍查不出身分的神祕組織洩漏至網路上。在九個月內，一名或多名自稱影子仲介商的神祕駭客偷偷竊取了國家安全局的駭客工具與程式碼，任由其他國家、網路罪犯或恐怖分子取用、強化他們的網路軍團。目前我們仍然不知道這些攻擊國家安全局的影子仲介商是誰。

影子仲介商洩密事件在當時成為頭條新聞，但就像二〇一六年至二〇一七年間大多數的新聞一樣，這項消息並沒有深入美國人的良心太久。一般民眾所理解的「洩密」——客氣地說——與實際局勢的嚴重性毫無關聯，也與國家安全局、美國盟國及我們一些大公司和小城市不久後因洩密所面臨的影響有著天壤之別。

影子仲介商洩密，才讓全世界頭一次聽說這個地表最強的隱形網路軍械庫。這些駭客洩漏的東西是前所未聞的最大型政府計畫，也是過去數十年來完全沒有紀錄的高度機密網路武器及間諜活動，藉著空殼公司、外國傭兵、黑色預算[6]、保密協議及早期裝滿現金的大型行李袋來隱瞞大眾。

影子仲介商開始慢慢移走國家安全局的網路武器時，我已經花了四年時間密切追蹤國家安全局的攻擊計畫——從我憑藉著特權一窺前國家安全局外包技術員愛德華．史諾登（Edward Snowden）洩漏的檔案文件開始。如今我追蹤該計畫長達三十年，見過對該計畫具有影響力之人，也見過其駭客、供應商和外國傭兵。隨著其模仿者在世界各地迅速增加，我也與他們變得熟悉，甚至還見過那些人生被網路攻擊計畫毀掉的男人和女人。

事實上，我當初唯一沒有仔細看清的，是國家安全局最強大的網路武器落入我們敵人手中時的後果。因此，在二〇一九年三月，我去了烏克蘭一趟，想親自勘查遭受網路攻擊後的斷垣殘壁。

俄羅斯對烏克蘭輸電網路的攻擊，為這世界揭開了網路戰爭的新篇章。不過，即使是二〇一五年那些攻擊，也無法與兩年後俄羅斯利用美國國安局最棒的駭客工具發動的那場突襲相比。

二〇一七年六月二十七日，俄羅斯用國安局的網路武器向烏克蘭開火，是歷史上最具破壞力且代價最高的網路攻擊。那天下午，烏克蘭到處都是變黑的電腦螢幕，人們無法從自動提款機領錢、無法在加油站刷卡、無法寄送或接收電子郵件、無法在網路上購買車票或雜貨、無法領到薪水。他們也無法監控車諾比核電廠的輻射量——這一點也許是最可怕的。而且這些還只是在烏克蘭的狀況。

5 編注：二〇〇七年四月底開始，愛沙尼亞面對大規模網路襲擊，普遍被軍事專家視為第一場國家層級的網路戰爭。彼時愛沙尼亞試圖移走蘇俄時代的紀念銅像，不但引起國內俄人騷亂，俄羅斯政府亦做出嚴厲批評。

6 黑色預算（black budget）是指分配給國家機密或其他祕密行動的政府預算。

這場攻擊也讓烏克蘭各行各業的公司遭殃。只要有一名烏克蘭職員是遠距工作，這場攻擊就能關閉整個網路。輝瑞（Pfizer）和默克（Merck）製藥公司、運輸企業集團馬士基（Maersk）、聯邦快遞、吉百利（Cadbury）巧克力工廠位於澳洲塔斯馬尼亞州的電腦，全都被駭客劫持。這次襲擊甚至打到俄羅斯自己，摧毀了俄羅斯的國有石油巨頭俄羅斯石油公司（Rosneft）和兩名俄羅斯高官名下的埃弗拉茲（Evraz）鋼鐵廠資料庫。俄羅斯人將美國國安局遭竊的程式碼當成火箭，向全球發射惡意軟體，光是默克製藥公司和聯邦快遞公司就因此付出十億美元的代價。

截至二〇一九年我訪問基輔時，俄羅斯那次攻擊造成的損失累計已經超過一百億美元，估計仍在持續增加。航運和鐵路系統仍未恢復滿載量，人們仍在烏克蘭各地試圖尋找在貨運追蹤系統關閉時遺失的包裹。大家還沒收到在那次攻擊中被延誤的退休金支票。誰該領多少金額的電腦紀錄全部被刪除了。

資訊安全研究人員為這場攻擊取了一個不幸的名字：NotPetya。他們一開始以為是一種名為Petya的勒索軟體，後來才發現NotPetya是俄羅斯駭客的特別設計，看起來像是普通的勒索軟體，但完全不是這麼回事。即使你支付贖金，也沒有機會取回任何資料。這是一種設計來進行大規模毀滅的國家武器。

接下來兩個星期，我在烏克蘭努力躲避來自西伯利亞的嚴寒氣流。我與一些記者見面，並且和抗議者一同走在獨立廣場上，聽他們講述革命時期的血腥歲月。我還緩步前往工業區，與多名數位偵探碰面，他們告訴我NotPetya留下的數位殘骸是什麼模樣。我也訪問了幾位烏克蘭人，那些人的家族企業——烏克蘭主要機構和公司行號使用的報稅軟體——是這次網路攻擊的首位受害者，因為俄羅斯人巧妙地將惡意軟體偽裝成該公司報稅軟體上的更新系統。小型商號的經營者在這場國家網路戰爭中所扮演的角色，如今讓他們哭笑不得。我亦與烏克蘭網路警察部隊隊長，以及願意接見我的所有烏克蘭政府機關首長會談。

我在美國大使館訪問了外交官，就在他們捲入川普總統的彈劾案前。我拜訪的那天，他們正因為俄羅斯最新散播的假消息感到不知所措：俄羅斯的網路鄉民一直在烏克蘭年輕媽媽們經常瀏覽的臉書頁面上洗版，宣傳反對疫苗接種的訊息，因為當時烏克蘭正出現近代史上最嚴重的麻疹爆發事件。烏克蘭是全世界疫苗接種率最低的國家之一，克里姆林宮把握這個混亂時機趁虛而入。烏克蘭的疫情蔓延至美國，俄羅斯的網路鄉民又開始對美國人散播反對接種的迷因。美國政府官員似乎不知道應該如何遏制這種狀況（過了一年之後，俄羅斯人又利用新冠肺炎的流行來散播其陰謀論，指稱新冠病毒是美國製造的生物武器，或者是比爾．蓋茲意圖靠疫苗牟利的陰謀。美國政府官員對此亦未備妥更好的因應措施）。俄羅斯持續製造分裂並藉此贏得勝利的意圖似乎沒有底線。

不過，在二〇一九年冬天，大多數人都同意NotPetya是克里姆林宮迄今為止最大膽的行動。我在基輔那兩個星期遇見的每個人，都清楚記得那次的網路攻擊。所有人都記得螢幕變黑的那一刻自己在什麼地方、在做什麼事情。那是他們在二十一世紀的車諾比核災。車諾比核電廠的技術管理員謝爾蓋．貢查洛夫（Sergei Goncharov）一臉嚴肅地對我說，這座位於基輔以北大約九十英里處的廢棄核電廠，當時所有的電腦螢幕都突然變成一片漆黑。

那天下午一點十二分，貢查洛夫剛吃完午餐回來，短短七分鐘內，兩千五百台電腦的螢幕突然陸續變黑，不斷有電話撥打進來，一切運作都完全停止。正當貢查洛夫試著恢復車諾比核電廠的網路系統時，他接到一通電話，對方告訴他負責監控輻射量的電腦也當機了——那些電腦負責監控三十年多前該處發生爆炸之後遺留的輻射量。沒人知道輻射量是不是仍在安全範圍內，也不知道電腦是不是遭到惡意破壞。

「當下我們一心要讓電腦重新運作，因此對問題的來源沒有想太多。」貢查洛夫告訴我。「然而當我們抬起頭來，發現病毒傳播的速度如此之快時，我們便知道問題比我們想像中的嚴重。我們遭受攻擊了。」

貢查洛夫立刻打開擴音設備，告訴還能聽見他聲音的任何人立刻切斷電腦的各種連線。他指示其他人離開，並且以手動方式監測核禁區上方的輻射量。

貢查洛夫是個沉默寡言的人，即使他描述著自己一生中最糟糕的一天，說話的語調依然沒有高低起伏。他不是個情緒易於激動的人，但是他告訴我，在NotPetya攻擊的那天，「我在精神上受到很大的驚嚇。」雖然已經過了兩年，我不確定他是不是已經從那種驚嚇中走出來了。

「我們現在活在一個完全不同的年代。」他對我說：「現在的區隔只有NotPetya之前的生活，和NotPetya之後的生活。」

在烏克蘭的那兩個星期，無論我到哪個地方，所有的烏克蘭人感受都一樣。我在一個公車站遇到一名男子，他說他當時正準備買車，結果登錄系統被關閉，車商只好拒絕做他的生意——這應該是二手車販售史上第一次遇到的情況吧？我在一家咖啡店遇到一個女人，她經營一間專門販售針織用品的小型網路商店，因為郵局把她的包裹寄丟了，害她的網路商店破產。還有許多人與我分享他們用完現金或耗盡汽油的慘況，但大多數的人都和貢查洛夫一樣，他們只記得所有的系統迅速關閉。

鑑於發生的時間——就在烏克蘭獨立紀念日前夕——烏克蘭人很快就釐清頭緒：母國俄羅斯那個充滿仇恨的老惡棍再次惡搞了他們。不過，烏克蘭人是一群充滿韌性的人，經歷長達二十七年的悲劇與危機，他們已經學會用黑色幽默來面對一切。有人開玩笑地說：謝謝Vova（普丁的綽號）讓獨立紀念日可以多放幾天假，因為一切都關閉了。還有人表示，這場攻擊是多年來唯一能使他們戒斷臉書的方法。

對於二〇一七年六月這場事件所造成的心理震撼與經濟損失，烏克蘭人似乎都認為事情可能還會更加嚴重，因為前台系統嚴重受損，重要的資料永遠救不回來。但這次攻擊並沒有造成致命的災難，例如使客機和貨機偏離飛航航道，或者引發某種會造成死傷的大爆炸。除了車諾比核電廠的輻射監測系統之外，烏克蘭的核電廠仍舊全面正常運作。

莫斯科終究還是對烏克蘭手下留情。就像之前發生過的輸電網路攻擊一樣——他們只讓電燈熄滅一會兒，目的是讓烏克蘭人有所警覺——NotPetya這次造成的損失，比起俄羅斯可以造成的毀滅，幾乎算是微不足道，畢竟俄羅斯已經能夠輕易駭入烏克蘭的網路，而且他們握有美國的網路武器。

有人猜測俄羅斯是故意用國家安全局的失竊軍械庫向美國示威，但與我談話的烏克蘭資訊安全專家有另一種令人心慌的理論：NotPetya攻擊與先前的輸電網路攻擊，都只是模擬演習而已。

這個看法來自烏克蘭一位金髮的網路安全企業家——奧萊．德雷維安科（Oleh Derevianko）。某天傍晚，我們一面吃著蘸肉汁的烏克蘭餃子和烏克蘭肉凍，一面談論這個議題。德雷維安科的公司一直在對抗網路攻擊的最前線。偵查結果再三顯示俄羅斯人只是在進行測試。他們採用殘酷的科學方法，先在這兒測試一項本領，又在那兒測試另一項本事。他們在烏克蘭磨練技能，向他們的俄羅斯統治者展現他們的能耐，贏得榮光。

這次攻擊如此具有破壞性是有原因的。為什麼NotPetya攻擊要清除烏克蘭百分之八十的電腦資料？德雷維安科告訴我：「他們以自己的模式進行大掃除。這些玩意是新式戰爭的新式武器，他們只是把烏克蘭當成試驗場。至於他們將來打算如何使用這些武器，我們不得而知。」

但那個國家過去不曾在兩年內進行規模如此龐大的網路攻擊，儘管已有證據顯示，俄羅斯計畫在短短兩星期內干預烏克蘭二〇一九年的大選，但是網路破壞的浪潮已經趨緩。

「這意味著他們已經又往前邁進了。」德雷維安科說。

我們默默吃完肉凍，結帳，然後勇敢地走到寒冷的室外。這場暴風雪似乎終於停了，即便如此，基輔舊城區平常熱鬧非凡的鵝卵石街道還是空無一人。我們走到安德烈斜坡，基輔的安德烈斜坡就好比巴黎的蒙馬特，這條著名的鵝卵石坡道狹窄且蜿蜒，沿途經過許多藝廊、古董店和藝術工作室，直通聖安德烈教堂。這座教堂的外觀為白色、藍色和金色，在視覺上閃閃發亮，原本是一七〇〇年代俄羅斯帝國女皇伊莉莎白的避暑別墅。

當我們抵達教堂時，德雷維安科停下腳步。他抬起頭，看著上方燈柱散發出來的黃色光芒。

「妳知道，」他開口說：「俄羅斯關掉我們這裡的電源，我們可能只是停電幾個小時，但如果他們對美國做出同樣的事……」

他沒把話說完，他沒有必要說完整句話，因為我早已從他的同胞那裡一次又一次地聽到同樣的看法，而且我在美國的消息來源也是如此認為。

我們都知道，如果這發生在美國，情況會是如何。

烏克蘭得救的原因，正是美國在這場攻擊中成為最脆弱國家的理由。

烏克蘭還沒有完全自動化。在全世界爭相將一切連結至網際網路的競賽中，烏克蘭遠遠落後。過去十年的大部分時間，美國人沉迷於「物聯網」浪潮，但是這在烏克蘭並未盛行。烏克蘭的核電廠、醫院、化工廠、煉油廠、天然氣與石油管道、工廠、農場、城市、汽車、交通號誌、個人住家、自動調溫器、電燈泡、冰箱、爐灶、嬰兒監視器、心臟起搏器和胰島素幫浦都尚未「連上網路」。

然而，在美國，便利就是一切。這種想法迄今不變，於是我們將所有可能的東西都連上網路，速度為每秒鐘一百二十七台設備。我們已經實現矽谷所承諾的無障礙社會，我們生活的任何一個領域都與網路相連。現在，我們可以透過遠端網路控制來操控生活起居、經濟運作與輸電網路。而且我們從來不曾停下來想一想：如此，我們也正創造出世界上最大的攻擊面。

美國國安局的雙重任務是在全世界搜集情資並且捍衛美國的機密，但是從很久以前開始，國安局對於網路攻擊的重視就已超越了防禦。相對於每一百名從事攻擊的網路戰士，防禦方面只有一名孤單的分析師。影子仲介商洩密案是美國情報史上最具破壞性的事件，如果說史諾登洩漏的資料是投影片的要點（bullet points），那麼影子仲介商交付給我們敵人的東西，就是實實在在的子彈（bullets）：程式碼。網路戰爭中最大的祕密——如今我們的敵手已經非常清楚——就是地球上在網路攻擊領域擁有最大優勢的國家，也是最弱勢的國家之一。

烏克蘭還有另一個勝過美國的優勢：對於緊急情況的感知。被世界上最強大的掠食國之一欺凌與破壞了五年之後，烏克蘭知道自己的未來取決於網路防禦的警覺性。就許多方面來看，NotPetya都是讓烏克蘭重新開始的機會，可以讓他們從頭建構新的系統，並且不讓他們最重要的系統連上網路。在我離開烏克蘭幾個星期之後，烏克蘭人就會用紙張在總統選舉中進行投票，不使用花稍的投票機，每一張選票都由選民親手畫記，開票也將以人工方式計算。當然，這麼做無法防止全國各地的買票弊案，但是我在烏克蘭那段期間遇到的每個人都對選舉數位化感到害怕，他們認為那麼做簡直瘋狂。

歷經這一切，美國都沒能得到與烏克蘭相同清醒的結論。我們沒看清這個世界的戰爭已經先從陸地轉往海洋，再轉至空中，如今進入數位領域。我離開烏克蘭幾個月後，美國人不再記得俄羅斯對烏克蘭的攻擊，只記得俄羅斯在川普迫在眉睫的彈劾中所扮演的角色。我們似乎早已遺忘，俄羅斯除了在二〇一六年散播假新聞——洩漏民主黨全國委員會郵件[7]、假冒德州獨立運動[8]和「黑人性命攸關」運動[9]的激進分子

7 民主黨全國委員會郵件洩密事件（2016 Democratic National Committee email leak）是二〇一六年美國民主黨全國委員會的內部郵件被公開的事件，涉及七位民主黨內重量級人物。

8 德州獨立運動（Texas secession）是某部分德州人因為不滿美國政府體制，因而打算脫離美國獨立的運動。

9 「黑人性命攸關」（Black Lives Matter）運動起源於非裔美國人社群，目的為抗議針對黑人的暴力和歧視。

以製造美國內部不和——之外，俄羅斯駭客還刺探過我們的選舉系統後端及全美五十州選民的登記資料。美國政府官員表示，俄羅斯雖然不敢竄改最終的投票結果，但他們所做的一切都是為了日後攻擊我們的選舉而進行的測試。

然而，川普依然將俄羅斯干預二〇一六年大選歸咎於一名四百磅重的駭客以及中國。當普丁在二〇一八年於赫爾辛基舉行的新聞發表會上在川普身旁開心地扮鬼臉時，川普不僅嚴厲斥責美國情報機構的調查結果——「我問過普丁總統，他說不是俄羅斯做的。我必須說，我也看不出俄羅斯有什麼理由這麼做。」——而且川普還樂意接受普丁的提議，允許俄羅斯加入美國一同追查二〇一六年大選的干預者。隨著下屆選舉將近，二〇一九年六月，普丁與川普再度會面，地點是日本大阪。他們宛如大學老同學一般談天說笑，當一位記者問川普是否會警告俄羅斯不要干預二〇二〇年的美國大選，川普輕蔑一笑，對著他的朋友揮動手指，說：「普丁總統，不要干預我們的選舉喔。」

截至本文撰寫時，二〇二〇年的美國大選仍在訴訟中，趁著國內一片混亂的時刻，我們的網路武器外洩了，俄羅斯駭客侵入我們的醫院，克里姆林宮的特務人員也深藏在美國的輸電網路中，堅定的攻擊者每天探測我們的電腦網路數百萬次，我們必須以從前無法想像的方式對抗使我們生活虛擬化的流行病，而且我們比以往更易於遭受「網路珍珠港」攻擊的威脅。資訊安全專家警告我，未來將會有連續七年的動亂。

回想我在基輔的那段期間，烏克蘭人令我記憶深刻。他們只差沒有停下腳步拉著我的耳朵大喊：「你們將是下一個！」警示燈已經再次閃著紅光，可是相較於前一次，我們並沒有增長任何知識。

如果硬要說有什麼差別的話，我們只是更暴露出自己的弱點。而且更糟糕的是，我們自己的網路武器即將對準我們。烏克蘭人都明白這一點，我們的敵人當然更清楚這一點。駭客們也一直都知道這一點。

他們就是這樣告訴我，世界將會如何終結。

獻給特里斯坦，他總是把我從祕密藏身處拉出來。

獻給希思，即使我不能告訴他我的藏身處，他仍願意與我結為連理。

獻給躲在我肚子裡的荷姆斯。

在這裡有一些事情發生了
我們不太清楚到底是什麼事
那邊有一個人拿著槍
他告訴我該小心
我想我們是時候該停止，孩子們，那是什麼聲音
大家看看，這糟糕的情況

——水牛合唱團，〈這一切值得嗎？〉（*For What It's Worth*）

第一部

不可能的任務

當心，新聞工作比強效純古柯鹼更容易讓人上癮。你的人生可能因此失去平衡。

——丹・拉瑟（Dan Rather）[10]

10 丹・拉瑟（Daniel Irvin "Dan" Rather, Jr.），美國記者暨新聞主播。

第一章 祕密的儲藏室

時代廣場，曼哈頓

二〇一三年七月，當我的編輯要我交出手上的通訊設備、發誓不洩漏任何祕密，然後走進亞瑟．蘇茲伯格[11]的儲藏室時，我身上仍滿是塵土。

幾天前，我才駕駛著一輛敞篷吉普車穿越馬賽馬拉，結束為期三週的肯亞之旅。我原本期望，遠離網際網路幾個星期能幫助我平緩兩年來因採訪網路恐怖主義而緊繃的神經，但我的相關資訊聯繫人堅稱這只是開端——事情只會愈來愈糟。

那年我才三十歲，卻已經因為我負責採訪的題材而感到龐大壓力。二〇一〇年我接到電話邀請我加入《紐約時報》時，我正在撰寫關於矽谷風險資本家的雜誌封面故事。那些風險資本家憑著運氣或技巧，老早就投資於臉書、Instagram和優步等公司，如今這些公司全都名聲響亮。《紐約時報》注意到我的報導，有意延攬我，但要負責另外一條採訪線。我對他們說：「你們是《紐約時報》，無論你們要我採訪什麼，我都樂於接受。你們要我跑的線總不可能很糟吧？」當他們告訴我，他們希望我負責網路安全這條線時，我覺得他們在開玩笑，因為我對網路安全一無所知，而且我還故意不想了解這方面的資訊。我相信他們可以找到更適任的網路安全記者。

「我們面試過那些網路安全記者，」他們對我說：「可是我們聽不懂他們在說什麼。」

短短幾個月後，我在《紐約時報》總部與他們的資深編輯進行了六個小時的面試。面試過程中，我努力不顯露自己的恐慌。那天晚上面試結束後，我過馬路走到一家最近的酒商，買了一瓶最便宜的旋蓋酒，然後包著紙袋直接對嘴喝。我對自己說，起碼將來可以告訴我的孫兒們，偉大的《紐約時報》曾邀請我到他們的辦公大樓面試。

但令人意外的是，我竟然被錄取了。在工作三年之後，我仍努力試著不讓自己的恐慌顯露出來。在那三年裡，我報導了滲透自動調溫器、印表機與外賣菜單的中國駭客，也報導了伊朗發起的網路攻擊事件，他們用一幅燃燒的美國國旗畫面霸占了世界上最有錢的石油公司網頁。我也見識了中國的軍事駭客和承包商在成千上萬的美國系統中搜尋各式各樣的資料，內容涵蓋最新的隱形轟炸機計畫以及可口可樂的祕密配方。我還報導了俄羅斯對美國能源公司及公用事業一系列不斷升級的網路攻擊。被我們戲稱為「暑期實習生」的中國駭客為了搜尋《紐約時報》的資料，每天在北京時間早上十點鐘準時出現在我們報社網路中，直到下午五點鐘又準時離開。那段時間我加入了我們報社的資訊科技安全小組。

當時我一直渴望擁有正常人的生活，然而愈深入了解這個世界，我就愈感到心神不寧，因為侵害他人權利的事隨時都在發生。我一連好幾個星期幾乎都沒睡，模樣看起來一定很糟。難以預測的工作時間讓我毀掉不只一段親密關係，而且過了不久，我慢慢變得有些偏執，常常懷疑地盯著任何需要接上插座的東西，擔心那是中國間諜的詭計。

到了二〇一三年中，我下定決心遠離任何與電腦有關的事物，而非洲似乎是唯一符合這個念頭的去

11 亞瑟．蘇茲伯格（Arthur Ochs Sulzberger Jr.），美國記者，曾任《紐約時報》發行人，並於一九九七年至二〇二〇年擔任《紐約時報》董事長。

處。於是我花了三個星期，每天在帳篷裡睡覺，與長頸鹿一同奔跑，並且在黃昏時一邊拿著飲料，一邊看太陽西沉至緩緩移動的象群後方，晚上則愜意地坐在營火旁，聆聽我的非洲導遊奈吉爾講述獅吼的故事。我開始感受到遠走高飛帶來的慰藉。

然而當我一回到奈洛比（Nairobi），手機就不停地發出聲響。我站在肯亞卡倫的大象孤兒院外，深深吸了一口氣，然後才開始瀏覽手機裡上千則未讀的訊息。其中有一則訊息顯得比其他訊息更為急迫：「緊急。打電話給我。」這則簡訊來自我在《紐約時報》的編輯。我們通話時訊號斷斷續續，可是他仍設法在喧囂的新聞編輯室裡小聲對我說：「妳多快可以返回紐約？……我沒辦法在電話裡說明……他們要當面告訴妳……總之妳快點回來。」

兩天後，當我穿著我向馬賽族戰士買來的部落涼鞋，搭乘電梯至《紐約時報》總部的行政樓層時，總編輯吉兒．艾布拉姆森（Jill Abramson）和後來接任該職務的狄恩．巴奎特（Dean Baquet）已經在等我了。當時是二〇一三年七月。《紐約時報》的調查報導編輯麗貝卡．科貝特（Rebecca Corbett）以及我們的資深國家安全記者史考特．夏恩（Scott Shane）也被找來了，在場還有另外三人，那時我還不認識他們，後來則變得非常熟悉：英國《衛報》的詹姆斯．鮑爾（James Ball）和尤恩．麥克阿斯基爾（Ewen MacAskill），以及非營利媒體ProPublica的傑夫．拉森（Jeff Larson）。

詹姆斯和尤恩說，前幾天英國情報人員衝進位於倫敦的《衛報》總部，強迫他們毀掉愛德華．史諾登提供的機密文件硬碟。不過，其實他們已經偷偷將檔案副本送到《紐約時報》。吉兒和狄恩指定史考特和我與《衛報》及ProPublica共同撰寫兩則關於愛德華．史諾登洩密的報導。史諾登這位聲名狼藉的美國國安局外包技術員，從國家安全局的電腦偷走上千個機密檔案，接著逃到香港，然後流亡至莫斯科。史諾登將他取得的機密文件交給《衛報》的專欄作家葛倫．格林瓦爾德（Glenn Greenwald）。那天有人提醒我們，因為英國不像美國一樣保護言論自由，因此與美國報社合作，尤其是像《紐約時報》這種擁有專精美國憲法第一修正案之頂尖律師團隊的報社，可以提供《衛報》一些掩護。

不過，《衛報》有其條件。首先，我們不得向任何人透露這項專案。而且，「不准釣魚」——這表示我們不可以在這些檔案中搜尋與這項專案沒有直接關聯的關鍵字。我們寫稿的地方不可以有電話、不可以有網路。噢，而且不可以有窗戶。

關於最後一項要求，事實證明有點困難，因為義大利建築師倫佐・皮亞諾（Renzo Piano）將《紐約時報》的總部設計成完全透明的建築，整棟大樓——每一層樓面、每一間會議室、每一個辦公室——從地板到天花板都環繞著透明玻璃，只有一個地方除外：亞瑟・蘇茲伯格的小儲藏室。

最後一項要求讓我覺得偏執過頭，然而這些英國人立場堅定，因為他們認為美國國安局以及英國的國安機構「政府通信總部」（GCHQ），或者某些外國組織，很可能會發射雷射光束穿透窗戶以攔截我們的對話，這是政府通信總部的技術人員在監督《衛報》摧毀史諾登的硬碟時告訴他們的。

於是，我進入了參與「**後史諾登**」的現實世界。

接下來六個星期，我向通訊設備道別，鑽進這個奇怪且祕密的半安全地點，擠入史考特、傑夫和那兩個英國人之間，仔細研究最高機密的國家安全局檔案，而且不得告訴任何人。

老實說，我對於國家安全局檔案外洩的反應可能與大多數美國人極為不同。發現我們國家的情報機構確實從事間諜活動，大家多半會很震驚，我則是在經過連續三年不間斷地報導中國間諜活動之後，發現我國駭客能力遠遠超過中國駭客而感到心安。中國駭客侵入美國網路，只會使用錯字連篇的網路釣魚電子郵件。

史考特負責撰寫一篇全面概述國家安全局能力的報導，我的任務比較簡單直接，但由於沒有電話、沒有網路、無法接觸任何聯繫人，所以我的工作也格外讓人感到沉悶——我負責調查**全世界頂尖情報機構在**

破解數位加密方面已有多大進展。

結果發現進展不大。經過幾個星期的檔案整理，我可以看出世界上的數位加密演算法大部分都很精良，然而我也明顯看得出來，美國國安局早已擁有各種駭入資料庫的方法，根本無須破解那些加密演算法。

在某些情況下，美國國安局會主動去找負責設定加密標準的國際機構——資訊安全公司及其客戶都採用那些機構設定的加密標準。在至少一個案例中，美國國安局成功說服加拿大政府官員使用一種有瑕疵的公式來產生加密組合的隨機數字，美國國安局的電腦因此可以輕易破解其密碼。國家安全局甚至付錢給RSA資訊安全公司[12]等美國的主要資安公司，讓那些公司使用具有瑕疵的數字生成公式作為民間廣泛使用的預設資安加密法。倘若美國國安局無法花錢達成其目的，其在中央情報局（CIA）的合作伙伴就會滲透全世界製造加密晶片的主要工廠，在那些加密晶片添加軟體後門[13]以弄亂晶片的資料。在其他案例中，國家安全局還曾駭入谷歌和雅虎等公司的內部伺服器，在他們加密之前取得資料。

史諾登後來表示，他洩漏國家安全局的資料，是為了讓社會大眾注意到政府無限制監視人民的問題。在他揭露的真相中，最令人擔憂的似乎是國家安全局的電話元資料（metadata）[14]搜集程式，也就是記錄誰打電話給誰、什麼時間打的、通話時間多長，以及強迫如微軟和谷歌等公司交出客戶資料的合法監聽程式。儘管這些程式曾在媒體與美國國會引起軒然大波，但美國人顯然還沒看到更大的問題。

那些檔案文件裡，記錄了國家安全局將軟體後門放到市場上幾乎所有商業硬體及軟體的相關資訊。他們似乎已經取得各種主要應用程式、社交軟體平台、伺服器、路由器、防火牆、防毒軟體、iPhone、安卓手機、黑莓機、筆記型電腦、桌上型電腦與操作系統等無形的軟體後門資料庫。

在駭客世界中，這些無形的軟體後門有一個如同科幻小說般的名稱：零時差（zero-days 或 0 days），發音為「oh-days」。**零時差**是資訊安全專家提出的網路術語之一，就像**資訊安全**（infosec）和**中間人攻擊**

（man-in-the-middle attack）[15]。由於簡單易懂，一般人也很難充耳不聞。

不懂的人可以參考以下說明：零時差宛如隱形披風，具有強大的數位力量。對於間諜和網路犯罪分子而言，愈是不被人看見，愈是擁有力量。就最基本的層次來說，零時差是軟體或硬體中尚未被修補的瑕疵。之所以這樣命名，是因為它們好比流行性疾病的零號患者，當零時差瑕疵被發現時，軟體和硬體公司無法及時提出防禦措施，必須等供應商發現他們的系統有缺陷，然後發想修復的方式，再告訴全球使用者如何修補，使用者才能夠更新軟體——親愛的讀者，請記得更新你的軟體！——或者換掉遭受攻擊的硬體，或是採用其他方式緩解問題。倚賴該系統的每一個人都會因此受害。

零時差是駭客軍械庫裡最重要的武器。發現一個零時差就好比發現存取世界資料的祕密密碼。具備必要技能的間諜與駭客可以利用蘋果行動軟體最高級的零時差漏洞，在不被察覺的情況下從遠端進入別人的iPhone，搜集其生活中所有細枝末節的數位資料。美國和以色列的間諜正是利用微軟視窗（Windows）與西門子（Siemens）工業軟體中一系列七個零時差進行攻擊，摧毀了伊朗的核武計畫。中國間諜利用微軟的一個零時差竊取了矽谷一些被謹慎保護的原始碼。

發現零時差有點像是在電玩遊戲中進入上帝模式[16]。一旦駭客找出指令或者寫出可以運用指令的程式

12 RSA資訊安全公司（RSA Security LLC）是美國的電腦與網路安全公司，主要從事加密與加密標準之研究。

13 軟體後門（backdoor）是指繞過軟體的安全控制，從比較隱祕的通道取得程式碼或系統存取權的駭客方式。

14 元資料（metadata）為描述其他資料資訊的資料。有三種不同類型的元資料，分別是記敘性元資料、結構性元資料和管理性元資料。

15 中間人攻擊（man-in-the-middle attack）在密碼學和電腦安全領域是指攻擊者與通訊兩端分別建立獨立的聯繫，並交換其所收到的資料，使得通訊兩端認為他們正透過一種私密的連結與對方直接對話，但事實上整段對話都被攻擊者完全操控。攻擊者可以攔截通訊雙方的通話，並且插入新的內容。

16 上帝模式（God mode）是電腦遊戲中作弊手法的通用術語，可使玩家立於不敗之地。

碼，就能在不被察覺的情況下瀏覽全球的電腦網路，直到這個潛藏的漏洞被人察覺。**「知識就是力量，如果你知道如何善用」**這句陳詞濫調的最佳寫照就是零時差攻擊。

駭客可以透過軟體或硬體的零時差，侵入任何仰仗該軟體或硬體的系統——任何公司行號、政府機關或銀行——然後丟下炸彈以達到其目標，無論其目的為間諜行動、財務竊取或進行破壞，就算該系統事後完全修補好也沒意義了。零時差在被人察覺之前根本無法修補，因為零時差有點像備用鑰匙，即便將建築物的門上鎖也沒用。就算你是地球上最具警覺心的資訊科技管理員也無濟於事。**如果某人發現你電腦系統中某種軟體的零時差，而且知道如何加以利用，他就可以在你無法察覺的情況下駭入你的電腦**。因此，零時差是網路間諜或網路犯罪分子軍械庫裡最令人垂涎的工具。

數十年來，隨著蘋果公司、谷歌、臉書、微軟和其他公司在資料中心和客戶溝通方面導入更多加密功能，要攔截未加密資料的唯一方式，就是在內容加密之前先侵入某人的電腦設備。在這樣的過程中，零時差漏洞便成為網路安全交易的血鑽石，一方面受到國家、國防承包商和網路犯罪分子的追捧，另一方面也受到網路資安維護者的追捧。**根據發現漏洞的所在位置，零時差攻擊可以祕密監控全世界的iPhone使用者、拆解化學工廠的安全控制，或者讓太空船衝撞地球。更顯著的例子是，一個電腦程式的錯誤，一個遺漏的連字號，就導致水手一號（美國第一架嘗試探索金星的太空船）偏離航道，迫使美國太空總署在這艘耗資一億五千萬美元的太空船發射後的兩百九十四秒內將其摧毀，否則它可能會撞上北大西洋航運線，更糟的是甚至可能撞毀一座人口稠密的城市**。在我們的虛擬世界中，到處都有類似的錯誤，而現在我正目睹這種錯誤對於我們國家的首席間諜變得多麼重要。根據散放在我面前的資料，國家安全局可以在電腦離線甚至關機時侵入並監視該電腦。國家安全局可以繞過大多數的反入侵偵測系統，並且把用來抵擋網路間諜和網路犯罪分子的防毒軟體變成功能強大的間諜工具。史諾登提供的檔案文件僅間接提到這些駭客工具，沒有包含實際的程式碼及突破演算法的工具本身。

科技公司並沒有提供國家安全局進入他們系統的非法軟體後門。當史諾登事件最初曝光時，我在美國頂級科技公司（蘋果公司、谷歌、微軟、臉書）的聯繫人氣得跳腳。是的，他們遵循對特定客戶資料的法律要求，可是他們從來沒有同意國家安全局或相關政府機關進入他們任何應用程式、產品或軟體的後門（後來有些公司的資安要求設定甚至超越國家安全局的法律規範，例如雅虎）。

美國國安局的「特定入侵行動辦公室」[17]正在尋找並磨練自己應用零時差的技術。然而當我仔細閱讀史諾登的檔案文件時，明顯看出許多零時差及其應用都是從國家安全局的外部獲取。這些文件暗示美國國安局與其對外發包的「商業伙伴」和「資安伙伴」有活躍的生意往來，儘管文件上並未仔細列出這些伙伴的名稱，或者詳細說明與這些伙伴的關係。長期以來，一直有個讓網路犯罪分子從非法網路取得駭客工具的黑市，但是在過去幾年，有愈來愈多報導指稱，駭客與政府機關及政府機關的零時差經紀人和承包商之間，存在一個模糊的灰色市場。記者只看得到表面，史諾登的檔案文件證實了美國國安局也參與這個市場。然而就像史諾登披露的諸多機密一樣，這些檔案文件保留了關鍵的背景與細節。

我一次又一次回溯問題的核心，可能的解釋只有兩種：身為外包技術員的史諾登沒有足夠的權限深入政府電腦情報系統，抑或政府取得零時差的某些來源和方法非常機密或具有爭議，因此國家安全局不敢將這些內容記錄下來。

在那間儲藏室裡，我第一次真正窺見地球上最為祕密且高度機密的無形市場。

---

17 特定入侵行動辦公室（Tailored Access Operations，簡稱ＴＡＯ）是美國國家安全局的一個部門，主要工作是搜集其他國家的電腦資訊。

那間儲藏室讓我無法思考。在非洲體驗了一個月的乾燥微風和開闊草原之後，我在沒有窗戶的環境中工作格外痛苦。

另一件讓我覺得痛苦的事，是我們手上的檔案文件顯然缺少了對撰寫加密報導至關重要的資料。在這項專案開始初期，詹姆斯和尤恩提到有兩份備忘錄詳細記載國家安全局破解、削弱和駭入加密電腦的步驟，然而經過數星期的整理，我們藏匿的這間儲藏室裡顯然沒有這兩份備忘錄。英國人承認這項事實，並承諾會從《衛報》專欄作家葛倫．格林瓦爾德那裡拿回這兩份備忘錄。格林瓦爾德當時住在巴西的叢林裡。

我們只拿到一小部分史諾登竊取的檔案文件。格林瓦爾德擁有完整的資料——包括那兩份備忘錄。英國人告訴我們，那兩份備忘錄對於我們著手撰寫的加密報導極為重要，但是格林瓦爾德顯然把那兩份備忘錄當成人質。格林瓦爾德不喜歡《紐約時報》——這只是客氣的說法。尤恩和詹姆斯告訴我們，《衛報》找《紐約時報》一起合作這個專案，讓格林瓦爾德非常憤怒。

格林瓦爾德對於《紐約時報》十年前所做的決定仍舊感到不滿。二〇〇四年，《紐約時報》決定延後發表一份報導，該報導詳細記述國家安全局在未經法院批准的情況下竊聽美國人的電話，可是在美國境內進行監聽通常需要法院同意。由於布希政府辯稱那篇報導可能會影響調查並讓可疑的恐怖分子有所警覺，《紐約時報》因此延後一年才發表那篇報導。和格林瓦爾德一樣，史諾登也很生氣《紐約時報》沒有立即刊登那篇報導。史諾登說，這就是最初他沒有把偷來的國家安全局檔案文件帶到《紐約時報》的原因。他誤認為是政府阻撓該篇報導出版，導致《紐約時報》徒擁珍貴資料卻袖手旁觀。因此，詹姆斯和尤恩告訴我們，當史諾登和格林瓦爾德獲悉我們也加入這項專案時，兩人都非常憤怒。

詹姆斯和尤恩向我們保證，比起我們每天在推特上看到的瘋狂之人，格林瓦爾德更明事理。不過，儘管他們一再承諾要從格林瓦爾德位於巴西的住處取回缺少的備忘錄，顯然某人其實並不願意與我們分享這些資料。

我們等了幾個星期才拿到缺少的備忘錄。於此同時，這場小遊戲催人衰老。工作場所狹窄、供氧量不充足，加上日光燈管嗡嗡作響，開始造成人員的折損。

我們很顯然被英國人利用了，這點讓人感到格外痛苦。對《衛報》而言，《紐約時報》可保障他們免於被英國情報單位找麻煩。《紐約時報》每天提供他們安全的掩護和免費的午餐，可是他們卻不希望與我們成為真正的合作伙伴。我們原本應該並肩合作，但英國人卻沒有先提醒我們就率先發表報導。我們祕密結盟的細節一度遭人洩漏給Buzzfeed[18]，但是在祕密外洩後，我們仍繼續躲在那間沒有窗戶的儲藏室裡工作，實在讓人覺得荒謬。

我對《衛報》及新聞工作的信仰遭受嚴峻的考驗。

我好想念非洲的大象。

每天晚上，當我返回飯店休息時，總會懷疑地盯著我的房間門卡以及那些在大廳裡閒晃的人。偏執已經開始跟著我下班。

一年前，我曾看過一名駭客示範如何利用他以五十美元打造的數位鑰匙侵入飯店的客房。真實世界的竊賊也已經開始使用駭客手法闖進飯店客房，竊取筆記型電腦。只要一想起我目前就住在飯店裡，這件事實在不讓人感到欣慰。我問飯店櫃台那位甜美的小姐，飯店是不是已經強化客房的門鎖？她看著我，表情宛如我是來自火星，並再三向我保證我的房間非常安全。儘管如此，每晚在我繫上運動鞋鞋帶，出去呼吸

18 Buzzfeed是美國一家網路新聞媒體公司。

新鮮空氣之前，總覺得自己必須先把電腦和手機藏到沙發底下。辦公室外，曼哈頓盛夏的空氣十分宜人，時代廣場上擠滿遊客。我迫切渴望氧氣。為了保持頭腦清醒，我每天晚上都在西側公路（West Side Highway）來來回回地騎腳踏車，以便消化當天的所見所聞。我的心已經變成國家安全局縮寫和密碼組成的迷宮。我覺得頭昏眼花，迷失方向，只有在夜裡沿著哈德遜河騎腳踏車的時候，才有辦法好好思考。

國家安全局文件裡數百個未經說明的零時差出處占據了我的心思。它們來自哪裡？如何被使用？如果被洩漏出去，那怎麼辦？那些軟體後門不光只是可以侵入俄羅斯、中國、北韓或伊朗的系統。二十年前，各國都使用不同的科技產品，但現在情況已然迥異。蘋果產品、安卓手機、臉書、微軟視窗作業系統、思科防火牆（Cisco firewalls）[19]的軟體後門——大多數美國人都仰賴這些科技產品。我們的手機不再只用來撥打電話和發送電子郵件，還會處理與銀行往來的相關業務。我們利用這些設備監控嬰兒。我們的健康紀錄如今都已經數位化。操控伊朗核電廠的電腦是靠微軟視窗來運作的。我們現在可以使用iPhone和iPad來調整數百英里外海上油井的壓力表和溫度表，這麼做是因為方便、安全，保護工程師在爆炸時免於受到傷害。但是，這樣的存取方式也可能被更黑暗的勢力所利用。

我不禁想到，我們都忽略了比國家安全局搜集電話元資料更嚴重的事。我們需要另一場規模更盛大的全國性對話。這些祕密計畫會把我們帶往何處？還有誰也具備這些能力？我們從哪裡取得這些網路武器？

當然，現在我回頭看，很驚訝自己竟然沒能及早拼湊出一切。

畢竟，在我踏進那間儲藏室之前六個月，駭客早就已經將答案懸在我面前。

---

19 思科系統（Cisco Systems）是一間跨國綜合技術企業，總部設立於美國加州矽谷，負責開發、製作、販售網路硬體、軟體及通訊裝置。

第二章　去你的煙燻鮭魚

邁阿密，佛羅里達州

在史諾登成為家喻戶曉的人物之前六個月，我與一位卓越的德國工業資訊安全專家及兩名義大利駭客在邁阿密南灘的一家餐館吃飯。

我們都參加了一場在邁阿密舉行的奇特會議——這個每年舉行一次的會議，只有受邀者才能參加。五十多位工業控制安全領域的頂尖人士聚集於此，研究駭客侵入輸油管線、供水渠道、輸電網路及核能設備的各種方法。這些人是相關產業中最可怕的一小群人。

當天晚上，曾經擔任國家安全局密碼專家的會議主辦人邀請我們當中的一些人共進晚餐。現在回想起來，那頓晚餐的受邀名單根本是一個扭曲的玩笑：**一個記者、一個國家安全局的密碼破解員、一個德國人和兩個義大利駭客一起走進餐廳……**我接觸這個圈子才只有短短一年，因此還在適應全新的日常——設法分辨出誰是好人、誰是壞人、誰既是好人也是壞人。

這麼說好了：我在這些人之中非常顯眼。其中一個原因是，在網路資訊安全領域工作的嬌小金髮女郎人數並不太多。對於那些曾經抱怨科技產業男女比例失衡的女性，我想說的是：去參加一次駭客會議吧！我在那裡遇到的駭客大部分都是只對破解密碼有興趣的男性，只有少數人除外。還有柔道，駭客也喜歡柔道。他們告訴我，柔道就像肢體碰觸版的待解難題。我既不是男性，也不是密碼破解員，更沒興趣在扭打之後被人壓在地上。因此，可以想見我很難融入這個圈子。

在我成長的過程中，《紐約時報》一直是我們家必讀的報刊。我記得撰稿記者的名字，並想像別人見到《紐約時報》的記者時，應該會像見到上帝的特使那麼恭敬謹慎。然而在網路資訊安全圈裡並非如此，這裡大多數人把我當成小孩子——他們告訴我，我知道的事情愈少愈好。而且，正如許多人在推特上提醒我的一樣，在網路資訊安全圈裡，已經沒有人使用網路了，因為這樣才能確保「資訊安全」[20]，或簡稱「資安」。在不只一次的駭客會議中，只要我一表明自己的身分是網路資安記者，馬上就有人叫我GTFO[21]（親愛的讀者，請您自己破解這個密碼）。事後證明，稱自己為「網路某某」，是馬上被他們趕出去的最佳方式。

我在這裡學到：這是一個既小又怪的產業，裡面充滿有趣的怪人。每一場會議附設的酒吧，都會讓人聯想到電影《星際大戰》中的摩斯艾斯利酒吧。這裡有紮著馬尾的駭客、律師、科技部門主管、政府官員、情報間諜、革命家和密碼專家，有時候還會有一些臥底的密探。

他們最喜歡玩的遊戲是「指認聯邦探員」。如果你在一年一度於拉斯維加斯舉辦的Def Con駭客會議[22]上正確指認出聯邦探員，就能獲得一件圓領衫。這裡大多數的人幾乎都互相認識，或者至少聽過彼此的名號。有些人互看不順眼，但也有不少人彼此敬重，即便是立場敵對的雙方，只要你的本事夠高就會受人尊敬。不管是記者或是靠販售數位陷阱為生的人，如果無能，就會被這群人討厭。

不過，那天晚上在邁阿密，我坐在穿著訂製西裝與鴕鳥皮樂福鞋、頭髮梳得整整齊齊的那個德國人和身穿圓領衫、頭髮蓬鬆凌亂的兩個義大利人中間，卻感受到前所未有的緊張。

那名德國人的職稱——工業資訊安全專家——並未完全表達出他的資歷。勞爾夫・蘭格納（Ralph

Langner）畢生致力於防止災難性的網路崩潰，因為那一類的嚴重網路攻擊可輕易導致德國鐵路公司（Deutsche Bahn）的火車脫軌翻車、世界貿易中心的網路離線、化學工廠爆炸，或者水壩大門開啟引發洪災。

那兩個義大利人，以及愈來愈多和他們一樣的駭客，正妨礙著蘭格納的工作。這兩個人從位於地中海的小國馬爾他飛到邁阿密，他們在馬爾他的時候每天搜尋全世界工業控制系統的零時差，並且將其變成可用於間諜活動或實際破壞的攻擊武器，然後出售給出價最高的人。我猜，他們之所以受邀出席會議，應該是基於「親近朋友，但更要親近敵人」這個道理。

那天晚上，我下定決心要查出義大利人把他們的數位武器賣給誰，以及他們是否不願意出售給國家和三個英文字母的情報機構或者犯罪集團。這些都是我多年以來一直想問的問題。

我等到我們喝了兩瓶薄酒萊葡萄酒之後才開口詢問。

「路易吉、多納托，你們的生意模式很有趣。」我結結巴巴地說。

我對著路易吉·奧瑞馬（Luigi Auriemma）說，因為他的英文能力是兩人之中比較好的。我盡量將語調放輕，假裝下一個問題只是隨口提出，就像詢問股市行情一樣。「可不可以告訴我，你們把東西賣給誰？美國嗎？你們不賣給誰？伊朗？中國？俄羅斯？」

雖然我同時往嘴裡塞進一口食物，企圖掩飾這個問題的嚴重性，可是我騙不了任何人。零時差市場的

20 資訊安全（information security）是指保護電子資料避免在未經授權的情況下被存取或使用的程式或措施。

21 GTFO為Get The Fuck Out（給我他媽的滾出去）的縮寫。

22 Def Con是全球最大的電腦資訊安全會議之一，自一九九三年六月起，每年在美國內華達州的拉斯維加斯舉辦，與會者主要包括電腦資安領域的專家、記者、律師、政府雇員、資訊安全研究員、學生及駭客等對於資安領域有興趣者，會議內容主要包括軟體安全、電腦架構、無線電竊聽、硬體修改，以及其他易受攻擊的資訊領域。

第一條規則，就是絕對不與人談論零時差市場。零時差市場的第二條規則，同樣還是絕對不與人談論零時差市場。這個問題其實我已經問過太多次了，我知道做他們這一行的人不可能回答我。

世界上像路易吉和多納托一樣的人老早就將他們的生意合理化。他們認為，如果像微軟這種大公司不希望微軟軟體中的零時差被人發現，一開始就不該編寫這種容易受到攻擊的電腦程式。零時差對於國家情報的搜集至關重要，隨著加密技術將這個世界的訊息交流包覆於祕密中，零時差也變得更重要。如今蒐集零時差漏洞反倒成了政府避免「陷入黑暗」的唯一方法。

然而這樣的合理化使他們經常忽略這種生意的黑暗面。沒有人願意承認，將來這些工具可能被使用於足以威脅性命的攻擊上。這些工具愈來愈常被專制政權用來壓制及懲罰批評者，或者滲透化工廠和煉油廠的工業控制。做這門生意的人雙手將來很可能或者必然會沾滿鮮血。

我們這桌的每個人都知道，我看似隨意，其實是要這兩個義大利人面對自己生意的陰暗面，可是經過很長一段時間，大家的刀叉都靜止不動，也沒有人開口說話。每個人的目光都聚集在路易吉身上，而路易吉只是低頭看著他的盤子。我喝了一口酒，非常想找根菸來抽。我能感覺到多納托也聽懂我的問題，可是他無意打破沉默。

氣氛緊繃了好一會兒，路易吉才終於喃喃地說：「我可以回答妳的問題，不過我寧可談論我的鮭魚。」

我感覺到坐在我右手邊的德國人在座位上躁動。兩年前，勞爾夫．蘭格納是率先破解震網（Stuxnet）[23]程式碼且揭露其陰謀的人之一。震網是全世界迄今最複雜也最具破壞力的網路武器。

被稱為震網的電腦蠕蟲於二〇一〇年開始被發現，當時它已經透過數量前所未聞的零時差漏洞在全球流竄——精確的數量是七個，而且其中一些顯然是專門設計用來感染難以接近——**甚至處於離線狀態**——的電腦。微軟的某個零時差讓這種電腦蠕蟲可以不被察覺地從受感染的USB隨身碟散播到電腦上，至於其他的零時差則讓這種蠕蟲緩緩爬過網路，來到更高層的數位行政管理系統，尋找最終目的地：伊朗的納坦茲核電廠（Natanz nuclear plant），然後躲進可以操控鈾離心機[24]旋轉翼的離線電腦或者「氣隙」電腦[25]。接著，震網透過遠端遙控的方式，無聲無息地讓伊朗一些離心機失去控制，同時又讓另一些離心機完全無法旋轉。等到伊朗的核能科學家發現電腦蠕蟲毀掉他們的離心機時，震網早已摧毀德黑蘭五分之一的鈾離心機，讓伊朗發展核子武器的野心倒退好幾年。

蘭格納因為分析震網程式碼而聞名，而且他毫無忌憚地率先指出，打造這種武器的是美國和以色列。他擔心這種能力如果落入錯誤之人手中會發生什麼事。震網的程式碼同樣也可以攻擊美國的發電廠、核電廠或水處理設施。事實上，蘭格納已經詳細列出所有「充滿高價值攻擊目標的環境」（target-rich environments），也就是全世界目前不敵震網程式碼攻擊的工業系統——大部分不在中東，而是在美國。

我們的武器轉向對準我們自己，只是遲早的問題。「最後，你們面對的將會是可造成大規模毀滅的網路武器。」那天蘭格納對著上百名觀眾說：「這是我們必須面對的後果，而且我們最好現在就開始做準備。」

自從蘭格納得出震網程式碼的分析結果之後，他就走遍全球，與世界上最大型的公用事業公司、化學

23　震網（Stuxnet）是一種微軟視窗平台上的電腦蠕蟲，二〇一〇年六月首次被白俄羅斯的資訊安全公司 VirusBlokAda 發現，其傳播從二〇〇九年六月或者更早就開始了。

24　離心機（centrifuge）是一種機器，可透過高速轉動產生數千倍於重力的離心力，以加快液體中顆粒的沉降速度，將不同沉降係數及密度質量的物質分離。

25　氣隙電腦（air-gapped computer）是指不與網路連接的電腦。政府或軍方為保護機密檔案，會把資料儲存於永不連接網路的氣隙電腦上，以避免遭駭客入侵。

工廠及石油和天然氣公司交換意見，幫助這些企業做好準備，以便因應他和其他人現在認為已迫在眉睫且無法避免的大規模毀滅性網路攻擊。在他眼中，路易吉和多納托都是冷血的網路傭兵，他們將催化我們即將面臨的厄運。

路易吉沉默地看著他的鮭魚。時間經過愈久，蘭格納的下巴就明顯地咬得愈緊。緊張的片刻之後，蘭格納將椅子挪離那兩個義大利人，直接轉向面對著我。

「妮可。」他故意大聲地說，好讓其他人也聽到。「這些人還很年輕，他們根本不知道自己在做什麼。他們只在乎錢，不在乎自己的工具如何被人使用，也不在乎一切將會以多麼可怕的方式結束。」然後，他將目光轉回到路易吉身上，說：「不過，你請繼續吧！請告訴我們，關於這條臭鮭魚，你想說些什麼？」

二〇一三年的夏天，我被關在那間儲藏室的六個星期中，腦子裡一再重複出現這些人以及那條臭鮭魚的畫面。這個慣用語已經變成我自己才懂的密碼，用來指稱那些網路武器交易商拒絕透露給我的各種消息。

那個晚上在南灘，那兩個義大利人不願意告訴我的是什麼事？

他們將零時差賣給誰？

他們不把零時差賣給誰？

他們——以及數以千計和他們一樣沒有經紀人的駭客——是否就是史諾登檔案文件中遺失的環節？

他們的交易有沒有可遵循的法律或規範？

抑或我們應該相信駭客的道德觀？

他們以及他們的父母、子女日常使用的各種科技產品——老天，還有我們最重要的基礎設施——這些科技產品的零時差被他們拿來販售，他們如何將自己的行為合理化？

他們將零時差銷售給外國敵人，或者嚴重侵犯人權的政府，他們如何將這種行為合理化？

美國是不是跟駭客購買零時差來利用？

美國是向國外的駭客購買的嗎？

是用美國納稅人的錢購買的嗎？

我們的政府用納稅人的錢來破壞這世界的商業科技及全球基礎設施，如何將這種行為合理化？

我們這種行為是不是讓自己的公民更易於遭受網路間諜的攻擊？或者導致更糟的後果？

有任何免於遭受攻擊的目標嗎？

這些零時差已經被使用了嗎？抑或只是堆放在某個地方任其腐鏽？

我們在什麼樣的情況下會使用零時差？

我們在什麼樣的情況下不會使用零時差？

我們如何保護零時差？

零時差外洩的話該怎麼辦？

還有誰知道這些事？

駭客賺了多少錢？

他們如何花用這些錢？

有沒有人試著阻止他們？

還有誰也在思考這些問題？

大家晚上怎麼睡得著？

我晚上怎麼睡得著？

我花了七年時間回答這些問題。但太遲了。這個世界的網路超級大國已經被駭客入侵，其網路工具如今可供任何人恣意使用，競賽變得公平。

真正的攻擊才正要開始。

第二部
資本家

我認為我們把最美好的時光耗費在為錯誤而努力。

——美國作家賴瑞・麥克默特里（Larry McMurtry），《寂寞的鴿子》

第三章 矽谷牛仔

維吉尼亞州，美國

人們告訴我，想摸透零時差市場的底，是非常愚蠢的事，因為談到零時差，政府就不是監管者了，而是客戶，因此他們不可能把與高度機密商品有關的高度機密計畫透露給我這種記者知悉。

「妮可，妳會不停地碰壁。」國防部長里昂．潘內達（Leon Panetta）警告我。

曾擔任美國中央情報局局長和國家安全局局長的邁克爾．海登（Michael Hayden），在他任職國家安全局期間，曾負責監管該機構有史以來規模最龐大的數位監控擴張。我告訴他我打算做什麼，他笑了。「祝妳好運。」海登對我說，並且用力拍拍我。

關於我打算調查零時差的消息傳得很快。我的同行對我說，他們一點都不羡慕我的任務。零時差經紀人和賣家都小心翼翼地提防我，完全不回我的電話，駭客會議也取消了我的邀請函。有一次，網路犯罪分子甚至開高價請人入侵我的電子郵件和電話。然而有一點我很明白：因此放棄這篇報導，會比繼續前進更令我心煩意亂。我看到的東西已經夠多了，我知道一切會如何發展。

這個世界的基礎建設正競相連接至網際網路，各種資料也是如此。取得這些系統和資料最可靠的方法，就是透過零時差。在美國，政府駭客與間諜忙著隱匿零時差，以防止諜報活動滲透，或避免將來在開戰時敵人對我們重要的基礎設施進行戒絕（deny）、降級（degrade）、瓦解（disrupt）、蒙蔽（deceive）或破壞（destroy）等行為——五角大廈將這些稱為D5。

零時差已經成為美國間諜活動和戰爭計畫的重要部分。史諾登洩密事件已經清楚顯示美國是這個領域的最大玩家，然而根據我的報導，**美國並不是唯一的玩家。許多高壓政權也緊緊抓著零時差不放。**為了滿足這樣的需求，「零時差市場」因此出現。到處都有漏洞，其中有許多是我們自己造成的，而強大的勢力——包括美國政府——希望這樣的狀況持續下去。許多人、許多機構都不希望這些內幕對外曝光。我開始相信，要遏制這個世界上最祕密也最無形的市場擴大蔓延，唯一方法就是拿起探照燈照亮它。

和大多數的新聞工作一樣，起頭是最困難的。我用我知道的唯一方式往前邁進——先從已經公諸於世的極少部分開始，然後一層一層往裡頭挖，讓隱藏的部分顯露出來。為此我必須追溯至十多年前，回到零時差市場第一次在公眾面前露出微光的時候。必須追蹤那些愚蠢地以為自己是這個市場開路先鋒的人。

每個市場都是從小額賭注開始。我發現零時差市場——至少在為人所知的那一面——是從十美元開始。這就是約翰·沃特斯（John P. Watters）在二〇〇二年夏末買下他第一家網路資訊安全公司所花費的金額，比他在鱷魚皮牛仔靴刻上他姓名縮寫——J.P.W.——所花的錢還少得多。那天晚上，他穿著那雙牛仔靴走進**iDefense**位於維吉尼亞州尚蒂伊的總部，確認是不是還有值得挽救的東西。沃特斯認為，對於一家每個月虧損一百萬美元而且沒有明顯營利計畫的公司而言，花十美元買下是合理的價格。

然而，對於當年八月還留在該公司總部的二十多位員工而言，這一切根本沒有道理可言。首先，沃特斯和他們完全是不同類型的人。沃特斯身高一百八十三公分，體重一百一十三公斤，他的模樣和體型消瘦的駭客以及每天黏在尚蒂伊總部電腦螢幕前的前任情報人員一點也不像。

當那些人聽說一個來自德州的神祕百萬富翁買下他們的公司時，以為會看到一位西裝筆挺的新老闆走進門來。可是沃特斯不穿西裝，他的標準打扮是休閒襯衫和牛仔靴，豔陽高照時還會戴太陽眼鏡。對於那些總是穿著黑色圓領衫，喜歡在沒有窗戶的地牢裡工作的男人來說，沃特斯有點太過花稍了。那些工作人員的飲食以三明治和提神飲料為主，沃特斯則喜歡喝啤酒和吃德州肋眼牛排。他甚至不住在維吉尼亞州，也沒有立即搬離德州的打算。而且更怪的是，他沒有使用電腦的經驗。那些眼窩凹陷但眼神發光的年輕男性，一輩子都在與電腦打交道。

沃特斯是個會賺錢的人。他早年的工作是幫一個在德州的富裕家族投資，操作的資金高達數億美元。那個家族的大家長過世後，一切就變了。大家長的兒子是一名廚師，可是他告訴沃特斯，他打算和沃特斯共同擔任那家投資公司的執行長。對於一個習慣獨自管理生意的牛仔來說，這個點子行不通。因此，沃特斯帶著那個家族的一些承諾資本（Committed Capital）離職，開設一家自己的私募股權投資公司，並開始四處尋找合適標的來投資。

他將目光投向電腦資訊安全領域。當時是一九九九年，在短短幾十年間，網際網路有巨幅的躍進，從五角大廈的原始發明ARPANET[26]，到以撥號數據機連線的笨重商業網路，再到美國人透過網景[27]瀏覽器所了解的網路世界。雅虎和eBay這一類網際網路公司的估定價值都高得讓人覺得荒謬。

沃特斯認為，人們願意為了保護這些網際網路系統而付出昂貴的代價，但是網路資訊安全公司的效率很差，只會玩貓捉老鼠的遊戲。等病毒獵人能讓他們的客戶免於遭受攻擊，其實早就已經來不及了，因為壞蛋們早已達到目的，密碼和信用卡資料都已經被竊走。沃特斯知道一開始吸引他進入這個產業的原因——警察抓壞人的元素——不會很快消失，但是資訊安全產業需要一種全新的模式。

在一九九九年至二〇〇一年之間，沃特斯耐心地等待網路公司泡沫破裂，他同時留意一些具有潛力存活下來的網路資訊安全公司——只不過，他不接受風險資本家開出的瘋狂價格。有一天，他提早去學校接他十歲大的女兒，然後搭乘他租下的私人飛機，飛到iDefense位於尚蒂伊的總部進行一些調查。儘管iDefense宣稱是花旗集團（Citigroup）等大型銀行的進階級網路威脅警報系統，而且它大部分的客戶都是政府機關——五角大廈、海軍和海岸巡防隊。但是當沃特斯仔細閱讀iDefense的帳本時，他看得出iDefense不過是另一個只會高聲喧嘩但是沒有商品值得自豪的公司，而且它也沒有打造出好商品的計畫。

沃特斯是對的。兩年後，iDefense聲請破產。而且一切似乎是命中注定，其破產審訊安排在二〇〇一年九月十一日。假如那天恐怖分子沒有劫持飛機，那麼法官很可能已下令iDefense停止營運。相反地，審訊延後進行。一個月之後，一位法官裁定，在九一一事件之後，美國需要更多像iDefense這樣的網路資訊安全公司，因此法官沒有強迫該公司清算，而是裁定適用破產法第十一章的重組規定[28]。

有一些英國投資家承諾提供六十萬美元，好讓iDefense有足夠時間進行重組並且出售，以獲取利潤。iDefense打電話給沃特斯，告訴他這間公司要以五百萬美元出售。

沃特斯沒理他們。

「不。」他回答他們。「我和你們一樣清楚，你們的錢很快就會燒光。等你們的錢花完之後再打電話給我。」

---

26 高等研究計畫署網路（Advanced Research Projects Agency Network），簡稱ARPANET，是全世界第一個封包交換網路，由美國國防高等研究計畫署開發，為全球網際網路的鼻祖。

27 網景通訊（Netscape Communications）是一家已倒閉的美國電腦服務公司，以其生產的同名網頁瀏覽器聞名。

28 美國破產法第十一章（Chapter 11, Title 11 of the U.S. Code）是美國法典破產法一個章節。第十一章的破產程序適用於所有實體，不論是公司、合夥企業、獨資企業或者個人。主要使用此章節的是公司。在美國破產法下，實體可根據此章進行破產重組。與破產法第十一章相對，破產法第七章規定破產清算的程序，儘管破產法第十一章也包含清算的規定。

結果只過了十個月，那筆錢就用完了。英國人告訴沃特斯，除非他願意出資買下他們的股票，否則他們隔天就要關門大吉。沃特斯對他們說，他願意以十美元的價格買下iDefense。

他們接受了。沃特斯請他的妻子給他兩年時間為iDefense改頭換面。

二〇〇二年八月的某個星期二晚上，當沃特斯第二次走在iDefense位於尚蒂伊的總部外面的停車場時，那裡幾乎是空的。這家公司超過三分之二的員工都被資遣了，剩下的員工則已經六個星期沒有領到薪水。繼續堅守崗位的那二十幾個人仔細端詳這個宛如大熊的男人和他的鱷魚皮皮靴，他們對沃特斯的第一印象是：**這個小丑到底是什麼人？**

他們第二個反應是大大鬆了一口氣。沒錯，沃特斯這個人是很花稍，但他不是典型的私募股權投資人。那些員工已經六個星期沒有領到薪水，沃特斯上任後做的第一件事，就是直接走到辦公室的廚房，坐下來填寫員工的薪水支票，好讓每個人日子好過一點。他還給高階主管一個選擇：他們可以把支票轉換為股權，將來可變為更高的利潤，或者現在直接領現金。

結果每個人都選擇領現金——這並非沃特斯希望獲得的信任選票。那些員工願意再給iDefense幾個月的時間，可是沒有人認為這家公司能獲利賺錢，也沒想到最後能以八位數的價格賣出。該公司的企業文化讓員工害怕，但他們也沒辦法直接去找別的工作。在接下來的那個月，那斯達克股票交易所的網路公司股價來到最低點，五兆美元的紙上財富就此消失。又過了兩年，超過一半的網路公司陸續倒閉。

iDefense的競爭前景也不被看好。沃特斯出現在iDefense的那天，與該公司競爭優勢最相近的對手是一家名為SecurityFocus的新興企業。那家公司被網路安全巨頭賽門鐵克（Symantec）以七千五百萬美元的現金收購。和iDefense一樣，SecurityFocus是以一種名為BugTraq的駭客郵寄名單，讓它的客戶早一步獲得網路威脅的警報。

不過，將BugTraq稱為「郵寄名單」並不精確，它比較像是Reddit[29]或4chan[30]的初始版本——是早期網路獵奇者、自大狂和淘氣鬼的聚集地。BugTraq的概念很簡單：全世界的駭客都在這裡列出他們發現的程式錯誤和網路漏洞。有些人這麼做是出於好玩、好奇心、街頭信譽，或者純粹只是向網路科技供應商表達輕蔑，因為他們發現那些網路科技供應商程式碼的錯誤或漏洞之後，對方忽視他們的提醒，或者甚至因此威脅他們。

早期沒有免付費客服專線可以讓他們打電話給微軟或惠普（Hewlett-Packard）說：「嘿，我發現你們的伺服器變成了大型監視器，看來我可以利用它來入侵美國太空總署。」主動打電話給這些公司的業務代表或軟體工程師，結果通常是對方不理不睬、被對方刻薄辱罵，或者因此接到對方律師措辭嚴厲的警告信。如果供應商不理他們，他們就算想要做點好事也無能為力。BugTraq與後來如Full Disclosure等類似的網路名冊已經變成駭客論壇，讓駭客每天發表最新發現，抨擊企業公司的程式碼中藏有地雷。

那些駭客的發現大大幫助了iDefense的iAlert系統。在駭客發現錯誤的地方，通常還能找到更多錯誤，iAlert系統可以提醒客戶趁早獲悉其硬體和軟體中的漏洞，並且提供客戶解決方案。倘若賽門鐵克不讓iDefense看BugTraq，iDefense就沒有東西可以提醒其客戶。而且，假如iDefense試圖與財力雄厚的賽門鐵克競爭，它肯定會失敗。

29 Reddit是一個娛樂、社交及新聞網站，基本上為一種電子布告欄系統，註冊使用者可以在網站上發表文字或連結。

30 4chan是二〇〇三年推出的美國貼圖討論版網站，原本成立的目的是分享圖片和討論日本動漫文化，現在亦與英文網際網路的次文化和運動相關，許多英文網路流行物皆源自於此。

最初的幾個月很辛苦。沃特斯對這家公司的業務愈了解，就愈看清楚它的簡陋粗糙。該公司的警報系統與其他廠商提供給客戶的服務沒有差別——而且許多廠商都是免費提供服務給客戶。

沃特斯知道這家公司有問題，只是他還不知道是什麼問題。他邀請一些員工共進午餐，希望他們提供一些想法或一些安慰的話語。沒想到他們都同意沃特斯的看法，認為這家公司已經沒救了。

「既然你買下它，你可以依照自己的意思經營。」公司裡一位老臣對沃特斯說。

「嗯，對，這話說得沒錯。」沃特斯只能想到這樣回答。「該死。」

到了十一月，沃特斯告訴妻子他必須收掉這家公司，或者搬到維吉尼亞州，全心投入這家公司的經營。他們兩人決定要給這家公司最後一次機會，於是他在尚蒂伊的郊區買了一間兩房公寓——他將這間公寓稱為「駭客小屋」，然後專心挽救這家公司。

每天清晨五點十五分，沃特斯就開始寄送電子郵件，以期督促員工展開全新的工作模式。他與公司裡的每個部門接觸，宛如準備對這家公司的心臟進行電擊。他的新座右銘是「化三為一」（Three to one）：「我們要在一年內完成三年的工作。」他對員工這麼說，但經常招來員工白眼，於是他陸續換掉那些翻白眼的員工，改聘用他知道可以完成這項使命的人。他還開始向基層職員徵求新產品的點子。

當時iDefense有一間研究實驗室，由兩名二十多歲的年輕駭客負責。那兩人分別是曾經在國家安全局服務的大衛．恩德勒（David Endler）和大學畢業沒幾年的蘇尼爾．詹姆斯（Sunil James）。詹姆斯在九一一事件發生後幾天才加入iDefense，那個時候五角大廈發出的濃煙[31]仍持續飄進他居住的公寓，因此他到職之後的前幾個晚上都在辦公室裡過夜。

恩德勒和詹姆斯的工作是搜尋軟體和硬體裡的零時差，並密切監視BugTraq和其他駭客論壇上的網路漏洞。那些漏洞如果落入壞人手中，可能造成iDefense客戶群的損害。

「能了解網路弱點並且以簡單詞彙向人們說明的人才依然不多。」詹姆斯告訴我。

這兩個人通常坐在黑暗中尋找程式錯誤，唯一照亮他們的就是他們面前的電腦螢幕。他們兩人都知道他們能靠自己團隊找到的程式錯誤數量有限，絕大多數仍必須來自BugTraq。如今BugTraq被賽門鐵克買下，他們明白獲取網路威脅情報的主要消息來源即將枯竭。詹姆斯對恩德勒說，除非他們能找到新的網路弱點提供者，不然「我們就完蛋了」。

這兩個人都知道，全世界還有大量未被開發的駭客，不分晝夜地全天候在尋找網路弱點。任何人都看得出來，供應商都靠這些駭客提供的免費服務過活。他們利用那些駭客的發現，將他們的產品改良得更安全。詹姆斯告訴恩德勒，假如賽門鐵克關閉BugTraq，科技公司及客戶都將失去提供網路威脅資料的主要來源，因此他有個主意：「如果我們直接去找那些駭客，並且付錢購買他們發現的程式錯誤，這樣行得通嗎？」

詹姆斯知道，邀請駭客對科技產品進行錯誤剖析並不合乎這個產業的常規。當時大多數的大型企業——惠普、微軟、甲骨文（Oracle）、昇陽電腦（Sun Microsystems）——所採取的立場，是任何人只要指稱其商品有缺陷，就會被他們以損害商譽之名一狀告到法院。微軟的高階主管認為那些駭客導致「資訊混亂」，一度將那些在BugTraq和駭客大會上公佈網路漏洞的駭客比喻為「將土製炸彈丟進兒童遊樂場的恐怖分子」。二〇〇二年，大型科技公司派代表參加一年一度在拉斯維加斯舉行的Def Con電腦資訊安全會議以訂定相關規範。自從Def Con於一九九三年成立以來，該會議已經成為駭客分享他們入侵企業產品方式的論壇。然而近來那些企業覺得駭客們做得太超過，他們厭倦了被駭客點名並且在台上遭受公然羞辱。

31 二〇〇一年九月十一日，在五角大廈動土起建六十年紀念日當天，發生了九一一恐怖襲擊事件。遭恐怖分子劫持的美國航空七十七號航班撞入五角大廈西側並墜毀，造成機上五十八名乘客（包括五名恐怖分子）、六名機組人員和五角大廈一百二十五名工作人員喪生。

因此二〇〇二年他們在拉斯維加斯聯合起來，提出一種對付駭客及程式錯誤的新方法。簡單地說，那個方法就是：「第一時間就把你們發現的程式錯誤交給我們，否則我們就會告到你們傾家蕩產。」

iDefense打算付錢給駭客，以換取他們在軟體中發現的錯誤。這種意圖肯定絕非微軟、甲骨文和昇陽電腦所樂見。或許是沃特斯愛穿夏威夷襯衫和牛仔靴這點，但他還有些特點，讓詹姆斯和恩德勒認為他對於不同的思考方式可能會抱持開放態度。

於是恩德勒向沃特斯提出了建議。他說：現在到處都是網路漏洞，微軟、甲骨文和其他大型科技公司的程式設計師每天都會無意中寫出錯誤的程式碼。每次駭客發現錯誤，等到科技公司修補好那個錯誤時，軟體開發人員已經又把新的程式碼寫進iDefense全球客戶使用的軟體中，而那些新的程式碼裡又有新的錯誤。網路資安產業幾乎無法保護客戶避免下一次攻擊，因為他們還忙著解決上一次攻擊所造成的影響。除此之外，恩德勒告訴沃特斯：防毒軟體本身也充滿漏洞。

當時，黑帽駭客[32]利用程式錯誤來牟取利益、從事間諜活動或製造數位動亂，白帽駭客[33]則逐漸失去將程式錯誤交給供應商的動力，因為供應商不喜歡與躲在地下室的駭客打交道，也不喜歡被別人指出他們的產品有缺陷。比起修復系統中的錯誤，供應商更喜歡透過訴訟來威脅駭客。供應商的好戰性只是讓白帽駭客有更多動機變成黑帽駭客。倘若供應商不想修復錯誤，白帽駭客還不如利用那些錯誤，或者把訊息交給「腳本小子」[34]——亦即功力較差的初階駭客，讓那些「腳本小子」去破壞供應商的網站，或者迫使該網站下線。如果有一種所謂的地下灰色市場願意付錢換取駭客發現的程式錯誤以及他們的沉默，當然會馬上勾起駭客的興趣。當時對駭客而言，用網路漏洞換取報酬，鐵定比遭到起訴來得更有吸引力。

恩德勒認為，這場比賽最後的輸家是iDefense的客戶，也就是網路系統充滿漏洞的銀行和政府機構，因為他們已經敞開可供外界攻擊的大門。

「我們可以推展一項計畫。」恩德勒向沃特斯建議。「我們可以付錢給駭客，請他們把他們發現的程式錯誤交給我們。」

恩德勒表示，iDefense還是會把那些程式錯誤交給供應商。在供應商修補程式之前，iAlert系統仍可合理地向其訂戶提供預警的服務。iAlert會提早警告客戶，並提供暫時的解決方案，因為攻擊者無法對那些尚未公開的網路漏洞出手。根據恩德勒的推論，iDefense不必付很多錢給駭客，因為駭客只是想交出網路漏洞又免於坐牢。「我們可以把這項計畫當成我們的競爭優勢。」恩德勒對沃特斯說。

大多數的執行長可能會對此猶豫或心生畏怯，因為一家沒有獲利的公司竟然打算拿其逐漸減少的資金籠絡駭客——那些將頭髮紮成馬尾、臉上冒著青春痘、住在父母家的地下室、專門攻擊網路程式碼弱點的小屁孩——請他們去尋找其他公司系統的錯誤。大多數的高階主管都會認為這種想法充其量只是在冒險，大多數的律師則會在這種計畫開始之前就加以阻止。

但沃特斯不是那些人，畢竟他一開始就是被這個產業的狂野西部元素吸引，而且這樣做也很合乎做生意的道理：iDefense可以藉著開放合理的網路漏洞市場，率先了解科技的缺陷和漏洞，進而為客戶提供獨一無二的具體服務。iDefense將不再只是空口說大話但沒有真材實料的公司。

這也意味著，沃特斯也許可以順理成章地提高該公司警報系統的收費。

32　黑帽駭客（black hat）是指為了個人利益而惡意破壞電腦網路安全的駭客。

33　白帽駭客（white hat）是指有道德感的電腦安全專家，專門研究確保電腦資訊系統安全的方法。

34　「腳本小子」（script kiddie）是一個貶義詞，指那些以駭客名義自居且因此沾沾自喜的初學者。腳本小子不像真正的駭客能發現系統的漏洞，只會使用別人開發的程式來惡意破壞他人系統。他們多半為沒有專業經驗的少年，只會破壞無辜的網站來博取同儕的另眼相看，因此被稱為「腳本小子」。

於是在二〇〇三年，iDefense成為第一家公開向駭客懸賞零時差錯誤的公司。賞金一開始不多，一項是七十五美元。詹姆斯和恩德勒並不確定自己在做什麼，因為沒有可供參考的市場行情，也沒有競爭對手——至少在他們所知的範圍內沒有。

他們的各種嘗試充滿了冒險和不確定性。最初幾個月，他們知道駭客會先測試他們，以確認自己能得到什麼好處。駭客沒有立刻交出他們手上最好的網路漏洞，而是先從一些可以輕易找到的漏洞開始。在接下來的十八個月中，iDefense從駭客那裡拿到的前一千個程式錯誤，有一半是沒用處的垃圾，還有一些是跨網站的編碼漏洞，也就是新手駭客經常用來破壞網站的常見應用程式錯誤，或是你每次開啟新檔案時就會導致微軟Word檔當機的錯誤。那些錯誤很討人厭，可是黑帽駭客不會用那些錯誤來竊取智慧財產或客戶資料。詹姆斯和恩德勒曾考慮拒收那些程式錯誤，然而他們知道他們需要建立起駭客的信任，如此一來駭客才會繼續帶著更大、更好的東西回來找他們。在那個早期階段，iDefense團隊只能默默嚥下他們的自尊，白白花錢購買沒有用的程式錯誤。

這項計畫一度奏效。最早開始交付重大零時差給他們的人當中，有一個名叫泰姆．沙印（Tamer Sahin）的土耳其駭客。在一九九九年，沙印因為入侵一家土耳其網路業者而遭到逮捕。其認罪協議的一部分，是他必須協助護衛土耳其政府的網路系統，這也意味著他一直在網路上搜尋各種漏洞，並且針對微軟、惠普、美國線上（AOL）及其他公司的軟體發表資訊安全的相關報告。沙印開始在駭客圈裡有了名氣，但是他的成果沒能讓他賺到半毛錢。

當iDefense在二〇〇二年宣布這項計畫時，沙印向他們交出第一個程式錯誤。那個網路協定的漏洞能讓攻擊者在用戶和瀏覽器之間攔截密碼和其他資料。那個小小的錯誤讓沙印賺進七十五美元——這個金額在土耳其足夠支付一個月的房租。沙印從此變成專門提供程式錯誤的一人公司，在兩年內交出五十個程式錯誤和漏洞——因此賺進的收入足以讓他放棄原本的正職工作。

在美國密蘇里州的堪薩斯市，一個名叫馬修．墨菲（Matthew Murphy）的十三歲男孩也是網路高手。雖然墨菲年紀還小，不能在合法的情況下工作，可是他靠著在美國線上和防毒軟體找到的錯誤，從iDefense那裡領到累積金額高達四位數的支票。墨菲用這些錢為他母親買了第二台電腦，並且安裝第二支電話以連接撥號網路。

最後他不得不告訴他擔任警察的母親，他到底靠什麼賺錢——那次對談的過程並不順利。他母親擔心他找到的程式錯誤可能會遭到濫用去傷害別人。「但是我告訴她，如果那些供應商不希望客戶受傷害，一開始就應該確保自己的軟體夠安全。」

iDefense成為駭客藉著尋找程式錯誤迅速賺取賞金的門路。沃特斯每年都會在黑帽大會[35]和Def Con上舉辦最盛大的派對，以吸引更多駭客參與他們的計畫，並頒獎給發現最嚴重漏洞的駭客。那些幾乎很少離開地下室的駭客們會在iDefense舉辦的派對上喝到爛醉，帶著酒膽到賭桌上玩二十一點。

iDefense這個計畫進行將近一年之後，他們最頂尖的兩位錯誤發現者分別是名為西薩．瑟魯多（Cesar Cerrudo）的阿根廷駭客和綽號為「天頂秒差」（Zenith Parsec）的紐西蘭駭客。下了線之後，「天頂秒差」的真實身分是紐西蘭牧羊人葛雷格．麥克曼納斯（Greg McManus），可是他喜歡尋找軟體的錯誤勝過替綿羊修剪羊毛。沒有經過太久，iDefense支付的程式錯誤賞金就有一半進了麥克曼納斯的口袋。

這位紐西蘭駭客提供的內容精密複雜，是iDefense以前從未見過的。沃特斯認為請麥克曼納斯到維吉

35　黑帽大會（Black Hat Briefing）是一種電腦資訊安全會議，為世界各地的駭客、企業及政府機構提供資安諮詢與培訓。

尼亞州工作，會比持續匯出數千美金到紐西蘭划算，於是沃特斯邀請麥克曼納斯到他的公司上班，並讓麥克曼納斯住進他的駭客小屋。

幾個星期後，麥克曼納斯帶著他的電腦、一個魔術方塊、一只背包來到維吉尼亞州，他身上穿著一件黑色圓領衫，衣服上印著：總有人要做點事（someone should do something）。一個喜歡交際應酬且熱愛啤酒的德州牛仔，和一個喜歡玩魔術方塊且個性沉靜的紐西蘭駭客，似乎並不適合當室友，可是他們相處十分融洽。在有空的晚上，麥克曼納斯還會指導沃特斯一些駭客的小技巧。

沃特斯這輩子的工作都是以賺錢為目的，但麥克曼納斯告訴沃特斯，從事駭客這一行的人並不是為了錢，起碼一開始不是。他們之所以當駭客，是為了接近那些原本不希望被人察覺的資訊。有些人這麼做是為了掌握權力、獲得知識、言論自由、製造混亂、爭取人權、開開玩笑、窺探隱私、剽竊智財、使人困惑、博取歸屬感、與人產生連結，或者無法言喻的化學作用，但大多數人純粹是出於好奇。他們的共同點是，他們都無法自制地想做這種事。本質上，駭客是天生的修補匠。他們看到某個電腦網路系統時，就會忍不住想要將其解析到最後一層，看看這套系統可以帶他們到什麼地方，然後再將其重新建構起來，並且套用在不同地方。在沃特斯眼中，電腦只不過是一台機器、一種工具，在麥克曼納斯眼中則是一扇門。

駭客已經存在一個多世紀。早在一八七〇年代，就有人發現幾個青少年竄改了他們國家原本的電話系統。**駭客**這個標籤長久以來背負著惡名，雖然名聲響亮，但也飽受譴責。儘管如此，歷史上最受人尊敬的創業家、科學家、大廚師、音樂家和政治領袖本身都算是駭客。

賈伯斯是駭客，比爾·蓋茲也是。《新駭客詞典》（*The New Hacker's Dictionary*）[36]裡面提供了你所能想到的各種駭客術語定義，該書將《駭客》定義為「喜歡智力挑戰，並且以創意方法戰勝或掙脫限制之人」。

有人說畢卡索駭了藝術，艾倫·圖靈駭了納粹密碼，富蘭克林駭了電。比他們更早的三百年前，達文西駭入了解剖學、機械學和雕塑。達文西以拉丁片語「senza lettere」（沒有字母）來標記自己，因為他與文藝復興時期那些與他成就相當的人不同，他不懂拉丁文，只能靠著東修西補的方式自學，這種習慣讓許多現代駭客認為他和他們是同一個圈子裡的人。雖然這個社會已經把駭客、黑帽駭客及犯罪分子混為一談，但實際的狀況是，我們應該將大部分的社會進步及（很諷刺地說）數位安全歸功於他們。

麥克曼納斯告訴沃特斯：地球上所有的事物，甚至最安全的系統，都可能遭到破壞。然後他就示範給沃特斯看。第一步是先在公開網路伺服器或應用程式上瀏覽你鎖定的系統，通常可以發現一些東西。如果什麼都找不到，就需要一點耐心。經過這些年，網路資安專家開始把國家的駭客團體稱為「持續存在的威脅」，這絕非空穴來風。因為只要有耐心且堅持不懈，他們就一定會找到侵入並停留在系統裡的方法。

企業組織內部為了方便起見，無可避免會安裝一個應用程式，而這恰巧可以被當成入侵管道，訣竅是靜靜地坐著觀察目標周圍的變化。比如：企業高階主管可能會安裝一種應用程式，方便她透過辦公室的室內電話撥打和接聽電話。等那個應用程式安裝好之後，就可以開始試探地戳戳它，將你的瀏覽器盯緊那個應用程式，並利用網路流量塞住它，看看那個應用程式有什麼反應，有沒有不對勁的狀況發生，檢測那個應用程式是好是壞。如果你沒辦法隨意操弄它，就去論壇查一查，尋找有關那個應用程式的建構方式、其他人回報過哪些問題，以及軟體或硬體更新或修復的訊息。當你找到那個應用程式的更新碼時，即使是一小段破碎的更新程式，你都要將其拆解開來，反向建構，並且反向編譯該程式碼。

麥克曼納斯告訴沃特斯：閱讀程式碼就像學習任何一種外語，對某些人來說很容易，某些人則需要花

---

[36]《電腦術語大全》（*The Jargon File*）是電腦程式設計師使用的專門詞典，於一九八三年首次出版，當時名為《駭客詞典》（*The Hacker's Dictionary*），一九九一年修訂為《新駭客詞典》（*The New Hacker's Dictionary*）。

費很長時間。當你讀過夠多程式碼之後，就會明白自己可能沒有本事從頭開始編寫程式碼，可是你已經能夠理解所見程式碼的基本輪廓。最後，你會開始看出程式碼的模式。這麼做的用意，是讓你找出可拿來利用但原本並非如此設計的功能與變數。

在那一小段的軟體更新中，或許可以把程式碼注入網路伺服器，使其將原始碼移交給語音信箱的應用程式。然後你再重新做一遍，將應用程式的原始碼拆解開來，尋找不對勁的地方。你可能什麼也找不到，然後又返回計畫階段。或者，你可能會挖到金礦——可從遠程操控的程式碼錯誤，也就是可讓駭客在遠方的應用程式上操控其選擇的程式碼。這個時候可能需要輸入密碼，但是沒問題，可以在暗網[37]的儲存庫搜索與目標企業員工匹配的被盜電子郵件、使用者名稱和密碼。如果失敗，就再進一步搜尋目標的登錄結構，尋找其他弱點。你可能會發現，當某人安裝登錄軟體時，會將使用者名稱和密碼以純文字格式儲存在伺服器的紀錄檔中。中獎了！你只要拉出紀錄檔，就有完整的殺傷鏈了。

將你的零時差串在一起，輸入純文字格式的使用者名稱和密碼，利用遠端執行錯誤進入語音信箱應用程式。現在你不僅已經進入目標的電話系統，而且也連接至與這個目標電話系統相連的所有設備：他們的電腦、區域網路上的任何電腦、對於更多台電腦具有特定存取權限的資訊科技管理員電腦。有了這種存取權限，進行盜竊和破壞就有無限可能了。你可以藉著存取資料來進行內線交易，也可以在黑市販售高階主管的證件。或者，你可以做做好事，告訴語音信箱應用程式公司他們的軟體出錯，有了大麻煩，並希望他們會認真看待你的提醒。

每天晚上，麥克曼納斯都會帶著沃特斯瀏覽各種不同的攻擊案例，指出程式碼中的異常狀況、找出問題點，並告訴沃特斯可以如何利用這些錯誤。雖然這些都是很可怕的事，但麥克曼納斯的紐西蘭腔讓一切聽起來都變得十分有趣。白天的時候，麥克曼納斯就像在泥淖中玩樂的豬隻一樣快樂，忙著調查其他駭客提供的程式錯誤、向iDefense報告哪些錯誤不值得花錢購買，並將殺手級的程式錯誤收藏為攻擊武器。到了夜裡，他就把一個鮮少人知悉的全新世界介紹給他的老闆。

麥克曼納斯並沒有索討太多回報，他只要求沃特斯答應讓他把iDefense實驗室的牆壁塗成黑色。他說，這樣會讓他覺得比較舒服。沃特斯同意了，他願意以任何方式讓來自紐西蘭的麥克曼納斯感覺賓至如歸。麥克曼納斯非常專注在審核程式錯誤和利用漏洞上，他的努力也漸漸展現成果。

iDefense通常會將那些程式錯誤交給供應商，可是供應商多半會表示那些錯誤不嚴重。這時就是麥克曼納斯上場的時機。他會提供證據向供應商展示那些錯誤可輕易被用來控制他們的軟體或竊取他們的客戶資料。長期以來，都是由供應商決定哪些錯誤值得修補，而他們的決定通常沒有任何道理或理由。現在麥克曼納斯向供應商及其客戶證明那些錯誤不容被忽視。麥克曼納斯還協助供應商區分優先順序，確認哪些錯誤需要立即提供客戶臨時解決方案，哪些錯誤可以合理地稍等一會兒。

這個計畫獨一無二，也讓iDefense證明他們調漲價格的合理性。第一年，沃特斯將iDefense的訂閱費用從一萬八千美元提高為三萬八千美元，漲了超過一倍。他放棄不願意續約的客戶，反正可以輕輕鬆鬆招攬到大型銀行和聯邦機構的生意來取代那些客戶。大型銀行和聯邦機構都樂意花大筆鈔票購買內建錯誤解決方案的情報商品。

讓沃特斯開心的是，許多沃特斯放棄的客戶後來都爬回來找他，並且以更高的價格續約。他丟掉一個每年支付兩萬七千美元的客戶，結果那個客戶又回來，以每年四十五萬五千美元的價格續約。他丟掉一家每年支付兩萬五千美元的政府機關客戶，後來又以每年一百五十萬美元的價格讓他們回鍋。到了二〇〇三

37 暗網（Dark web）是存在於黑暗網路、覆蓋在網路上的全球資訊網內容，只能用特殊軟體、特殊授權，或對電腦做特殊設定才能存取。

年十月，沃特斯讓iDefense的收入增加一倍，他也投入更多自己的資金在這門生意上。

然而他的成功開始惹惱軟體供應商。微軟、昇陽、甲骨文都討厭這個計畫，他們控訴iDefense邀請駭客侵入他們的產品。隨著該計畫運作得愈來愈好，iDefense的客戶開始要求科技公司修補他們的系統，而且動作要快。突然間，那些全世界最大型的科技公司都被迫按照別人的時間表工作，於是他們決定向iDefense展開復仇。

在那年的黑帽駭客大會上，微軟資安團隊的一名成員找上恩德勒。那個人認為iDefense的程式錯誤付費計畫是一種勒索行為。於是大家看到一個穿著黑色圓領衫的書呆子對著另一個衣服上印有公司商標的書呆子大罵，指責對方花錢購買程式錯誤是違反職業道德的做法。叫罵聲驚動整個拉斯維加斯，讓一些穿著小禮服的女性看得目瞪口呆。

沃特斯受邀參加甲骨文首席資安長瑪麗・安・戴維森（Mary Ann Davidson）的晚宴時，也受到相同的指責。沃特斯原本心想：參加這場晚宴應該會很有趣。殊不知戴維森一點也不浪費時間，在開胃菜上桌之前，就劈頭對著沃特斯說：iDefense付錢給提供程式錯誤的駭客是「不道德的」。

*不道德？有沒有搞錯？*沃特斯心裡暗忖。*但願上帝不要讓我們在甲骨文寶貴的程式碼中找到錯誤，畢竟原本就不應該有那些錯誤*。而且，就算iDefense沒有推行這項計畫，駭客們還是有許多動機去找甲骨文的漏洞。

戴維森的態度相當高傲，她對自己很有信心，因此沃特斯別無選擇，只能拿出手機撥打電話給他的母親。「瑪麗・安，我想妳應該和我母親談一談。」他把手機拿到戴維森面前。「或許妳起碼可以聽聽她不同的意見，我想她會告訴妳，我是一個很有道德感的人。」

自從他們坐下來之後，戴維森這時才第一次閉上嘴巴。

iDefense找出的程式錯誤愈多，生意當然就愈好。沃特斯發現主動上門的新客戶已經多到他來不及簽約，政府機關也一年一年續約。iDefense的業務愈成功，像戴維森這一類的供應商就愈防著他。沃特斯的生意之所以蒸蒸日上，是因為他就像是一個在寬廣牧場上馳騁的牛仔。然而，隨著他的事業準備起飛，他可以發展的空間也開始受到局限。他有過幾年風光日子，可是市場會變化，加上其他競爭者加入戰局，情況因此變得複雜。

第一次的風向球逆轉，是比爾．蓋茲的備忘錄。在經歷過一連串針對微軟軟體及其客戶逐漸增強的攻擊之後，比爾．蓋茲在二〇〇二年宣布微軟的首項要務是加強安全性。

比爾．蓋茲發起的「可信賴電腦行動」（Trustworthy Computing Initiative）備忘錄，被駭客們當成笑話，根本不屑一顧。多年來，微軟一直隨隨便便處理軟體，漏洞百出，難道現在大家就應該相信比爾．蓋茲終於良心發現了？微軟是個人電腦市場的領導品牌，然而自從兩個伊利諾大學的科技天才馬克．安德烈森[38]和艾瑞克．比納[39]創立了第一個網際網路瀏覽器之後，微軟就只能一直在後面追趕。事實上，網際網路自一九六九年在五角大廈拼湊出初期形象以來，已經存在了數十年。從那個時候開始，網際網路就不斷有大幅進展。然而，要到安德烈森和比納於一九九〇年代中期創建第一個Mosaic網頁瀏覽器之後，才將網際網路推向大眾。Mosaic網頁瀏覽器可以顯示色彩和圖形，讓人們輕鬆上傳他們的照片、影片和音樂。突

38 馬克．安德烈森（Marc Andreessen）是美國企業家暨軟體工程師。他是第一個被廣泛使用的瀏覽器Mosaic之共同開發者，也是網景（Netscape）通訊的創始人。

39 艾瑞克．比納（Eric Bina）是Mosaic瀏覽器的共同開發者和Netscape的聯合創始人。

然之間，網際網路開始出現在《杜恩斯伯里》漫畫[40]中。知名的《紐約客》雜誌也有以網際網路為題材的漫畫：兩隻狗在電腦前，其中一隻對另一隻說：「在網際網路上，沒人知道你是一隻狗！」[41]從那個時候開始，使用網際網路的人口逐年倍增，人數多到讓微軟無法忽視。

微軟一直專注於主導個人電腦市場，因此直到安德烈森移居矽谷，並於一九九四年推出他的Mosaic瀏覽器商業版網景領航員（Netscape Navigator）之前，微軟並沒有太注意網路這個面向。一年後，網景每天都有一億次點擊量，使得微軟總部完全陷入恐慌。

微軟與網景之間接踵而至的戰爭被認為是傳奇故事。微軟原本將網路視為一種科學實驗，因此全心投入個人電腦——也就是獨立的電腦，在獨立辦公桌或封閉網路中獨立工作。當微軟看見網路市場的潛力後，微軟便弄出一套自己的網頁瀏覽器——Internet Explorer——拼湊出一個速度快捷但品質不良的網路伺服器，並且積極促使網路供應商放棄網景，選擇微軟。這是在比爾．蓋茲成為大慈善家之前的事。他向美國線上的高階主管發出連珠炮似的電子郵件，詢問道：「我們要付給你們多少錢，才有辦法打倒網景？」為了盡快贏過網景，微軟重視的是速度而非安全性。十多年後，臉書創始人馬克．祖克柏也贊同這種方法。他的座右銘是「快速行動，打破陳規」（Move fast and break things.）。

這些產品上市之後，駭客便開始開開心心地加以解析。他們想知道新的網際網路玩具的錯誤會有多離譜——事實證明，還真的很離譜。駭客發現他們可以透過微軟的系統一路連向整個網路的客戶。駭客試著指出微軟的錯誤，可是很少被認真看待，其中有部分問題在於他們比較擅長破解程式碼，而非與人溝通。

經歷過一連串破壞性的攻擊之後，美國政府的介入才讓情況開始轉變。二〇〇一年，攻擊者釋放出紅色代碼（Code Red）。這是一種電腦蠕蟲，讓數十萬台執行微軟軟體的電腦變成了沒用的紙鎮。攻擊者後來又利用紅色代碼蠕蟲中的一些錯誤進行大規模攻擊，導致微軟數十萬名客戶的電腦離線，而且還企圖讓微軟的一個重量級客戶離線：白宮。

紅色代碼緊接著發動其他一系列與微軟有關的尷尬攻擊。一種名叫梅麗莎（Melissa）的電腦病毒，這種病毒的作者以佛羅里達州的一名脫衣舞孃來命名。梅麗莎病毒利用微軟的瑕疵關閉了大約三百家公司和政府機關的伺服器，造成八千萬美元的巨額損失。另一種來自菲律賓的病毒ILOVEYOU會銷毀檔案文件，以每天大約四千五百萬名受害者的速度擴散，迫使福特汽車公司等微軟主要客戶關閉其電子郵件系統。

然後還有尼姆達（Nimda）病毒，這種攻擊會使網際網路的速度變慢。尼姆達利用微軟一個未修補的錯誤來感染其所接觸的一切——電子郵件、伺服器、硬碟——然後再重複感染它接觸過的所有內容。尼姆達僅花費二十二分鐘就成為當時最嚴重的網路攻擊。高德納[42]這家科技研究公司警告微軟客戶盡速遠離微軟的網路伺服器軟體：「快點跑開，不要慢慢走。」（run, don't walk, away）

尼姆達出現的時間點——就在九一一事件後的一個星期——讓政府官員懷疑是網路恐怖分子在搞鬼。其程式碼中有一行「R.P. China」，似乎將線索指向中國。但這行字會不會是故意植入的，以便混淆視聽？為什麼是RPC而不是PRC[43]呢？這是不懂英文文法常規的中文人士所寫的嗎？還是恐怖分子故意要嫁

---

40 杜恩斯伯里（Doonesbury）是美國漫畫家蓋瑞・楚道（Garry Trudeau）繪製的連環漫畫，於一九七〇年問世。

41 「在網際網路上，沒人知道你是一隻狗」（On the Internet, nobody knows you're a dog）是一句網際網路上的常用語，因《紐約客》雜誌於一九九三年七月五日刊登的漫畫而開始流行。該漫畫由彼德・施泰納（Peter Steiner）創作，是《紐約客》被重印最多次的一則漫畫，施泰納也因此漫畫的重印而賺到超過五萬美元。

42 高德納公司（Gartner）是美國一家資訊科技研究與顧問公司，創立於一九七九年。

43 中華人民共和國的英文為People's Republic of China（PRC）。

禍給別人？始終沒人找出真相。然而光懷疑這場攻擊出自網路恐怖分子，就讓美國政府不得不警覺，無法忽視微軟這次的資安災難。

在九一一之前，微軟產品中的漏洞實在太多，以致微軟的單一漏洞幾乎沒有價值可言。九一一之後，政府不能讓微軟的安全問題繼續惡化，於是美國聯邦調查局和五角大廈的官員打電話給微軟的高階主管，把他們罵得狗血淋頭。

尼姆達病毒還不是最嚴重的問題。政府愈來愈擔心新型態的微軟瑕疵會讓攻擊者以無形的方式控制使用者的電腦，因此他們想知道微軟總部到底有誰認真看待這方面的問題。他們明確表示，倘若微軟繼續裝聾作啞，美國政府就將生意交給別人做。

二〇〇二年一月十五日，就在iDefense即將大展身手之際，比爾．蓋茲提出了一連串的網路安全計畫，形同一聲「讓世界各地都聽得到的槍響」。比爾．蓋茲表示，從那個時候開始，資訊安全將是該公司「至高的優先要務」。

「可信賴電腦行動比我們工作的其他任何面向都還要重要。」他在那份如今聲名狼藉的備忘錄中寫道：「使用電腦已經是許多人生活中的重要部分。在十年內，電腦將成為我們做任何事都無法缺少的工具。唯有在〔企業資訊長、〕消費大眾和每一個人都相信微軟是可信賴電腦行動建立平台的前提下，微軟和電腦產業才有可能在世界上獲得成功。」

資訊安全圈視為噱頭而不當成一回事的東西，變成了一種經濟力量。微軟凍結新產品，挖出現有產品並拆解其軟體，還培訓將近一萬名開發人員，以安全為核心原則，重新建構那些產品。這是微軟頭一次因為駭客而建立新的程序。微軟特別為駭客設立一條客戶服務熱線，追蹤每一個打電話來的人，甚至記錄他們心理方面的怪癖，指出哪些駭客需要小心處理，因為有些駭客自視甚高，以為自己是搖滾巨星，有些駭客則只是一般的網路鄉民。微軟還設立一個定時發表修補資訊的系統，發表時間訂在每個月第二個星期二，並將那天稱為「修補星期二」，為客戶提供免費的資訊安全工具。

儘管還有許多零時差錯誤被發現，可是微軟出錯的頻率和問題的嚴重性都開始下降。八年後，我開始追查資訊安全戰爭時，總會特別詢問駭客：「我知道你們討厭供應商，但是在所有的供應商之中，你們最不討厭誰？」

答案總是一樣。「微軟。」他們都這樣回答：「因為他們有努力改進。」

比爾．蓋茲備忘錄的漣漪效應可波及微軟總部以外的遠處，影響到暗網論壇及在飯店房間舉行的大型資安會議，開始有愈來愈多國防承包商、情報分析師和網路犯罪分子偷偷發放更高金額的獎勵給發現錯誤且不張揚的駭客。

在這些地下圈子裡，人們開始賦予微軟的零時差更高價錢，遠比iDefense支付的金額還高。「在二〇〇〇年，市場被微軟的網路漏洞所淹沒。」一名早期的駭客傑夫．佛利斯托（Jeff Forristal）告訴我。「如今，一個微軟視窗的遠端漏洞要花費六位數的金額，甚至七位數。在那個時候，你只需要花一點點錢。」

駭客曾高高興興地免費交易這些漏洞，或者在網路上公開這些漏洞以羞辱供應商，並迫使他們趕緊修補。隨著一批神祕的新買家開始為駭客發現的漏洞創造市場，並提供駭客更有利可圖的理由低調賣出他們發現的漏洞，他們就不交給供應商進行修補了，改拿這些漏洞換取金錢。

過了不久，沃特斯開始接到電話。一開始電話不多，但隨著iDefense的計畫在二〇〇三年和二〇〇四年大受歡迎，來電變得頻繁，來電者也更為急迫。電話另一端的人想知道沃特斯是否願意考慮保留一些程式錯誤，不交付給供應商和客戶，以換取更高利潤。

沃特斯付給駭客四百美元的程式錯誤，這些神祕的來電者願意支付iDefense每個漏洞十五萬美元，只要iDefense不對外張揚交易內容，亦不透露給其他人知道。

這些人說，他們代表沃特斯沒聽過的政府承包商。沃特斯確實曾聽說過零時差灰色市場的傳聞，但這些承包商願意支付那麼高的價格，讓他大吃一驚。

當沃特斯拒絕他們，他們馬上改變攻勢，企圖喚起他的愛國心。他們告訴沃特斯，那些程式錯誤將被用在監視美國的敵人與恐怖分子上。噢，真是諷刺，沃特斯心想。供應商之前稱他是犯罪之人，現在這裡卻有政府承包商要他為國家盡一分心力。

沃特斯是一個愛國者，但他也是一名商人。「這麼做會害死我們。」他對我說。「如果你與政府同謀，企圖在客戶使用的核心技術上保留漏洞，你就等於與你的客戶作對。」

打電話給他的人最後終於打消念頭。但是，除了iDefense之外，還有一些事情也在改變——有其他力量進入市場，駭客們也開始儲存漏洞。由於駭客變得愈來愈貪心，提交出來的程式錯誤數量也減少了，而且通常會開出遠比iDefense願意支付的金額還要高出許多的價碼。有些人會暗示他們還有「其他選擇」。

很顯然地，這個市場上有了新的競爭者。二〇〇五年，一個名為Digital Armaments的神祕新團隊宣布以五位數的賞金徵求已有眾多使用者的甲骨文、微軟和威睿[44]系統錯誤，但除了一個在東京註冊的簡陋網站之外，沒人知道Digital Armaments的客戶或贊助人是誰。而且他們要求這些錯誤的「專有權」，還表示他們打算「最後」會通知供應商。

恩德勒和詹姆斯認為他們創造出來的市場正在改變，新類型的駭客出現了。從來沒有與iDefense合作過的駭客開始帶著終極夢想般的軟體錯誤找上門來，他們手上有可以從遠端綁架使用者電腦的微軟

Internet Explorer瀏覽器程式錯誤。不過只願意以六位數的高價割愛手上的資源。以往，對相似的網路程式錯誤，iDefense頂多只付過一萬美元。

iDefense的計畫只推行了短短三年，駭客對於程式錯誤的索價就已經高達四千美元。三年前，那些程式錯誤只要四百美元。又過了五年，一個程式錯誤的價格變成了五萬美元。沃特斯告訴我，iDefense在該計畫最初十八個月花二十萬美元所購買的一千個程式錯誤，如今要價一千萬美元。

iDefense已經趕不上它所催生的市場。其他人現在都了解恩德勒長期以來知悉的道理：擁抱駭客及其發現的網路漏洞，會比假裝漏洞不存在帶來更大的收益。不過這些新玩家進入市場的理由與iDefense截然不同，而且他們的口袋更深。

沃特斯已經看出苗頭不對。在二〇〇五年時，他已經把自己的七百萬美元投入iDefense。當初他告訴妻子，要花兩年時間才能讓這間公司改頭換面，但最後他花了三年時間。那年七月，距離他花十美元買下iDefense的那天差不多過了三年，沃特斯以四千萬美元的價格將這間公司賣給威瑞信[45]，然後離開首都環線[46]，搬回德州的達拉斯。

現在是讓市場自由運作的時候了。

---

44 威睿（VMware, Inc.）是提供雲端運算和硬體虛擬化軟體和服務的公司。

45 威瑞信（VeriSign, Inc.）是美國一家提供多種網路基礎服務的上市公司，位於維吉尼亞州。該公司將他們的業務統稱為「智慧型基礎建設服務」（Intelligent Infrastructure Services）。

46 「首都環線」（Capital Beltway）是美國四九五號州際公路系統（Interstate 495）的一部分，因環繞美國首都「華盛頓哥倫比亞特區」而得名。除了首都華盛頓特區外，這條州際公路也穿越過與華盛頓特區比鄰的馬里蘭州和維吉尼亞州。

第四章 首席仲介商

首都環線

某個下雨天，一名最早開始從事零時差交易的仲介商一邊吃辣椒肉餡玉米捲餅，一邊告訴我他與沃特斯談生意的經過。「那原本會是一筆大生意。」

在沃特斯開始付錢請駭客提供程式錯誤之前的好幾年，零時差漏洞和攻擊早就已經偷偷出現在市場上。當詹姆斯和恩德勒忙著訂定奇怪的價目表——這種程式錯誤的收購價是七十五美元，那種程式錯誤的收購價是五百美元——距離他們實驗室不到十英里處有一些政府部門的仲介商及國防承包商正支付駭客高達十五萬美元買下他們的發現，只要他們保密就好。

沒錯，最令人夢寐以求的程式錯誤確實必須保持低調。保密是零時差的必要先決條件。自從零時差漏洞不再是祕密的那一刻起，有關當局就開始忙著為各種程式錯誤命名及評分——低至「嗯，這還可以等一等」，高至「請把這個當成攸關你的身家性命，立刻進行修補」。然後再將已知的程式錯誤輸入對外公開的國家漏洞資料庫中。等到漏洞修復完畢之後，駭客就無法再入侵。間諜們知道，世界上不斷增加的數據資料，只有在他們能夠入侵的情況下才有用。

政府間諜認為零時差漏洞是確保可以長時間存取數據資料的最佳方式。比起iDefense支付的那一點小錢，他們願意為此付給駭客更大筆金額。而且，在他們付出高達六位數的費用買下這些零時差之後，他們不會把這個瑕疵的存在告訴任何人——尤其是《紐約時報》的記者——以免白白浪費他們的投資和存取權。

如此一來，可讓駭客靠著賣零時差賺大錢的政府市場更難一窺究竟。我花了好多年才訪問到一位這個市場中最早期的地下仲介商。每次我一掌握線索就馬上追查，但結果都石沉大海，因為許多人不願回應，大多數人都否認自己與這種靠著提供電腦程式錯誤撈錢的地下市場有任何關聯。

有些人告訴我，他們在好幾年前就已經離開這個產業，並拒絕提供更多資訊；有些人則是馬上掛掉電話。其中有個人甚至對我說，他不僅不會接受我的訪問，還已經警告他認識的每個人都不准和我說話。他告訴我，如果我繼續追查這條線，只會讓自己身陷危險。

這是不是很嚇人？是的。但我知道這些話只是想嚇唬我。大多數人只不過是擔心自己的底細曝光。做他們這一行，必須把嘴巴閉緊。

他們的每一筆交易都需要足夠的信任和謹慎，其中大多數的交易都有保密協定，而且愈來愈機密。賺最多錢的仲介商都不會提起他們的零時差業務，因為這種生意就是要保密啊！仲介商愈小心，就會有愈多買家上門。這一行的仲介商如果想要破產，最快的方法就是接受媒體訪問。這個道理至今依然不變。

這絕對不是偏執的想法。地下仲介商接受媒體記者採訪談論零時差市場是相當危險的事，有一個完美的案例可引以為鑑。這個大家一再提起的案例，發生在南非一個知名的零時差漏洞仲介商身上。他住在曼谷，人稱古魯格（The Grugq）。古魯格管不住自己，他與大多數的零時差仲介商不同，別人都避免使用會留下數位紀錄的平台，古魯格卻在推特上擁有超過十萬名追隨者，而且還在二〇一二年犯下一個致命錯誤——與媒體記者公開談論自己的業務。

雖然他事後聲稱他以為這段談話不會被公開，但他明明在一大袋現金旁邊開心地擺姿勢讓記者拍照。當這篇報導在《富比士》雜誌上發表之後，古魯格立刻變成一個不受歡迎的傢伙，不僅泰國安全局官員找上門來，政府方的買家也停止與他交易。好幾個與他熟識的人告訴我，他的生意少了一半以上。沒人希望步上古魯格的後塵，為了出名或炫耀而失去財富和名聲。

我經過兩年的嘗試與失敗，直到二〇一五年秋天才有一位這個產業最早期的仲介商願意背棄他認為明智的選擇，與我面對面坐下暢談這個議題。

那年十月，我飛往華盛頓杜勒斯國際機場，與一位化名為吉米・薩比恩的男人碰面。十二年前，薩比恩是第一個敢打電話給沃特斯，試圖說服沃特斯偷偷將零時差賣給他，而不把零時差交給iDefense的客戶及大型科技公司的人。薩比恩和我約在位於維吉尼亞州鮑爾斯頓社區的一家墨西哥餐館見面，那家餐館距離他以前的幾位客戶只有幾英里之遙。他一邊吃著辣椒肉餡玉米捲餅，一邊說出許多駭客與政府機關早已知道但始終保持沉默的內幕。

雖然薩比恩已經離開這一行許多年，不過在一九九〇年代後期，他曾經是政府招募的三家外包廠商之一，率先為美國情報單位購買零時差程式錯誤。在那個時候，這方面的交易還不算機密，這表示他與我談這個話題並不違法。即便如此，薩比恩現在的工作仍與當年許多政府客戶及資安研究人員時有往來，因此他只願意在我不使用他真實姓名的情況下接受訪問。

薩比恩是第一個向沃特斯提議讓他賺鉅額外快的人。薩比恩告訴我：「妳絕對想像不到比這個更高的利潤。」薩比恩當時願意支付iDefense十五萬美元，買下沃特斯團隊只花四百美元向駭客購得的網路漏洞。他的提議遭拒後，薩比恩改以愛國主義為訴求。「你這樣是幫你的國家一個大忙。」薩比恩回憶自己這樣對沃特斯說。

他們兩人斷斷續續談了幾個月，直到沃特斯明確表示拒絕。十二年後，薩比恩仍對沃特斯那輕蔑的態度忍不住搖頭。「這原本會是一筆大生意。」

在協助開拓網路漏洞事業之前，薩比恩原本在軍隊裡服務，負責保護和管理全球的軍隊電腦網路，而且他非常適任，如魚得水。薩比恩的身材高大、肩膀寬闊，頭髮剪得短短的，給人一種親切感，說話速度很快，而且守時。在我們約好碰面的那個下雨天，我遲到了幾分鐘，抵達時發現他正在和一個男人閒聊。他介紹那人是服務於政府機構的前客戶，並告訴對方我是記者。那個男人以懷疑的眼神看看薩比恩，彷彿在說：你搞什麼鬼？為什麼和記者說話？當薩比恩和我走到我們的座位時，那個男人還大喊：「記住那句話：『議員大人，我對於那些事情一無所知。』（Congressman, I have no recollection of said programs.）」

薩比恩瞥視我一眼，緊張地笑一笑。我們兩人都知道，和我說話可能會讓他惹上麻煩。

薩比恩告訴我，保護軍隊的電腦網路幫助他清楚了解科技的瑕疵。在軍隊裡，通訊的安全與否意味著生與死的區別，然而大型科技公司似乎不明白這一點。「那些人設計系統顯然只為了功能，一點也不在意安全性。他們沒有想過那些系統可能被人如何操弄。」

薩比恩離開軍隊進入民營企業時，他滿腦子所想到的就是電腦系統的操弄。他進入一家小型承包商服務，上班地點就在我們所在地點的那條路上。他負責管理一個由二十五個人組成的團隊，該團隊專門為軍事單位和情報機構及一些執法部門研發網路武器和入侵工具。

薩比恩很快就了解到，他們打造的複雜網路武器，如果無法妥善部署，根本一點用處都沒有，最重要的就是能夠進入目標電腦的系統中進行存取。他告訴我：「你可以是全世界最厲害的珠寶大盜，但除非你知道如何避開寶格麗的警報系統，否則你空有一身本領也沒用。」

他說：「能夠存取才是王道。」

在一九九〇年代中期，薩比恩的團隊開始販售數位存取管道，為客戶尋找程式錯誤並加以利用。他公司大部分的營收——超過百分之八十——是來自五角大廈和情報機構，其餘收入則來自執法部門和美國其他政府機關。他們的工作目標是向政府客戶提供經過測試的祕密方法，可以侵入敵人使用的每一種系統，無論敵方是國家、恐怖分子或者層級較低的罪犯。

他們的工作有一部分是靠投機取巧。如果他們可以在被廣泛使用的微軟視窗系統中找到程式錯誤，就可以將其開發成一個漏洞，然後販售給很多客戶。不過他們大部分的工作都具有針對性，政府機關會為了監控在基輔的俄羅斯大使館或位於賈拉拉巴德（Jalalabad）的巴基斯坦領事館的人員，而向薩比恩的團隊求助。在這種情況下，薩比恩的團隊必須進行偵察，辨識目標使用哪些電腦以及其所使用的作業環境，並且記錄與之連接的各種應用程式，然後找出侵入的方法。

一定可以找到方法，因為人類並不完美。只要是由人類負責編寫的電腦程式碼及負責設計、製造和安裝的機器，薩比恩的團隊知道就一定可以找出錯誤。但找出這些錯誤只是成功的一半，另一半在於藉此編寫和測試出可靠的攻擊碼，讓政府機構可以安全又不留痕跡地侵入。

薩比恩的政府客戶不僅想要侵入的方法，還希望在不被發現的情況下潛進敵人的系統。他們要不留痕跡進入軟體後門的方法，讓他們即使被敵人發覺也能繼續停留在系統中，還要在不觸動任何警報的情況下，將敵人情資帶回到他們可操控之伺服器。

「他們想要整串殺戮鏈，一種進入的方式，一種向其指揮控制的伺服器發出信號的方式，一種滲透的能力，一種混淆的能力。」薩比恩以發表軍事演說的方式對我說。「妳可能會聯想到特種部隊和海豹三棲特戰隊第六分隊，因為他們要有狙擊手、衝鋒隊、滲透專家和破門小組。」

這就是薩比恩的團隊在數位領域中所提供的服務，然而他們的任務不是嚇唬敵人。剛好相反，每一步都必須祕密且不被察覺。敵人愈難發現他們的程式碼和他們的存在，結果就愈成功。如果能提供一連串的可靠性、隱蔽性和持久性，就算是三連勝了。你很難同時做到這三項，然而當你達成時，「你就聽到錢進來的聲音了！」薩比恩說。

我請薩比恩談談特定的攻擊行動時，他回憶某些行動時所懷抱的情感，就像別人在回想初戀時那樣。他最喜歡的是在影片記憶卡裡一種頑固的零時差漏洞。那種記憶卡是在電腦的韌體[47]上執行，韌體是最接近機器裸金屬的軟體，因此幾乎不可能找出漏洞，也更難以根除。即使有人將機器的資料全部刪除並且修復所有的軟體，影片記憶卡的漏洞還是緊緊黏著。攻擊目標如果想要讓他們的系統完全擺脫間諜，唯一方法就是把電腦扔進垃圾桶。「那種零時差漏洞是最棒的。」薩比恩回憶時，眼睛閃耀著光芒。

薩比恩告訴我，間諜成功闖入電腦後所做的第一件事，就是偷聽其他間諜。如果他們發現，證據顯示被感染的機器還指向另一個指揮控制中心，他們就會去竊取其他間諜已經拿到手的資料。「假如他們很自私的話，還會動手把系統修補好，將其他間諜踢出去。」薩比恩對我說。

薩比恩表示，在同一台機器中發現同時有多個國家正在監聽，也不是不尋常的現象——尤其是那些高姿態的目標、外交官、政府空殼公司、軍火商等等。薩比恩告訴我，惠普印表機多年來一直存在一項眾所周知的漏洞，而且被「全世界的政府機構」利用。知悉該漏洞存在的人，都可以任意竊取經過該印表機的檔案文件，並且讓間諜立足於目標網路中，完全不會讓資訊科技管理員起疑。

薩比恩還說，在惠普發現並修補該印表機漏洞的那一天，「我只記得我對自己說，『這天對很多人來

---

47 韌體（firmware）是一種嵌入硬體裝置中的軟體。

說都很糟。』」

企圖建立自己零時差軍械庫的政府機關，手中的候選小清單很快就愈變愈長。

美國國安局自誇，他們在情報界擁有規模最大且最高明的網路戰隊。而且早期美國國安局不太需要外界的幫助。

然而到了一九九〇年代中期，隨著人們大量使用網路和電子郵件，巨細靡遺分享他們的日常生活、人際關係、內心思想和深層祕密，愈來愈多情報機構開始擔心他們還沒準備好利用被人們迅速採用的網際網路以及其呈現的情報金礦。一九九五年底，中央情報局成立了一個特別工作小組，目的是評估該機關是否已經準備將網際網路當成情報工具。那個工作小組的重要結論是：中央情報局還沒準備好面對這個美麗新世界，實在令人遺憾。其他情報機構也有相同情況，而且甚至更為落後，因為他們的預算顯然更少，只有很少的人員具備找出零時差且將其編碼為可靠漏洞的能力。於是，愈來愈多情報機構開始想辦法向外購買這類資源。

大量囤積這種資源成為競爭的事業。在國防花費慘澹的十年中，網路武器是唯一的亮點之一。在一九九〇年代，五角大廈的軍事預算被砍掉三分之一，但網路武器例外。國會持續批准概念模糊的「網路安全」預算，但是並不清楚美元如何投入網路攻擊或防禦，甚至對於網路衝突會造成的必然後果也一無所知。政策制定者對網路衝突的想法，就如同美國戰略司令部（U.S. Strategic Command）前指揮官詹姆斯·埃利斯（James Ellis）所說的：「像格蘭河一樣，一英里寬，一英寸深。」然而在每個情報機關裡，官員們都知道最好的零時差活動可以捕捉到最好的情報，進而轉化為更高額的網路預算。

薩比恩也是這些人當中的一個。

薩比恩告訴我，他的團隊來不及大量開發網路漏洞的利用程式。不同的政府單位都希望擁有侵入同一個系統的方法，如果從盈虧的角度思考，這是一件好事，但從這位美國納稅人的角度來看並非如此。他的公司將同一個零時差漏洞的利用程式賣給不同機關，可以賣到兩次、三次、四次。薩比恩回想著，這種重複與浪費實在讓他難以忍受。

政府為這類問題取了一個名稱——複寫（duplication）——而且每年因此浪費納稅人數百萬美元。不過，在數位世界中，複寫的問題更為嚴重，因為程式錯誤和網路漏洞利用程式的合約都被密封在保密協議中，經常被視為高度機密。情報機關普遍認為，一旦某個漏洞的利用程式被傳開來，該漏洞被修補就只是時間上的問題，其價值也會因此直線下墜。因此各個情報單位之間很少分享資訊，更不用說互相討論。

「每個單位都想贏過其他單位。」薩比恩告訴我。「他們想提高預算，以便進行更高層級的攻擊行動。」複寫造成的浪費問題愈來愈嚴重，最後讓薩比恩不得不打電話給和他交易過的四個情報單位。「我說：『聽著，身為承包商，我不該談論這個問題，但是身為美國的納稅人，我需要和你們一起吃頓午飯。有些與你們有關的共同利益，你們應該討論一下。』」

重疊與浪費在九一一事件之後變得更加嚴重。在接下來的五年中，國防和情報支出激增百分之五十以上，從五角大廈和情報圈到首都環圈專門從事數位間諜活動的承包商，每個單位都加強火力。

可是尋找和開發程式錯誤和漏洞需要花時間，因此薩比恩的想法與沃特斯在iDefense的團隊結論相同。他的二十五人團隊可以努力尋找程式錯誤，把一整天的時間都拿來開發和測試網路漏洞，但是把這份工作外包給全世界各地成千上萬的駭客會容易得多，畢竟他們日日夜夜都黏在電腦螢幕前。

「我們知道自己沒辦法找到全部的駭客，但我們也知道進入市場的門檻很低。」薩比恩回憶道。「能湊到兩千美元買下一台戴爾電腦的人，就可以參與這場遊戲。」

於是，零時差錯誤的地下市場就這樣開市了，這個市場悄悄破壞了iDefense的生意，最後還毀了它——也毀了我們其他人。

薩比恩早年的故事就像一部間諜小說，充滿祕密會議、一袋袋現金，以及藏在暗處的中間人——只不過他這些故事不是文學或出於想像，全都是真真實實的。

最初，薩比恩的團隊先仔細查看Bug Traq，選用駭客自願免費提供的漏洞，並且對其進行些許微調，然後再將其變為自己的利用程式。但是到了最後，他們開始直接在論壇上與駭客聯繫，問他們是否願意為薩比恩的客戶開發獨特的商品，而且不對任何人說。

他們開出的價碼很誘人。在一九九〇年代中期，政府機關向承包商支付了大約一百萬美元購買十個零時差漏洞。薩比恩的團隊會花一半的預算購買程式錯誤，然後自己開發成可供利用的程式。在微軟視窗這種被廣泛使用的系統中，一個不錯的程式錯誤可能賣到五萬美元。至於主要敵人使用的黑暗系統，一個錯誤可以賣十萬美元。至於一個能讓政府間諜深入敵人系統，不被發現且停留片刻的程式錯誤，價值到底多少錢呢？可以讓駭客賺進十五萬美元。

薩比恩的團隊盡量避免與理想主義者和愛抱怨者交易。由於這個市場沒有法規可循，他們的大部分程式錯誤供應商都是東歐的駭客。

薩比恩解釋道：「蘇聯解體之後，有許多空有一身本領但找不到工作的人。」不過他也告訴我，最具才華的駭客來自以色列，其中有很多人都是以色列八二〇〇部隊[48]的退伍軍人。我問薩比恩，他年紀最小的供應商多大？他說他記得曾經與以色列一個十六歲的孩子進行交易。

這是非常祕密的生意，交易過程極為錯綜複雜。薩比恩的團隊不可能打電話給駭客，請他們透過電子郵件將網路漏洞寄過來，然後再把支票寄給駭客。程式錯誤和網路漏洞必須在許多台電腦和不同環境中仔細測試且一再測試。在某些情況下，駭客可以利用影片示範他們的漏洞，但是在大多數情況下，交易必須面對面進行，通常是在駭客大會的飯店房間裡交易。薩比恩的團隊通常在付款之前必須先充分了解該漏洞使用方式，才能將其收下，並且為政府客戶重新建立該漏洞。倘若該漏洞無法被確實使用，沒有人拿得到酬勞。

薩比恩的團隊愈來愈需要依賴躲在黑暗中的中間人。他說，有好幾年，他的老闆會派一名以色列中間人，帶著裝滿五十萬美元現金的行李袋，去東歐的駭客那裡購買零時差錯誤。再重申一次，這些並不是武器，只是能夠擴大可以被用來侵入硬體和軟體的網路漏洞，但是薩比恩是被要求提供整條供應鏈。

這門生意實在不好做。在這種瘋狂且錯綜複雜的交易結構中，每一步都充滿黑暗的特性，並且必須遵循緘默法則[49]。每一次互動都仰賴令人驚訝的信任：政府客戶必須信任網路武器經銷商提供的零時差在必要時刻能發揮作用；承包商必須信任駭客不會自己使用那些網路漏洞，或者又向其他人兜售那些漏洞；駭客必須相信承包商看完漏洞的使用方法後會依約付款，而不是逕自將他們搜集來的漏洞拿去開發成承包商自己的變體漏洞。

每一筆交易都是祕密進行——你幾乎不可能知道你花了六位數金額從一名以色列青少年那裡買來的網路漏洞是否早已轉售給你最大的敵人。然後是付款的問題。那時候還沒有比特幣，有一些交易是透過西聯

48 八二〇〇部隊（Unit 8200）是以色列國防軍的情報總隊，負責收集信號情報和破解程式碼。

49 緘默法則（Omertà）是黑手黨之間的法則之一。內容第一條：當任何事情發生於黑手黨成員身上時，不可以通知警方，對政府組織必須保持緘默。內容第二條，在不違反第一條的情況下，仇殺只能追究對方本人，不得對其家人下手。

匯款（Western Union）完成的，但大部分的網路漏洞還是得以現金支付。薩比恩說，現金交易是這種絕不能留下痕跡的生意必要的副產品。你絕對無法想像這個市場的效率如此低下。

這就是為什麼薩比恩在二〇〇三年注意到一家名為iDefense的小公司開始向駭客支付網路漏洞的費用。當薩比恩第一次打電話給沃特斯並告訴對方，他願意支付六位數的金額買下沃特斯團隊以三位數取得的網路漏洞，沃特斯回答的第一句話是：「你為什麼願意付這麼多錢？」

對於像沃特斯這種正試著將市場推向公開化的商人來說，承包商的作為很愚蠢，甚至十分危險。「沒有人願意公開談論他們在做什麼。」沃特斯回憶道：「因此這個產業充滿神祕感。然而市場愈暗，效率就愈低；市場愈開放，成熟度愈高，買家能掌握的資源就愈多。他們卻選擇以躲躲藏藏的方式做事，讓價格一直上漲。」

沃特斯開始接到愈來愈多承包商的電話，報價也一直不斷攀升。想買的不僅僅是美國的政府機關，其他國家的政府和政府的傀儡機構都有表達購買意願，而且這些買家不停抬高網路漏洞的價格，讓iDefense難以與它們競爭。隨著市場開始擴張，真正讓沃特斯擔心的並不是市場對iDefense的影響，而是網路戰爭一觸即發的可能性不斷攀升。

「這就像在不受監管的市場中擁有網路核武一樣，在世界上任何一個角落都可以隨意買賣。」他對我說。

隨著時間過去，冷戰時期的確定性——令人震驚的平衡與清晰性——已經被廣大未知的數位荒野所取代。敵人不再由國界區隔，而是由文化和宗教來界定，你無法確定他們會在哪裡出現，或者何時會出現。

在這個新世界的秩序中，敵人似乎無所不在。在美國，情報機關開始依靠網路間諜活動盡量搜集每一個人的資料，同時也開始發展網路軍械庫，為將來有一天必須破壞敵人網路或基礎建設時做準備。首都環線的承包商團隊都樂於提供數位武器、偵察工具和所有必要的零件。

薩比恩告訴我，據他所知，他是一開始從事網路間諜活動和網路武器交易的三家承包商之一。但隨著愈來愈多政府機關和海外國家開展他們自己的網路攻擊計畫，漏洞利用的成本以及渴望做這門生意的承包商數量，每年都會增加一倍。

大型國防承包商——洛克希德馬丁公司[50]、雷神公司[51]、貝宜系統公司[52]、諾斯洛普格拉曼公司[53]、波音公司（Boeing）——都不斷招募網路專家。他們開始籠絡情報機構，並且收購像薩比恩那樣的小型承包商。

薩比恩答應與我會面時，他已經退出市場十多年了，但這個市場現在已經很難迴避。

「九〇年代的時候，只有一小部分人從事網路漏洞的開發和販售，如今已經非常普遍，完全呈大爆炸狀態。」他用手指在首都環線的空氣中繞圈圈。「我們被包圍了。現在這個行業有一百多家承包商，可是大概只有十幾家知道自己在做什麼。」

美國緝毒局、美國空軍和海軍，以及我們大多數人從未聽過的機構都有自己獲取零時差利用程式的理由。你聽說過美國飛彈防禦署（Missile Defense Agency）嗎？我之前也沒聽過，直到五角大廈一位前分析師告訴我，那個機構負責保衛美國免於遭受飛彈攻擊。那個機構也取得了零時差利用程式。那個人說：「我甚至無法告訴妳，那個機構中是否有人知道如何使用零時差。」

---

50 洛克希德馬丁（Lockheed Martin）是美國一家航空航太製造廠商，以開發及製造軍用飛機聞名世界，為全世界最大的國防工業承包商。

51 雷神科技公司（Raytheon）是美國一家跨國企業集團，是世界上最大的國防製造商之一。

52 貝宜系統有限公司（BAE Systems plc）是總部設於英國倫敦的跨國軍火工業與航空航太公司。

53 諾斯洛普格魯曼公司（Northrop Grumman）是世界名列前茅的大型國防承包商。

這個市場在美國政府機關中遍地開花的情況並不會讓薩比恩憂心，令他感到不安的是在國外的散播。

「每個人都有敵人。」他告訴我。自從我們坐下之後，他第一次露出嚴肅的表情。「即便是你永遠不可能起疑心的國家，也在儲備零時差利用程式，以防不時之需。大多數國家這麼做是為了自我保護。」

「然而，在不久後的某一天，他們會知道自己可能必須出手去攻擊別人。」我們起身離開時他補充說道。

在我們道別前，薩比恩說他想讓我看看某個東西。他把他的手機遞給我，手機螢幕上顯示著納森尼爾·波倫斯坦[54]的一句話。我隱約記得，波倫斯坦是電子郵件附檔的兩位發明者之一，該項發明如今被許多國家用來傳遞間諜軟體。

「大多數的專家都同意，這個世界最有可能的毀滅方法是因為意外。」那句話寫道：「這就是我們得以發揮作用之處。我們是電腦專業人員，我們專門製造意外。」[55]

我把手機交還給薩比恩。

「繼續努力。」他對我說：「妳已經有一些重大發現了，但這件事不會有什麼好結果。」

說完之後他就走了。

---

54 納森尼爾·波倫斯坦（Nathaniel Borenstein）是美國電腦科學家。他是將多媒體網路電子郵件格式化之多用途網際網路郵件擴展協議（Multipurpose Internet Mail Extensions, MIME）的原始設計者之一，並且發送了全世界第一個電子郵件附件檔案。

55 原文為The most likely way for the world to be destroyed, most experts agree, is by accident. That's where we come in; we're computer professionals. We cause accidents.

第五章 「零時差」查理

假如查理那些國家安全局的前主管們當天下午帶著五萬美元現金出現——查理相信他們會這麼做——那麼美國政府或許就能保住查理發現的程式錯誤，並且繼續隱瞞程式錯誤與漏洞利用在地下市場交易的事實，以及這個地下市場骯髒的小祕密。

聖路易，密蘇里州

確實，當查理．米勒（Charlie Miller）與他太太道別，在二〇〇七年那天早上開車從I-170公路前往聖路易機場的飯店時，他深信自己會帶著足夠整修廚房的現金回家。要不然，國家安全局的人何必堅持專程跑來聖路易與他討論他發現的程式錯誤？

查理把車子駛離高速公路，開進聖路易機場萬麗酒店的入口。這棟宏偉高大的黑色鏡面建築，就宛如他在米德堡工作時經常出入處的縮影。

只可惜，美國國家安全局的那些高階主管與查理的想法不同。

當時查理才剛從美國國家安全局離職一年，離職並不是一個容易的決定。國家安全局於二〇〇一年聘雇他這位前途似錦的年輕數學博士，讓他加入國家安全局頂尖密碼專家的行列。然而當他完成該機構為期三年的培訓計畫後，決定放棄數學，因為成為一名駭客才是他這輩子想要做的事。他沉迷於修補各種漏洞，擺在他面前的任何東西——汽車、電腦、手機——都會被他拆解開來，因為他喜歡挑戰難題，依照自己的意思改變那些為特定目的打造的物品。

查理可以成為國家安全局最頂尖的「全球網路開發與漏洞分析人員」，這個很炫的頭銜意味著他大部分的時間都會花在尋找程式漏洞，幫助國家安全局進入世界上最敏感的網路。查理告訴我：「在國家安全局，你可以做到你在其他地方無法辦到的事。」

查理已經成為國家安全局外面的駭客圈名人，他的功績不僅成為駭客關注的焦點，還在駭客競賽贏得大獎。他因為發現蘋果公司的漏洞而成名。蘋果公司最著名的就是他們對安全性採用黑箱方式[56]的保護措施，其安全防禦被視為絕對機密。直到今天，蘋果公司的員工甚至不得對外透露該公司負責安全工作的人數。蘋果公司位於庫比蒂諾的總部周圍環繞著直立的厚板——與川普總統選擇用來打造邊界圍牆的樣板牆相同——部分原因是因為這種厚板不容易攀爬。

蘋果公司一向堅持嚴格的審查程序，不讓惡意軟體、間諜軟體和垃圾郵件侵入其iTunes商店。查理送出一個假的股票行情報價應用程式，那個應用程式裡有個明顯的安全漏洞，可以感染iPhone其他的應用程式。他想知道這麼做會不會被蘋果公司注意到，結果因此打破了蘋果公司的安全審查神話。蘋果公司的審查人員沒發現那個漏洞。蘋果公司從新聞報導中得知查理那個應用程式是特洛伊木馬[57]之後，便將他列入黑名單。這件事讓查理在駭客圈裡爆紅，並讓他獲得「零時差查理」（Zero-Day Charlie）的封號。他很喜歡這個名字。

二〇一六年二月，我飛往聖路易與查理碰面（他已經將我們的會面時間延後兩次，因為他忙著參與電視劇《CSI犯罪現場：網路犯罪》[58]的製播）。幾年前我們在一場於拉斯維加斯舉辦的屋頂駭客派對初次見面，他的樣子和我印象中一模一樣：個子很高、身材很瘦、五官銳利、眼神嚴肅，而且說話時語帶諷刺。我們在拉斯維加斯第一次相遇時，他穿著一身全白的嘻哈運動服，實在很難想像他是數學博士。

上次我和查理通電話時，他和另外一位研究員在吉普汽車的切諾基（Jeep Cherokee）車型中發現零時差漏洞，足以讓攻擊者控制方向盤、破壞剎車器、操弄車頭燈、方向燈、雨刷和收音機，甚至從數千英里外的遠端電腦切斷車子的引擎。八個月後，吉普汽車公司還在苦思該如何解決這個問題。

在那個天寒地凍的二月天，我在查理的「辦公室」與他見面，他的辦公室就是他位於聖路易郊區的住家地下室。無論白天、黑夜，他都待在他的辦公室裡，同時看著好幾個電腦螢幕。他那隻名叫「駭客」的寵物刺蝟則窩在那些電腦螢幕旁陪他。在那間辦公室裡走動時必須小心自己的腳步，以免弄亂散落在地板上的汽車零件。當時查理為優步公司工作，該公司希望將來發展出無人駕駛車，查理正在研究確保無人駕駛車安全無虞的機制。不過，當他有空的時候，會把時間花在吉普的切諾基車型上，試圖找出比上次更嚴重的漏洞。

從我搭乘的班機在聖路易機場降落，直到坐上租來的車，我的腦子裡不停想起查理的種種事蹟，因此我告訴租車公司的業務員：「無論如何，我都不租吉普汽車。」我把這件事告訴查理，然後他問我晚上住在哪家飯店。我把飯店名稱告訴他之後，他喜孜孜地說，我下榻飯店的電梯使用的電腦程式平台與遭到駭入的吉普車相同。因為這個緣故，我上下樓都改走樓梯。

56　黑箱（black box）是指只能看見輸入與輸出的關係但無法得知內部結構的系統或設備，在電腦領域是指內部運作方式未知的程式。

57　特洛伊木馬（Trojan Horse）是一種軟體後門程式，可透過遠端操控來竊取其他使用者的個人資訊，與電腦病毒相似。木馬程式有很強的隱祕性，會隨著作業系統的開啟而啟動。

58　《CSI：網路犯罪》（*CSI: Cyber*）是二〇一五年三月開播的美國電視影集，共播映兩季。

查理已經在二〇〇五年離開國家安全局，可是除了含糊提到幾項電腦網路的利用之外，他依舊無法與我討論他在國家安全局的工作內容，甚至他太太都不清楚他到底在米德堡做什麼工作。他說：「我們夫妻會和同事一起出去，但是大家都不知道要在她面前聊什麼，因為我們不能談論工作方面的事。」

我提到我在儲藏室裡撰寫史諾登報導的那段時間曾讀過國家安全局的攻擊計畫。「妳讀到的計畫可能有一些是我負責的！」查理說。

離開國家安全局之後這十年來，查理的職業生涯經歷過幾次有趣的曲折。他曾與美國一些頂尖的科技公司——蘋果和谷歌——為敵，並且受雇於推特和優步公司。國家安全局向來不喜歡那些在退休年紀之前就先離職的人，該機構的老臣認為先離開的人都是叛徒，而且如果你在離職後向別人提到你在國家安全局的工作內容，就算不是直接相關的事，也與班奈狄克．阿諾德[59]無異。

然而查理離開國家安全局有非常正當的理由。當時他太太懷了他們第二個孩子，而且位於聖路易的華盛頓大學聘請她擔任人類學教授，加上他們夫妻倆的家人都住在聖路易，於是查理轉職到一家證券公司，負責資訊安全方面的工作，但基本上就是提醒客戶不斷變更密碼。比起駭入外國政府，這份工作讓他感到厭煩。不過到了深夜，他還是會坐在黑暗裡，整個人黏在電腦螢幕前，在一九九五年安潔莉娜．裘莉主演的電影《駭客》海報旁繼續尋找零時差。

他第二個孩子出生之後，陪產假讓他得以將自己的兼職變成正職工作。在換尿布與餵奶中間的空檔時間得以尋找網路的程式錯誤，並且以他之前沒想過的方法來隨意改變那些程式錯誤。「這就是歐洲人如此擅長編寫網路攻擊程式的原因。」他說：「因為孩子出生之後，歐洲的父母有一年的時間可以用在駭入網路。」

搜尋程式錯誤和編寫利用程式讓他上了癮，就像吸毒一樣。他可以花好幾個小時拆解電腦程式和應用程式，完全無視時間的流逝。對查理而言，利用網路漏洞就像證明數學難題，一旦他將程式錯誤轉變成利用程式，就不必再討論那些程式錯誤有多麼嚴重。

查理在二〇〇六年深夜發現的一項程式錯誤，可能是大多數人終其一生都在尋找但苦尋不到的——**這種零時差可以讓他直闖美國國家航空暨太空總署的電腦系統，或者挾持俄羅斯寡頭政治集團的交易帳戶密碼**。

那個程式錯誤出現在Linux作業系統一個名為Samba的軟體中，可以讓查理在不被察覺的情況下接管其鎖定的電腦。自從發現該程式錯誤的那一刻，他就知道自己挖到金礦了。他認為——任何一位高水準的駭客都會這樣認為——他有五個選擇。第一，他可以提醒系統供應商那個程式錯誤的存在，並希望自己在過程中不會被對方威脅或控告。第二，他可以自己保留這個零時差，將這新發現的隱形力量據為己有。第三，他可以向媒體公開這項零時差，或者把它放到類似BugTraq的清單上，讓自己在市場上名聲大噪，同時還可羞辱系統供應商，迫使對方趕緊修補。

不過，這些選項都無法為查理帶來任何經濟利益。他不打算免費交出這個程式錯誤，畢竟這個程式錯誤相當值錢。

他曾短暫考慮將這個程式錯誤賣給iDefense，這麼做將使他因為這項發現而得到聲譽，還能確保系統供應商修補錯誤。然而查理知道，這個程式錯誤的價值遠遠超出iDefense願意支付的那一點小錢。查理告訴我：「我很清楚，如果賣給其他人，價格將會更高。」

59　班奈狄克·阿諾德（Benedict Arnold）是美國獨立戰爭時期的重要軍官。阿諾德起初為革命派而戰，並且屢立戰功，後來卻變節投靠英國，使得他在美國成為極具爭議性的人物。

我問他怎麼知道。

「這是一個很小的圈子，我們就是知道。」他簡單回答。

這麼一來就只剩下第五種選擇：在地下市場上賣掉他的零時差。可以直接賣給政府機關，或間接透過仲介商賣出。問題是，他將無法開口提到這項程式錯誤，也無法因為這個發現而博取名聲。這還意味著他可能必須擔心該錯誤將如何被人使用。

但是查理想要的不僅是賣掉這個程式錯誤——他還想要在市場上公開一切。

自從他放棄以加密技術進行駭客攻擊以來，就一直對政府機關和民營企業對待駭客方式的二分法感到震驚。在國家安全局裡，「網路利用」被認為是一種重要的技能，需要無限的耐心、創意及敏銳知識，這種敏銳知識必須透過其操作之電腦和網路磨練多年才能獲得。在國家安全局外，駭客卻被視為低階的犯罪分子。大部分駭客太擔心被告，因此沒有意識到自己所做的事情具有合法價值——在某些情況下，甚至是高達六位數的價值。「我只是覺得，現在應該要讓人們知道有這種地下市場存在。」

另外還有市場本身的問題。如果說，有效率的市場需要高度透明化和資訊自由流通，那麼零時差市場就是你所能想像最低效率的市場。

零時差市場的賣家必須發誓永遠不說出他們的零時差交易，而且由於沒有資料可循，他們也不可能知道自己是否以合理的價格賣出交易品。除此之外，除非主動打電話給可能有興趣的買家，不然賣方沒有其他方法能找到買主。倘若賣家向買家描述了他們的零時差，或者將其交給買家進行評估，買家也可能假裝不感興趣，但是仍然拿去使用。

從駭客向買方示範零時差，到他們實際取得報酬，中間經過的時間漫長得讓人覺得殘酷。審查零時差需要耗費數星期甚至數個月，遠遠超過尋找及修補零時差所需的時間。價值六位數的零時差可能在幾秒鐘內變得一文不值，讓賣家美夢成空。

就像血鑽石一樣，良心也是相當重要的議題。隨著愈來愈多買家——外國政府、傀儡公司、隱祕的中間人、網路犯罪分子——進入市場，駭客愈來愈難以得知零時差最後會被用在什麼地方。他們的程式碼會被使用在傳統的國對國間諜活動，或者被用來追蹤異議分子和激進主義者，讓他們的日子過得生不如死？駭客們完全無法得知。

從買方的角度來看，地下市場也同樣令人沮喪。政府機關不可能公開表示他們需要徵求潛入黎巴嫩銀行或某軍火商手機的管道，而且當他們找到兜售駭入目標系統方法的人時，也無法保證那個賣家不會突然反悔並轉賣給其他不那麼謹慎的買家。進行這種買賣一定會有突然冒出另一個買家的風險，還可能在草率的行動中搞砸價值六位數的漏洞利用程式。這個市場假如沒有全世界被蒙在鼓裡的納稅人資助，可能永遠都無法達到今天的交易量或金額。

查理的學者風骨促使他決定用他找到的Linux零時差來撰寫一本關於地下市場的白皮書[60]。他知道，除非真正進入這個市場，否則不會有人認真看待他。「要在這個領域贏得信譽，你必須親自去做你說你在做的事。」

於是查理開始兜售他的零時差。

然而，他首先必須找他的前雇主來檢視他的發現。美國國家安全局有一項嚴格的「發表前之審查政策」（prepublication review policy）：在前雇員有生之年，他們所欲公開的任何事物，都必須由該機構的管理人員先行檢查。在國家安全局的審核委員會批准之前，前雇員對其欲公開的內容必須保密。

60 白皮書（White Paper）是指具有權威性的報告書或具指導性的文本作品，用以闡述、解釋或進行決策。

查理這個發現，國家安全局的管理人員根本不打算審核，直接拒絕他公開這個零時差。沒有人喜歡被拒絕，於是查理上訴，主張這個零時差沒有任何機密之處，而且他是以普通老百姓的身分發現它的，任何一個高水準的駭客都可以辦得到。

過了九個月，國家安全局終於做出有利查理的裁決：他可以自由處置他發現的零時差。

他聯絡的第一個人是個老朋友，那位老朋友的聯絡方式依然放在他的名片盒裡，分類類別是與政府相關的情報單位。那個人在一家名為Transversal Technologies的公司上班，那家公司現在已經倒閉。在降價百分之十之後，那位朋友同意為查理聯繫美國政府的各個單位。

其中一個政府部門——查理沒有透露是哪個單位——很快就回覆並且開價一萬美元。相對於iDefense和其他公司的報價，這是相當不錯的價格，但是與傳聞中某些部門曾支付的金額相比，這個價錢非常低。當第二個政府部門向他表達興趣時，查理開口要求八萬美元，這幾乎是他在國家安全局年薪的兩倍。他原以為這麼做會引來一場大規模的談判，沒想到那個部門卻一口答應。「對方回覆得太快。」查理指出。「表示我要求的價格可能太低了。」

不過，這筆交易附帶一項警告：該部門對查理的零時差漏洞感興趣的前提，是它可以用在他們鎖定目標所使用的某種特殊Linux作業環境。至於他們的目標是誰，查理基於交易道德永遠不可能知悉。一旦查理將零時差交付給該部門，買方就可以用它來監視他們鎖定的任何目標。在美國，最可能的目標是恐怖分子、外國敵人或販毒集團，但是不保證這個零時差不會被用來打擾你本人。

查理將他的零時差交付給對方評估。焦急地等待回覆約一個月，因為他深信其他人也可能發現他找到的程式錯誤，或者更糟的是，他交付程式的對象會搶走他的功勞。

過了五個星期，對方回覆了一個壞消息：他發現的漏洞無法用在買家打算駭入的系統，可是他們願意以較低的價格——五萬美元——買下它。查理同意後，過了兩個星期就收到支票了。根據交易的內容，買家擁有他的零時差權限兩年，並且要求他保持沉默兩年。

查理利用這段時間進一步了解這個地下市場，並且搜集能用以出版的少量資料。為了更充實自己的經驗，他同意幫助另一位研究人員販售微軟舊版 PowerPoint 中的漏洞利用程式。然而當他們與外國買方談妥一萬二千美元的交易金額時，該漏洞的價值卻瞬間暴跌為零，因為微軟已經修復了那個潛在的程式錯誤。查理認為，這證明該市場基本上效率低落且失敗。

他繼續努力。在那兩年之中，他將大部分的空閒時間盡可能花在學習訂定零時差漏洞的價格。價格的資訊非常凌亂：一位政府官員告訴他，某些部門願意為一個零時差漏洞支付二十五萬美元；一位仲介商告訴他，一個可靠的零時差漏洞，一般的酬金為十二萬五千美元；某些駭客說，曾有人開出六萬美元到十二萬美元的價碼請他們駭入 Internet Explorer 瀏覽器。價格似乎沒有統一的標準，但是看在查理眼裡，他覺得駭客都被買方操弄了。讓這個市場恢復理智的唯一方法，就是將它全面公開。

二〇〇七年，查理為他的零時差保持緘默的兩年期限終於屆滿，他開始準備替他的白皮書收尾。這本白皮書的學術名稱為「合法的網路漏洞市場：零時差漏洞交易的祕密世界」（The Legitimate Vulnerability Market: Inside the Secretive World of Zero-Day Exploit Sales）。就在那個時候，他接到來自米德堡的電話。

電話另一頭的那個人沒有說明太多細節，只表示他們需要面對面洽談，國家安全局將派一些人到聖路易與他直接碰面。

掛斷電話之後，查理左右思忖美國國家安全局高階官員要大老遠飛來聖路易與他親自見面的各種可能原因，似乎只有一個合理解釋：也許國家安全局之前未能透過官僚管道要求查理保密，現在只好花錢請他徹底閉嘴——大筆財富進帳的聲音傳來！「當時我非常確定他們會帶著一大袋現金出現。」查理回憶道。

那天晚上，他告訴太太，他們夢想中的廚房很快就能成真。

幾天後，查理開車到聖路易機場萬麗酒店。當他穿過大廳並搭乘電梯前往頂樓時，想到了一些神話般的傳說。那些故事一次又一次講述駭客與政府官員在飯店見面的經過，就像他現在這樣。那些駭客展示了他們發現的零時差，然後帶著大筆現金離開飯店。那些故事聽起來很像電影情節，也很像間諜小說，因此一點都不真實。然而當查理搭乘電梯前往十二樓時，他忍不住笑了出來，因為他正準備經歷這種不可能的事。

當查理走出電梯，前往飯店的會議室時，似乎有點不對勁，因為那間會議室並不像祕密會面的地點。陽光從可俯瞰十二層樓下方小型機場的落地窗照進室內，牆上裝飾著廉價的水彩畫，地板鋪著鮮紅色的地毯。四名身穿西裝的國家安全局人員走過來迎接他，可是他發現沒有裝滿現金的行李袋。

查理以為他得花點時間談妥價碼，但是與預期的相反，會議只持續了不到十五分鐘。他很快就明白，這些西裝男並不是來向他購買他的零時差漏洞。他們到這裡來，只是為了要他閉嘴。「想一想你的國家。」一位特務人員告訴查理。「因此你不可以公開那些事。」

他們希望查理放棄他的白皮書，不向任何人提及他發現的零時差與那樁交易，也不告訴任何人關於地下市場存在的事實。

查理望著窗外起飛與降落的飛機，沒有專心聽他們說話。他不敢相信國家安全局派四名高階官員飛來聖路易，只是為了告訴他「為你的國家付出」。他對於國家安全局的道德節操不感興趣，因為他個人已經履行了自己的愛國義務。他聽著那些人說話，後來乾脆充耳不聞。

這一切都與錢無關。我第一次詢問查理為什麼要把他發現的零時差漏洞賣給政府，是我們在舊金山田德隆區附近的一家老式酒吧喝啤酒時。當時他開玩笑地回答說：「當然是為了錢！錢錢錢！」但我們兩人都知道，這個理由很難讓人信服。我追問得愈深入，就愈能證明他是出於原則，希望這種工作可以獲得公平的報酬。

長期以來，系統供應商一直不勞而獲。駭客花費時間發現並通知他們產品的安全漏洞，而他們在過程中卻經常威脅駭客。至於iDefense和其他願意付錢的人提出的費用，查理覺得簡直是笑話。

現在是認真對待駭客的時候了，查理可以預見的唯一方式，就是確保駭客得到報酬。如果這樣做意味著讓零時差市場曝光，也是沒辦法的事。

查理甚至懶得向西裝男解釋這一切，因為他們永遠無法理解。

當他看出那天顯然沒有半毛錢可拿的時候，便站起身來準備離開。「不好意思，讓你們大老遠飛過來卻一無所獲。」他告訴他們。「我的答案是否定的。我就是要公開一切。」

那些西裝男以帶著憤怒和輕蔑的眼神看著查理。

「別忘了去參觀大拱門[61]。」查理走向門口時對他們說。

幾個月後，查理．米勒站在卡內基美隆大學的講台上，身後的巨幅投影幕上是一張開立給他的五萬美元支票。

開票人的資料——姓名、地址、銀行，甚至簽名——都已經被塗掉，以保護作為買方的不具名機構，在半個小時的演講過程中，查理與經濟學家和大學教授分享了他將零時差賣給美國政府的經過。

61 聖路易拱門（Gateway Arch）簡稱大拱門，為美國密蘇里州聖路易的一座紀念碑式建築，位於密西西比河河畔，是世界上最高的拱形建築。

這是地下市場的祕密第一次曝光：美國政府竟然願意付錢給駭客（事實證明這其實很尋常）以購買系統供應商產品的漏洞，因此讓產品的客戶——包括美國公民——暴露於風險之中。政府用納稅人的錢做這種事，但納稅人應該受到政府保護才對。

那天在教室裡的學者對於查理演說內容的反應，比起查理的白皮書在東南方兩百五十英里處所激發的憤怒，顯得平淡許多。在米德堡和首都環線附近的政府官員都非常生氣，不僅因為查理無視政府要他保持緘默的請求，而且他的白皮書還列出政府機關向駭客付費購買漏洞的清單——支付的最高價金高達二十五萬美元。查理的這種行為不僅讓政府無法辯解，他的白皮書也肯定將導致零時差的價格往上攀升。

從雷德蒙德[62]到矽谷，微軟、Adobe、谷歌、甲骨文和思科等公司的科技部門主管都懷著恐懼不安的心情仔細閱讀查理的白皮書。這本白皮書證實了那些高階主管長期以來的懷疑：他們的政府非常樂意以國家安全之名折磨他們與他們的客戶。

查理揭露的祕密成了系統供應商的公關噩夢，那些公司的高階主管一想到這件事對市占率的潛在影響，都忍不住全身發抖。當外國客戶得知美國政府積極收買駭客以利用這些公司的產品進行間諜活動時，心裡會有什麼感覺？然後還有駭客的問題。毫無疑問，駭客會因為查理的白皮書開始拿著程式錯誤四處兜售，但系統供應商如何與拿得出五位數或六位數賞金的政府抗衡？想想看，當客戶不再信任系統供應商產品的安全性，該公司的市占率將下滑多少？這些高階主管怎麼可能不擔心？

在駭客圈裡，查理的白皮書既被頌揚也被譴責。有些人將他視為沒有道德的研究人員，因為他將自己發現的零時差賣給政府之後，過了這麼久才說出來，使得數百萬名Linux用戶處於危險之中。有些人主張撤銷他的資安證照。

但是也有一些駭客認為查理做得很好，儘管他因此賺了五萬美元。在將近二十年的時間裡，駭客免費幫助系統供應商，卻被那些公司視為騙徒與卑鄙之人。現在他們才知道，他們所做的工作雖然會被系統供應商羞辱，但是可以從政府那裡獲得利益。

查理的故事原本可能就到此結束：他揭開了神祕面紗，讓零時差市場暴露在世人面前。他告訴自己，這次賣給美國政府的程式錯誤將會是他出售的最後一個程式錯誤。

然而這並不是他留名青史的原因。在查理發表白皮書之後一個月，他從遠端駭入一支iPhone，將自己的名聲打得更為響亮。

一般人對iPhone的看法都是設計時尚、密碼精實，比其他品牌的手機更加安全，可是查理打破了這種觀點。他在數百位觀眾面前展現自己可以輕鬆從遠端操控任何人的iPhone，只要他將對方的瀏覽器引導至他建立的惡意網站。

iPhone的漏洞利用程式——如果查理賣出去——將讓他輕輕鬆鬆從地下市場賺進六位數的收益。可是他對金錢不感興趣，這麼做只是出於對智識的好奇，以及想要博取名聲。這一次，他將自己的發現告訴蘋果公司，並且幫助該公司的工程師找出修補的方式。過了八個月，他又做了一次，不到兩分鐘就侵入蘋果公司的MacBook Air。他將推特上的自我介紹改為「我就是找到蘋果零時差的那個傢伙」（I'm that Apple 0day guy）。

當谷歌推出安卓操作系統的Beta版，查理又忍不住了。他利用一種漏洞程式，幾乎立刻就破解了那個系統，讓他得以從遠端存取安卓用戶的所有點擊、簡訊、密碼、電子郵件，以及用戶在手機上執行的各項操作。

與先前找到蘋果公司的漏洞一樣，查理直接帶著他發現的零時差去找安卓的開發人員，並表示願意協

62 雷德蒙德（Redmond）位於美國華盛頓州，知名的微軟公司即位於此城市。

助他們進行修補。如今——正如他真心相信的一樣——他的白皮書已經改變駭客與系統供應商之間的對話方式，因此谷歌一定會樂於接受他的發現。

一如查理所預期，谷歌確實讚賞他的努力——直到他在資訊安全顧問公司的老闆問他：「谷歌的漏洞修補程式進度如何？」

「很好啊！」查理回答：「我們正在一同努力修補漏洞。」

「我知道。」他的老闆說：「你與谷歌往來的每一封電子郵件，我都收到了密件副本。」

查理不知道谷歌在他背後偷偷搞鬼。谷歌的高階主管打電話給查理的老闆，說他的員工非法侵入谷歌最新的手機系統。谷歌與查理往來的每一封電子郵件，谷歌都會寄送一份密件副本給查理的老闆。如果查理的老闆不熟悉駭客和系統供應商之間的殘酷關係，他可能早就已經解雇查理了。可是他沒有這麼做，他選擇站在查理這邊，並且告訴谷歌他的員工沒有做錯任何事，查理其實幫了谷歌一個大忙，以免壞人先發現安卓的漏洞。

對查理而言，這件事給他很大的打擊，因為他的白皮書其實並沒有改變任何事。大型的系統供應商——也就是谷歌——終究還是不明白。他們寧可把頭埋進沙堆裡，繼續威脅駭客，也不願意與駭客合作來保護自己產品的安全性。

於是查理不再與谷歌通信，並且帶著他發現的漏洞程式去找《紐約時報》，讓《紐約時報》刊登他的發現。查理發誓永遠不會再給谷歌或其他任何人免費的程式錯誤。谷歌的安卓高階主管促成了一項活動的興起，儘管他們還不知情。

「你們想聽聽我遇上的爛事嗎？」

時間已經很晚了，查理與另外兩名資訊安全研究人員迪諾・戴・佐維（Dino Dai Zovi）和亞歷山大・索提洛夫（Alexander Sotirov）在曼哈頓的老式酒吧裡喝酒，查理已經喝醉了。他們三人都曾經駭入蘋果公司、微軟公司，以及網路安全領域的知名企業。

當查理轉述他與谷歌之間的互動，以及安卓的高階主管試圖害他被解雇的事情時，戴・佐維和索提洛夫都一邊喝著啤酒一邊點頭。這個故事其實並不陌生，可是查理故事裡的惡意欺騙，加上酒精作祟，驅策他們有了新的想法。「兄弟，這可真是一樁爛事。」戴・佐維對查理說。

對任何駭客而言，最道德的選擇——直接聯繫系統供應商——仍然會導致最糟糕的結果。為什麼會這樣呢？難道系統供應商不喜歡有人替他們進行品質保證的測試嗎？這三名駭客討論得十分激動，甚至沒有注意到一名妓女正走近他們的座位。

尤其在查理披露了程式錯誤與漏洞利用的地下市場之後，他認為自己原本可以輕易以五位數或六位數的高價賣掉這個程式錯誤，因為他沒有那麼做，反而在免費告知谷歌一項嚴重錯誤的情況下遭受懲罰。這讓他感到格外憤怒。

他們三人聊到深夜，認為系統供應商必須學到教訓。他們同意一起反擊，並且將這個活動命名為：不會再有免費提供的程式錯誤（No More Free Bugs）。

二〇〇九年三月，在溫哥華舉行的一場資訊安全會議上，這三人在數百名駭客面前走上舞台。戴・佐維和索提洛夫都穿著黑色衣服，手裡舉著大型看板，上面寫著「不會再有免費提供的程式錯誤」。這個標語也可以被解釋為「不要再當好好先生了」。

那天稍早，查理再次因透過蘋果的Safari瀏覽器駭入MacBook Pro而贏得該會議的駭客大賽，這是他第二次得獎，因此他得到一台免費的電腦以及五千美元的獎金。然而這一次查理沒有好心地打電話通知蘋果公司——活動口號是認真的，他要讓蘋果電腦自己評估後果。他站上舞台發言，表示從現在開始其他人也該像他這樣做。

查理對這群人說：「從現在開始，不要再免費提供你發現的程式錯誤。我們替他們做完這些工作，結果只得到威脅與恐嚇。」

「就從現在開始。」他說：「停止。**不會再有免費提供的程式錯誤！**」

駭客族群向來不太熱情，然而查理說這些話的時候，全場都站起來不停歡呼及鼓掌。「不會再有免費提供的程式錯誤！」其中有些人跟著大喊。他們的口號開始流傳到網路上，有些人在他們的推特上發表了「不會再有免費提供的程式錯誤！」，並且標注＃ＮＭＦＢ。隨著這項活動開始發展，＃ＮＭＦＢ這個標注也跟著流行起來。

在會議室後方，政府官員身上穿著卡其色衣服，襯衫下襬塞得整整齊齊，頭髮梳得高高的，神情顯然十分緊繃。他們臉上都沒有笑容。那些坐在後方會議桌的人都沒站起來，也沒人鼓掌。他們的嘴巴閉得緊緊的，其中一人對著他在國家安全局的同事使眼色。多年來他們一直在購買駭客的漏洞利用程式，隨著系統供應商出局、更多駭客加入地下市場，被修補的程式將愈來愈少，而間諜活動也將愈來愈不受約束。後方有個男人搖搖頭。他在國家安全局工作多年。他看著房間裡那些外國臉孔——來自法國、中國、俄羅斯、韓國、阿爾及利亞與阿根廷的駭客。這些沮喪的駭客會把他們發現的程式錯誤賣給誰？那些漏洞並不會全都被美國政府買走。

那些漏洞程式將被如何使用？

那個男子對自己說：這只會以很難看的方式收場。

第三部
間諜

敵人是非常好的老師。

——達賴喇嘛

第六章　槍手計畫

莫斯科，俄羅斯

事實證明，美國國家安全局盯上零時差並不是從一九九〇年代開始，而是始於數位時代之前。當時敵人攻擊我們的類比系統——那次狡猾的攻擊顛覆了間諜世界的秩序。如果不是因為這件事保密得這麼久，或許我們在倉卒地跳進數位世界的深淵之前會先冷靜想想。

一九八三年，在這個冷戰時期最黑暗的年代，美國駐莫斯科大使館的工作人員懷疑他們所說與所做的一切——包括小心加密的訊息，都已經外洩給蘇聯知悉。

那些員工知道蘇聯一直持續監視他們，即使是他們私人的生活領域也涵括在內。公寓被安裝了竊聽器，但這還不是最嚴重的。他們經常在下班回家後發現衣櫥裡的衣服不見了，或是洗碗槽裡有被人用過的酒杯。然而他們懷疑的事與這些情況不同：他們認為大使館內部發生的一切，甚至是未使用言語進行的溝通交流，都已經被傳送給蘇聯知悉。美國的間諜因此確信大使館裡有蘇聯的間諜潛伏。

如果不是法國的暗示，美國可能永遠不會發現有蘇聯間諜藏在他們的機器之中。一九八三年，法國駐莫斯科大使館發現蘇聯國家安全委員會（KGB）在他們的電傳打字機（teleprinter）中植入竊資裝置，將他們收到和傳出的所有電報都轉交到蘇聯手中，時間長達六年之久。義大利駐莫斯科大使館也發現同樣的情況。法國外交官堅定地表示：華盛頓可由此推論蘇聯也在美國大使館的設備動了手腳。美國官員知道，到處都是潛在的竊資裝置：印表機、影印機、打字機、電腦、加密設備——任何要接上電源的器材。蘇聯證實了他們在竊資方面的創意與本領。

第二次世界大戰結束後，隨著蘇聯與美國的關係破裂，蘇聯加強了他們對前盟國的監視。一九四五年，美國打掃位於莫斯科的大使館時，驚訝地發現一百二十個隱藏式麥克風被藏在新送來的桌子、椅子和石膏像中，到處都有。這些麥克風被發現之後，蘇聯被迫以更有創意的方式竊取資訊。同一年，蘇聯的學童贈送美國大使一個精美的手工雕刻美國國徽，那個雕刻品在美國大使館裡懸掛了七年之久，直到美國官員發現木頭深處藏著一個被稱為「黃金之嘴」（Golden Mouth）的竊聽器，讓蘇聯得以隨時竊聽美國大使的一舉一動。大使館裡擺放的家具會隨著時間流逝而汰換，可是那個木雕國徽裡的竊聽器始終掛在牆上。那枚竊聽器經歷了四位大使的任期，直到一九五二年被人發現為止。當時的大使喬治・肯南（George Kennan）回憶，他一直覺得自己的辦公室裡有一種「強烈但無形的壓迫感」。針對此事，美國的情報官員在白宮的總統辦公室向雷根總統報告他們可以採取的因應措施，然而選擇不多，而且打包行李走人並非其中一個選項，畢竟他們已經耗費四年在莫斯科打造一棟價值二千三百萬美元的全新大使館，這件事讓美國情報人員很沒面子。雷根政府甚至花了比建造費用還貴上兩倍的金額購買實驗用的X光機，並聘請受過訓練的專業人員，結果那些專家不斷發現藏在建築用混凝土中的竊資設備。那棟新的美國大使館幾乎要變成一棟八層樓高的竊聽機器，大使館的工作人員根本不可能搬進那棟大樓。

白宮知道唯一的應對方法就是與蘇聯的創意和狡猾一較高下，找出所有的竊聽器並且換掉大使館裡的各種設備——但是這一切都得在敵人的注視下進行。成功的機會不大，可是他們別無選擇，因為如果蘇聯能夠掌握美國的一舉一動，美國將不太可能在冷戰中勝出。

因此，在一九八四年二月，雷根總統親自批准了後來稱為「槍手計畫」的專案。這是美國國家安全局為期六個月的機密行動，從位於莫斯科的美國大使館中撤走每一件電子器材，運回米德堡進行檢查，然後更換為國家安全局確定沒有竊資裝置的機器。

在米德堡，美國國家安全局的通訊安全副局長華特．迪利（Walter G. Deeley）自願負責這項工作。他越過他在國家安全局和五角大廈的主管，直接向雷根總統說明為什麼應該由他負責槍手計畫。

多年來，迪利就一直熱中於剷除各種漏洞——有人將這種喜好稱為癡迷。他在國家安全局工作了三十四年，大部分時間都在攔截外國的通訊，然而在他進入職涯的最後一刻，發現自己的國家竟然變成資訊被攔截的一方，因此決志保護美國的通訊不受外國間諜侵害。

迪利叫分析人員試著找出駭入國家安全局自身系統的方法，結果讓他更加心煩意亂。如果他們自己的分析人員都能找到方法駭入，蘇聯可能早就已經辦到了。美國官員找出蘇聯安裝的竊聽器時，他就對蘇聯的竊聽技巧留下深刻印象，而且他知道敵人在這方面擁有超越美國的優勢，因為他們不必受到繁文縟節的約束。除非美國開始認真看待資安問題，不然他擔心美國將在冷戰中落敗。

整個國家安全局都相信迪利能完成這項任務，因為在越戰期間，就是迪利建立了國家安全局二十四小時全天候的神經中樞，也就是信號情報行動中心，這是資訊安全監控中心（National Security Operations Center）的前身，負責處理美國國家安全局最敏感的行動。

迪利出任國家安全行動中心首長的那一年，美國海軍一架EC-121巡邏機在日本海遭到擊落。事情發生之後的幾個小時內，國家安全局的分析人員在米德堡各個辦公室之間匆忙地跑來跑去，倉卒搜集因應對策的必要情報。然而迪利認為回應方式過於草率，而且效率太差，讓他無法接受。因此在他的任期內，他成立了一個全天候監控中心，負責搜集即時情報，將事件的點與點相連，並把全球發生的危機加以分類。迪利堅持分析人員每天都要向首長進行簡報。

如今迪利已經快要退休了，他即將展開最後一項任務：找出美國大使館的漏洞，斬草除根，並且為大使館裝配防堵間諜的設備。

迪利將美國國家安全局最優秀的人才都拉進這個專案。他們有一百天的時間來完成第一階段，在這個階段中，他們要用新機器換掉大使館裡的每一台設備。

這項任務充滿挑戰，因為幾乎不可能找到替代品。大使館使用的打字機——當時的頂級打字機 IBM Selectrics——早已缺貨，而且能符合蘇聯電壓的 IBM Selectrics 更是取得不易。美國國家安全局找遍其庫存並向 IBM 求助，但最後只湊到五十台。然而待換的打字機共有兩百五十台，那五十台只好先放在大使館裡情資最敏感的地點，其餘的還得等一等。

迪利的團隊花了兩個月才把要運送出去的新設備準備好。為了確保每一台新設備都沒有被安裝竊聽器，國家安全局的分析人員拆解並重組了每一台機器，還用X光機掃描，注記所有不尋常之處，然後在每一台打字機的內部和外部都安裝防止竄改的傳感器與標籤。

這些打字機運送到莫斯科時，每台都小心包覆在蘇聯所沒有的「防止竄改收納袋」中，以免蘇聯間諜試圖撕破這些袋子並且用新機器取代這些打字機。

武裝警衛一路保護這重達十噸的設備，從米德堡的機密拖車到多佛空軍基地，再到德國的法蘭克福，最後抵達位於莫斯科的美國大使館。在第一噸設備送到樓上之後，不意外地，蘇聯以「電梯保養」的理由關閉了美國大使館的電梯。國家安全局的工作人員必須爬樓梯將剩餘的九噸設備搬到大使館樓上，然後再把十噸重的待換設備搬下樓。

連美國大使原本也不知情。國家安全局的特務人員抵達那天，偷偷將一張簡短的手寫便條交給美國大使，謹慎地要他轉告大使館的工作人員：美國政府已經慷慨地決定汰換他們的舊機器。

美國國家安全局的技術人員深信，蘇聯國家安全委員會一定會試圖破壞那些新設備，因此在每個紙箱的防止竄改傳感器接上電線，然後拉到位於另一個樓面的海軍陸戰隊警衛站，由武裝警衛全天候監視。

接下來的十天，美國國家安全局的技術人員有系統地將新機器從各個紙箱裡拿出來，並且將相應的舊設備放進去，然後重新啟動防止竄改傳感器，以免蘇聯國家安全委員會試圖攔截有問題的設備並移除裡面竊資裝置。武裝警衛一路護送這批舊設備，從俄羅斯的謝列梅捷沃機場到法蘭克福，再從法蘭克福到多佛，最後返回馬里蘭州的米德堡。

整整花了一百天，美國大使館的設備才終於回到米德堡。尋找蘇聯竊資設備的行動就此展開。

迪利要國家安全局裡最頂尖的二十五位分析人員到一輛停在國家安全局停車場角落的拖車裡與他見面，不過他忘了告訴他們，那輛拖車的車門在距離地面四英尺高的地方。分析人員找遍停車場，撿了許多煤渣磚和空線軸，才有辦法爬進那輛拖車。

迪利懶得說場面話。「我們在這個骯髒又破爛的地方開會，因為我不希望資訊安全大樓裡的好奇鬼偷聽我們討論的事情。你們應該都已經知道，這是VRK[63]的專案，對吧？」

那些分析人員紛紛點頭並小聲回答「是」以表同意。他們的主管已經吩咐他們不得向任何人透露他們的任務，包括他們的同事、配偶，甚至他們養的狗。

「你們知道VRK真正的意思嗎？」迪利直接切入重點。「它的意思是，如果你們敢把自己在做什麼告訴別人，任何一個人，我會切掉你們的命根子。」他朝著車門使使眼神。「假如不想照著我的意思去做，現在請馬上離開。」

多年來，迪利一直敲打警鐘提醒國家安全局，要他們加強保護通訊，以免受到蘇聯攔截，如今他這項獨特的任務可以證明他是對的。隨著他即將退休，這次很可能會是他漫長職涯的最後一章。雖然他將留下英雄事蹟，但是當任務圓滿完成之後，他明白這個國家不會記得太久，因此他能留住的只有當下這一刻。

「好，以下是我們的計畫。」他接著說。「我們將設備分為兩組；我們在OPS3的實驗室檢查重要的機器（加密設備），其餘的設備（電傳打字機、影印機和打字機）則在這裡檢查。你們的主管已經為你們每個人分配了工作，等我離開後你們就馬上開始進行。」

接著他又提到獎勵與懲罰。「無論如何，國家安全局的聲譽將取決於你們每個人的工作表現，而且我們時間不多。」他警告那些分析人員。「我們花愈多時間尋找敵人駭入的證據，就愈可能被國務院或中央情報局的混蛋欺壓，或者被蘇聯惡整。」

迪利停下來抽了一口菸，把煙霧吐到分析人員的臉上。為了促使他們動作加快，他將頒發五千美元的獎金給第一個找到確鑿證據的分析人員。

那些分析人員這時才第一次打起精神：五千美元——相當於今天的一萬兩千美元——大約是他們年薪的四分之一。

「有沒有任何問題？」

沒人提問。

---

63 VRK的原文是Very Restricted Knowledge，此指非常少數人知悉的專案。

「好。」迪利說。「那就開始工作。」就這樣，他說完就走了。

那些特務人員連深夜和週末都在工作，而且不理會詢問他們在停車場的拖車裡做些什麼的人。蘇聯最可能駭入的地方是加密設備，不然他們還能透過什麼方式獲取美國的加密通聯訊息？因此那些特務人員先從加密設備著手，仔細拆開每個設備、分解每個零件，然後用X光機尋找任何異常狀況。他們花了好幾個星期搜索每個組件，並且拍下任何微小的異狀，卻沒找出原因。

迪利每個星期都會過來查看進度，並且以比平常更快的速度不停抽菸，看那些特務人員辛苦地檢查大使館數量龐大的設備。他確信加密設備是罪魁禍首，因此當加密設備都確定沒問題時，他開始感到恐慌。他跳過國家安全局的長官、國防部長、中央情報局局長和國家安全顧問，直接向雷根總統報告。這麼多年來他不停地用拳頭敲打桌面，表示國家安全局的竊資技術比不上蘇聯，並親自說服雷根總統讓他主導槍手計畫，結果他現在面對一個醜陋的覺悟，就是他可能無法證明自己的推論。

他晚上回家後會先喝罐啤酒，然後不發一語地走進書房，在裡面反覆播放蓋希文的《藍色狂想曲》——這是給他的妻子和八個小孩的提示，要他們別來煩他。他從一名位階低下的陸軍中士一路往上爬，進了五角大廈並成為國家安全局的副局長——如今他最後一次表現竟然會是這種結局？到了第十個星期，只剩下幾台設備還沒檢查，迪利開始意識到槍手計畫已經失敗，該死的蘇聯一定已經攔截過這些設備。在這些設備送回米德堡的途中，他們一定是靠某種方法移除了他們的竊聽裝置或者使其無效。迪利聽完蓋希文的銅管演奏之後，開始面對找不到竊資裝置的可怕嚴重性，這不僅僅是為了自己的名聲，更是為了共和政體。

那年夏天，拖車裡的分析人員揮汗如雨地工作。他們檢查了傳真機、電傳打字機和掃描機，最後只剩下打字機。然而大使館的檢查人員之前曾仔細檢查過打字機，沒人發現任何異狀。他們到目前為止一直抱持豁達的心態，但現在他們不禁好奇迪利能不能接受失敗。

不過，在一九八四年七月二十三日的深夜，一名獨自工作的分析人員發現一台Selectric打字機的電源開關上有一個額外的線圈。這其實沒什麼好大驚小怪的——有額外記憶體的新型打字機本來就會有附加的電路與線圈，可是那位分析人員決定要用X光機將那台打字機從頭到尾檢查一遍，以確保不出任何差錯。「當我看到X光的底片時，我的反應是：『該死！』他們真的在我們的設備上裝了竊資設備。」那位分析人員回憶道。

在X光的底片上，他看見打字機裡有個不起眼的金屬條，那是他或國家安全局裡的任何一個人所見過最複雜的漏洞。那個金屬條上裝有一個非常小的磁力計，那個裝置可以測量到地球磁場的最小變化。磁力計將打字機每一次按鍵所產生的機械動能轉變為磁性的干擾。磁力計旁邊有個微型的電子設備，記錄著每一次的干擾，並且對這些基本資料進行分類，再透過無線電將結果以短脈衝的形式傳輸到附近的蘇聯監聽站。這些植入裝置都可以透過遙控器操作，而且經過專門的設計，讓蘇聯可以在美國的檢查人員靠近時將其關閉。

迪利的團隊不得不佩服這些裝置的精密技術，世界上所有的加密工具都無法阻擋蘇聯閱讀美國大使館的資訊。蘇聯找出了一種方法，得以在任何人干擾之前集結並彙整打字機按鍵的敲擊。這是極出色的做法，國家安全局永遠不會忘記這個教訓。多年之後，國家安全局以同樣的技巧運用在iPhone、電腦和美國最大的科技公司上，透過非加密的形式擷取在谷歌和雅虎資料中心之間流動的數據。

國家安全局原本以為蘇聯使用錄音設備和竊聽器來監視大使館的活動，現在他們才首次得知蘇聯也擅長透過電機管道進行滲透。

對迪利而言，這證明了他是對的，多年來他一直認為加密保護還不夠。為了真正阻撓敵方政府竊聽，國家安全局必須鎖住任何連接電源插座的設備。如今他終於有了證據。

迪利向國家安全局局長林肯·福奧爾（Lincoln Faurer）進行簡報，並且親自挑選一組成員陪他前往白宮，向雷根總統當面報告這個發現。

不過，他們的發現只是增加他們執行任務的緊迫性。一開始，他們確定大使館的打字機當中有六台遭到竊資，但是他們知道肯定還有更多設備被植入裝置。迪利的團隊開始在可防止回音的隔音室裡向前往蘇聯的情報官員和特務人員進行簡報，那些人對於蘇聯植入竊資裝置的反應各有不同，有人感到驚訝，有人覺得欽佩，也有人非常憤怒。

迪利的團隊訓練國家安全局的其他特務人員尋找打字機攻擊的洩密跡象——修改過的電源開關和金屬條——並且向他們示範如何對打字機進行X光檢查。特務人員最後在大使館最高階官員及其祕書使用的七台打字機中找到植入裝置，另外還有三台在位於列寧格勒的美國領事館裡。

蘇聯顯然在類比技術的攻擊方式中投入了大量資源。他們攔截電磁脈衝，提供國家安全局學習的範本。多年之後，隨著類比技術轉為數位技術，他們用相同的技巧來攔截訊息，只不過把訊息轉換為一和零。

國家安全局最後發現蘇聯植入的裝置有五種以上不同的變體。有些是專門為需要連接電源的打字機而設計的，更複雜的版本則適用於裝電池的新型打字機。

當迪利的團隊回頭去搜尋庫存品時，他們發現最早的植入物是裝在一九七六年運送至美國大使館的某台打字機中，這意味著當槍手計畫完成使命時，蘇聯早就已經從美國大使館的打字機偷偷吸走了八年的機密資料。

大使館進行例行檢查時沒有發現這些植入裝置。美國的檢查人員曾在大使館的煙囪發現一根天線，但他們從沒想過那根天線的用途，分析人員也從沒想過為什麼蘇聯對自己的打字機如此偏執。蘇聯禁止其員工使用電動打字機撰寫機密資料，並且強迫他們使用手動打字機撰寫高度機密資訊。當蘇聯大使館的員工不使用打字機時，都把打字機放在防止竄改的容器中，可是美國人不曾想過要探究其原因。

「我認為人們經常太過輕敵。」福奧爾後來回憶道。「我們傾向於認為我們在科技方面領先蘇聯——例如在電腦、飛機引擎汽車等方面。可是近年來我們一次又一次遇上驚喜，才開始對敵人比較尊敬。現在大多數的人都承認敵方已經大大縮短敵我之間的距離，並且在許多地方贏過我們。」

美國始終沒查出蘇聯如何將竊資裝置植入他們的打字機中。有些人懷疑那些設備在裝運時遭到攔截，有些人認為是利用設備維修的機會，還有人懷疑是內賊搞的鬼。無論真相如何，槍手計畫是全新的間諜手法，徹底改變了遊戲規則。在經過大約四十年之後，幾乎很少有電腦不與其他電腦相連，每一台電腦都會連結到某個網路，從那個網路再連結到一個更大且更複雜的網路，形成錯綜複雜的無形網路，彎彎曲曲地繞遍地球，可以觸及銀河系最遠的角落。如今銀河系裡的一顆人造衛星從荒涼火星發送的資料比以往任何時候都還要多，槍手計畫開啟了可能之門，你現在隨處都能發現可以從事間諜活動與破壞行動的機會。

第七章 數位戰爭教父

拉斯維加斯，內華達州

「這對我們而言是一記響亮的警鐘。」美國的網路戰爭教父詹姆斯・戈斯勒（James R. Gosler）於二〇一五年年底的某天下午對我說：「真不敢相信我們能找出那些竊資裝置，實在太幸運了，要不然我們到今天還在使用那些該死的打字機。」

如果說，是哪一位科技專家促使美國領先群雄、迎頭趕上，並引領其他國家，成為全世界最進步的數位科技強國，肯定就是這位最近以近七十歲之齡退休的男士。他的外型與聖誕老人相似到不可思議，目前居住在拉斯維加斯的郊區。

唯一能證明戈斯勒漫長而隱祕情報工作生涯的，就是那個裝滿各種情報獎項的盒子。那些獎項都是在最私密的非公開頒獎典禮上頒發的，用來獎勵一般大眾可能永遠不會知悉的成就。

戈斯勒很早就建議美國解除槍手計畫的機密性。

「我是個麻煩人物。」他笑著說。

這只是一種輕描淡寫的客氣說法。我詢問過幾乎每一位引領中央情報局和國家安全局走過世紀的領導人物，請他們選出一位美國的網路戰爭之父，結果大家都毫不遲疑地回答「詹姆斯・戈斯勒」。

不過，在駭客圈裡，戈斯勒始終沒沒無聞。

就連每年湧入拉斯維加斯參加黑帽駭客會議及Def Con的成千上萬名駭客，他們只忙著一睹侵入iPhone、自動提款機和電梯等設備的大人物風采，卻完全不知這個圈子真正的高手就住在幾英里外的地方。我和戈斯勒第一次見面就在黑帽駭客會議期間，地點是威尼斯人酒店。黑帽駭客會議創辦將近二十年，這是戈斯勒第一次來到該會議的舉行地點附近。

「這是一個很糟糕的招募場合。」戈斯勒告訴我。他說，國家的菁英駭客不會到這裡來炫耀他們的技能，因為他們正在大學實驗室和資訊安全營運中心裡忙著工作。

在戈斯勒的職業生涯中，生性低調的他在社會邁向數位化的過程中成為美國政府尋找網路漏洞及發展利用程式的主要推動者。如果戈斯勒沒那麼謙虛，他可能會認同這種說法。

不過，他把功勞歸於自己在情報圈的同事和老闆，以及許多新時代的管理大師。戈斯勒經常引用麥爾坎．葛拉威爾[64]的一句話：「當個局外人真的很棒！」他不只一次這樣對我說。英特爾公司（Intel）的兩位前首席執行長高登．摩爾（Gordon Moore）和安迪．葛洛夫（Andy Grove）是他心目中的英雄人物，葛洛夫的著作《十倍速時代》（*Only the Paranoid Survive*）是他奉為聖經的書籍。不過，他一直以來最欣賞的人是組織管理大師普萊斯．普利契特（Price Pritchett）。

這麼多年來，情報人員前往位於維吉尼亞州蘭利市的中央情報局總部拜訪戈斯勒時，都可以在他的辦公室牆上看見普利契特的名言：

64　麥爾坎．葛拉威爾（Malcolm Gladwell）是《紐約客》雜誌的撰稿人及作家，於二〇一一年被授予加拿大最高榮譽「加拿大勳章」（Order of Canada）。

組織無法阻擋世界改變，他們所能做的就是去適應變化。聰明的人會在被迫改變之前自己先改變，幸運的人會在推力來襲時想辦法配合與調整，至於其餘的人則是失敗者，失敗者將會成為歷史。

戈斯勒認為，對於科技進步及其永無止境的潛在攻擊、間諜活動與破壞行動，美國的情報機構反應過於遲緩，而前面那段話正好完美地表達出他的想法。

自一九五二年成立以來，美國國家安全局（NSA）——經常被戲稱為「沒有這個機構」（No Such Agnecy）或「什麼都不准說的機構」（Never Say Anything）——這個卓越的諜報單位，曾經是美國竊聽情報與密碼破解的主要機構。美國國家安全局的前三十年，唯一的任務是攔截情報。米德堡有數千名優秀的博士、數學家和密碼破解人員會仔細篩選訊息，並進行解碼、翻譯及分析，以取得重要祕聞，進而在冷戰期間提供美國下一步行動的依據。

然而，隨著世界的資料轉移到打字機，再轉移到大型電腦、桌上型電腦、筆記型電腦和印表機，從封閉的網路進入到網際網路，國家安全局舊有的被動模式——坐著等候蘇聯的通訊進入其全球搜集系統——已經無法滿足現實需求。數量多到難以想像的國家機密——以前被深鎖在文件櫃裡——突然以一和零的方式進行傳輸，任何掌握創意和技術的人都可以自由取得。中央情報局的間諜在拍攝資料夾中的機密檔案所使用的微型照相機，現在早已完全退位。

比起大多數人，戈斯勒更能看清美國必須抓緊最後一個可資利用的數位契機。

槍手計畫就是他的證明。在我們交談過程中，他一直不厭其煩地提到這項計畫——部分原因是由於槍手計畫已經解密，而戈斯勒參與過的其他計畫到現在都還是機密，另一部分的原因是槍手計畫讓美國情報單位變得偏執，因為該計畫證實美國的敵人正不斷精進攔截數位資料的技術——而且已經大大領先美國。

無可否認，美國很喜歡誇耀自己的情報本領。五〇年代中期，中央情報局和英國的祕密情報局[65]耗費苦心執行了一項名為「帝王行動」（Operation Regal）的專案，以攔截蘇聯埋在東柏林的電纜線路所傳輸的內容。他們在柏林地底下打造一條長達一千四百英尺的祕密隧道，用來竊取東歐和蘇聯的通訊內容。過了一年多，他們的行動才被蘇聯發現。到了七〇年代，在國家安全局、中央情報局與海軍聯手執行的「常春藤鳴鐘行動」[66]中，美國潛水員成功地在日本北方的海底攔截蘇聯一條通訊電纜。蘇聯原以為美國不會發現那條電纜，因此傳輸內容幾乎沒有加密。這麼多年來，國家安全局一直從蘇聯的電纜竊取機密，直到一名雙面間諜——美國國家安全局的一名分析人員——在一九八一年將美國的深海情報計畫（**deep-sea intelligence program**）洩漏給蘇聯國家安全委員會知悉。

不過，槍手計畫不同。「槍手計畫就技術而言非常高明、非常棒。」戈斯勒告訴我。蘇聯不靠安裝良好的設備竊聽或者偷偷攔截電纜訊息，他們有自己的一套方法，隱藏在打字機裡。在美國還沒有機會將訊息加密之前，他們已經先從按鍵竊取了訊息。以情報界的專用術語來說，這稱為「端點駭入」（**hacking the end points**），而槍手計畫立下了新的標竿。現在這個新時代，蘋果公司、谷歌、臉書和微軟公司都開始對其全球性的通訊內容進行加密，因此美國國安局也必須精通端點駭入的技能——從手機和個人電腦未加密的純文字訊息下手。

65 英國祕密情報局（Secret Intelligence Service），通稱「軍情六處」（Military Intelligence, Section 6, MI6），是英國的情報機構，於一九〇九年成立，負責在海外進行間諜工作。

66 常春藤鳴鐘行動（Operation Ivy Bells）是美國海軍、中央情報局與國家安全局的聯合任務，目的是在冷戰期間竊聽蘇聯的海底通訊線路。

「這種技術並不是隨著電腦的出現才發明的。蘇聯從一九七〇年代就開始這麼做了，可是槍手計畫讓它變得真實。」戈斯勒對我說：「我們再也無法假裝不知情。」

在戈斯勒的詞典中，有「BG」（Before Gunman，在槍手計畫之前）和「AG」（After Gunman，在槍手計畫之後）這兩個詞彙。在槍手計畫之前，美國「根本什麼都不知道」。他對我說：「我們完全活在夢想的國度裡。」

在槍手計畫之後，經過了三十年，我們才用電子脈衝破解一切。

戈斯勒在一九七九年進入桑迪亞國家實驗室[67]服務，那年他二十七歲，還很天真。二〇一三年他以研究員身分從那裡退休，但是除了日期與基本上不具意義的職稱之外，那段期間發生的任何事，他都不太願意透露。

在大多數情況下，桑迪亞國家實驗室裡發生的事情都屬於高度機密，必須逼迫他，他才會說出一些基本資訊。戈斯勒參加晚宴派對時，如果有人問起工作，他都說自己在聯邦政府上班。

「基於人身安全的考量，你必須小心自己所說的話，尤其在外面的時候。」他小聲地告訴我。

當時我們約在一家餐廳裡，而且就如同我訪問過的許多人一樣，戈斯勒提早抵達那家餐廳，選了一個在大門旁邊的位子，然後打量著餐廳裡的每個人。他坐在面對著入口的座位，因為那是求生的最佳位置。

我們的訪談從二〇一六年進行到二〇一九年，在對話的過程中，這位美國網路戰爭之父拼湊出自己的職業生涯，同時也提到美國慢慢成為全世界數位領域中技術最佳之網路攻擊者的歷程。戈斯勒很小心，不願透露他工作上的機密資訊。

所以我必須自己填補空白。

戈斯勒在能源部的桑迪亞國家實驗室工作，頭五年是在——「哦，我姑且稱它為電腦部門。」他的第一項任務是掘取桑迪亞後端管理系統所使用之大型電腦與操作系統的內部資訊，例如薪資單。

新墨西哥有兩座國家核能實驗室，分別是位於聖塔菲的洛斯阿拉莫斯國家實驗室[68]和位於阿布奎基的桑迪亞國家實驗室——前者是美國神聖的記憶，因為洛斯阿拉莫斯催生了曼哈頓計畫[69]，而且一直是美國核子武器研究與開發的熔爐。不過，美國核武計畫真正武器化的過程，大部分是在桑迪亞國家實驗室進行的。桑迪亞國家實驗室負責監督美國核武軍械庫百分之九十七的非核零件之製造與防禦。戈斯勒在桑迪亞國家實驗室工作五年之後，轉到另一個團隊，負責確保每一項核子零件都能在總統授權使用時正常運作。那些核子零件在其他情況下不得運作，也是該團隊相當重要的任務，因為意外與故障比人們想像中的更常發生。根據桑迪亞國家實驗室的研究發現，在一九五〇年至一九六八年間，至少有一千兩百項核子武器發生過「重大」事故。

如果炸彈無法按照預期的方式發揮作用，就會染上惡名。「小男孩」（Little Boy）——即美國在戰爭中投下的第一枚原子彈——在日本廣島殺死了八萬人。它的破壞力原本可能更強大，因為它只有百分之一點三八的核芯分裂。三天之後，美國在日本長崎投下名為「胖男人」（Fat Man）的第二枚原子彈時，在偏

67 桑迪亞國家實驗室（Sandia National Laboratories）是美國國家核能安全局（National Nuclear Security Administration）的三個研究發展實驗室之一。

68 洛斯阿拉莫斯國家實驗室（Los Alamos National Laboratory）是美國負責核子武器設計的兩個國家實驗室之一。洛斯阿拉莫斯國家實驗室曾發生過三起核子事故，於一九六五年入選為國家歷史地標。

69 曼哈頓計畫（Manhattan Project）是第二次世界大戰期間盟軍開發的核子武器計畫。

離目標一英里處意外爆炸，可是依然殺死了四萬人。一九五四年，美國在比基尼環礁[70]測試一枚氫彈，產生了十五兆噸的核武威力，是美國核子科學家預期的三倍。其致命的放射性墜塵覆蓋太平洋上空數百平方英里，就連美國自己的武器觀察員也遭殃。

這些都是桑迪亞國家實驗室的科學家必須避免的狀況，可是戈斯勒的團隊比較不擔心意外，他們擔心的是敵人的惡意破壞。在一九八〇年代中期，美國科學家都在努力研究，如何在戰爭爆發時能夠有效阻斷並破壞蘇聯通訊網路及核武系統，而桑迪亞國家實驗室的科學家只能假設蘇聯也在做同樣的準備。

確保美國軍械庫不被破壞的唯一方式，就是成為第一個發現並且修復組件中任何安全漏洞的人。自從戈斯勒於一九八四年走進桑迪亞國家實驗室官僚化的敵人分析小組（Adversarial Analysis Group）那一刻開始——槍手計畫也是在那一年發現打字機的竊資設備——他就因為找到核武零件的重要漏洞而聞名。那些漏洞隱藏在零件的組合方式中，以及在覆蓋其上的應用程式中。

「我發現了問題，並且……修復了那些問題。」某天他告訴我。

「你的意思是，你利用那些程式，拿去攻擊敵人？」我問。

他緊張地笑了一笑。「這個問題妳得去問別人。」

所以我就去問了。

在接下來的兩年，我花了大部分時間追查這個問題的答案，最後終於透過書面文件、桑迪亞國家實驗室前任員工的訴訟案，以及戈斯勒在國家安全局和中央情報局的屬下與長官的口頭及書面陳述，填補了戈斯勒的一些空白經歷。國家安全局和中央情報局的那些受訪者都同意，倘若沒有這位蓄著大鬍子且戴著眼鏡的智者，美國的網路攻擊計畫將永遠無法達到今天的水準。

一九八五年，戈斯勒尋找漏洞的新任務才剛展開一年，他就已經知道自己的工作將變得更為艱難，甚至成為不可能的任務。和其他許多事物一樣，核子武器的設計正從離散的電子控制系統逐步發展為更複雜的微型積體電路片。在拆解這些晶片的過程中，戈斯勒便看出這種進步，以及它們帶來的複雜性——只會為出錯、故障及遭受敵人破壞與攻擊創造出更大的空間。

戈斯勒在一九八四年去聽了肯．湯普森（Ken Thompson）的知名演講。湯普森因為共同設計Unix的操作系統而獲得一九八三年的圖靈獎[71]，他利用在台上演說的機會分享了他對於科技發展的擔憂。他的演講題目是「對於信任的反思」（Reflections on Trusting Trust），而他的結論是：除非由你自己編寫原始碼，否則永遠無法確定某個電腦程式是不是特洛伊木馬。

湯普森完美說出戈斯勒所知悉的真實狀況。當戈斯勒聆聽湯普森演講時，他明白危機的惡化程度不斷倍增。他知道，不久之後他們將無法確保美國核子武器軍械庫的安全。

「當然，我們還是可以找出漏洞，可是我們已經無法保證是否還有其他漏洞存在。」他停頓了一下，以表示強調之意。「這很重要，妮可。我們現在已經無法聲稱微型控制系統中沒有任何漏洞了。」

其他人可能會因此感到絕望，許多人確實如此，可是戈斯勒從來不怕挑戰。在那些微型積體電路片的深處，他發現了自己的人生目標以及人類的愚昧——兩者緊緊綁在一起。

這種微型積體電路片馬上成為駭客的天堂及國家安全的噩夢，每個晶片都具有開發、顛覆、進行間諜

70 比基尼環礁（Bikini Atoll）是屬於馬紹爾群島國（Marshall Islands）的一個堡礁，美國從一九四六年到一九五八年在該處共進行二十多次原子彈和氫彈的試爆。

71 圖靈獎（Turing Award）是電腦協會（ACM）於一九六六年設立的獎項，獎勵對電腦事業有重要貢獻的個人。其名稱取自電腦科學的先驅、英國科學家暨曼徹斯特大學教授艾倫．圖靈（Alan Mathison Turing）。

活動與破壞的無限潛力。

戈斯勒在其接下來的三十年職業生涯中也證明了這件事。

戈斯勒從兩項實驗開始著手。一九八五年，他說服桑迪亞國家實驗室的主管贊助這項研究，他們稱其為「監護人計畫（Chaperon）」。這項計畫的前提假設很簡單：有沒有人可以設計出真正安全的電腦應用程式？有沒有人可以透過即使經過詳細偵查也無法測出的惡意植入裝置（換句話說，就是零時差）來破壞這種應用程式？

桑迪亞國家實驗室將其頂尖的技術人員分為兩組：壞人組和好人組，也就是破壞者和評估者。前者要在電腦應用程式中植入漏洞，後者必須將那些漏洞找出來。

基於樂趣，戈斯勒下班後會把晚上大部分的時間花在駭入與工作無關的硬體和軟體上，不過上班的時候，他只擔任過評估者。現在他很高興能扮演破壞者的角色，於是他設計出兩個植入裝置，並確信評估者會發現他安裝的第一道破壞裝置。

「當時我沉浸在幻想世界裡。」戈斯勒對我說。他沒在破壞軟體時，就在玩一九八〇年代的電腦遊戲「魔域」（Zork）。與他合作的某些科技專家也很喜歡那個遊戲。

他的第一個手段是將「魔域」遊戲中一些常見的程式碼插入安全應用程式的程式碼中。「魔域」的程式碼成功地欺騙了桑迪亞國家實驗室的應用程式，使其洩漏可供攻擊者利用及控制該應用程式（與其保護之資料）的祕密變數。戈斯勒確信他的同事很快就能找出這個漏洞。

至於他的第二個破壞裝置，戈斯勒插入一個漏洞，他和其他人後來將那個漏洞稱為「開創性的科技成就」。

評估者沒有找到戈斯勒植入的那兩個破壞裝置，就連戈斯勒用「魔域」程式碼植入的漏洞都沒被找出來。桑迪亞國家實驗室的評估者至今仍將該項研究當成他們職業生涯中最讓人沮喪的實驗之一。他們花了幾個月尋找戈斯勒植入的漏洞，最後才高舉雙手投降，請他告訴他們他到底做了什麼。

戈斯勒進行了三次長達八小時的簡報，在寫滿記號的白板前來回踱步，不辭辛勞地解釋他植入什麼漏洞。雖然他的同事在他說明的過程中不斷點頭，但他們顯然聽不太懂。

戈斯勒一開始認為第二個植入裝置可當成桑迪亞國家實驗室的新人訓練教材，但是高階主管看見員工的表情如此沮喪，當場拒絕這項提議，因為他們擔心這個練習會迫使新人萌生辭職的念頭。

相反地，高階主管們決定從頭開始進行一項新的研究：第二次監護人計畫（Chaperon 2）。這次他們找戈斯勒以外的人來帶領破壞活動。桑迪亞國家實驗室大約一百名工程師花了好幾個星期、好幾個月的時間尋找植入的裝置，雖然其他人已經快找到了，但最後只有一個人——戈斯勒——發現那個破壞程式。他又在長達數小時的簡報中向大家詳細說明。

這兩次的研究結果與桑迪亞科技高手們之間的耳語，傳到了國家安全局情報部門高階主管那邊——戈斯勒將那些人稱為「東邊的大狗」。那些高階主管打電話到桑迪亞國家實驗室，指名要找戈斯勒。

國家安全局國家電腦安全中心的研究主任瑞克．普羅托（Rick Proto）和科學主任羅伯特．莫里斯一世（Robert Morris Sr.）認為戈斯勒可以教他們的分析人員一些事。

那年是一九八七年，普羅托是國家安全局的大人物，莫里斯一世則是美國政府當時最資深的電腦科學家。莫里斯一世隔年因為他的兒子而染上臭名——康乃爾大學的學生羅伯特．塔潘．莫里斯（Robert Tappan Morris）從麻省理工學院釋放「莫里斯蠕蟲」，破壞了數千台電腦，造成好幾千萬美元的損失。雖然戈斯勒之前曾與政府一些頂尖的電腦科學家合作，可是那些經驗對於他面對米德堡的一切並沒有任何幫助。當他走進位於米德堡的國家安全局時，他的第一印象是：「這裡是全然不同的等級。」

第一次見面時，戈斯勒問了莫里斯一世一個困擾他許久的問題。「軟體的複雜程度多高，才會超出你能完全了解的程度？」

莫里斯一世知道這不是三言兩語就能回答的問題。笨重的大型電腦已經比不上體積較小、價格較低、內建微電子產品與微型控制器的電腦。電腦的應用程式現在有愈來愈多行程式碼，不僅為錯誤提供愈來愈多空間，而且還會將錯誤合併成愈來愈大、愈至關重要的攻擊面。這些應用程式被裝載在飛機和海軍艦艇上，甚至最嚴重的情況是，可能被裝載在美國的核子武器上。

儘管安全性令人擔憂，這種現象似乎沒有轉圜的餘地。Linux 操作系統的第一個完整版本含有十七萬六千行程式碼，五年後它含有兩百萬行。到了二〇一一年，Linux 含有超過一千五百萬行程式碼。如今，五角大廈的聯合打擊戰鬥機（Joint Strike Fighter）含有超過八百萬行內建的軟體程式碼，而微軟的 Vista 操作系統估計含有五千萬行程式碼。

每一行程式碼都包含可透過無數種方式被任意顛覆的指令。程式碼愈多，就愈難找出程式錯誤、打字錯誤或任何可疑的裝置。在槍手計畫中找出打字機的植入裝置是一項情報功績，但是要在下一代的戰鬥機中找出類似的植入裝置，可能需要很好的運氣。

莫里斯一世憑直覺告訴戈斯勒，他對於程式碼在一萬行以下的應用程式有「百分之百的信心」，但是對於程式碼在十萬行以上的應用程式完全沒把握。戈斯勒利用這個機會與莫里斯一世分享他在桑迪亞國家實驗室第一次監護人計畫中所研發的複雜破壞戰術，而且那個應用程式的程式碼不到三千行。

莫里斯一世邀請國家安全局一支由博士、密碼學家和電機工程師組成的菁英團隊來看看戈斯勒的作品，結果沒人能找到戈斯勒的植入裝置，就算戈斯勒指出其位置，還是沒人能夠複製他的破壞裝置。國家安全局顯然高估了自己在美國最機密的電腦系統中找出漏洞的能力。突然間，任何含有兩千行以上程式碼的東西看起來都非常可疑。在他們看過戈斯勒的作品之後，以前想都沒想過的各種惡作劇、機密外洩與國家安全災難，現在似乎都可能成真。

「即便你真的找到一個漏洞，也無法確定自己已經找出全部漏洞。」戈斯勒說。「這就是這種工作最可怕的本質。」

到了一九八九年，情報界依然無法置信蘇聯在槍手計畫中所展現的精巧本領。網際網路的時代已經來臨，並且帶來全新的攻擊面。國家安全局很幸運能找到植入打字機裡的裝置，但是只有上帝知道還有多少東西沒被發現。

他們需要戈斯勒的幫助，因此普羅托請戈斯勒留在國家安全局服務。接下來兩年，戈斯勒成為國家安全局首位「訪問科學家」，負責指導國家安全局的防禦分析人員打擊及破壞現代軟體與硬體的各種方法。他的任務是幫助美國頂尖的防禦者追查蘇聯植入的裝置，並且比其他企圖傷害美國的敵人搶先一步採取行動。

無論那些敵人身在何方。

「我就像進了糖果店的小孩一樣。」戈斯勒告訴我他在國家安全局工作的那兩年是什麼感覺。國家安全局的一切，從員工、文化到任務都令他震懾。似乎所有事和所有人都嚴格建立於「有必要知情」的基礎上。「這是全新的祕密等級。」戈斯勒回憶道：「國家安全局的人會花很多時間對你進行評估，先確定你值得信任而且有本事帶來貢獻，然後才會把事情告訴你。必須與他們交談過很多次，他們才能夠信任地把任務交付給你。一旦得到他們的信任，你的腦子裡只會想著：『千萬別搞砸了。』」

那兩年大部分的時間，戈斯勒都在國家安全局的防禦部門工作，該部門現在的名稱是資訊保障（Information Assurance）。可是他工作不久之後就開始接觸到局裡所謂的「黑暗面」——超乎尋常的卑鄙任務。那些任務後來逐漸發展成熟，因此國家安全局成立一個菁英駭客部門，也就是最近才為人所知的「特定入侵行動辦公室」。

當時國家安全局的攻擊行動仍在起步階段——遠遠比不上今天成千上萬名國家安全局駭客在米德堡與全國各地運作的陣容——可是他們早在一九六〇年代後期就已經接獲警告：他們日益仰仗的科技，將來可能會被當成破壞與竊聽他們的工具。

一九六七年——在第一封電子郵件穿越網際網路的九年前——某個名叫威利斯．威爾（Willis H. Ware）的電腦先驅指出現代電腦系統中有諸多漏洞，並列出這些漏洞可能導致機密資訊外洩或遭間諜活動利用的各種方法。他所謂的「威爾報告」（Ware Report）後來成為五角大廈召集國防科學委員會特別工作小組研究電腦資訊安全的催化劑。那個特別工作小組得出幾項令人不安的結論，其中最重要的結論是：「現代科技無法在開放環境中提供安全的系統。」

那份報告率先提出「電腦主導人性」的概念，而且因為這個理由，美國的情報機構已經步上危險的道路。然而那份報告幾乎沒有提供解決方案，因此在接下來的幾年，美國政府找了那份報告的一些作者與國家安全局和中央情報局的首席撰稿人，請他們為電腦帶來的資訊安全風險進行分析並提供建議。

他們做出的結論——後人以主要作者詹姆斯．安德森（James P. Anderson）將其命名為「安德森報告」（Anderson Report）——訂定出美國政府未來幾十年的網路安全研究議程，並為美國的網路戰爭行動奠定基礎。

「安德森報告」提出的結論是，電腦為潛在攻擊者提供「可試圖顛覆其系統並存取其基礎資料的獨特機會」。「加上應用程式（例如資料控制系統等）集中在一個地方（電腦系統），使得電腦成為吸引惡意（敵對）攻擊的獨特目標。」該報告做出總結：硬體與軟體系統的設計「完全不足以抵禦攻擊」。如果某個惡意使用者可以控制某台電腦的節點，「整個網路將可能因此遭受威脅。」攻擊行動的唯一限制，是攻擊者本身的想像力和技能。

可能性無窮多。攻擊者可能會「利用設計或操作時不小心造成的電腦程式漏洞」取得「未經授予的機密資料存取權限」，也可能會「在電腦應用程式或支援該應用程式的設計與操作系統中植入『暗門』（trap door）」。

報告總結還指出，只要電腦操作系統毫不懷疑地接受軟體更新，電腦就可以被人操縱並且接受暗門。在最早開發的安全防護系統中，該報告的作者群分析了漢威公司（Honeywell）的電腦操作系統[72]，結果發現許多嚴重瑕疵，讓他們可以控制該系統所接觸的任何電腦以及儲存於其中的資料。他們還發現，他們測試過的現代電腦系統大都有這種問題。

「安德森報告」認為，在缺少政府嚴厲干預的情況下，想要讓國家最敏感的機密——軍事計畫、各類武器、情報資訊與間諜活動——不受外國敵人攻擊的機會「微乎其微」。該報告的結論是，一旦美國的政治敵人意識到他們可以從美國政府資料庫裡偷走多少國家安全機密，以及他們不用花什麼力氣就能破壞這些資料，未來的威脅只會變得愈來愈嚴重。而且這還是在網際網路出現之前。

「妳不覺得我們在六〇年代後期就開始接獲這一類警告是很奇怪的事情嗎？」戈斯勒在幾十年後的現

---

72 由漢威公司（Honeywell，Inc.）於一九七六年開發的電腦操作系統CP-6，現在已經停產。

在問我。「看看我們此刻的情況，我們要付出多少代價？」

戈斯勒曾經看過國家安全局早期的駭客都在做些什麼。他知道，他這輩子最想做的工作就是加入他們的陣容。

當時是一九八九年，五角大廈研發的「高等研究計畫署網路」，也就是網際網路的前身，已經淪為快速的大型網際網路之下，一個又慢又小的老舊部位，因此五角大廈決定將其永久關閉。

高等研究計畫署網路的後繼者——網際網路——主機已經悄悄增加到十萬台，每一台主機都有許多使用者，而且已經接近臨界點。隨著網景領航員和Internet Explorer進入個人電腦領域，全世界對網路的迷戀日益增加，國家安全局也不例外。

「威利・薩頓（Willie Sutton）為什麼要搶銀行？」戈斯勒再三詢問他在情報機構的主管與部屬。「因為銀行裡有錢！」

實體銀行裡依然有錢，可是有價值的事物和其他一切正慢慢移轉到網際網路上，國家安全局必須徹底改變其作業方式，才有辦法擷取到重要情報。戈斯勒主張，如果不做任何改變——繼續維持現狀——美國保證會變成「失敗者」，就像他崇拜的普利契特大師所說的那種人。

「我們不能被動地隨波逐流，我們必須積極主動。」戈斯勒對我說：「我們別無選擇。」

美國再也不能倚賴舊式的間諜行動——等待敵人透過無線電信號、微波傳輸及電話線來傳送他們的訊息。美國現在必須探索訊息的源頭：硬體、軟體、影像、感應器、衛星系統、電子開關、電腦，以及訊息前往的網路。如今數以百萬計的電腦上有這麼多資訊，相形之下，「常春藤鳴鐘行動」顯得相當古樸。

國家安全局必須走出去，不僅要穿透海底的光纖電纜，而且要穿透網路以及網路中的網路。他們必須找出與這些網路相連的所有設備，並且找出儲存最重要資料的電腦，同時還必須利用硬體、軟體和人員的漏洞來採掘關鍵的情報。除非他們能夠大規模地成功達到目標，否則這麼做就沒有意義。

一九九〇年，當戈斯勒在美國國家安全局的兩年任期結束時，他已經清楚看出情報界面臨的挑戰與機會。

情報界若無法成長並適應網際網路，將會被網際網路活活吞噬。

若不是因為戈斯勒已經答應要回去桑迪亞國家實驗室，他可能會愉快地留在米德堡工作。他的心態很老派，認為應該效忠培訓他的人，而且他知道自己的忠誠之心在阿布奎基。

然而在出發返回新墨西哥州之前，戈斯勒與國家安全局當時的局長（不久後成為中央情報局的副局長）威廉·史都德曼（William O. Studeman）達成協議：戈斯勒將利用他在桑迪亞國家實驗室的假期探查美國敵人現在仰仗的硬體和軟體，史都德曼海軍上將則讓戈斯勒實際參與國家安全局一些最機密的攻擊任務，以資報答。戈斯勒只告訴我，那是「非常棒的機密專案」。

因此，戈斯勒於一九九〇年正式返回桑迪亞國家實驗室，同時以非正式的身分繼續為國家安全局執行機密任務。他回憶道：「我去上班，拆解軟體和硬體；晚上下班回家，吃完晚餐，然後拆解軟體和硬體。」這是國家安全局和桑迪亞國家實驗室之間策略聯盟的開端，這種關係在未來幾年（甚至幾十年）變得愈來愈緊密。

戈斯勒絕口不提他在那段期間為這兩個情報機構所做的工作，因為至今都還屬於高度機密。可能要等到本世紀的後半段，當那些機密的美國文件解密時，他才有辦法講述完整的故事。

不過，你只需要看看他工作部門的資金來源，就能了解他的工作對於美國情報部門的重要性。戈斯勒在一九九〇年剛回到桑迪亞國家實驗室時，他的部門從美國能源部的國家核能安全局（National Nuclear Security Administration）拿到五十萬美元的資金。五年後，戈斯勒的部門獲得五千萬美元的情報資助，這項在數位發展方面的投資與冷戰之後對於情報預算的刪減形成鮮明對比。冷戰後，情報預算被刪減數十億美元，而且國家安全局在一九九〇年代中期因人事凍結而停止招募新人。

全世界能一窺國家安全局外包什麼任務給桑迪亞國家實驗室的管道，除了機密外洩及戈斯勒概括性的論述之外，就是戈斯勒以前的一名部屬向桑迪亞提起的訴訟案。在該訴訟案中，桑迪亞的一名員工指控該實驗室及其十五名員工（包括戈斯勒在內）因為他拒絕加入國家安全局的「資訊戰爭」而開除他。他宣稱戈斯勒告訴桑迪亞的員工，他的團隊正在國家安全局進行一項「隱祕的任務」，那項任務在本質上需要「利用病毒去感染電腦軟體和硬體」，以及「破解」美國的外國敵人的裝備與加密演算法，好讓美國更容易入侵。桑迪亞國家實驗室解雇那名員工的官方理由，是他處理機密情報的態度過於散漫，還有他「明目張膽抨擊桑迪亞的重要客戶」——國家安全局。

雖然那樁訴訟案從來沒有直接明說，但隱約暗示了戈斯勒的團隊可能為美國國家安全局執行近代史上最令人震驚的情報任務。

據說，戈斯勒在同一年向他在桑迪亞國家實驗室的同事坦承，他正偷偷協助美國國家安全局進行一項機密任務，與一個名叫漢斯．布勒（Hans Buehler）的瑞士人因從事間諜活動而在德黑蘭被捕有關。

布勒在瑞士一家名為克里普陀（Crypto AG）的資訊加密公司工作，是該公司的首席業務員。他曾有九個月在伊朗的監獄裡度過，而且其中大部分的時間是單獨監禁。「我每天被訊問五小時，就這樣持續九個月。」布勒先生在獲得釋放之後對記者說：「我沒有遭到毆打，可是我被綁在木凳上，而且他們揚言要打我。他們說克里普陀是一個間諜中心。」

克里普陀的德國分公司向德黑蘭支付了一百萬美元，以換取布勒的自由。儘管如此，據布勒所知，德黑蘭的指控根本全是謊言。直到三年後，《巴爾的摩太陽報》（*Baltimore Sun*）的兩名記者——後來加入《紐約時報》的史考特．夏恩和以五角大廈記者的身分加入全國公共廣播電台（NPR）的湯姆．鮑曼（Tom Bowman）才透過報導，披露德黑蘭懷疑克里普陀的理由。

許多年來——甚至早在第二次世界大戰期間——在中央情報局和克里普陀的協助下（也許還有桑迪亞國家實驗室的頂尖漏洞專家幫忙），國家安全局一直破壞克里普陀的加密機器，讓美國的解碼專家與分析人員能輕易讀取通過這些機器的任何資訊。

對於美國的情報機構而言，克里普陀是完美的包裝。在克里普陀那些高高在上的客戶當中，有美國在伊朗、伊拉克、利比亞和南斯拉夫的強大敵手，那些敵人都把最敏感的軍事與外交機密交託給瑞士的加密設備。他們永遠不會想到，以保密與中立著稱的瑞士人竟然會同意一樁讓美國間諜能解讀其資料內容的交易。

國家安全局在某種程度上是透過他們自己版本的槍手計畫來實現這項交易：國家安全局的仲介商與克里普陀的高階主管合作，將暗門放進克里普陀的加密設備中，好讓國家安全局解碼專家可以輕鬆破解其內容。

戈斯勒並未證實這一點。當我問他，他為史都德曼海軍上將效力的「非常棒的機密專案」是否為與克里普陀有關或者類似的計畫時，他只是笑而不答。在我們交談的過程中，我慢慢了解他這種特殊的笑容，意味著：「妳很努力，但是別再白費工夫了。」

戈斯勒從來不談他實際參與或祕密協助過的機密行動，就連他沒有插手過的行動也不願意多聊。他只肯告訴我：槍手計畫被發現後的數十年，情報圈在他的幫助下建立了一種依照敵人使用的竊資技術進行分級的方法，並因此確定美國的情報技術才是最高明的。

這座金字塔的底端是沒有什麼本事的第一級敵人與第二級敵人，也就是「腳本小子」等級的國家，必須依靠零時差過日子，可是又找不到零時差。他們只能從BugTraq這類網站向駭客或地下市場的承包商購買可立即使用的網路漏洞。

在這種分級方法中，再往上是第三級和第四級的敵人，他們訓練自己的駭客團隊，但也依賴外面的承包商尋找零時差漏洞、編寫漏洞利用程式、將漏洞利用程式部署在攻擊目標上，並且像戈斯勒所說的「製造混亂」。

在這個層級之上，是戈斯勒稱為「大狗」的第五級和第六級國家——他們花費數年與數十億美元尋找肩負重要任務的零時差，將其發展為可利用的攻擊程式，並以值得自豪的本領將它們插入全球的供應鏈。戈斯勒告訴我，第五級和第六級敵人的唯一區別，是第六級敵人可以透過大規模且簡易的操作完成這些任務。當時具有這種破壞本領的國家只有俄羅斯、中國和美國——儘管美國永遠不會承認。

「想想看，」有一天戈斯勒對我說：「現在已經沒有太多美國製造的產品了，妳知道自己的手機或筆記型電腦裡被安裝了什麼東西嗎？」

我以一種全新的好奇心低頭看著我的iPhone，宛如看著一個美麗的陌生人。

「我不知道。」

在iPhone這個表面光滑的黑色玻璃三明治中，有電路系統、加密晶片、記憶體、照相機、邏輯板、電池、揚聲器、感應器，以及神祕晶片所組成的硬體世界，由一群面貌模糊的憔悴工人在位於偏遠地區的工廠裡組裝完成。

然而，我們將自己數位生活的全部——密碼、文本、情書、銀行紀錄、健康紀錄、信用卡資料、各種消息來源和最深刻的想法——都交託給這個以大多數人永遠不可能完全理解的程式語言所編寫的神祕盒子，而且大多數人也永遠都不會想要仔細探查其內部到底裝了什麼。

戈斯勒說話時，我腦子裡只想到蘋果公司在中國那些憔悴且面貌模糊的工廠工人。我腦子裡想像工廠工人現在有了清楚的容貌，他的宿舍裡有一張塞滿鈔票的床墊，那些鈔票是外國間諜拿來賄賂他的現金，要他植入破壞加密的晶片——那種密碼薄弱的晶片，可讓米德堡、切爾滕納姆（Cheltenham）、莫斯科、北京或特拉維夫（Tel Aviv）的密碼專家輕易破解。但也許是工廠工人的主管植入的？或者是更高階的主管？還是執行長本人？也許那個工廠工人沒有受賄，而是被脅迫的？抑或他根本就是中央情報局的高階官員？

戈斯勒告訴我，破壞全球供應鏈的機會無窮無盡。我的思緒也因此回到《紐約時報》總部蘇茲伯格的儲藏室，以及葛倫．格林瓦爾德不願意交出來的那兩份國家安全局機密文件，其中一份文件以情報專業術語表述了國家安全局如何穿透全球供應鏈。

那份文件是關於二〇一三年國家安全局的情報預算要求，內容概述國家安全局避開網路加密的各種方式。美國國家安全局將之稱為「信號情報促成專案」（SIGINT Enabling Project），以典型的專業術語掩飾該機構廣泛干預及入侵全世界數位隱私領域的行徑：

> 「信號情報促成專案」積極投入美國與國外的資訊科技產業，以祕密影響和／或公開利用他們的產品設計。經過修改其設計，可使系統在事前修改的情況下，透過信號情報的搜集（例如Endpoint，

> MidPoint等）加以利用。不過，對於消費者和其他敵人而言，該系統的安全性依然完整無缺。透過這種方式，「信號情報促成專案」可以在永久整合且注重資安的全球通訊環境中，利用商業科技與洞見來管理為了發現且成功攻擊重要系統而逐漸增加之成本與技術挑戰。

國家安全局的預算要求在某些部分寫得比較明確清楚。為了籌集更多資金，該機構吹噓其中一些「促成」項目「已經完成或接近完成」。二〇一三年，國家安全局宣布該機構預計「讓主要網路的點對點（Peer-to-Peer）語音及簡訊溝通系統之信號情報存取達成完全的行動能力」。史諾登洩漏的檔案並未透露是哪一個系統，但很可能是Skype。國家安全局並聲稱其「已取得使用虛擬私人網路（VPN）[73]和網路加密設備的兩家領導品牌加密晶片製造商之完全授權」。

換句話說，美國國家安全局愚弄了那些相信現成加密工具（例如虛擬私人網路）能阻擋間諜的人。虛擬私人網路可將個人的網路活動導向受保護的加密隧道。理論上，使用虛擬私人網路的目的就是保護你的資料，防堵潛在的窺探者和間諜。

我突然想起戈斯勒的笑容。*妳很努力，但是別再白費工夫了。*

國家安全局並非獨自完成這種規模的間諜活動，其有賴位於蘭利市的中央情報局鼎力相助。除此之外，戈斯勒也像網路界的阿甘一樣，幫助國家安全局在數位利用領域跨出一大步。

一九九一年十二月，當戈斯勒的團隊在新墨西哥州忙著侵入硬體和軟體時，中央情報局派駐蘇聯的間諜正在他們一年一度的節慶宴會上以香檳乾杯，那年他們的心情特別歡娛，身上的西裝別著具有競選風格的圓形徽章，徽章上除了有蘇聯紅色旗幟的錘子和鐮刀，還有一句標語：**派對結束了**。

幾天後，當中央情報局的特務人員還在宿醉時，俄國士兵進入克里姆林宮，自從一九一七年以來就沒人見過的俄國國旗換掉了蘇聯的國旗。冷戰結束了，但是新的敵人已經現身，拿香檳乾杯的歡樂時光無法持續太久。一年之後，柯林頓總統新任命的中央情報局局長詹姆斯·伍爾西（R. James Woolsey）告訴參議員：「是的，我們屠殺了一條大龍，可是我們此刻身處一座叢林，裡面充滿令人困惑的毒蛇。就許多方面而言，大龍反而比較容易追蹤。」

除了俄羅斯、中國、北韓、古巴、伊朗和伊拉克這些長期存在的敵人之外，美國現在還必須面對愈來愈複雜的國家安全威脅：核子武器與生化武器的擴散；犯罪集團與毒品壟斷企業；中東與非洲地區的動盪不安；還有全新且無法預期的恐怖分子威脅。

伍爾西在參議院發表的言論具有悲劇性地預知了未來。短短三個星期後，伊斯蘭基本教義派在世界貿易中心下方的一輛廂型車裡引爆一千兩百磅的炸藥。又過了八個月，索馬利亞擊落兩架美國的黑鷹直升機，將美軍殘破的屍首拖過摩加迪休[74]的街道。

正如網際網路永遠改變了間諜活動一樣，國家安全局的領導階層正設法在不停變動的國家安全領域中穩住其地位，中央情報局也佇立在相同的十字路口。美國間諜搜尋的祕密如今快速穿越過迷宮般的電腦伺服器、路由器、防火牆和個人電腦，美國的情報機構為了完成使命，必須取得各種有用或沒用的數位資訊。在二〇〇五年至二〇一四年間擔任國家安全局局長的奇斯·亞歷山大說，那些資訊就像「一堆乾草」，但他們必須先想辦法駭入各項設備，才可能取得資訊。

73　虛擬私人網路（Virtual Private Network, VPN）是指在網路上使用資料加密的方法以達到安全溝通之目的。
74　摩加迪休（Mogadishu）是索馬利亞的第一大城。

種種挑戰到了一九九三年已經令人生畏，但就像國家安全局和中央情報局接下來的領導者邁克爾・海登所說的：「我們也很清楚，如果我們能達成一半的目標，就會是信號情報（signals intelligence）的黃金年代。」

信號情報的黃金年代無可避免地讓國家安全局的密碼破解專家和他們在四十英里外蘭利市的中央情報局同業相互抗衡。

國家安全局在發展階段一直將中央情報局當成老大哥。米德堡的官員在編列預算、決定應搜集的情報，以及如何產製情報等事項，會請教中央情報局的官員。但隨著國家安全局的預算增加一倍，又變為三倍、四倍，它開始擁有自己的力量。到了一九七〇年代，國家安全局覺得他們不再需要透過蘭利市的中間人來過濾情報，因為他們已經可以直接將報告上呈給白宮、美國國務卿與美國國家安全會議[75]。

中央情報局的官員開始對國家安全局的過度擴張感到不滿。這兩個情報機構在數十年前達成一項暫時停戰協議：國家安全局「謹守本分」，只負責搜集「傳輸中」的資料，中央情報局則負責鎖定情報的來源，派遣間諜滲透其鎖定目標的房子、公事包、電腦、軟碟和文件檔案櫃。然而，隨著國家安全局從傳統的信號情報——數十年來該機構一直從事被動的動態空中攔截——轉變為主動式的端點駭入（或國家安全局現在以浮誇的詞彙所稱之「靜止不動的信號情報」），他們踏入了中央情報局的地盤。中央情報局明白，倘若不快點重新確認自己在新興數位環境中的定位，他們將永遠被排擠在外。決策者認為冷戰時期結束後應該廢除中央情報局，將其主要任務轉交給國務院。關於這一點，中央情報局的領導階層還忙著提出辯駁。

然而中央情報局很難抗辯。該機構成立一系列的工作小組，設法證明中央情報局預算的合理性，但其申請的諸多預算都遭到刪減。

到了一九九五年，各小組都得到令人沮喪的相同結果：坦白說，中央情報局並不是為了掌握網際網路新資訊而設立的。於是他們成立了一個由十二人組成的小型資訊戰團隊，一半的團員負責防禦力分析，另一半負責把零時差攻擊與駭客工具加載至大型軟體中，然後運用於機密行動上。

但中央情報局需要的顯然不僅僅是一支特別團隊。特殊專案人員小組建議他們成立一個全新的辦公室，以因應資訊科技的新戰場。

他們將其稱為「祕密訊息科技辦公室」（Clandestine Information Technology Office, CITO）。一九九五年，當時的中央情報局局長約翰・多伊奇（John Deutsch）在挑選該組織的領導人時，有個名字一次又一次地出現在他眼前。

那個時候，戈斯勒已是一位傳奇人物——至少在高度機密圈裡。這位戴眼鏡的桑迪亞國家實驗室科學家，如今被認為是美國非常卓越的數位攻擊專家。他的一位部屬後來曾表示：政府會請戈斯勒去解決「無法解決的問題」。

當中央情報局打電話給戈斯勒時，他起初有點猶豫，因為他在桑迪亞國家實驗室已經找到自己畢生的職志。然而一位高階情報人員告訴他，如果他拒絕這份工作，肯定是腦袋不正常。於是，戈斯勒在一九九六年當上祕密訊息科技辦公室的總監——這個單位為中央情報局情報行動中心（Information Operations Center）的前身——並直接向該機構的間諜服務及科學技術部門負責。美國中央情報局科學技術局

75 美國國家安全會議（National Security Council）是美國總統主持的最高級別國家安全及外交事務決策機構。

（Directorate of Science and Technology）相當於詹姆士・龐德電影中的軍需單位（Q Branch），開發出外觀類似飛蟲的監聽設備，並且生產了鋰碘電池。中央情報局開發這種電池來改善他們的監聽行動，但這種電池最後被使用在智慧型手機與電動汽車，甚至心臟起搏器上。

戈斯勒集結了該部門最厲害的科技專家，可是他知道，如果要成功完成任務，還必須招募間諜。他得說服所有人——從具有權力的高階主管到中央情報局最不懂科技的間諜——讓他們知道從現在開始，數位攻擊將會在未來許多間諜活動中發揮強大作用。

戈斯勒一有機會就向所有間諜宣導數位間諜行動，無論在訓練課程中、走廊上、茶水間。他試圖說服中央情報局的高階官員——其中許多是科技恐懼者——表明他需要他們的協助。戈斯勒向他們保證，他的部門不會取代他們，他只想以革命性的方式補強他們的間諜技術。戈斯勒告訴他們，數位攻擊是一種強大的工具，可以勒索和招募間諜、破解以前難以想像的外國機密，甚至嵌入敵人的武器中。

戈斯勒展現出他在間諜這一行的本領，並指導許多中央情報局的後輩。有時候，數位攻擊行動可以很簡單，只要派一位中央情報局官員去某家重要技術的供應商，走進高階主管辦公室，直接要求他們將植入國家安全局漏洞利用程式的硬體或晶片放進他們的供應鏈中——用「這是為了你的國家」這種老套說詞即可辦到。不過，戈斯勒也解釋，在大多數情況下，中央情報局會使用傳統的間諜手法——在外國的硬體、武器製造商或航運中心裡安排適當的內應者，甚至找飯店員工偷偷駭入系統。現在有大量的個人資料在網路上流動，要物色對中央情報局而言具有價值的人，並了解他們的弱點，只需要花幾分鐘時間，而不必耗費幾天、幾星期甚至幾個月，就能確定他們的房屋所在地、雇主、換工作的模式、感情生活、個人債務、旅行方式、不良嗜好以及經常出沒的場所。

現在只需要點擊幾下，就能立刻搜尋到結果。

有了網際網路，中央情報局官員現在可以利用線上資料庫找到國家安全局想找的精通網路技能之人，其中有些資料還可以用來勒索。但這也幫助他們剔除那些因為花錢習慣、賭博行為和其他癮頭或婚外情而導致他們更易於洩密或變成雙面間諜的人。

有時候，中央情報局的軍事行動官必須化身為系統工程師、設計師、快遞運送員、物流人員和維護人員，或者飯店人員或清潔人員，以便設陷阱，攔下正從製造商送往裝配線、貨運中心和倉庫再轉送給敵方領導者、核子科學家、毒販或恐怖分子的電腦。

「『人』是主要的存取點，因為有人持有資料庫的密碼、加密的密碼、存取密碼與防火牆手冊。」戈斯勒對中央情報局的學員說：「人們編寫軟體，並且管理資料系統，因此軍事行動官應該招募電腦駭客、系統管理師、光纖技術人員，甚至管理人員——如果該管理人員可以幫助你進入正確的資料儲存區或光纖電纜中。」

從一九九六年開始，直到二〇〇一年戈斯勒返回老東家桑迪亞國家實驗室之前，他都與國家安全局及其他情報機構一同進行採購，決定哪些新技術和武器系統值得購買。祕密訊息科技辦公室的科技人員雖提供技術上的協助，但執行任務還是由中央情報局的官員負責，才能以最好的方式將硬體植入物或軟體的修改版本植入敵方的系統中。

「戈斯勒鼓勵我們成為中央情報局網路攻擊的探路者。隨著敵人愈來愈常取得及使用數位資料，加上網際網路的擴張，中央情報局的網路行動也必須積極發展。我們將走在世界的最前端。」曾經接受戈斯勒培訓的亨利．克朗普頓（Henry Crumpton）後來在他的自傳中寫道。「為了使我們放心，戈斯勒特別強調這雖然是全新的領域，可是他會協助我們，我們這些軍事行動官應該專心致力於軍事行動上。我們不需要擁有電腦科學領域的學位，只要了解數位形式的外國情報與人性之間的關聯，因為我們必須善用這種關聯。我懂這些，我可以辦得到。網路世界的間諜活動幾乎是在一瞬間發生的，它的快速成長與對於軍事行動的影響非常驚人，甚至會帶來大幅變革。」

一名中央情報局的間諜花了九年在冷戰最激烈的時候偷偷拍攝了兩萬五千頁蘇聯與波蘭的機密軍事檔案。一轉眼工夫，現在已經可以利用良好的植入設備在幾個小時內——有時甚至幾分鐘內——擷取到一兆位元的情報資料。戈斯勒告訴我，只要想一想，一兆位元相當於堆疊成三十一英里高的紙張，每張紙上都以單行行距寫滿了資料，「就會明白這既是機會也是挑戰」。

戈斯勒幫國家安全局和中央情報局打開了水龍頭，就再也關不上了。五年前，美國情報圈擔心訊息流的變化會導致他們失明或失聰，如今他們最大的恐懼是他們即將溺斃。

隨著史無前例的噪音流動、看似無關緊要的資料經過沒有終點的數位迷宮傳回米德堡，想要從這份可靠、重要且可用來發動攻擊的情報工作抽身，似乎沒有可能性，因為美國的情報機構必須耗費數十年的時間來處理大數據。

在中央情報局服務五年之後，戈斯勒認為自己對於這個被他譽為「地表上最偉大的人工情報機構」已經貢獻出一切。雖然依依不捨，但他決定離開。

需要有像戈斯勒這種具備各種技能的人，才能將美國的漏洞利用計畫提升至下一個境界，並且了解傳回首都環線的各項情資。戈斯勒不方便多談他在中央情報局的工作內容，可是他在短時間內就獲得國家情報成就獎章（National Intelligence Medal of Achievement）、威廉唐納文[76]獎、情報功績獎章（Intelligence Medal of Merit）、中央情報局局長獎（CIA Director's Award），以及祕密服務獎章（Clandestine Service Medallion）。他迄今仍是美國情報界在參與網路任務方面得獎最多的人。

如今他的功績幾乎影響中央情報局所有的祕密行動。數位間諜活動和傳統的間諜手法已然共生。現在中央情報局在追蹤、緝捕並殺死全世界的恐怖分子時，漏洞攻擊是他們執行任務時的核心行動。很顯然地，中央情報局愈來愈依賴配有攝影機、感應器與攔截設備的無人機，數位領域的攻擊機會也隨之倍數增長。

現在該是讓別人掌舵的時候了。在華盛頓經過五個悶熱的夏天後，戈斯勒期待返回天氣乾燥炎熱的新墨西哥州沙漠。在蘭利市的最後一天，他收拾好自己的獎章、管理學書籍，以及他為了紀念槍手計畫而保留的 IBM Selectric 打字機金屬條，然後祝福中央情報局的男男女女一切順利。他們是唯一知悉他工作影響力的人。其中有些人成為他的英雄，其他人則像他的家人一樣。戈斯勒在蘭利市工作的那五年，他的女兒長大了，可是他永遠無法明白地告訴她，他不在家的那段日子都在忙些什麼。

二〇〇一年五月，當這位美國網路戰爭教父走到停車場、坐上他的吉普車並驅車離去時，美國的情報機構已經透過超過一百個戰略植入裝置，從伊朗、中國、俄羅斯、北韓、阿富汗、巴基斯坦、葉門、伊拉克、索馬利亞和全世界支持恐怖主義的地方擷取前所未見的大量資料。雖然那年五月傳回米德堡的資料非常多，但是以現在的標準來看，美國的漏洞攻擊計畫只瞄準某幾個特定的面向，具有高度針對性。

在戈斯勒搬回新墨西哥州四個月後，便發生了九一一事件。「高度針對性」的策略不再管用了。

---

76 威廉・唐納文（William J. Donovan）是美國軍人、律師、情報官員和外交官，被視為中央情報局的創辦人。

第八章 美國國安局——暴食資訊的怪物

米德堡，馬里蘭州

在九一一恐攻事件後最黑暗的那幾個月，載滿年輕新成員的巴士冒著煙駛向華盛頓特區外圍、不具名的國全局分支。

一路上沒人說話。他們不知道自己為了什麼上車，或者更確切地說，他們不知道來面試的目的是什麼。巴士上的那些人大部分是男性的工程師、駭客及密碼破解人員，他們只隱約知悉每個人都有獨特的本領可以為國家服務。一想起烙印在他們腦中的種種畫面：飛機撞上目標建築物、雙子星大樓倒塌、五角大廈起火燃燒，以及焦黑的殘骸在賓夕凡尼亞州偏僻的田野上悶燒，他們就覺得自己有義務搭上這班巴士。

他們搭乘的巴士最後停在米德堡附近一幢不起眼的大樓前。每個人下車時都拿到一枚紅色徽章，無論他們走到哪裡，那枚紅色徽章都會發出閃閃紅光，以顯示這些人尚未通過安全檢查。

「歡迎來參加面試。」一位接待員對他們說。在這全美最嚴格的專業能力評估測驗現場，如此熱情的問候顯得怪異。

每個新人都拿到一份行事曆，內容包括長達幾個小時的測驗，以評估他們的可信度、判斷力、企圖心、專業技能，以及「出軌可能性」——透過談話以檢測他們走歪的可能性。他們要接受技術面試、謊言測試、藥物測試和心理評估，通過測試的人將會收到錄取通知，得到一份正式工作。他們的起薪為四萬美元——少於他們當工程師的同學在矽谷收入的一半——而且他們只知道這是一項祕密工作，工作內容說不定是掃廁所。還需要經過好幾個月的時間，他們才會清楚自己的任務。當然，到時候他們會被禁止告訴任何人他們在這裡做些什麼。國家安全局還在員工餐廳掛了一幅大大的告示牌：**噓！不要談論工作**。

這些人將加入美國國家安全局特定入侵行動辦公室的高機密菁英駭客團隊——在九一一事件發生後，特定入侵行動辦公室被視為相當重要的情報搜集單位，可是這麼多年以來政府一直試圖否認其存在。

美國國家安全局在九一一事件之前花了十年時間探查和利用全世界的漏洞，現在必須面對自己造成的暗影。他們在全球搜集更多資料，數量達歷史之冠，卻錯過關鍵情報，只因為未能將各個點連接成線。當美國的情報機構將錄影帶轉回飛機撞上建築物的那一刻，他們才發現自己早已擁有防止這場攻擊所需的一切情資，因為情報官員對布希總統的每日情資簡報中早已敲響關於蓋達組織的警鐘不下四十次，而且九一一事件的十九名劫機犯全都是在中央情報局監視的蓋達組織訓練營（位於阿富汗）接受訓練。在事件發生的前一年，其中兩名劫機犯還參加了在吉隆坡舉行的蓋達組織高峰會議，可是他們依舊順利取得入境美國的簽證。二〇〇一年七月，聯邦調查局的特務人員於鳳凰城發出一份公文急件，表示賓拉登可能已經派遣新人前往美國的飛行學校，準備進行恐怖攻擊，可是那份公文被忽視了。在攻擊發生前幾個星期，聯邦調查局的特務人員甚至在明尼蘇達州一所飛行學校發現一個名叫札卡里亞斯·穆薩伊（Zacarias Moussaoui）的三十三歲伊斯蘭激進分子——他正是第二十名劫機犯。在穆薩伊的隨身物品中，特務人員發現了刀子、望遠鏡、手持式航空收音機、筆記型電腦和記事本。當雙子星大樓倒塌時，特務人員還在等候法官批准他們閱讀穆薩伊的記事本及筆記型電腦裡的檔案。

接下來的推卸責任遊戲中，九一一事件委員會和其他立法者——其中許多人在過去十年都曾投票贊成削減情報預算——全數同意是情報單位失職。情報圈需要更多資源、更多法律權限、更多資料、更多設備和更多人員，才能確保類似九一一事件的悲劇不會再發生。布希總統簽署了《愛國者法案》[77]，後來也對《外國情報監視法案》[78]進行了修訂，以擴大政府在沒有法院命令的情況下進行電子監視的權限。年度情報預算從幾十億美元激增至七百五十億美元，並且成立國家情報局局長辦公室（Office of the Director of National Intelligence）、國家反恐中心（National Counterterrorism Center）和國土安全部（Department of Homeland Security），以協調來自不同機構的情報，並且因應未來的威脅。

五角大廈在二〇〇二年宣布成立「全面情報意識」專案[79]，以便搜集更多資料。即便在一年後因為社會大眾要求終結該專案而刪減了該專案的預算，國家安全局仍持續挖掘通聯紀錄、電子郵件、電話交談內容、金融交易、網路搜尋等各種活動，並且將其列為代碼為「恆星風」（Stellar Wind）的機密專案之一部分，直到數年後才能完全曝光。「恆星風」專案找到的線索非常含糊曖昧而且數量龐大，因此間諜都將其稱為「必勝客專案」（Pizza Hut cases），因為許多通聽起來很可疑的電話，最後都證明只是叫餐點外送。

該專案的目標是追蹤所有線索並且監視每一名恐怖分子、可能的恐怖分子、恐怖分子贊助者以及外國的敵人。美國政府想知道他們認識哪些人、睡在什麼地方、和誰一起睡覺、誰付錢給他們、他們買什麼東西、去哪裡旅行、什麼時間吃飯、吃了什麼、說了什麼，以及他們在進行大破壞恐怖陰謀前在想些什麼。「如果我們不知道他們在哪裡剪頭髮，我們就不夠稱職。」一名國家安全局的前員工告訴我。

在九一一事件發生的三十個月後，由於蓋達組織發動的攻擊次數增加，國家安全局的律師開始積極重新解釋《愛國者法案》，以搜集大量美國人的通聯紀錄，並期望將來可放寬《外國情報監視法》的規定，核准沒有搜索令的竊聽行動。國家安全局開始攔截外國人的電話，同時還包括美國人打到國外的長途電話。國家安全局的分析人員監聽伊朗、伊拉克、北韓、阿富汗和俄羅斯的電話，也監聽墨西哥企業集團追蹤機關官員的電話，甚至美國最親密的盟友——以色列的空軍官員、德國總理格哈特．施若德及他的繼任者梅克爾，也都登上國家安全局的目標清單。國家安全局透過光纖電纜與電話交換機取得大量資料，還要求美國最大的電信公司提交打出美國、打進美國和在美國境內每一通電話的元數據。隨著世界從一般電話進入到網路電話、電子郵件、文字簡訊的時代，以及後來的加密傳訊管道，例如WhatsApp、Signal及伊斯蘭國自己的阿馬克新聞社（Amaq Agency）通訊應用程式等，國家安全局也完全不放過。該機構已成為我的同事史考特．夏恩所稱之「驚人的電子雜食動物」。

對於美國這座不斷擴張且資金充裕的網路間諜機器而言，沒有不值一顧的小事，因為更多知識可以讓我們免於遭受下一次的恐怖攻擊。或者像毛澤東主席所言，「唯一真正的防禦是主動防禦。」當然，那些知悉這個道理的人也明白，只要輕敲鍵盤幾下，就可以將數位間諜行動重新導向攻擊。將針頭插入靜脈注射系統，可以提供液態補品，也可以滴入致人於死的藥物。漏洞利用程式也是如此。國家安全局搜索、儲存與利用的那些漏洞，都可被用來摧毀另一端的機器。

77 《美國愛國者法》（*USA PATRIOT Act*）是二〇〇一年十月二十六日由美國布希總統簽署頒布的國會法，正式的名稱為「Uniting and Strengthening America by Providing Appropriate Tools Required to Intercept and Obstruct Terrorism Act of 2001」，中文意義為「透過使用適當之手段來阻止或避免恐怖主義以團結並強化美國的法律」。

78 一九七八年的《外國情報監視法》（*Foreign Intelligence Surveillance Act*）是美國聯邦法律，負責對外國情報進行物理監視和電子監視的情報搜集程序。

79 全面情報意識專案（Total Information Awareness）是美國情報意識辦公室（Information Awareness Office）一項大規模檢測專案，後來更名為「恐怖主義情報意識」專案（Terrorism Information Awareness）。

實際上，只是時間早晚的問題。

每一個特定入侵行動辦公室的員工都記得他們第一次進入米德堡的情形：穿過以防坦克護欄、移動偵測器及旋轉照相機所保衛的電子圍欄，抵達一座由五十棟建築物組成的小型城市，每一棟建築物都有自己的接地金屬門，牆壁和窗戶都以銅網保護，防止建築物裡的任何信號外洩。米德堡的中央有一間銀行、一家藥房和一間郵局。除了這些之外，還有國家安全局自己的警察部隊和消防隊。在更遠一點的地方，在一棟以柵欄、鐵門和武裝警衛隔離的獨立綜合設施中，則是特定入侵行動辦公室的遠端行動中心（Remote Operations Center, ROC）。很少政府機關中穿牛仔褲和圓領衫的人比穿西裝的人多，遠端行動中心就是其一。

遠端行動中心裡沒有人稱自己為駭客，但如果考量他們所有意圖與目的，他們就是駭客。外面的人幾乎都不知道這個單位在做些什麼事，這個單位的任務受到嚴密的保護，高階主管一度考慮在門外安裝虹膜掃描機。然而他們很快就放棄了這個想法，認為虹膜掃描機只能提供表面上的安全，實際上會引來更複雜的問題——提供更多被駭客入侵的管道。在這個單位內部，數百名軍事電腦專家和平民電腦專家一星期七天、一天二十四小時輪班工作，桌子上散放著健怡可樂和提神飲料的空罐。分析人員經常在三更半夜因為重要任務而接到緊急呼叫，要求他們透過單向機密專線打電話回報。在九一一事件發生之後，特定入侵行動辦公室的人力從數百人增加到數千人，以加速進行其非法入侵的任務。他們在全世界以蠻力駭入軟體與硬體、破解密碼和演算法、尋找零時差、編寫漏洞利用程式，以及開發植入裝置與惡意軟體，以隨心所欲操弄別人的硬體和軟體。他們的工作是在數位宇宙中的每一層尋找小縫隙，植入他們的裝置，並且盡可能長久地停留在其中。

九一一事件發生後的十年，在戈斯勒的任期內，植入裝置竊聽的對象曾經只針對中國、俄羅斯、巴基斯坦、伊朗和阿富汗等國家的數百名恐怖分子和外國官員，如今竊聽對象已經高達數萬名，最後還增加至數百萬人。當iDefense在尚蒂伊為程式錯誤訂定價格不高的價目表，還遭受大型科技公司恥笑時，東邊五十英里處的特定入侵行動辦公室駭客正在Bug Traq上尋找程式錯誤、翻閱晦澀的駭客雜誌，並且拆解市場上的新硬體及新軟體，以搜尋能擴充該機構零時差軍械庫的程式錯誤。特定入侵行動辦公室的前駭客告訴我，我在儲藏室裡初次瞥見史諾登洩漏資料裡所提到的軟體後門，只不過是冰山一角。相較於史諾登在社會大眾想像中所扮演的關鍵角色，他在國家安全局裡的影響力及存取機密檔案的能力其實非常有限。

「史諾登只是一個低階管理員。」特定入侵行動辦公室的一位前駭客告訴我。「國家安全局的本事範疇遠遠超出史諾登洩漏的部分。」

在史諾登可接觸的範圍外——存取權限還要往上再高好幾級——有個國家安全局特定入侵行動辦公室的菁英駭客才能使用的攻擊軍械庫。特定入侵行動辦公室的保險庫裡有一份網路漏洞和利用程式的目錄，那些網路漏洞和利用程式可以進入數位宇宙裡的幾乎每個角落。國家安全局沒有辦法記錄其掌握的所有駭客工具，因此必須求助於電腦演算法來為他們的各種漏洞利用程式命名——不然還有其他辦法嗎？

「一開始，他們要我們瞄準恐怖分子的通訊管道，然後是操作系統。」一位特定入侵行動辦公室的作業員告訴我。他在國家安全局的工作期間橫跨九一一事件發生前後。「接著我們開始追蹤瀏覽器和第三方的應用程式。最後，因為發生了大變化，於是我們開始鎖定有內核級安全漏洞（kernel-level exploits）的設備。」

「內核」是任何電腦系統的神經中樞，負責管理電腦硬體和軟體之間的溝通聯繫。依照電腦內部的權勢等級，內核位於最頂層，可讓擁有其祕密存取權限的任何人完全控制該設備。內核也為大部分的資安軟體提供一個有利的盲點，讓攻擊者可以在不被察覺的情況下為所欲為，在那裡停留數月甚至數年——無論受害者多麼警覺地安裝修補與更新程式。間諜為這種攻擊方式取了一個名字：「裸機競賽」（The race to the bare metal）。特定入侵行動辦公室的駭客愈接近電腦裸機，他們的存取範圍就愈深入也愈有彈性。國家安全局開始招募專精於內核攻擊的駭客。不到十年，特定入侵行動辦公室的駭客已經不被發現地潛藏在數千台電腦的內核中，而且其存取權限如此深入，讓他們可以擷取其鎖定目標數位生活的一舉一動。這個單位就像上了癮的人，永遠都無法得到滿足。

為了表彰特定入侵行動辦公室冒險深入裸機，該部門的駭客還設計了自己的專屬標識，並嘲諷英特爾公司無所不在的「Intel Inside」標籤——該標籤是用來告知電腦使用者英特爾處理器已經內建其中。特定入侵行動辦公室精心製作了他們的「TAO Inside」標識，當成一個幽默的提醒：他們的單位現在已經駭入所有物品中。

特定入侵行動辦公室成為一條間諜活動的數位裝配線，他們的一個單位負責搜尋漏洞並開發漏洞利用程式，另一個單位在他們的駭客搶灘成功後負責磨練並強化駭客使用的植入裝置。當恐怖分子、伊朗將軍或軍火商不易監視時，一支獨立的特定入侵行動辦公室菁英團隊會負責找出攔截資訊的方式，這有時候需要靠破解密碼才能達成，其他時候則需要透過其情婦或女僕，然後再輾轉進入他家或他的辦公室。特定入侵行動辦公室還有另外一個部門，即「犯罪部門」（Transgression Branch），負責監督國家安全局的「第四方搜集品」——這是用來指稱扛負另一國駭客行動的專用術語。這個部門被認為特別敏感，因為經常涉及駭入美國的盟國（例如南韓或日本），以便取得與不易接近之目標（例如北韓）相關的情報。其他部門負責後端的基礎設施，那些基礎設施用來搜集及分析從特定入侵行動辦公室植入裝置湧入伺服器的資料，國家安全局基於戰略考量，於世界各地設置伺服器，很多都設置在位於中國的傀儡公司，或者在地理位置優越的小國賽普勒斯。

特定入侵行動辦公室的獨立部門與中央情報局和聯邦調查局緊密合作，以接觸難以靠近的離線目標和網路。在某些情況下，美國的間諜會花好幾個月接近目標身邊的人，以便在目標的電腦上安裝特定入侵行動辦公室的植入裝置。有時候特定入侵行動辦公室會密切監視其鎖定目標的購物歷史，以提醒特務人員把握機會攔截鎖定目標的包裹，趁運送過程中安裝植入裝置。有時候只要中央情報局的官員戴上安全帽，打扮成建築工人，然後走進目標的辦公室，事情就可以搞定。「當你戴著安全帽的時候，人們願意讓你做的事超乎你能想像。」中央情報局的一位前官員告訴我。

進入鎖定目標的辦公室之後，中央情報局的特務人員就可以親手安裝植入裝置，或將其偽裝成隨身碟，留在祕書的桌上。只要有人將那個隨身碟插入目標的網路環境——那就大功告成了！——特定入侵行動辦公室就能夠連接到該棟建築物裡的其他設備，並且從那裡以數位方式爬向鎖定目標。國家安全局不是唯一使用這種把戲的機構。五角大廈的官員於二〇〇八年在他們的機密網路中驚訝地發現俄羅斯駭客的蹤跡。當分析人員追溯入侵者的源頭，發現俄羅斯的間諜在位於中東的美國陸軍基地停車場附近發送受感染的隨身碟，有人拿到受感染的有害隨身碟，將其插入由美國軍方、情報機構及白宮高級官員共享的機密網路中（五角大廈後來用強力膠彌封了所有的隨身碟接口）。

反恐戰爭以及在阿富汗與伊拉克境內的戰爭提升了特定入侵行動辦公室對間諜情報技術的需求。由於白宮、五角大廈、聯邦調查局、中央情報局及美國國務院、能源部、國土安全部和商務部等國家安全局的「客戶」（該機構的專用術語）都急著盡可能搜集情資，為了攔截情報所做的一切都變得合情合理。

九一一事件後的十年也是間諜的黃金年代：「谷歌」變成了常見的動詞。它的無所不在和實用性，為間諜提供了他們鎖定目標的生命紀錄，在紋理細密的內容中，充滿平凡無奇的世俗與洩漏祕密的細節，並儲存在永久的檔案資料庫裡，可以從地球任何一個角落進行存取，而且在大多數情況下只受到一個密碼保護。突然之間，特定入侵行動辦公室的駭客可以知悉其鎖定目標前往的各個地方、從事的各種活動，以及與他們交談過的每個人。光是使用鎖定目標的定位系統座標，特定入侵行動辦公室的駭客就可以追蹤鎖定目標濫用哪些藥物、去哪家心理諮商診所，或者去哪家汽車旅館搞一夜情，這些都是可以用來勒索的情報。谷歌的搜尋歷史為特務人員提供一道簡易的窗，可以了解鎖定目標扭曲的好奇心。「最終的結果之一……是我們根本不需要你輸入任何文字。」谷歌當時的首席執行長艾瑞克．史密特（Eric Schmidt）在二〇一〇年表示。「因為我們知道你的位置，我們知道你去過哪裡，而且我們或多或少可以猜出你在想什麼。」國家安全局當然也辦得到這些事。

隨著臉書在二〇〇四年問世，國家安全局不再需要努力，只要憑靠臉書平台即可洞悉一切，因為突然之間，大家都開開心心地把大量個人資料，包括照片、所在地點、人際關係，甚至內心獨白全都上傳到網路。國家安全局現在可以閱讀到伊斯蘭基本教義派的冥想沉思，取得俄羅斯寡頭政治執政者在法國瓦勒迪澤爾滑雪及在瑞士聖莫里茲賭博的度假照片。分析人員可以使用國家安全局一套簡稱為Snacks（Social Network Analysis Collaboration Knowledge Services，社交網路分析研究知識服務）的自動化程式來監看其鎖定目標的完整社交網路。那些目標的每一位朋友、家人或工作領域的熟人都還可以讓特定入侵行動辦公室再進一步研究其目標。

不過，蘋果公司在二〇〇七年推出的第一款iPhone，才大大改變了這場監控遊戲。特定入侵行動辦公室的駭客開發出一種方法，可以追蹤iPhone使用者的每一次按鍵，包括發送簡訊、傳送電子郵件、線上購物、與人聯繫、安排約會，並且能確知其所在位置及搜尋紀錄，甚至透過其手機的照相機與麥克風即時捕捉其生活中的聲音與影像。美國國家安全局侵入旅遊公司的動態通知，包括航班的確認、延誤、取消，並將其與其他鎖定目標的活動路線進行交叉比對。國家安全局有一套名為「我的節點在哪裡？」的自動化程式，每當海外的目標從一個手機訊號台移動到另一個手機訊號台時，分析人員就會收到電子郵件通知。特定入侵行動辦公室現在不必費力就能夠立即且全面性地侵入隱私，而且在史諾登洩密事件之前，iPhone的使用者似乎完全不在意國家安全局在他們身上加諸的手鐐腳銬。

同時，特定入侵行動辦公室彷彿變成廣大的群島，每座小島都有其盡可能搜集及分析情報的理由。特定入侵行動辦公室的行動分散在八座位於世界各地的大使館和位於全美各地的衛星辦公室。在科羅拉多州的奧羅拉，特定入侵行動辦公室的員工與空軍合作，駭入太空船和衛星。在夏威夷的歐胡島，他們與海軍合作攔截了對美國軍艦的威脅。在喬治亞州奧古斯塔的國家安全局密碼中心——該中心正確的代號為「甜茶」（Sweet Tea）——特定入侵行動辦公室的駭客攔截了來自歐洲、中東和北非的情報。在索尼公司位於德州聖安東尼奧的舊晶片工廠裡，特定入侵行動辦公室的駭客正監視著墨西哥、古巴、哥倫比亞、委內瑞拉的毒品企業集團和官員，偶爾也包括中東。

這些行動都是在最高機密下進行的。聖安東尼奧的居民開始在鄰里間的論壇上抱怨他們的車庫門經常任意地被打開又關上時，美國人才第一次察覺到國家安全局在暗中進行的活動。有些住戶向警方報案，認為車庫門作怪應該是附近的小偷在搞鬼，可是警方一頭霧水。該事件迫使國家安全局罕見地承認，是他們的天線出了問題，在無意中影響了老舊品牌的車庫門遙控器。

這樣的工作有分工的必要性。為了找出漏洞並且將其轉化成武器，演算法的破解、一與零的解譯及硬體和軟體的探測等等，都將變成例行公事的一環。從發現瑕疵到將其變成監聽工具或攻擊武器，國家安全局的漏洞利用發展過程變得愈來愈難以掌握。

因此，在九一一事件發生之後的那幾年，國家安全局決定讓其頂尖分析人員看看自己辛苦的成果。資深官員召開了一場簡報會議，其中兩位出席者告訴我，那場簡報會議在未來的日子裡將永遠記在他們心中。在米德堡的一個安全房間裡，官員們將十幾張面孔投射在明亮的螢幕上。他們告訴那些參加會議的分析人員，螢幕上的每個人都已經死了，而這一切要歸功於分析人員的數位攻擊行動。房間裡一半的人在得知自己的工作被用來殺死恐怖分子之後感到非常自豪。「但是另一半的人覺得很不舒服。」特定入侵行動辦公室的一位前分析人員告訴我。「那場簡報會議彷彿對我們說：『這就是你們的工作成果，這裡有死亡人數。做得很好，請繼續努力。』在那之前，一切都只與破解演算法有關，與數學有關，可是突然之間，這份工作變成了殺人任務，事情就此改變，而且再也無法回頭。」

如果特定入侵行動辦公室的駭客對他們的工作有任何疑慮，通常只需要看一眼中國的同行在做些什麼，就會讓他們對自己的任務感覺好一些。中國駭客不僅從事傳統的國家間諜活動，他們還從財星美國五百大[80]的每一家大型公司、美國研究實驗室及智庫那裡竊取智慧財產。北京已經不再滿足於只是這世界的廉價製造中心，因此派遣該國駭客從國外竊取創新的商業機密（而那些創新企業大部分在美國），如今已將美國價值超過數十億美元（估計可能高達數兆美元）的研究與發展偷走，交給中國的國有企業使用。

國家情報局前局長邁克．麥康奈爾（Mike McConnell）後來告訴我：「在檢查任何可能受到影響的電腦時——無論在政府、國會、國防部、航空航太工業或具有重要商業機密的公司裡——沒有任何一台電腦躲過中國的入侵。」

或許特定入侵行動辦公室已經涉入所有領域，但至少其員工可以告訴自己，他們並非為了牟利而盜竊。國家安全局傾向將這份任務重新塑造為崇高的天命。「即使恐怖分子或獨裁者試圖剝削我們的自由，信號情報專業人士也必須在道德方面占上風。」國家安全局的一份機密備忘錄如此聲明。「某些敵人會說或做任何事來圖利自己，但是我們不會。」

至於被他們擴大搜索而得來的美國資料，與我交談的特定入侵行動辦公室駭客立即表示，國家安全局有非常嚴格的規定，禁止他們查詢被該機構稱為「附帶搜索品」的任何美國資料。特定入侵行動辦公室的員工進行查詢時，會受到美國國家安全局審核小組的嚴密監控，該審核小組又得向另一個監督小組、監察長、該機構的律師團與法律總顧問進行呈報。一位特定入侵行動辦公室的前員工告訴我：「任意查詢美國人的資料會讓你入獄。」

這句話不完全正確。在九一一事件發生後的幾年中，確實有十多名國家安全局的員工遭到逮捕，因為他們打算利用該機構的竊聽設備監視自己的前妻或情人。雖然這種情況並不常見，但國家安全局還是為這種行為創造了一個名稱：愛情情報（LOVEINT），該詞彙是信號情報（SIGINT）與人類情報（HUMINT）的變體。在那些案例中，國家安全局審核員在幾天之內就能抓到犯行者，將他們降職或減薪，並且撤銷其出入許可。在許多情況下，這會使得犯行者除了離職之外別無選擇，但是沒有任何人因此遭到刑事起訴。

雖然國家安全局的官員後來必須得到外國情報監控法院（Foreign Intelligence Surveillance Court）的認可，因為根據法律規定，必須由外國情報監控法院批准任何可能針對美國人的監視行動，可是法院已經變成一枚橡皮圖章。美國國家安全局的論點在沒有辯方律師的情況下進行聽證；當法院在史諾登洩密後的公眾壓力下，終於公布數據，該數據顯示在二〇一二年法院收到一千七百八十九份監視美國人的申請，其中有一千七百四十八份沒有任何修改即獲得核可，只有一個案子被撤回。

---

80 財星美國五百大（Fortune 500）是指美國《財星》（*Fortune*）雜誌每年以公司營業額進行排名評選的全美五百家最大公司。第一期美國財富五百大評選於一九五五年。

有時候，國家安全局的努力會立即見效。在某個案例中，他們成功阻止一樁謀殺案的發生：一位畫了先知穆罕默德畫像的瑞典藝術家差點遭到殺害。在另外一個案例中，他們得以事前提醒紐約甘迺迪國際機場的工作人員，告知他們一個中國人口走私集團的罪犯姓名與航班號碼。他們還在五角大廈的飛機上裝設竊聽設備，在哥倫比亞上空飛行六萬英尺追蹤哥倫比亞革命軍武裝叛亂分子的下落與陰謀。

「妳必須明白，」國家安全局特定入侵行動辦公室的一位分析人員告訴我：「我們搜集到許多瘋狂的情報，你根本不敢相信自己看到了什麼。我們的工作會直接呈報給總統，讓你覺得自己的工作拯救了無數的生命。」

到了二〇〇八年，國家安全局開始瘋狂地將人類的決策——以及伴隨而來的複雜道德計算——從他們的工作中移除。代號為精靈（Genie）的國家安全局高機密軟體程式，不僅開始積極將植入裝置安裝在外國敵人的系統中，也嵌入市場上網際網路的路由器、交換機、防火牆、加密設備和電腦的每一種品牌與機型。

到了二〇一三年，精靈植入裝置的數量已經高達八萬五千個，是五年前的四倍。根據美國的情報預算，數量還打算增加到數百萬個。其中四分之三的植入裝置優先鎖定伊朗、俄羅斯、中國和北韓的目標，但是特定入侵行動辦公室已經不再將目標區分得那麼清楚。

史諾登洩漏的文件檔案提到，國家安全局內部的留言板有一則祕密留言，內容是國家安全局的間諜針對最新優先鎖定目標的描述：**掌管數十萬甚至數百萬潛在目標存取權限的外國資訊科技系統管理員**。每一個國家安全局的植入裝置傳回大量以文字訊息、電子郵件和語音紀錄等格式呈現的國外機密，就連像戈斯勒這種數位攻擊領域的先驅也難以想像能進展到這種程度。

在國家安全局的大型信號情報行動中，我有機會得以近距離窺探「獵殺巨人行動」（Operation Shotgiant）。許多年來，美國官員一直反對中國的華為技術有限公司——全世界最大的電信設備製造商——與美國有生意往來。最近，美國持續對其盟國施壓，禁止華為公司的產品使用新的高速 5 G 無線網路，理由是該公司與中國共產黨之間有可疑的關係。川普政府甚至揚言，假如盟國向華為公司靠攏，美國將不再與其分享情報。

美國官員一再指出，被稱為「中國的賈伯斯」的華為公司創辦人任正非曾是中國人民解放軍官員，並且警告消費者，華為公司的產品充滿中國的軟體後門。在遇上國家級的緊急情況時，中國的情報人員可使用那些軟體後門來攔截高層的通訊，並且清理情報、發動網路戰爭，或是關閉重要的服務設施。

這些說法可能是真的。不過，反過來的情況也是如此。美國官員公開指稱中國在華為公司產品中嵌入軟體後門，但我在《紐約時報》的同事大衛．桑格（David Sanger）與我從外洩的機密文件中獲悉，美國國家安全局幾年前曾駭入華為公司位於深圳的總部，竊取了程式碼，並且在該公司的路由器、交換機和智慧型手機中植入軟體後門。

「獵殺巨人」的想法可追溯至二〇〇七年，最初只是為了查出華為公司與解放軍之間的關係，因為解放軍多年來一直恣意駭入美國的公司與政府機構。然而在不久之後，國家安全局就開始利用這個立足點來滲透華為公司的客戶，特別是伊朗、古巴、蘇丹、敘利亞和北韓這些刻意不使用美國科技的國家。「我們鎖定的許多目標都是使用華為公司生產的商品來進行通訊。」國家安全局的一份機密文件指出。「我們想確知如何利用零時差漏洞一窺這些利益網路。」

可是國家安全局這項行動的目標並不限於華為公司。「獵殺巨人行動」還擴大到駭入中國兩家最大型的行動網路，這兩家公司現在也充滿了國家安全局的植入裝置。二〇一四年史諾登的相關報導刊出時，機密文件清楚指出，國家安全局仍致力於植入新的裝置和惡意軟體——那些工具可以在中國的行動網路中攔截他們的對話，擷取其對話的特定段落，然後送回米德堡，由美國國家安全局的翻譯、解碼專家及分析人員組成的團隊破解為重要情報。簡言之，國家安全局正在進行他們指責北京政府所做的一切，並且有過之而無不及。

到了二〇一七年，國家安全局的語音識別與選擇工具已廣泛部署於中國的行動網路中。美國不僅駭入中國，美國國家安全局成千上萬的植入物也早已深深嵌入全球其他的外國網路、路由器、交換機、防火牆、電腦與手機之中。那些設備的文字訊息、電子郵件和對話每天都被傳回國家安全局的伺服器中心。還有許多暗樁處於休眠狀態，等到不時之需或者將來電腦停機——或是全面發動網路戰爭時——才會派上用場。

在九一一事件之後的緊急局勢下，要在人力可能達到的範圍內取得及分析愈多資料愈好，外洩的機密文件檔案與接受我訪問的情報官員都清楚指出，幾乎沒人停下來質疑：假如他們進行的數位詭計被別人發現，可能會造成什麼影響。

沒人問過，他們現在的入侵行動，有朝一日對美國的科技公司會發生什麼影響。那些科技公司現在服務的外國客戶比美國客戶還多。在冷戰時期，美國國家安全局不需評估這種尷尬局面：俄羅斯在美國的打字機裝上後門程式時，美國也在刺探俄羅斯的科技本領。然而現在情況已不再相同，因為全世界都使用相同的微軟作業系統、甲骨文資料庫、Gmail、iPhone和微處理器（microprocessors）來提供我們日常生活的動力。漸漸地，國家安全局的任務愈來愈常產生利益衝突和道德風險，但似乎無人詢問國家安全局非法入侵及數位攻擊的行為將對他們的贊助人（也就是美國的納稅人）產生什麼影響。除了通訊之外，美國納稅人的銀行業務、商業往來、交通運輸和醫療保健也都必須依賴那些遭國家安全局駭入的科技服務。可是顯然沒人停下來問問他們是否樂於看見，當他們在全世界的數位系統戳出漏洞並植入裝置的同時，美國重要的基礎設施，包括醫院、城市、交通、農業、製造業、石油和天然氣、國防等支撐我們現代生活的一切，也因此暴露在遭受外國攻擊的風險中。程式漏洞、網路攻擊和惡意軟體都沒有專利權，如果國家安全局發現一個侵入數位系統的方法，很可能在一天之後，或者幾個月或幾年之後，其他壞人也會發現並且利用那些漏洞。

美國國家安全局對這種道德風險的回應更為隱晦。只要該機構以高度機密且無從察覺的手法進行交易，它就可以繼續一路前進。批評者認為這樣的機密分級並無法讓美國人更安全，只會讓國家安全局躲過進一步的責任追究，以及在這些計畫與交易手法終究外洩至公共領域時增加風險，並且激勵其他人——不僅是網路菁英分子——加入這場遊戲。

「國家安全局的致命缺陷是，他們開始深信自己比別人聰明。」美國網路安全界一位德高望重的智者彼得．諾伊曼（Peter G. Neumann）某天這樣對我說。

諾伊曼現在已經快要九十歲了，就算不是唯一一位，他也是極少數可以吹噓自己曾與愛因斯坦討論國家弱點電腦科學家之一。多年來，他提出的改革主張始終無人理睬。他警告過國家安全局、五角大廈和每個相關人士，提醒他們資安方面的瑕疵總有一天會導致災難性的後果。

諾伊曼說，國家安全局對於他們的工作有一種傲慢心態。藉由將後門程式插入他們能觸及的任何科技，國家安全局認為（但這種想法對國家不利）他們在全球電腦系統中找到的所有洞漏都不會被其他人發現。「他們愚弄了一切，所以可以任意進行破壞。他們認為『只有我們有後門程式可以使用』，卻沒有意識到世界上每個國家都想要這些後門程式。」

「軍武競賽又重新開始了。」諾伊曼告訴我：「在這種賭上所有資源的競賽中，我們把自己逼進一條沒有出口的死巷。這對於整個國家而言是一場災難。」

特定入侵行動辦公室的員工在間諜活動中所仰賴的植入裝置也可使用在未來的網路攻擊上，那些植入物同時也是可以將助益翻轉為毀滅的潛在因子。間諜活動中的惡意軟體可以更換或修改，以破壞機器設備另一端的資料。**只要輕輕按下一個按鍵，就可以關閉外國的網路，甚至破壞實體的基礎設施。**敵人使用的任何工業系統——即使與美國所使用的系統完全相同——也都已經被美國鎖定，以備不時之需。

根據間諜這一行的行規，這麼做是完全公平的競爭，無論對美國間諜、中國間諜或俄羅斯間諜來說都是如此。然而在二〇〇九年，美國在米德堡封閉的銅牆裡設定了網路戰爭的新規則，而且過程中完全沒有任何反對的餘地。

從那年開始，不僅可以將程式碼植入國外的重要基礎設施之中，美國還打算跨過國界去移除另一個國家的核武計畫。

只要沒人出聲反對就可以。只要是透過程式碼來完成就行。

第九章　魯比孔

納坦茲核電廠，伊朗

「給我第三種選擇。」布希總統在那年六月時對他的助手說。

當時是二〇〇七年，伊朗打造出武器等級的鈾濃縮設施。在以色列施加的壓力下，美國不得不出手處理這個問題。伊朗花了將近十年偷偷建立起納坦茲核濃縮廠，將兩個又大又深的洞穴狀大廳埋藏在岩石、泥土與混凝土底下三十英尺深的地方，大小約為五角大廈的一半。

美國無法透過外交手段干預這件事，因此第一種選擇出局。五角大廈的分析人員展開軍事演習，模擬德黑蘭會如何因應以色列的攻擊，並且思考駐紮該地區的美軍該如何應變。倘若以色列入侵伊朗，國際油價肯定飛漲，但如果美軍介入，美國在整個中東地區早已負擔過重，因此第二種選擇也不予考慮。

布希總統需要一種可以安撫以色列人，又不會引發第三次世界大戰的方法。

美國國家安全局的科技高手奇斯．亞歷山大提出了第三種選擇：「聖母經」（Hail Mary）。身為國家安全局局長，奇斯．亞歷山大將軍一直是個與眾不同的人物。他和該機構前幾任的局長不同，他本身就是一名駭客。在就讀西點軍校期間，他研究了電子工程與物理學方面的電腦技術。一九八〇年代，他在位於加州蒙特雷的海軍研究所（Naval Postgraduate School）打造出自己的電腦，並且開發自己的程式，將陸軍笨重的卡片索引系統轉為自動化的資料庫。他在亞利桑那州華楚卡堡（Fort Huachuca）的陸軍情報中心（Army Intelligence Center）負責第一項任務時，不僅用心記住每一台陸軍電腦的技術規格，也詳細制定出該中心第一個情報暨數位戰資料程式。在亞歷山大逐步升遷至指揮體系的過程中，取得了電子戰事、物理學、國家安全戰略和商業領域的碩士學位。

在亞歷山大被選為第十六任國家安全局局長之前，曾在維吉尼亞州的貝爾瓦堡（Fort Belvoir）擔任陸軍情報組織的主任，接著又擔任該組織的首長。他在那裡完成一艘類似影集《星際爭霸戰》企業號的星艦，還打造了艦長室的座椅以及每次打開和關上時都會發出「呼噓」聲的門扇。有人稱他為「亞歷山大大帝」，以回應他對《星際爭霸戰》的迷戀，同時也因為他會運用自己古怪的魅力以獲得他想要的東西。軍方的人稱他為「亞歷山大怪胎」，但是國家安全局前任局長邁克爾・海登稱他「牛仔」，因為他出名的行事風格是先做了再道歉。亞歷山大另一個戲謔的外號是「Nike勾勾」（Swoosh），這個外號來自Nike的勾勾商標和其「Just Do It!」的標語。

在布希總統要求「第三種選擇」之前，美國國家安全局和國家能源實驗室已經為了找出伊朗的核設備而努力多年。特定入侵行動辦公室的駭客不斷進行偵察，要將伊朗核設備的藍圖傳回美國。他們部署了專門為尋找AutoCAD檔案而設計的病毒——AutoCAD是一種軟體，可繪製出製造業的電腦網路，也就是核濃縮工廠的平面圖。他們找出伊朗常用的操作系統、應用程式以及各種功能、特色和程式碼，並將零時差儲存在伊朗核工廠工作人員與承包商使用的各種廠牌與型號的機器中，以便搜尋更多資料。這些都是為了間諜活動而做的，不過亞歷山大很清楚，進行網路攻擊還有許多不同的動機，例如為了破壞對方的基礎設施。這些「電腦網路攻擊」（computer network attacks，情報界都簡稱為CNA）依法必須先獲得總統批准才能執行，而且在二〇〇八年之前，這些攻擊都還算相當初階，範圍也有限。舉例來說，五角大廈有一次曾試圖從伊拉克取得蓋達組織的通訊資料，但是比起亞歷山大後來提出的建議，那次行動簡直就像小孩子的遊戲。

亞歷山大在一場盛大的行動說明會中，向布希總統簡述對伊朗核設施的網路破壞攻擊大概會如何進行。

就在位於田納西州的美國能源部橡樹嶺國家實驗室，工程師和核能專家已經打造出與納坦茲核設施相似的複製品，並且配備了伊朗的P-1離心機。那些工程師知道，如果要破壞伊朗的計畫，就必須先摧毀其離心機（這種設備以超音速旋轉，每分鐘轉動超過十萬次），並分離出導致爆炸的同位素。

他們還知道，離心機最弱的環節是旋轉輪，因為它們脆弱易變，旋轉輪必須輕巧但堅固，且平衡良好，並且附有滾珠軸承以減少摩擦。如果旋轉輪轉動得太快，離心機可能會爆炸；如果瞬間停止，六英尺高的巨大離心機可能會從轉軸上脫落，像龍捲風一樣摧毀其滾動路徑上的所有東西。而且，即使在正常運作的情況下，離心機也經常發生斷裂或爆炸。這麼多年來，美國也炸毀過不少台離心機。在伊朗，因為自然發生的意外事故，工程師每年需定期更換大約百分之十的離心機。

亞歷山大在二〇〇八年提出的建議是透過網路攻擊的方式，以武器化的程式碼模仿並加速那些事故發生的頻率。納坦茲的離心機旋轉輪是由被稱為「可程式化邏輯控制器」（programmable logic controllers, PLC）的專門電腦所控制。可程式化邏輯控制器讓納坦茲的核技術人員得以遠端監視離心機，檢查其速度，並且診斷相關問題。亞歷山大解釋：如果美國國家安全局能夠深入那些納坦茲電腦，駭客就可以控制旋轉輪的速度並且使離心機失控，或者讓它們完全停止旋轉。

最好的情況，這個過程十分緩慢，伊朗的技術人員可能會當成一般的技術故障，但這樣的破壞行動可以讓伊朗的核能野心倒退數年。毫無疑問地，這將是美國在網路領域中最冒險的賭注，如果成功，將可迫使德黑蘭接受談判。

亞歷山大的手法讓我想起最早期的零時差仲介商薩比恩後來與我分享的那段話：「大多數的專家都同意，最有可能導致世界毀滅的，是意外。這就是我們得以發揮作用之處。我們是電腦專業人員，我們專門製造意外。」

什麼事情都可能發生。但在二〇〇八年時，以色列以高壓行動逼迫布希政府，要不就祭出能夠摧毀伊朗核設施的破壞裝置，要不就閃一邊去。那年六月，以色列空軍派出一百多架F-15和F-16戰鬥機前往希臘，另外再加上加油機和直升機。白宮不必揣測原因，因為特拉維夫到雅典衛城的距離幾乎與特拉維夫到納坦茲的距離一樣。「這是以色列警告我們的方式：不聽話就滾開。」五角大廈的一名官員後來對我說。

以色列沒有虛張聲勢。一年前某次單獨行動中，以色列戰機在黑夜的掩護下摧毀了敘利亞設置於幼發拉底河岸邊的核子反應爐，就在布希政府明確表示美國不會對敘利亞進行轟炸之後。以色列早在一九八一年就做過同樣的事，破壞了伊拉克的奧斯拉克（Osirak）核子反應爐。如今他們計畫在不久之後摧毀納坦茲的核設備。假如以色列真的執行這項計畫，根據五角大廈模擬的結果顯示，美國將因此被捲入第三次世界大戰。前一年，美國士兵在伊拉克的死亡人數創下新高，布希總統的政治資本與支持率也因此降到最低點。

布希總統沒有其他更好的選擇，只好同意亞歷山大提出的「聖母經」計畫。

但是有一項附帶警告：美國必須找以色列參與這項計畫，因為他們得讓以色列知道，除了空襲轟炸之外，還有別種方法可行，而且比起其他國家，以色列對伊朗的核系統運作也最為清楚。何況以色列的網路技術已經可以與特定入侵行動辦公室匹敵。

於是，在接下來的幾個星期，「奧林匹克運動會」就開始了。

有人說這是美國國家安全局用電腦演算法想出的名稱，也有人說這是因為奧運五環而特別選擇的名稱，象徵美國國家安全局、以色列的八二〇〇部隊、中央情報局、摩薩德[81]和國家能源實驗室史無前例的五方合作。幾個月來，駭客、間諜和核子物理學家所組成的團隊在米德堡、蘭利市、特拉維夫、橡樹嶺和以色列的迪莫納（Dimona）核能測試中心之間來回奔波。以色列在迪莫納核能測試中心打造出納坦茲的巨型複製品，而且他們就像海豹六隊[82]一樣計畫出完整的任務：包括導航方式、進場與退場戰略、運載的工具，以及特製的武器裝備。

伊朗的領導人在不經意的情況下為這次行動提供了一個大好機會。二〇〇八年四月八日，也是伊朗的「國家核能日」，那天馬哈茂德．阿赫瑪迪內賈德[83]邀請記者和攝影師前往納坦茲參觀。攝影師不停拍照，阿赫瑪迪內賈德帶領記者群走過納坦茲三千台運轉中的P-1離心機，像一名自豪的新手父親，展示伊朗閃閃發亮的第二代新式離心機，並且得意地吹噓新式離心機的鈾濃縮效率為P-1離心機的五倍。原本只有伊朗人和少數核能檢查人員知悉納坦茲的模樣，攝影師當天拍攝的照片讓外界得以一窺究竟。

「這真是千載難逢的情報。」當時一位英國核武擴散專家如是表示。他不知道的是，那時美國國家安全局的分析人員正努力從每一張照片挖掘情報，作為他們數位入侵的準備。

有了那些照片、設計圖和離心機，美國和以色列擬出一份清單，上面列有他們使用網路武器所需要的

81 以色列情報及特殊使命局（Mossad），俗稱摩薩德，是以色列的情報機構。

82 美國海軍三棲特戰隊第六分隊，簡稱海豹六隊（Seal Team Six, ST6），是美國海軍的反恐特種作戰部隊。

83 馬哈茂德．阿赫瑪迪內賈德（Mahmoud Ahmadinejad）是伊朗第六任總統，亦是伊朗保守派政治聯盟「伊斯蘭伊朗建築聯盟」的主要政治領袖。

一切，像是有權進入納坦茲設施的人員名單，包括承包商與維修人員。他們也需要一種可以繞過防毒軟體或資訊安全保護措施的方法。他們還需要了解那棟建築物裡的每一台電腦，包括操作系統、特殊功能、印表機，以及它們互相連接的方式，其中最重要的是與可程式化邏輯控制器連接的方式。他們需要一種可以在機器之間暗中散播程式碼的方法。美國國家安全局的律師也希望能夠確定，當美國丟出彈頭時，攻擊行為可以鎖定他們針對的目標，讓附帶損害降到最低。律師們合理地擔心：可程式化邏輯控制器除了被用於伊朗的旋轉輪之外，也會被使用在雲霄飛車的煞車系統，及全世界的汽車廠和化工廠，因此他們必須確保攻擊行動只會發生在伊朗，確切地說，是伊朗離心機旋轉輪的可程式化邏輯控制器。然後，美國和以色列需要設計出一種有效的彈頭，也就是可使旋轉輪轉速失控，並且破壞離心機穩定性的實際指令。他們需要一個能夠說服納坦茲技術人員一切都沒事的假象，即便是在納坦茲離心機失控的時候，仍能不留痕跡，而且不會因為衝動而出錯。那種程式碼必須宛如休眠般不被人發現，不管多久都不讓形跡曝光。

要滿足這些需求中的任何一項都不容易。美國必須暗中將這些需求串聯在一起，經歷數月、數年，是一次前所未見的重要數位間諜行動。人們日後將這次行動拿來與「曼哈頓計畫」相提並論。

八個月後，一架私人飛機將一台損壞的P-1離心機從田納西州的橡樹嶺國家實驗室運往白宮的戰情室。

布希總統終於下令執行「奧林匹克運動會」。

我們不確定到底是誰把那個電腦蠕蟲帶進去的，有人認為是摩薩德的密探，有人認為是美國中央情報局的官員，有人認為是一名荷蘭籍的間諜，還有人認為是收了很多錢的內鬼，或者是「奧林匹克運動會」在準備第一次行動之前鎖定的五間伊朗承包公司當中一名不知情的職員。可能要等到二〇三九年「奧林匹克運動會」被解密時，我們才能知道真正的答案。現在，我們只知道是某人透過一個受感染的隨身碟，把電腦蠕蟲送進了納坦茲。

納坦茲的電腦設有網閘[84]用以阻擋美國和以色列的入侵。據說美國幾年前曾企圖以更原始的方式攻擊離心機：納坦茲的供電設備從土耳其運往伊朗時，曾被美國間諜攔截，那些設備接上電源之後，強大的電流通過控制離心機馬達的變頻器，導致變頻器爆炸。伊朗認為電流之所以激增是因為外部攻擊，便將電源關閉，以確保核設施裡的每一台機器都不會接觸到網際網路。

沒錯，那意味著儘管數位攻擊在過去三十年來大幅進步，有時候技術能夠做到的還是有限。

不過，只要透過人工觸動攻擊，剩餘的部分可以交給七個在可程式化邏輯控制器裡的零時差漏洞來完成，其中四個漏洞在微軟的軟體中，三個在德國西門子的軟體中。

除了兩個明顯的例外，我們不知道那些零時差是從哪裡來的。我們不知道它們是特定入侵行動辦公室或以色列八二〇〇部隊從「內部」開發完成的，還是從地下市場買來的，只知道那個電腦蠕蟲最後的形式為五百千位元組（kilobyte），比之前發現的任何電腦蠕蟲都還要大五十倍，是可以將阿波羅十一號發射到月球所需千位元組的一百倍。它價格昂貴，可能隨隨便便就超過數百萬美元。不過，比起一架價值二十億美元的B-2轟炸機，這只算是連鎖大賣場的特價品。那個電腦蠕蟲要進入納坦茲的電腦並且爬進離心機，這七個零時差漏洞扮演著至關重要的角色。

第一個零時差是讓電腦蠕蟲從受感染的隨身碟跳到納坦茲電腦上的微軟軟體漏洞。那個漏洞聰明地偽

84　網閘（air gap），又稱為物理隔離網閘，可以在TCP/IP協議層的物理層對於多個網路連接進行切換。設有網閘的電腦不會直接連結網路或者與其他電腦相連。

裝成良性的.LNK檔案——用來顯示例如MP3或微軟Word檔等隨身碟內容小圖示的檔案。當你把隨身碟插入電腦，微軟工具會自動在隨身碟中搜索這些.LNK檔案，在掃描過程中，電腦蠕蟲被觸發並且開始活動，不必點擊任何按鍵，就得以進入第一台納坦茲電腦中。

一旦電腦蠕蟲進入第一台納坦茲電腦，就會啟動第二個微軟視窗的零時差攻擊——儘管從技術面來說，第二個漏洞不算零時差攻擊，一份沒沒無聞的波蘭駭客雜誌《*Hakin9*》對此有詳細說明。特定入侵行動辦公室與八二〇〇部隊的駭客顯然定期關注那份雜誌，可是微軟公司或伊朗都懶得閱讀它。

《*Hakin9*》雜誌詳細描述的那個瑕疵如下：每當有人在執行微軟視窗的電腦按下列印鍵時，列印內容就會形成一個檔案，控制的程式碼會告訴印表機是否要將該檔案從頭列印到尾、要黑白列印還是彩色列印。透過攻擊列印功能，攻擊者就能進入印表機可存取之區域網路中的每一台電腦。

就像開放共享網路以分享電子試算表、音樂檔案與資料庫的大學和實驗室一樣，納坦茲也有自己的檔案共享網路。電腦蠕蟲得以在每一台電腦中流竄，尋找它最終的目的地。有時候它會利用印表機進行攻擊，有時候則會使用另一個眾所周知的遠端程式碼漏洞來執行攻擊，反正伊朗的技術人員根本懶得修補那個漏洞。

一旦電腦蠕蟲進入納坦茲的區域網路，就會啟動另外兩個微軟視窗的零時差來控制它感染的每一台電腦，以便找出控制納坦茲可程式化邏輯控制器的電腦。為了閃躲微軟視窗的防禦，那種電腦蠕蟲使用一種手法，把兩家台灣公司的安全證書拿來擔保它的組件，就像偷來的數位護照。這麼做並不簡單，因為只有少數幾間跨國公司有資格頒發數位證書來擔保網站的安全性，在這個案例中，則擔保微軟視窗操作系統信任電腦蠕蟲安裝在每一台新電腦中的驅動程式。企業把可以任意使用安全證書的私用密鑰存放在有如諾克斯堡（Fort Knox）[85]的數位保險庫中，這些保險庫通常有攝影機及生物識別感應器加以護衛，而且通常只有在兩名值得信賴的員工同時出示其個別持有的憑證時，才有辦法進入保險庫。這種機制是為了防止內賊竊取密鑰，在黑市中高價售出（在這個案例中，那兩間台灣的證書管理機構位於同一棟辦公大樓，因此許多人都懷疑這樁搶案確實是內賊所為）。

電腦蠕蟲從一台電腦移動到另一台電腦時，會尋找已為可程式化邏輯控制器安裝西門子Step 7軟體的任何裝備。Step 7軟體可以顯示離心機的旋轉速度，以及離心機是暫時停止還是完全關閉的狀態。找到之後，駭客就利用已為人所知的技巧：製造商預設的密碼（通常為「admin」或「password」）。只要利用這種預設密碼，就可以馬上駭入裝置之中。

電腦蠕蟲接著進入Step 7的資料庫，並且在數位檔案中嵌入惡意程式碼，然後只需要等待納坦茲的員工連上資料庫，就可以觸發另一波攻擊來感染該名員工的電腦。電腦蠕蟲進入那些電腦後，能存取那些電腦控制的可程式化邏輯控制器與離心機旋轉輪。那種電腦蠕蟲非常謹慎，在設計時，特別考慮了律師的意見，因此只在完全符合條件的可程式化邏輯控制器上放入火藥，專門尋找可控制一百六十四台機器集群的可程式化邏輯控制器。一六四並非隨機的數字，因為納坦茲將離心機每一百六十四台分為一組。

電腦蠕蟲找到相符的目標時，會將火藥丟在可程式化邏輯控制器上。這一步本身就是超現實的。在此之前，從來沒有一種電腦蠕蟲可以同時在個人電腦和可程式化邏輯控制器上運作，因為這兩種機器完全不同，有各自的程式語言和微處理器。電腦蠕蟲在可程式化邏輯控制器上所做的第一件事是等待。最初的十三天，它除了測量離心機旋轉輪的速度之外，什麼事也不做。它要檢查並確認旋轉輪是以八百到一千一百赫茲的速度運轉，這速度是在納坦茲離心機使用的正確頻率範圍內（運轉速度在一千赫茲以上的頻率

85 諾克斯堡（Fort Knox）是美國陸軍基地，位於肯塔基州，儲存美國國庫黃金的美國金庫即位於此。

轉換器會受到美國出口管制約束，因為其主要用途就是鈾濃縮）。十三天的等待期結束後，就輪到火藥上場了。火藥的程式碼可讓旋轉輪加速至一千四百赫茲，持續十五分鐘，接著恢復為正常速度，維持二十七天。之後，又讓旋轉輪的速度降至二赫茲，持續五十分鐘，然後再恢復正常二十七天，就這樣不斷重複整個過程。

為了避免納坦茲的工程師察覺任何不對勁，奧林匹克運動會的設計師提出一項「不可能的任務」。就像銀行竊賊在搶劫前會使用預先錄影的畫面替換安全攝影機的影像，那個電腦蠕蟲在使納坦茲離心機瘋狂失速旋轉或者完全停止時，也將預先錄好的資料發送到監視可程式化邏輯控制器的 Step 7 電腦中，因此技術人員完全無從發現異狀。

二〇〇八年年底，這個名為奧林匹克運動會的聯合行動已經滲透至納坦茲可程式化邏輯控制器，而且似乎沒人懷疑是網路攻擊。當電腦蠕蟲開始往外散播，布希總統和亞歷山大都對進展感到十分滿意，以色列也一樣。雖然以色列持續試圖發動空襲，即刻的威脅已經過去。不過，隨著美國二〇〇八年十一月的總統大選腳步逼近，奧林匹克運動會的任務執行也開始變得更加急迫。

愈來愈多人認為，布希總統的繼任者將會是歐巴馬，而不是約翰．麥肯[86]。就以色列的觀點來看，歐巴馬是一張萬能牌。

布希總統於二〇〇九年初將總統辦公室移交給歐巴馬的幾天前，他邀請這位總統當選人到白宮進行一對一會談。

正如我的同事大衛．桑格後來所報導的，在那場會談中，布希總統希望歐巴馬能保留兩項機密計畫：一項是美國無人機在巴基斯坦執行的計畫，另一項就是奧林匹克運動會。

就一位沒有特殊科技背景的總統而言，歐巴馬算是非常深入參與奧林匹克運動會。在他上任後不到一個月，那個電腦蠕蟲便已獲得第一次的重大成功：納坦茲有一批離心機已經失速，而且其中幾台已經損毀。歐巴馬總統打電話給前總統布希，讓他知道他的「第三種選擇」已有了回報。

阿赫瑪迪內賈德曾表示伊朗安裝了五萬多台離心機，但是在二〇〇七年至二〇〇九年間穩定打造之後，根據國際原子能機構[87]的紀錄顯示，伊朗離心機的數量開始逐漸減少，並且持續到隔年。

這項計畫如亞歷山大所期望的方式進行。到了二〇一〇年初，那個電腦蠕蟲已經摧毀納坦茲八千七百台離心機之中的兩千台。隨著每一次對旋轉輪發動新攻擊，歐巴馬總統就會在白宮戰情室與他的顧問群開會。伊朗不僅離心機遭到破壞，對自己的整體計畫也失去信心。由於檢查之後找不出原因，納坦茲的官員開始互相攻訐，懷疑是彼此在搞鬼，好幾名技術人員因此被解雇，其餘的人則被下令要以性命擔保離心機的安全。於此同時，他們的電腦螢幕卻持續顯示一切皆正常運作。

歐巴馬雖然高興，也擔心這種攻擊方式會樹立先例。這是全世界第一次以網路武器造成大規模的毀滅。如果電腦蠕蟲向外散播，將會重新塑造我們所知的武裝衝突。**有史以來，這是一個國家頭一次跨越國界，以程式碼執行從前只能靠飛機和炸彈才能達成的破壞攻擊。假如伊朗或任何其他敵人也學會使用這種新式武器，他們肯定會大膽地做出相同的事。**

美國的企業、城鎮和城市都極為脆弱，即使只列出近期簡短的網路攻擊清單：二〇〇八年俄羅斯侵入

86　約翰．麥肯（John Sidney McCain III）是美國共和黨的重量級人物，曾於二〇〇八年代表共和黨參選美國總統。

87　國際原子能機構（International Atomic Energy Agency, IAEA）成立於一九五七年，是致力和平發展原子能的獨立國際組織，為聯合國系統的一部分。

五角大廈的機密網路與非機密網路，二〇〇九年北韓發動一系列攻擊，導致美國財政部、特勤局、聯邦貿易委員會、運輸部、那斯達克股票交易所與紐約證券交易所等網站故障，以及中國對美國軍事機密和商業機密不曾間斷的突襲——都清楚說明了，任何想在網路領域傷害美國利益的敵人都正在實現他們的目標。美國的網路漏洞五花八門，而且防禦能力不足，**隨著愈來愈多新式電腦、手機和可程式化邏輯控制器不斷問世，可攻擊面也持續擴大**。多久之後我們的敵人就能找出可造成嚴重傷害的潛在漏洞？多久之後他們就能取得與我們相同的能力？多久之後他們就會在美國土地上測試自己的本事？

二〇〇九年春天，歐巴馬總統在白宮設立一個全新的網路安全職位，負責協調政府各部門的網路防衛事務，並且提供建言給無法抵禦網路攻擊的美國企業。歐巴馬總統在宣布這項措施的演講中警告美國人：美國朝著網路大步邁進，「雖然帶來很大希望，但是也帶來龐大危險」。

歐巴馬也第一次談到自己曾經遭遇的網路攻擊：駭客破壞了他的競選辦公室以及他二〇〇八年總統大選競爭對手約翰．麥肯的競選辦公室。「駭客取得電子郵件及大量競選檔案的存取權，從政策立場文件到詳細拜票行程。」歐巴馬表示，「那是一次強而有力的提醒：在這個資訊時代，你最大的優勢之一……也可能是你最大的弱點之一。」

於此同時，那個電腦蠕蟲一直都在干擾離心機的旋轉輪。

核能檢查人員最早是在二〇一〇年一月發現納坦茲的設備不太對勁。納坦茲離心機廠房外面的安全攝影機拍到身穿白色實驗服、腳下套著藍色塑膠鞋套的伊朗技術人員焦急地將一台又一台離心機搬出廠房。

就官方立場而言，國際原子能機構沒有資格詢問伊朗的技術人員為何要丟棄那些離心機，伊朗方面也拒絕承認他們出了任何問題。

從美國人的角度來看，電腦蠕蟲表現得非常優異——直到它擴散而出。

沒有人確切知悉電腦蠕蟲是如何擴散出去的，但是在那年六月，當時的中央情報局局長里昂．潘內達、他的副手邁克爾．莫瑞爾（Michael Morell）和美國參謀長聯席會議副主席詹姆斯．「霍斯」．卡特萊特（James "Hoss" Cartwright）將軍向歐巴馬總統及拜登副總統報告：電腦蠕蟲已經以某種方式離開了建築物，將帶領他們經歷隨即上演的恐怖秀。

他們的主要理論是，由於以色列對電腦蠕蟲的進度不滿意，因此引入一種新的傳播機制，導致電腦蠕蟲擴散出去。然而直到今天，這種理論還沒得到證實。

大衛．桑格後來披露，當時拜登副總統緊咬怪罪在以色列頭上的理論。根據報導，拜登副總統表示：「他媽的，這一定是以色列幹的，他們太超過了。」

另一個理論是，納坦茲的技術人員或維護人員可能已經將受到感染的電腦插入他們個人使用的裝置中，因而使得電腦蠕蟲向外擴散。雖然奧林匹克運動會的專家在設計第一版電腦蠕蟲並調整火藥部署的條件時十分謹慎，可是他們從未考慮過如果電腦蠕蟲滲出網閘會發生什麼後果。

歐巴馬總統問了一個潘內達、莫瑞爾和卡特萊特等人都害怕的問題：「我們應該停止這項計畫嗎？」自從布希總統頭一次告知歐巴馬總統這項計畫以來，最壞的情況就是電腦蠕蟲滲出網閘。伊朗在多久之後會把所有問題串聯起來、意識到外洩的程式碼是來自他們的機器？電腦蠕蟲會傳播到多遠的地方？會有什麼樣的附帶損害隨之而來？

歐巴馬的顧問團無法提供好的答案。他們只知道，伊朗可能需要一些時間才能查到那個程式碼，以及程式碼的來源和目標。在伊朗揭開掩飾物之前，歐巴馬總統認為美國應該利用所剩的時間盡可能製造傷害，因此他命令那些執行計畫的將軍們加速攻擊。

在接下來的幾個星期，特定入侵行動辦公室和八二〇〇部隊又發起另一波激烈的攻擊，摧毀了另一批離心機，而電腦蠕蟲也開始爬到網路各處，漫無目的地尋找更多可程式化邏輯控制器。沒人知道在不久之後會有多少系統遭到感染，但是一定很快就會有人發現這個程式碼並且將其摧毀。

歐巴馬的年輕顧問班傑明・羅德斯（Benjamin Rhodes）提出警告，說：「這件事會被刊登在《紐約時報》上。」他是對的。

那年夏天，眨眼間白俄羅斯的安全研究人員、莫斯科卡巴斯基實驗室（Kaspersky）的俄羅斯研究人員、位於雷德蒙德的微軟公司、兩位在加州賽門鐵克的研究人員，以及德國的工業安全專家勞爾夫・蘭格納，都在電腦蠕蟲從伊朗衝向印尼、印度、歐洲、美國並轉往其他一百個國家，感染數萬台電腦時，紛紛開始追蹤那個電腦蠕蟲。於此同時，微軟對其客戶也發布了緊急公告。他們將那個程式碼最前面的幾個字母重新排序，將該電腦蠕蟲命名為「震網」（Stuxnet）。

蘭格納在他位於漢堡的豪華辦公室裡感到極度不安。多年來，他的改革主張一直無人理睬。他警告他在德國和全世界的客戶，告訴他們那些插在汽車、化工廠、發電廠、水壩、醫院與核濃縮設施的可程式化邏輯控制器，將來有一天將成為破壞的目標。更糟的情況是，將導致爆炸、數位海嘯或大範圍的停電。可是到目前為止，這些擔憂都只是純粹的假設。當震網的程式碼和火藥成為世人關注焦點時，蘭格納知道他長期以來憂心的攻擊絕非空穴來風。

蘭格納的團隊在實驗室裡用震網感染電腦，以觀察那個電腦蠕蟲可以做些什麼。「接著發生了一些有趣的事。」蘭格納回憶道：「震網就像一隻實驗室老鼠，不喜歡我們的乳酪，只聞一聞，可是完全不想吃。」

他們在幾種不同版本的可程式化邏輯控制器上測試，可是電腦蠕蟲都沒有反應。那個電腦蠕蟲顯然在尋找一種特定的機器結構，而且它的設計者是利用目標內部人員提供的資訊來設計程式碼。「那種電腦蠕蟲知道進行攻擊所需要的種種細節。」蘭格納說：「它們可能甚至知悉操作人員穿幾號的鞋。」雖然該電腦蠕蟲的散播方式令人印象深刻，但最讓蘭格納驚訝的，是它裝載的火藥（蘭格納稱之為「彈頭」）。「它裝載的火藥非常複雜。」

它的程式碼純熟精巧，不是隨隨便便的網路犯罪分子所能寫出來的，絕對是出自資源豐富的國家單位之手。蘭格納的結論是：它的設計目的就是「讓負責維修的工程師發瘋」。

蘭格納也因為彈頭裡不斷跳出的數字感到震驚：一六四。他請助理給他一份離心機專家的名單，看看他們對於這個數字是否有任何共鳴。果然沒錯：在納坦茲的濃縮設施，操作人員將離心機每一百六十四台分為一組。**找到線索了！**

在《紐約時報》，我的同事大衛・桑格、威廉・布羅德（William Broad）和約翰・馬克歐夫（John Markoff）也開始拼湊震網程式碼之謎。二〇一一年一月，這三人在《紐約時報》上發表了一篇關於電腦蠕蟲的長篇報導，詳細闡述以色列如何參與這項行動。

兩個月後，勞爾夫・蘭格納在二〇一一年三月去了一趟位於加州的長堤。他受邀在一年一度的TED創意會議[88]發表十分鐘的演說，與聽眾們談談震網程式碼。蘭格納之前完全沒聽說過TED演講。TED演講背後的概念與德國人所認同的一切完全對立，因為德國人不愛閒聊，也不會胡說八道。在德國，沒有人會分享自我感覺良好的訊息，或者公然吹捧自己。即便你在事業方面有出色的表現，不代表就得發表

88 TED創意會議（TED Conference）是由美國的私有非營利機構TED Conference LLC.所舉辦的大會，TED是指Technology、Entertainment和Design，即技術、娛樂和設計。

長篇演說誇耀。那年三月，蘭格納正經歷痛苦的離婚，既然有人願意出錢請他去美國加州，他覺得在沙灘上散散步或許可以舒緩一下心情。然而那個星期天他抵達加州時，發現那並不是一場普通的網路安全會議，因為演講者以及與會來賓包括比爾．蓋茲、谷歌的聯合創始人謝爾蓋．布林（Sergey Brin）、百事可樂的執行長盧英德（Indra Nooyi），以及美國駐阿富汗的前任最高指揮官史坦利．麥克里斯特爾（Stanley McChrystal）。最先上場的演講者之中有一位太空人，他特別將影像從太空傳回長堤，與聽眾分享他在國際太空站的生活。

蘭格納沒有時間到沙灘上散步，他丟棄了原本充滿科技用語的演講稿，在接下來幾天都待在飯店房間裡，試著整理出能讓外行人聽懂「可程式化邏輯控制器」的解釋方式。他只參加特別邀請的活動，例如演講者的晚宴。他拿著自助餐的餐盤，坐在距離餐檯最近的座位上安靜用餐，直到謝爾蓋．布林走向他。謝爾蓋．布林顯然很欣賞蘭格納對於震網的分析，可是布林提出很多問題，徒增蘭格納的壓力。

三天後，當蘭格納上台演講時，他非常詳細地介紹了這個全世界第一個進行大規模破壞的數位網路武器。演講結束時他提出一項警告：雖然震網是專門為攻擊納坦茲而設計的，但是也可以使用在其他攻擊上，因為該程式碼並不會禁止其他人發射相同的武器攻擊相同的微軟視窗和西門子電腦——例如用來控制水泵、空調系統、化學工廠、輸電網路與製造業工廠的電腦。蘭格納說，全世界應該提高警覺，因為下一個電腦蠕蟲的攻擊可能不會局限於特定範圍。

「這一類的攻擊目標絕大多數不在中東，」蘭格納說：「而是在歐洲、日本和美國。我們將來必須面對後果，因此最好現在就做足準備。」

「勞爾夫，我有一個問題。」TED創始人克里斯．安德森（Chris Anderson）在蘭格納一說完之後就立刻開口。「許多人說摩薩德是幕後主謀，你同意這種說法嗎？」

在那一刻之前，歐巴馬政府合理地希望，當記者與研究學者都將注意力集中在以色列時，美國在這些襲擊行動中所扮演的角色永遠不會被人發現。或者，就算研究學者發現另一個國家參與其中的跡象，也不敢說出該國的名字。

只可惜美國在面對德國人時沒那麼幸運。「你真的想知道嗎？」蘭格納問安德森。觀眾都輕聲竊笑。蘭格納深深吸了一口氣，拉拉他的西裝。「我的看法是，摩薩德參與了這些攻擊行動，可是帶頭的並不是以色列。」他說：「幕後的主導勢力是網路戰爭領域的領導者，因此答案只有一個，那就是美國。」

「我們很幸運，真的非常幸運，」他補充道：「不然我們會有更大的麻煩。」

伊朗從未承認震網對其核濃縮計畫所造成的破壞。伊朗的原子能組織（Atomic Energy Organization）負責人阿里·阿克巴爾·薩利希（Ali Akbar Salehi）宣稱：「由於我們團隊的高度警覺，我們已在那個病毒打算滲透之處發現該病毒，並且阻止其破壞〔我們的設備〕。」

實際上，伊朗已經在尋找報復的方法，而美國和以色列向伊朗展示了一種很棒的捷徑。**或許美國阻止了一場傳統形式的戰爭，然而在向全世界散播震網的過程中，卻也開啟了一道全新的戰線。**那個電腦蠕蟲越過魯比孔河，從防禦性的間諜行動發展成攻擊性的網路武器，而且在短短幾年內，它將會回過頭來攻擊美國。

或許美國國家安全局前局長邁克爾·海登形容得最正確。他說：「這帶有一點一九四五年八月的氛圍。」一九四五年八月是美國在廣島投下全世界第一枚原子彈的年份和月份。「有人使用了一種新式武器，而且這種新式武器不會被收回原處。」

第十章 工廠

里斯頓，維吉尼亞州

震網在傳回美國之前，先在亞洲繞了幾個地方。

美國第一家承認其電腦系統遭受感染的公司是美國第二大能源公司雪佛龍（Chevron）。儘管程式碼中的警告功能阻止了蠕蟲破壞他們的電腦，這件事情對於美國各大企業的資訊長而言是一記警鐘。在不斷升級的全球網路戰爭中，這是附帶的損害。

「我認為美國政府甚至沒有意識到那個蠕蟲已經散播到多遠的地方。」雪佛龍公司的一位高階長官對記者說：「我認為政府的那個計畫，弊端比實際達成的目標還多。」

由於蠕蟲向外擴散、伊朗發現美國與以色列的陰謀，以及美國的基礎設施仍然如此脆弱，你可能會認為負責進攻和防禦的國家安全局應該把目光轉向內部，評估美國的脆弱性，然後開始努力將處境艱難的自己慢慢封鎖起來。

然而這是加速的時代，所有的類比事物（analog）都被數位化，所有的數位化事物都被儲存起來，所有被儲存起來的事物都被拿來分析，監視與攻擊行動開啟全新的面向。現在的智慧型手機就像是即時追蹤器，將每個人的每個動作、人際關係、購買行為、搜尋紀錄和種種議論數位化。智慧型住家可以調整恆溫器、電燈和監視攝影機，播放和擷取音樂與聲音，甚至在你晚上下班回家的路上先替你把烤箱加熱；火車的感應器可以識別損壞的車輪以減少停機時間；配備有雷達、攝影機和感應器的智慧型交通號誌可以管理交通流量，在天氣不佳的時候調整信號，還能拍下闖紅燈的人；零售商現在可以利用智慧型告示板記錄客戶前幾天買過的東西；就連母牛現在都配備有精美的計步器和感應器，以便提醒農人牛隻是否生病或發情。

多虧雲端儲存科技、光纖連接與電腦運算能力的躍進，資料的記錄、儲存、傳播及分析幾乎不需要花費成本。二〇一一年二月，國際商業機器公司（IBM）的華生人工智慧程式（Watson）[89]在《危險邊緣！》節目[90]上首次公開亮相，擊敗該節目創下紀錄的人類冠軍，證明了機器如今已經能夠理解問題並且以自然語言回答。經過短短八個月，蘋果電腦向全世界介紹語音助理Siri，其高品質的語音識別及自然語言處理功能包括寄送電子郵件和簡訊，也能設置提醒與音樂播放清單。

資訊的大量流動性、連接性、儲存能力、處理能力與計算能力，結合之後為國家安全局提供前所未見的機會和能力去追蹤地球上每一個人和每一個感應器。在接下來的十年中，國家安全局持續探索這種全新數位面向的每個漏洞，以利於程式利用、監視及未來的攻擊行動。潘朵拉的盒子打開之後，就再也沒有回頭路了。

隨著二〇〇九年六月震網肆虐，歐巴馬政府在五角大廈建立了專門的網路司令部（Cyber

---

89 華生（Watson）是能夠使用自然語言來回答問題的人工智慧系統，由國際商業機器公司公司的首席研究員大衛・費魯奇（David Ferrucci）所領導的小組進行開發，並以該公司創始人湯馬斯・華生（Thomas J. Watson）的名字命名。

90 《危險邊緣！》（*Jeopardy!*）是一九六四年開播的美國益智電視節目，內容涵蓋歷史、語言、文學、藝術、科技、流行文化、體育、地理、文字遊戲等各種面向。

Command），以便於進行網路攻擊。對於俄羅斯攻擊美國機密網路一事，五角大廈報以更多駭客行動，而不是準備更好的防禦。震網的成功儘管只是曇花一現，卻也表示一切都已經沒有回頭路。到了二〇一二年，已有三年歷史的美國網路司令部的年度預算從二十七億美元增加至七十億美元，增加了大約三倍（另外還有七十億美元的預算給五角大廈各單位從事網路活動），其團隊從九百位專職人員激增至四千人，到了二〇二〇年更多達一萬四千人。根據史諾登在二〇一三年外洩的機密指令，歐巴馬總統從二〇一二年開始就命令高階情報官員列出一份國外目標清單——「系統、流程與基礎設施」——以利進行網路攻擊。雖然不清楚該命令是否打算攻擊這些目標，或者只是五角大廈在「預備戰場」，但是該項指令明確表示：攻擊這些目標將可使用「獨特且不屬於常規」的方式，「在幾乎不必警告敵人或目標的情況下進行，其潛在影響力將可造成程度不一的傷害，以促進美國欲在全世界達成的目標。」

那個時候，國家安全局的挑戰不是如何滲透那些目標，而是物色真正能夠操縱美國政府日益增加之監視設備與攻擊裝置的人。雖然國家安全局的業務遍布全球，可是他們在全世界的外國電腦安裝了上萬個植入裝置，負責監視的人力只有裝置數量的八分之一，而且國家安全局領導人已經遊說政府繼續提高預算，將該機構的植入裝置增加到上百萬個。

國家安全局已開始測試可以改變遊戲規則的新型機器人，專案代號為「渦輪機」（Turbine），以便讓其接管數量龐大的植入裝置。「渦輪機」在國家安全局內部被視為一種可落實「工業規模之程式利用」的「情報指令與控制」，其設計發想是「可以像大腦一樣」進行操作。「渦輪機」機器人是國家安全局「擁有網路」（Owning the Net）計畫的延伸，官員們認為倘若一切順利，這種機器人最後將可取代人類來操控國家安全局龐大的數位蜘蛛網。

現在要靠自動化的機器人決定使用植入裝置來擷取原始資料，或是置入像數位化萬用瑞士刀一樣的惡意軟體，那種惡意軟體能完成幾乎任何原本需要國家安全局完成的工作。國家安全局多樣化的惡意軟體工具——其中有許多種已在外洩的國家安全局文件檔案中曝光，但是還有更多種尚未被提及——可以竊取電話內容、文字訊息、電子郵件和工業藍圖，還有別種惡意軟體可以詳細記錄受感染電腦周圍的對話。另外還有其他工具可以竊取螢幕截圖、拒絕讓目標存取特定網站內容、從遠端關閉電腦、破壞或刪除其所有資料，以及取得點擊、搜尋詞彙、瀏覽紀錄、密碼及解讀加密資料所需的任何密鑰。有一些國家安全局的工具強化該機構的惡意軟體，使它們的程式碼能在不到一秒的時間自動從一台有漏洞的伺服器散播到另一台有漏洞的伺服器，不必靠操作人員以手動方式逐一感染每一台伺服器。國家安全局的整套駭客工具都是為了製造混亂而開發的。

史諾登外洩的國家安全局PowerPoint投影片檔案與備忘錄，都只以含糊且開放式的術語提及這些工具，但已足夠讓我投入這項瘋狂的任務。然而，那些內容與我們在二〇一三年年底得知的東西差距甚遠。二〇一三年年底，德國的《明鏡》週刊[91]發表了一份長達五十頁的國家安全局機密目錄，其中詳述該機構一些最機敏的程式利用技術。因為太過機敏，官員開始懷疑這份目錄的洩密者不是史諾登，而是國家安全局其他駭入特定入侵行動辦公室金庫的內賊或外國間諜。

那份設備目錄就像直接從詹姆士·龐德的軍需官實驗室裡拿出來的。「猴子月曆」（Monkeycalendar）是一種透過隱形文字簡訊將目標的地理位置傳回給情報機構的漏洞利用程式；「畢卡索」（Picasso）是一種類似的漏洞利用程式，除了可以傳回鎖定目標的地理位置，還可以從手機的麥克風錄下該地點周圍的對話以利竊聽。「壞脾氣的幼苗」（Surlyspawn）相當於俄羅斯在槍手計畫中利用打字機進行攻擊的現代版

91《明鏡》週刊（*Der Spiegel*）是在德國發行的中左翼（center-left）週刊。

本，甚至可以擷取沒有連上網際網路的電腦擊鍵。經過《明鏡》週刊報導之後，全世界才知道「丟下吉普車」（Dropoutjeep）這種專門為iPhone開發的漏洞利用程式，即使是在iPhone沒有連上網際網路的情況，也可以執行一般的簡訊傳送、電話撥打及位置監控，以及錄音與照片截圖。

那份目錄還提到一種更令人好奇的工具，名為「百步蛇」（Cottonmouth I）。這種裝置看起來就像老舊的隨身碟，但裡面包藏著一個微型的無線電收發器，可以將資料傳送到位於數英里外的另一種國家安全局小裝置，名為「床頭櫃」（Nightstand）。這些工具的細節外洩之後，安全研究人員便猜想他們可能已經掌握了美國和以色列最初將震網弄進納坦茲的關鍵。

大多數情況下，國家安全局的零時差仍然靠人力尋找與編修，包括該機構的內部員工，以及首都環線周邊地區人數逐漸增加的私人駭客。

然而國家安全局卻把愈來愈多部署工作交給超級電腦。到了二〇一三年，「渦輪機」已全面投入運作，並且開始分擔特定入侵行動辦公室分析人員的工作。根據國家安全局一份內部的備忘錄，設計這種機器人的目的是「讓使用者不需要了解或在乎細節」。到了該年年底，美國國家安全局預計「渦輪機」將可以管理「數百萬個植入裝置」以進行情報收集，並「主動進行攻擊」。那年，美國國家安全局非常迷戀他們的新式網路攻擊武器，以致該機構的攻擊數超過防禦數的兩倍。該機構非法入侵的預算已經激增至六億五千二百萬美元，是其保護政府網路免受外國攻擊之預算的兩倍。評論家開始認為，國家安全局已經完全放棄其防禦的任務。

槍手計畫之後的這三十多年來，世界發生了變化。如今已經不是美國人使用某種機型的打字機、敵人使用另種機型的打字機。由於全球化的緣故，現在大家都依賴相同的技術。國家安全局軍械庫裡的零時差攻擊無法專門針對巴基斯坦的情報人員或是蓋達組織的間諜。如果相同的零時差落入外國勢力、網路犯罪分子或者流氓駭客的手中，美國的公民、企業及重要基礎設施都將無法抵禦攻擊。

這種悖論開始讓五角大廈的官員輾轉難眠，美國的網路武器已經無法再與世隔絕。美國資助了危險的研發活動，但那些活動可能回過頭來傷害美國——企業、醫院、發電設備、核工廠、石油與天然氣管道、運輸系統（飛機、火車和汽車）全都仰賴國家安全局軍械庫所攻擊的相同應用程式和硬體設備。

而且這種情況不會馬上改變。正如川普政府後來學到的第一手教訓——川普政府反對華為技術有限公司使用下一代行動網路，結果失敗。只要是與科技相關的事，政府再努力遊說也阻止不了全球化的趨勢。

國家安全局正面臨一個困境：為了對抗世界上的壞人，解決方法就是擴大軍備競賽，但是這只會使得美國更易於遭受攻擊。美國國家安全局對這個問題的因應措施是一種名為「除了我們沒有別人」（Nobody But Us, NOBUS）的系統。「除了我們沒有別人」的前提是：容易被美國敵人發現和利用的簡單漏洞，應該加以修復，並且交給供應商進行修補。然而，比較高檔的網路漏洞——也就是該機構認為只有他們才具有能力、資源和技術加以利用的高級零時差——則可以留在該機構中，用來監視美國的敵人，或者在網路戰爭爆發時用來破壞敵人的系統。

擔任國家安全局局長直到二〇〇五年的邁克爾．海登，如此描述「除了我們沒有別人」系統：「你應該從不同的角度看待系統的漏洞。即使系統有漏洞，也需要具備電腦能力或其他重要本領，才有辦法破解漏洞。而且你得想一想：還有誰也能夠做到這一點？倘若有個漏洞會讓加密機制變弱，可是你沒有安裝在地下室的超大型電腦，這時『除了我們沒有別人』就可以派上用場，那是我們在道德上或法律上都不必被迫修補的漏洞，也就是為了讓美國免於遭受他國侵害，那是我們在道德上和法律上可以嘗試利用的手段。」

然而從二〇一二年開始，「除了我們沒有別人」系統瓦解了。「有一段時間，駭入路由器對於我們和五眼聯盟[92]來說都是不錯的生意。」一位國家安全局的分析人員在那年外洩的最高機密備忘錄中指出。「不過，愈來愈顯而易見的是，其他國家也正在淬煉自己的技能，並且參與這樣的行動。」

美國國家安全局已找到證據，證明俄羅斯駭客正在竄改國家安全局使用多年的路由器和交換機。中國駭客則正在入侵美國的電信公司和網際網路公司，並且竊取密碼、藍圖、原始碼以及可讓他們用來破壞這些系統的商業機密。

多虧有戈斯勒以及他的前輩與後進，國家安全局在信號情報方面依然具有強大的領導優勢，可是其優勢正在消退。可能有人認為，這種局面將迫使國家安全局評估其「除了我們沒有別人」系統的失敗，以及網際網路時代趨於扁平化的現實。但是，相反地，國家安全局為了在這場遊戲中保持領先地位，決定繼續往下扎根、加強搜尋及儲存零時差，並且將尋找和開發這些工具的工作外包給首都環線附近的私人公司。

二〇一三年，國家安全局的機密黑色預算新增了兩千五百一十萬美元的項目，也就是該機構打算每年用在採購「私人惡意軟體供應商的軟體漏洞」的金額。根據估計，除了內部自行開發的漏洞之外，那筆預算讓國家安全局一年可購入多達六百二十五個零時差。

對於網路漏洞和利用程式的欲望，造成攻擊性網路武器市場的激增。不光只是國家安全局，在震網之後，中央情報局、美國緝毒局、美國空軍、美國海軍和聯邦調查局開始在零時差利用程式和惡意軟體工具投入更多資金。特定入侵行動辦公室裡具備開發這種工具技能的年輕駭客慢慢發現，他們可以憑著本事在外面開發監視裝置和攻擊工具，然後賣給政府，以賺取更多金錢，不必待在機構裡領死薪水。在俄羅斯和中國，任何具有網路技能的人都可能被強迫、恐嚇和威脅去進行攻擊性的駭客行動，但美國政府沒有這麼幸運——愈來愈多頂尖駭客和分析人員開始跳槽至願意支付高薪的私人國防承包商，例如博思艾倫漢密爾頓控股公司（Booz Allen）、諾斯洛普格拉曼公司、雷神公司、洛克希德公司和哈里斯公司（Harris），或是到首都環線的零時差漏洞商店和開發公司工作。

二〇一三年的史諾登洩密事件讓人才流失的速度加快。當年美國國家安全局公開譴責洩密事件，洩密事件迫使國家安全局不得不終止一項又一項計畫，使得士氣低落，導致分析人員開始一批接一批離職（國家安全局否認此事，只承認技術嚴重短缺）。

漸漸地，如果國家安全局還想取得與他們從前自行開發水準相當的程式，唯一的方法就是向駭客和承包商購買。可是，**一旦情報機構開始在私人市場投入更多預算購買零時差漏洞利用程式和攻擊工具，就更不可能將潛在的零時差漏洞交給供應商進行修補。相反地，他們只會開始提高這類計畫的分類等級與機密性。**

諷刺的是，這種保密措施並沒有使美國人更加安全，而且零時差不可能永遠保密。專注於美國國防計畫的研究公司蘭德公司（RAND Corporation）提出一項研究報告，指出零時差平均可以保密將近七年，但是大約四分之一的零時差會在一年半內被人發現。較早的研究則確定零時差的平均壽命為十個月。在震網向全世界展示零時差的威力之後，美國的盟友、敵人和專制政權紛紛開始尋找並儲備自己的武器。美國的分類層級和保密協議無法阻擋他們，只讓像我一樣的記者無法揭露政府骯髒的小祕密。

二〇〇八年的某天，美國國家安全局最優秀的駭客中，有五位幾乎同時交還他們的安全徽章，然後最後一次驅車駛離米德堡。

---

92 五眼聯盟（Five Eyes）是由五個英語圈國家所組成的情報聯盟，成員國包括澳大利亞、加拿大、紐西蘭、英國和美國。

國家安全局內部尊稱這些人為「馬里蘭五人幫」。這五個人屢次證明他們是國家安全局不可缺少的人才，他們都是特定入侵行動辦公室某個資料存取小組的創始成員，曾侵入過其他人無法進入的系統。假如你鎖定的目標是恐怖分子、軍火商、中國間諜或核子科學家，你會希望找「馬里蘭五人幫」來執行任務，因為很少有他們無法破解的系統或目標。

然而官僚主義、地盤爭奪、中階主管、保密條款與繁文縟節讓他們感到拘束。正如他們之前的諸多駭客一樣，金錢從來不是很大的誘因。他們都還只有二十多歲，不必煩惱房貸或小孩的學費。他們追求的是自主權，可是他們也不禁留意到他們的雇主愈來愈願意透過傀儡公司付錢給外面的駭客、經紀人和國防承包商，請那些人執行與他們在米德堡裡完全相同的任務。

於是他們決定離開國家安全局，成立一間自己的公司，一間零時差漏洞利用程式的商店，辦公室就在距離米德堡大約一小時車程的地方。長達十二年，他們低調隱祕地做著生意。

二〇一九年三月的某個陰天，我在五角大廈附近搭上計程車，穿越維吉尼亞州郊區，來到維吉尼亞州里斯頓一棟不起眼的六層樓高辦公大樓，這棟建築的外牆為鏡面玻璃，兩邊分別是托兒所和按摩院。這種地方我通常不會多看一眼，因此無法確定我是不是來對地方。從外觀無法確定我所知道的那家公司是不是在裡面，因為外面沒有招牌。這棟大樓看起來與其他一九九〇年代建造的辦公大樓沒有任何不同。

那天我沒預約，也不認為自己有機會深入採訪。許多年來，我聽過一些在裡面工作的人傳出風聲，可是我試著聯繫該公司的高階主管或員工時，總是得不到任何回應。那天我走進該公司總部，以為自己會看到安全攝影機、十字旋轉門或者全副武裝的警衛。當時我懷著八個月的身孕，如果有人要找我麻煩，我打算假裝在找洗手間。不過，當我搖搖晃晃走進那棟建築物，完全沒人阻擋我。我走進電梯，按下三樓的按鈕，然後來到三〇〇號套房，希望自己有機會瞥見美國版的詹姆士·龐德軍需官實驗室。那個實驗室的正式名稱聽起來沒有一絲電影氛圍：網路漏洞研究實驗室（Vulnerability Research Labs）。

我知道網路漏洞研究實驗室成立的基本守則之一就是「謹慎」，其設計簡樸的網站上貼著一個問題：「你為什麼不曾聽說過我們？」然後自問自答：「因為網路漏洞研究實驗室不打廣告。我們對所有的業務往來都保持最嚴謹的機密性。」這間公司在打造數位武器方面占有一席之地的唯一暗示，就是其取自中國古代哲學家孫子的座右銘：「知己知彼，百戰百勝」。

即便網路漏洞研究實驗室強調該公司非常保護其業務內容（他們確實也從事防禦工作），但每當我提到這家公司名稱的縮寫「VRL」，那些零時差獵人和仲介商的臉上就明顯露出恐慌的表情，讓我知悉這家公司是市場上零時差利用程式、監視工具與網路武器的主要買家和賣家。網路漏洞研究實驗室嚴格規定，盡量不提及其「網路攻擊」的業務，而且凡是在公司外提到客戶名單的員工都會被開除，因為假如那個由三個字母組成的機構[93]聽見網路漏洞研究實驗室公開談論他們的業務，就會馬上取消他們之間的合約。

可是領英公司[94]總是帶來有趣的結果。某些國家安全局的前信號情報聯絡官如今在網路漏洞研究實驗室擔任「攻擊性工具與技術」經理。一位前美國反恐專家在網路漏洞研究實驗室擔任營運經理。一些網路漏洞研究實驗室員工描述其工作內容為「編輯校正」。我在求才網站上找到網路漏洞研究實驗室發表的徵人啟事，他們要找擅長發現「軟體和硬體中重要漏洞」以「增強本公司客戶網路狩獵能力」的工程師。該公司一直在尋找可以將漏洞利用程式整合到按鍵式間諜工具中的內核漏洞專家和移動開發人員。網路漏洞研究實驗室的網站上完全沒有提到其蒸蒸日上的零時差採購業務——儘管如此，他們的確網羅了美國頂尖

93　指美國國家安全局（NSA）。
94　領英公司（LinkedIn）是一個社群網路服務網站，專門為商業人士設立，堪稱具有社群功能的線上履歷始祖。

的零時差研究人員，尤其是那些曾在國家安全局和中央情報局（這兩個機構都是網路漏洞實驗室的最佳客戶）歷練過的人。

這家公司在某求才網站上發表其價值主張：「網路漏洞研究實驗室對外國敵手的網路武器軍備和間諜情報技術具有獨特的知識，因此占有獨一無二的地位。」

雖然這門生意最重要的就是低調保密，可是網路漏洞研究實驗室早期在美國的競爭對手都相對較有名氣，例如位於維吉尼亞州的「殘局」（Endgame）、在波士頓近郊的Netragard，以及在奧斯汀的「出埃及記情報站」（Exodus Intelligence）。網路漏洞研究實驗室卻始終沒沒無聞，我花了多年時間深入調查與探聽，才終於理解為什麼這一行的每個人都這麼努力保護網路漏洞研究實驗室。

網路漏洞研究實驗室的人都不願意接受我的採訪。這家公司的合約鮮少對外公開，而我找到的那些資料也缺少太多細節。在政府的採購資料庫中，我找到好幾份網路漏洞研究實驗室與陸軍、空軍和海軍簽署的合約，合約金額高達數百萬美元。其中一份合約顯示，空軍為了某種定義模糊的「電腦周邊設備」支付給網路漏洞研究實驗室二百九十萬美元。自從大型國防承包商「電腦科學公司」（Computer Sciences Corp.）在二〇一〇年收購網路漏洞研究實驗室之後，相關的書面資料就大幅消失了。儘管網路漏洞研究實驗室的執行長在收購電腦科學公司時，曾自誇該公司在網路安全領域具備「無與倫比的能力」，總裁吉姆．米勒（Jim Miller）當時甚至表示：「我們相信，像本公司這種人才庫在商業界是前所未見的。」但他們當時在網路上其實相當低調。

然而在網路漏洞研究實驗室出售之後的那幾年，我開始在布宜諾斯艾利斯、溫哥華、新加坡和拉斯維加斯舉行的大型國際駭客會議上遇到該公司的前員工，其中許多人都絕口不提與這家公司有關的事。不過，我與他們分享愈多我已經知悉的訊息（例如：網路漏洞研究實驗室是政府最祕密的間諜工具及網路武器供應商之一），他們就愈敢開口。有些人只願意協助我核對基本事實，有些人則比較樂意幫忙，他們告訴我，有部分是因為他們開始心生疑慮：他們駭入世界各地的電腦系統、智慧型手機和基礎設施，再將那些漏洞變成靈巧的間諜工具，然後「偷偷地」交給政府的情報機構，可是他們對那些情報機構如何使用那些工具一無所知，因此懷疑這種行為到底是對還是錯。

隨著川普當選美國總統，這種事後評論便呈現一種全新的面向。川普對獨裁者的特殊喜好，以及未能阻擋俄羅斯干預美國二〇一六年總統大選，並放棄美國最親密的盟友之一庫德人[95]，還拒絕明確譴責沙烏地阿拉伯殘酷殺害《華盛頓郵報》專欄作家賈邁勒·卡舒吉[96]……種種行徑都讓美國喪失其道德權威。即便中央情報局已在評估後做出結論，是沙烏地阿拉伯王儲穆罕默德·賓·沙爾曼[97]親自下令殺害卡舒吉，川普總統依然回答：「或許他真的下令了，或許他沒有。」這類事件持續累積，一位網路漏洞研究實驗室的前員工在二〇一九年年底告訴我：「我們愈來愈難知悉這些工具到底是賣給好人，還是讓壞人受益。」

網路漏洞研究實驗室的員工還告訴我，我尋找他們合約的方式，根本從一開始就注定會失敗，因為網路漏洞研究實驗室的工具主要是透過中央情報局和國家安全局設立的「特殊合約管道」進行交易，以隱藏政府機構與承包商之間的業務往來（現在我終於可以理解為什麼潘內達說我會「不停地碰壁」）。

95 庫德人（Kurds）是生活在中東的遊牧民族，總人口約三千萬人，主要分布於土耳其、敘利亞、伊拉克及伊朗四國境內。

96 賈邁勒·卡舒吉（Jamal Khashoggi）是沙烏地阿拉伯的新聞工作者及異議人士，也是《華盛頓郵報》的專欄作者。賈邁勒·卡舒吉在二〇一八年十月二日進入沙烏地阿拉伯駐伊斯坦堡總領事館時被沙烏地阿拉伯的特務人員殺害並分屍。

97 穆罕默德·賓·沙爾曼（Mohammed bin Salman）是沙烏地阿拉伯現任國王沙爾曼·賓·阿卜杜勒阿齊茲·阿紹德（Salman bin Abdulaziz Al Saud）的第八子，被排定為王儲。

不過，這些人也告訴我，該公司最初在二〇〇八年成立的緣起是：「尋找零時差很麻煩，將零時差變成武器則更麻煩。最麻煩的是武器化之後進行測試並確保其操作可靠。」

於是網路漏洞研究實驗室便負責上述所有工作，並且收取費用。從二〇〇八年開始，「馬里蘭五人幫」聘雇了國家安全局最優秀的零時差獵人，還與阿根廷、馬來西亞、義大利、澳洲、法國和新加坡等地的駭客簽約，並且將金錢投入大型的「警察農場」（fuzz farm），也即虛擬伺服器農場裡的數萬台電腦。從該農場透過網路漏洞研究實驗室的工具發出兆位元組的垃圾程式碼，以確保他們賣給情報機構的東西不會在操作過程中損毀，或者讓攻擊目標發現自己被美國入侵的事實[98]。

網路漏洞研究實驗室的工具以品質一流著稱，遠遠優於當時 iDefense、「臨界點」（Tipping Point）和其他公司買回去的爛東西。

「這些零時差價值好幾百萬美元，百分之百可靠，而且受到嚴格保護。」該公司一位前員工告訴我。「你不能隨隨便便使用它們，只能在重要且目標明確的攻擊行動中使用，因為部署完成之後，如果它們被發現，會帶來極大風險。這些武器幾乎不會因為『一時氣憤』而進行部署，必須等到情況很糟糕的緊急時刻才能使用。」

網路漏洞研究實驗室負責提供工具給政府最需謹慎進行的行動，例如可以捕捉艾曼．查瓦希里[99]或者關閉北韓導彈發射系統的行動。他們不只出售零時差漏洞，還提供政府機關整套的間諜工具和網路武器。套用該公司一名員工所說的話：「那些間諜工具和網路武器可以把事情搞大！」

「購買網路漏洞與購買可靠的武器化漏洞利用程式的差異，就像黑夜和白天。」某人告訴我。「這些是只要按個按鍵就可以使用的系統。」

十年前，如果一個技術高超的駭客在早上發現零時差漏洞，他在下午可能就已經將其武器化，準備好隨時發動攻擊。然而隨著像微軟公司這樣的軟體供應商開始導入更強的安全性及反攻擊的緩解措施，要開發可靠的漏洞利用程式必須耗費更多的時間和人力。「從幾個小時增加到幾個星期，再增加到幾個月。」一位國家安全局的前分析人員告訴我。

網路漏洞研究實驗室找到一個強大的利基，先將零時差武器化，再將可使用在多種系統的整套駭客工具賣給情報機構。

身為承包商，網路漏洞研究實驗室還可以辦到政府機構無法做到的事：暗中從外國駭客手中購買零時差、漏洞利用程式和攻擊技術。網路漏洞研究實驗室會將這些素材變成按個按鍵就可使用的間諜工具和網路武器，而他們在中央情報局和其他美國政府機構的客戶永遠不必知道，那些潛在的漏洞利用程式是從何處而來。

有時候，網路漏洞研究實驗室會從「未經預約就直接主動上門」的駭客手中購買零時差漏洞，但大部分時候，網路漏洞研究實驗室會提出某種間諜裝置或網路武器的概念，要求外國的駭客將其落實。我問該公司的一位員工，他與外國駭客合作時會不會心存疑慮，或者擔心對方把他們的作品再偷偷轉賣給其他買家。

「我們不在乎，」他告訴我：「我們只管盡全力產出商品。」

即使網路漏洞研究實驗室已在二〇一〇年被收購了，那年三月我在該公司玻璃門外面駐足時，仍看得

98 編注：若程式碼不堪負荷而損毀，就是有漏洞的跡象。

99 艾曼・查瓦希里（Ayman al-Zawahiri）為蓋達組織的現任首領，許多重大的恐怖攻擊事件（例如九一一事件）皆為查瓦希里一手策畫。

出網路漏洞研究實驗室相對獨立自主。我沒看到高檔的自助餐廳，也沒有攀岩運動中心或其他初創企業的福利。他們的員工都不是戴著粗框眼鏡和穿著緊身牛仔褲的時髦傢伙。

如果要說到他們的特色，那麼應該就是「反矽谷」。網路漏洞研究實驗室裡的員工偷偷準備從谷歌和蘋果這類公司的產品中找出漏洞，並將其程式碼武器化，好讓這些企業的安全工程師生不如死。那些公司的安全工程師如果發現網路漏洞研究實驗室正在開發的工具，一定會直接奔向他們公司位於山景城或庫比蒂諾的戰情室，以便釐清政府已經潛入他們的系統多深，以及如何才能把那些蠕蟲抓出來。

「在那裡工作的每個人都對工作有修士般的奉獻精神。」該公司一名前員工告訴我。「他們更像是聖殿騎士，而不是你在谷歌或臉書看到的氛圍。」

這些前員工屢屢展示該公司有如美國海軍海豹突擊隊的忠心文化：一位員工發現自己腎臟衰竭，該公司幾乎每個人都去接受移植手術前的組織配對，直到找到匹配成功的腎臟，最後由一位同事提供他一個腎臟。這種事情不會發生在谷歌或臉書。

我站在網路漏洞研究實驗室的門外，看著二十多歲的男性程式設計人員進進出出。他們就是你能想像的模樣：外型保守低調、專注地看著他們的iPhone、完全沒注意到我的存在。他們不像矽谷的工程師那樣穿著印有諷刺文字的圓領衫，或是頭上戴著超大型的復古式耳機，也不像我每天在推特上看見的那些不停高聲喧嘩的傢伙。我甚至懷疑這些人根本不使用社群媒體。

在機密圈和地下零時差市場之外，沒人聽說過這些人，但是在這些牆面之內，網路漏洞研究實驗室的網路能力比全世界絕大多數的國家都還要先進。不過，據我所知，沒有人要他們為他們的作品負責。出身自大型情報機構的網路漏洞研究實驗室員工或多或少都知道他們的工具會如何被使用。儘管如此，許多工具多年來並未被實際運用在網路戰爭上。「我一把作品交付出去，就永遠都無法確知它們會被如何使用。」

一位網路漏洞研究實驗室的前員工對我說。有時候，他可能會看到一些新聞，心裡暗忖：那是我做的嗎？「由於買方的資訊非常不透明，而且十分機密，所以你完全無法知悉。」

網路漏洞研究實驗室強調他們只將其駭客工具賣給美國的情報機構。對於他們大多數的員工而言，他們想確定的就是這一點。

「我們可能不同意我們政府所做的每一件事，但如果你要販售漏洞利用程式，至少美國政府是比較具有道德責任感的國家之一。我們大多數人來自國家安全局，這是一個過渡。我們不必再忍受官僚體制，可以賺很多錢，但是仍然與該機構密切合作。」

如果他們有任何疑慮，那麼他們只需要看看他們在國家安全局的前同事都在首都環線沿線忙些什麼——與美國一些信譽欠佳的盟友合作——這就足以讓他們感覺好一點。「我會看看我的一些朋友在做什麼，然後想想：現在那些人才是真正的壞人。我認為如果要將自己的行為合理化，一定可以找到方法，無論在漏洞利用程式方面，或者在生活方面。」

由於美國的間諜機構急著花大錢購買更多、更好的零時差漏洞與間諜工具，進而促成一場有利可圖且**不受監管**的網路武器競賽，然而這種競賽已逐漸不再依照美國的遊戲規則進行。

雖然網路漏洞研究實驗室之類的公司只與美國的情報機構有業務往來，而「地平經度」（Azimuth）和「制輪楔實驗室」（Linchpin Labs）之類的公司只與五眼聯盟做生意，但震網留給世人最黑暗的震撼，是它讓其他國家看見了將數個零時差串在一起之後可以做到什麼。那個蠕蟲在二〇一〇年被人發現之後，一些漠視人權的國家開始狂熱地集結網路攻擊裝置，但由於他們沒有像美國國家安全局或以色列八二〇〇部隊編碼人員的才能，因此那些國家開始湧入零時差市場，與西方國家和傀儡公司爭相競標零時差漏洞利用程式，以尋求震網在伊朗取得的那種成功（雖然那只是暫時的成功）。

「我認為沒有人能夠預測這一切將會如何發展。」一位美國資深官員對我說：「今天已經沒人知道結局會是什麼樣子。」

到了二〇一三年，五眼聯盟依然是地下市場的最大買家，可是俄羅斯、印度、巴西及亞太地區（例如馬來西亞和新加坡）也開始購買，北韓和伊朗也加入這個市場。不久之後，中東的情報機構即將成為市場上最大的買家。

那年，美國駭客開始收到來自國外仲介商的緊急電子郵件，其中內容一點也不隱晦。一位駭客拿郵件給我看，標題上直接寫明：「急需可以進行攻擊的程式碼」。內文則寫著：「親愛的朋友，你有沒有可以攻擊微軟視窗、麥金塔電腦[100]或是瀏覽器、Office、Adobe等應用程式的程式？」「如果你有的話，錢不是問題。」電子郵件的內容補充道。

我因為史諾登洩漏機密檔案而窩進儲藏室的那一年，零時差市場變成了熱門的淘金潮，可是幾乎沒人想要規範這個美國政府仍是最大客戶的地下市場。

震網的設計師奇斯·亞歷山大很諷刺地催生了零時差市場，並且將世界帶入網路戰爭時代。那一年，記者問他有沒有什麼事會讓他在夜裡無法成眠，他告訴記者：「我最大的擔憂，是零時差攻擊落入不法之徒手中的可能性愈來愈高。」

---

[100] 麥金塔電腦（Macintosh，一九九八年之後被簡稱為Mac）是自一九八四年一月起由蘋果公司設計、開發和銷售的個人電腦系列產品，於一九九三年停產。

第四部

傭兵

男人必須要有密碼。

——奧馬・利特（Omar Little），《火線重案組》

第十一章　庫德人

聖荷西，加利福尼亞州

長期以來，監管零時差的全球銷售一直是混亂又徒勞無功的事。大多數人都會同意，禁止將駭客工具販售給獨裁政權是最高原則。支持這項理論的人表示，既然國務院經常禁止銷售軍武給獨裁國家，同樣的邏輯可套用在能夠監視全人口或者可能引發致命爆炸的數位工具。

然而評論家卻表示，這種規範在實務上將會造成反效果。資訊安全研究人員認為，限制零時差會損害網路安全，因為它將使得研究人員無法跨境分享漏洞研究與惡意軟體的程式碼。業務遍及海外的美國公司主張，這將導致選擇性的落實規範，最後讓像中國和俄羅斯那種按自己方便執行法規的國家從中受益。其他人則認為零時差屬於程式碼，限制程式碼交換就好比限制數學和思想，侵犯了言論自由。正如路易吉和多納托那兩個義大利人所說的：「我們販售的不是武器，我們販售的是情報。」這種消極的回應讓零時差市場普遍紊亂。只要美國依然是零時差市場的最大買家之一，這種情況就不太可能改變。

美國最接近管制駭客工具及監視技術出口的手段，就是「瓦聖納協定」[101]。這項協定的正式名稱是「關於常規武器與雙重用途商品與技術出口管制的瓦聖納協定」（The Wassenaar Arrangement on Export Controls for Conventional Arms and Dual-Use Goods and Technologies），以一九九六年簽署協定的地點（一個荷蘭小鎮）命名，目的是取代冷戰時期西方國家用來防止武器和軍事技術流入俄羅斯、中國及其衛星共產國家的規定。瓦聖納協定的目標是管制常規武器系統和雙重用途技術，例如高度發展的電腦、離心機和無人機之銷售，並且防止這類系統和技術落入伊朗、伊拉克、利比亞和北韓的專制暴君手中。最初簽署的國家為美國和另外四十一個國家，包括歐洲大部分的國家、阿根廷、澳洲、加拿大、印度、日本、墨西哥、紐西蘭、俄羅斯、南非、南韓、瑞士、土耳其、烏克蘭和英國。雖然這項協定沒有強制約束力，可是簽署國都同意在自己國家的法律加訂相關條款並且強制執行，以控管瓦聖納協定管制清單上所列商品之銷售，並且於每年十二月定期更新商品清單。

在二〇一二年和二〇一三年，我與多倫多大學蒙克國際研究中心（Munk School of Global Affairs）公民實驗室（Citizen Lab）的資訊安全研究人員合作，為《紐約時報》撰寫了一系列報導，內容是關於一家英國公司的間諜軟體在巴林、汶萊、衣索比亞和阿拉伯聯合大公國等國家銷售與散播，那些國家的政府被人發現使用該軟體監視記者、異議分子和人權運動家。這個系列報導促使「瓦聖納協定」簽署國將監視技術增加到管制清單上，歐洲國家開始強制要求私人企業在出口間諜軟體及其他監視裝置和入侵工具至國外時，必須先取得許可證照，然而美國從來沒有這樣規定。

美國最接近管制的一次，是二〇一五年五月，監管機關督促有關當局把瓦聖納協定的變更納入法律。美國商務部試著強制要求資訊安全研究人員和技術公司在出口「網路安全項目」（例如「入侵軟體」）時必

101 瓦聖納協定（Wassenaar Arrangement）是一項管制傳統武器及軍商兩用商品的多邊出口控制機制，於一九九六年五月十二日於荷蘭瓦聖納簽訂。該協定並未正式列舉被管制的國家，只在口頭上將伊朗、伊拉克、北韓和利比亞四國列入管制對象。中國和以色列雖不是締約國，但仍受到締約國向非締約國出售限制貨品或技術的報告審核限制。

須先取得許可證照，然而這項提案最後失敗了，因為電子前哨基金會[102]和谷歌等所有人都對此表達不滿。最直言不諱的批評來自價值十七億美元的「滲透測試」（penetration testing）產業裡的公司。在這個產業中，白帽駭客以漏洞利用程式和入侵工具駭入其客戶的系統，以強化其防禦能力，並藉此賺取費用。他們擔心瓦聖納協定的規範內容過於廣泛，將使他們無法生存，因此希望美國的監管機構放棄這個提案，並遊說瓦聖納協定的簽署國限縮管制清單上的商品範圍。最後，他們的主張勝出，瓦聖納協定的規範僅能限於「命令及控制」入侵軟體的系統。即便如此——即使瓦聖納協定的簽署國都已經將限縮後的規範納入法律——美國依然沒有任何行動，而且也不做任何解釋。

因此，美國的漏洞利用市場依然不受監督，除了較為舊式的加密出口控制工具。美國人不能向北韓、伊朗、蘇丹、敘利亞和古巴等禁運國家販售入侵工具，可是這不能阻擋駭客向「適合的」國家銷售攻擊和入侵工具，其中包括大多數的西方盟國，但也有許多人權紀錄讓人懷疑的國家，例如土耳其。為了將這些工具出售給其他外國集團，加密控制的賣方必須從美國商務部的工業和安全局（Bureau of Industry and Security）取得許可證照，該許可證照的期限通常為四年或者更長的時間，而且只要求賣方每兩年提供一次銷售報告。滲透測試、漏洞利用仲介商和間諜軟體製造商都認為加密控制是合理的，但主張數位權的人認為這種規定非常荒唐可笑。

一旦確定美國不會採行比歐洲更嚴格的規定，一些間諜軟體銷售商和零時差仲介商就開始從歐洲搬往美國，並且在距離他們最佳客戶不遠處的首都環線附近開店。二〇一三年至二〇一六年間，在美國境內銷售監視技術的公司數目增加了一倍。某公司曾經把間諜軟體技術編列在一份被其稱為「電子監視小黑皮書」（the Little Black Book of Electronic Surveillance）的目錄中，到了二〇一六年，他們必須把該份目錄重新命名為「大黑皮書」（The Big Black Book）。那份目錄的二〇一七年版列了一百五十家販售監視設備的公司。那些公司開始與外國執法機構進行異花傳粉，其中包括一些人權紀錄可疑的國家。不久之後，一種新型態的資訊安全企業誕生了——不僅銷售給美國政府機構或五眼聯盟，也銷售給一些惡名昭彰的違反人權國家。

由國家安全局前駭客所經營的較知名企業中，有一家位於邁阿密的公司，名為「免疫力」（Immunity Inc.），創辦人是戴維．艾特爾（Dave Aitel）。艾特爾是一個體型瘦削、五官銳利、肌膚呈古銅色的駭客，他在國家安全局以喜歡挑戰極限聞名，經常惹惱主管。他曾把自己的豐田汽車停在國家安全局高層官員專用的停車位。除此之外，艾特爾還把「釋放凱文」的免費貼紙貼在車尾，以向遭聯邦調查局緝捕的駭客凱文．米特尼克[103]致意。凱文．米特尼克因其駭客行徑入獄（出獄後，米特尼克一度重新打造自己白帽駭客的形象，但不久之後他又開始涉足灰色地帶，偷偷向背景不明的政府和公司兜售零時差漏洞）。當停車場管理員打電話給艾特爾的主管抱怨他亂停車時，艾特爾並沒有趕緊移車。相反地，他透過國家安全局的內部郵件，掀起一場暴動。艾特爾嘲弄該機構非正式的口號「一個團隊，一個使命」（One Team, One Mission），在寄給同事的郵件中寫道：「一個團隊，一個停車場」（One Team, One Parking Lot），鼓勵國家安全局的一般員工想把車子停在哪裡就停哪裡。

不過，真正讓艾特爾的上司動怒的，是他離開米德堡之後的行為。艾特爾與幾位知名駭客合寫了一本書，書名是《Shellcoder[104]手冊：發現與利用安全漏洞》（*The Shellcoder's Handbook: Discovering and*

---

102 電子前哨基金會（Electronic Frontier Foundation）是國際知名的民權組織，旨在維護網際網路上的公民自由，並且提供法律援助、監督執法機構。總部設於美國。

103 凱文．米特尼克（Kevin David Mitnick）是美國電腦安全顧問、作家和駭客。有些評論家稱他為「世界頭號駭客」。

104 shellcode是使用在軟體漏洞利用程式之彈頭／火藥的程式碼。

Exploiting Security Holes），這本書被那些懷著理想抱負的駭客奉為聖經。在這本書中，艾特爾詳細介紹了特定的利用程式和攻擊方法，他的前主管們認為他這麼做洩漏了太多國家安全局的間諜工具。他們在米德堡懸掛貼著艾特爾照片的鏢靶，鼓勵後進的新人瞄準艾特爾兩眼中間的位置射鏢。

二〇〇二年，艾特爾在他位於哈林區的公寓成立自己的資訊安全公司「免疫力」，並開始為大型金融公司提供諮詢服務。但在不久之後，他開發出一種名為「帳篷」（Canvas）的自動化利用程式，讓他的客戶在系統上模擬先進國家與網路犯罪分子的攻擊技術——有些是已知的攻擊技術，有些是艾特爾自行開發的零時差漏洞利用程式——以測試遇到真正的威脅時會是什麼狀況。事實證明，這種自動化利用程式對於銀行（以及稍後對於政府）造成了衝擊。政府向來不在乎其系統能否防禦攻擊，他們只想知道如何使用零時差去攻擊敵人，甚至在某些情況下，攻擊自己人。

艾特爾不願意告訴我他為政府提供過什麼樣的漏洞利用服務。每當我追問他細節時，他總是迴避。「你是否曾經向美國政府機關或外國政府機關兜售過零時差漏洞利用程式？」我直截了當問他。「我永遠不會談論與我客戶有關的事。」他回答道。

該死的臭鮭魚。

為了進一步了解漏洞利用交易的規模，我不得不去找艾特爾的第一位員工，一個名叫席南・埃倫（Sinan Eren）的庫德族駭客。

埃倫是庫德人，生長於伊斯坦堡。他把駭客行為當成一種抵抗形式。他的父親是一名庫德保護主義人士，於一九八〇年土耳其軍事政變後入獄服刑將近一年，而且因為在抗議行動中遭到一名土耳其警察開槍射擊，肩膀上迄今仍卡著一顆子彈。

不過，年輕的埃倫對政治沒興趣，他只喜歡在獨立樂團中演奏低音吉他，不喜歡衝突。他的母親來自一個富裕的煉鋼家族，埃倫長得很像她。與土耳其大多數具有獨特口音的庫德人不同，埃倫可以輕輕鬆鬆被當成一名富有的伊斯坦堡人。在他的成長過程中，警方也沒找過他麻煩。

直到土耳其對庫德人的鎮壓愈演愈烈，埃倫才經常淪為目標。由於土耳其人依法必須隨身攜帶身分證，每當警察攔下埃倫並發現他是庫德人時，遊戲就結束了。

「任何事情都可能發生。」埃倫在某個夏日午後告訴我。土耳其警方經常因為他是庫德人就拘留他，或者將他和他的朋友圍困在公車上，強迫他們在公車裡罰站幾個小時，「只是為了看你會不會因此動怒。」

埃倫和他的朋友特別懼怕一名土耳其警察，因為那個警察會用兩英尺長的鞭子鞭打庫德人，提醒他們誰才是老大。那些被鞭打之後獲得釋放的人都覺得自己很幸運，因為在一九九〇年代，庫德激進分子遭到殺害是常見的事。土耳其人對於這種殺戮有個法律專用語——「faili meçhul」，大致可翻譯為「凶手未知」。在一九九〇年代中期，成千上萬的庫德裔土耳其人從人間蒸發。

「你可以看見很多人被駕駛雷諾汽車的人接走，我們都知道那種型號的雷諾汽車就是祕密警察的座駕，而且你以後再也見不到那些被接走的人。」埃倫告訴我。「那些人會在汽車後座大喊自己的名字、親戚的名字和他們的電話號碼，好讓他們的家人知悉他們的命運。我就是在那個年代長大的。」

埃倫希望我理解，他為什麼會成為駭客並開發漏洞利用程式，以及他為什麼會在愈來愈多名聲不佳的政府進入漏洞利用市場之後選擇退出。

他在大學時期開始進入駭客領域，以此作為反對執政者的一種形式。在庫德人的記憶中，大學校園一直被認為是免於遭受警察暴行的安全區，但是在埃倫於伊斯坦堡理工大學（Istanbul Technical University）就讀期間，情況開始改變。校方以驚人的頻率找祕密警察進入校園調查「各種風吹草動」，於是庫德學生會的成員開始建立網際網路管道——Slack[105]的早期版本——以警告其他人警察在校園裡。這成為諸多反抗運動的第一波。埃倫和他的朋友還從破壞一些美國網站的「腳本小子」駭客那裡偷來一個頁面，並且在土耳其軍事政變滿一週年時破壞了土耳其政府的網站。

埃倫放棄了樂團，將所有時間都花在駭客論壇，與阿根廷和美國的駭客進行交流，以學習他們的間諜情報和零時差技術。他看出駭客的本領不僅是一種反抗方式，也是功能強大的情報工具。他用從駭客論壇蒐集而來的工具入侵大學官員的電子郵件，得知學校官員是鎮壓行動的同謀。「我們無法取得所有內幕，可是多少能搜集到一些資訊——會議紀錄、約會、行事曆——然後將其洩漏給媒體。」

埃倫成為網路上早期「駭客主義者」的一員。他的家人不明白他的貢獻。「他們說：『我們冒著生命危險和受傷的風險，你卻在玩遊戲。』」

但埃倫很驚訝。他看出自己的破壞與洩密行動已經在媒體上產生直接影響，也看出這種新式虛擬運動的力量。他和朋友在左鄰右舍張貼廣告，提供免費的網際網路撥號號碼，以及已被入侵的使用者帳號和密碼，讓人們可以免費上網，這樣他們就可以加入這種新式的數位抗爭。駭客行為和駭客主義變成了一種強迫症。

畢業前夕，軍方開始來敲埃倫的門。所有的土耳其學生，甚至庫德人，都會被迫入伍。

「我知道，以我的背景，他們會嘗試要求我對抗自己的同胞。」

埃倫想找國外的工作。一家以色列資訊安全公司正在矽谷中心的工業城市聖荷西招聘工程師，當時正值九一一事件後的網路安全招聘潮，埃倫成為少數幸運拿到H-1B簽證進入美國工作的外國人之一，他也因此免於入伍從軍。

聖荷西和伊斯坦堡就像是相距遙遠的星球。埃倫醒著的時候，大部分時間都在工作，週末則在瀏覽駭客論壇。這份工作與他在伊斯坦堡所從事的駭客行為相去甚遠。他很想念家人。當大型網路安全公司邁克菲（McAfee）收購他的公司，並且將他調往邁克菲的總公司時，他知道自己必須離開了，因為這家企業的文化「枯燥乏味」，而且就專業面來看，也像是走進了死胡同。

埃倫會利用晚上進入他熟悉的駭客論壇，看看其他駭客又在BugTraq上發表什麼新發現，然後擊垮他們。埃倫在那遇到國家安全局的前駭客艾特爾。艾特爾在清單上丟出一個新的入侵檢測工具，埃倫立刻著手進行攻擊，並且公布愚弄該工具的方法。兩人交手數回合之後，高傲的美國人開始欣賞庫德人的堅韌，於是艾特爾詢問埃倫是否想成為「免疫力」的第二位成員。

他們兩人致力於零時差漏洞的開發，以充實「免疫力」的「帳篷」程式框架。埃倫發現，和他之前的作品相比，這份工作讓他亢奮不已。不久後，「免疫力」開始吸引大型資訊安全公司的注意。邁克菲、賽門鐵克、Qualys等公司都想要取得該平台及技術的使用許可。埃倫和艾特爾發現，雖然「帳篷」程式與他們提供的諮詢服務已經足以支付帳單，真正的利潤卻只能靠著訓練資安承包商學習零時差利用技術來賺取。

突然，國防承包商布茲·艾倫（Booz Allen）來敲門了。然後是波音公司、雷神公司和洛克希德馬丁公司。

接著是法國警方，以及挪威政府。

過了不久，「免疫力」的最大客戶都來自國外。

或許是無可避免的情況——就像網路上所有的事物——埃倫所稱的「名聲不佳者」也出現了。

某天在訓練課程中，埃倫遇上他最大的敵人：一名土耳其將軍。那個將軍並不知道埃倫是庫德人——他當然不會知道，他只聽出埃倫說話時有伊斯坦堡人的口音。

105　Slack是一種基於雲端運算的即時通訊軟體。Slack這個詞其實是縮寫，意思是「所有對話與知識的可搜索日誌」（Searchable Log of All Conversation and Knowledge）。

「我不知道你有土耳其員工！」將軍對著艾特爾大喊：「你為什麼沒告訴我？」

那個將軍要求由埃倫直接訓練他。當那個土耳其人慢慢繞著埃倫身邊打轉時，埃倫覺得自己呼吸困難，他想到他的父親與家鄉的伯伯、叔叔，也想到土耳其軍方將使用「免疫力」的程式利用技術讓他的同胞生不如死。他想起父親肩膀上的子彈、土耳其警方的圍捕、持鞭的土耳其警察、擠滿公車的庫德人尿在自己身上。他幾乎可以聞到土耳其祕密警察駕駛的雷諾汽車所排放的廢氣——那些車子載走了他的朋友和庫德同胞，讓他們從此消失。埃倫開始發抖。

即使經過這麼多年，當埃倫向我描述他與那名土耳其將軍的互動時，我依然能聽出他語氣中的憤怒。我以前也聽過這種語氣，每當我的祖父母提到納粹德國，就是這種語氣。他們都是猶太人，雖然幸運逃過大屠殺，可是他們的兄弟姊妹和父母親都在奧斯威辛集中營慘遭殺害。

土耳其人要埃倫背叛自己的同胞。埃倫忍住伸手掐緊那名將軍喉嚨的衝動，同時面對著起身奮戰或轉身離開的抉擇，最後他選擇轉身離開。埃倫客氣地找藉口離開，並與艾特爾進行會談。埃倫告訴艾特爾，他寧可去坐牢，也不願意向土耳其軍人傳授自己的間諜技術。

我問他艾特爾當時有什麼反應。「他是十足的美國人。」埃倫回答。「生意就是生意，他很樂意與各種人共事。」

艾特爾則說自己不記得這件事，可是也沒有反駁。

那不是埃倫最後一次遇到土耳其客戶。土耳其的傀儡公司會定期參加「免疫力」的研討會，以尋求培訓機會或者零時差漏洞利用程式。埃倫學會了提早發現他們。「我不想說出我們駭入過誰的系統。」他告訴我。「可是我們發展出自己的一套方法來識別誰是誰。我拒絕過許多像是土耳其傀儡公司的來客。」

不只是土耳其，「免疫力」的其他客戶也開始讓埃倫卻步。就連像法國政府機關那種「友善」的客戶，也讓他在夜裡無法入睡。他想到阿爾及利亞人。甚至西班牙也有使用漏洞利用程式的可疑理由。「我想，『巴斯克人呢？加泰隆尼亞人呢？如果發生暴動該怎麼辦？』這門生意很快就變得複雜，而且並非永遠有完美的解答。」

他變得非常厭倦。「與我合作的對象，開始讓我徹夜難眠、噩夢連連。」

二〇〇九年，埃倫辭職了。他與「免疫力」的另一位前員工一同創立他們自己的資訊安全公司，並誓言要更嚴格篩選顧客。他知道不可能完全避開各國政府，因為收入都是從那裡來的，尤其是以色列、英國、俄羅斯、印度、巴西、馬來西亞和新加坡的政府都已經開始打造自己零時差漏洞與利用工具的任務和目標。震網開啟了潘朵拉的盒子，在傳統戰爭中無法與美國匹敵的政府突然間都明瞭了程式碼能做什麼。就算他們沒有自己的網路戰士可以執行這樣的活動，起碼有錢，可以收購網路漏洞程式和利用工具。

美國國家安全局明確禁止在美國人身上使用這些工具。政府去找過「免疫力」，也找過埃倫新成立的公司，可是他們的競爭對手毫不受限。當然，有許多公司原本打算用這些程式去監視外國敵人和恐怖分子，可是他們也愈來愈常找工具來監視自己的同胞。「一想到我自己的成長背景，就會覺得在這個市場中打滾是一種奇怪的窘境。」埃倫表示。

埃倫試著採取中間立場，他和他的商業伙伴搜尋了國際特赦組織的報告，並且查出具備民主規範、尊重公民自由與新聞權利的政府名單。他們發誓只與符合這種條件的政府合作。這種故事我其實很熟悉，我一次又一次從那些深信自己道德準則的駭客口中說出這一類的故事，他們認為只要堅守自己的道德準則，就可以拖延住網際網路的黑暗力量——威權主義、鎮壓主義、警察國家——使它們不要馬上逼近。

「以色列曾打過一次電話給我。」埃倫告訴我。「可是我甚至沒有接聽。我拒絕了前蘇聯國家，我只願意與北美和加拿大的情報機關合作，不與墨西哥合作。在歐洲國家中，我也只願意與其中一部分合作。」

隨著時間經過，道德方面的爭議變得更加複雜。然後腎上腺素停止了。埃倫在二〇一五年將公司賣給捷克大型的防毒軟體公司Avast。擺脫財富的桎梏之後，埃倫離開了這個圈子。

當我在二〇一九年聯絡上埃倫時，他已經完全朝著另一個方向發展，致力於開發一種可察覺政府對智慧型手機進行監控的應用程式。他承認，這是一個諷刺的轉折，他現在要保護一般民眾免於遭受他的老客戶侵害。

二〇一九年，已經有數十家外國公司進入零時差市場，可是真正令整個業界震驚，或者至少讓報導該產業新聞的記者震驚的，是那年有一些非常優秀的國家安全局駭客正搬往國外，其中許多人是搬往波斯灣。表面上，他們要幫助美國的盟國抵禦網路威脅與恐怖分子，但實際的真相則更為可怕陰險和骯髒。

二〇一九年六月，我收到國家安全局前駭客大衛．埃文登（David Evenden）的神祕訊息，他準備向我說出一切。埃文登讀過我寫的一篇關於地下銷售駭客工具的報導。「妳有興趣知道更多資訊嗎？」他在推特上留言給我。

他被招攬到一家名為CyberPoint的精品安全承包商工作。CyberPoint是網路漏洞研究實驗室的競爭對手，這兩家公司的區別是：網路漏洞研究實驗室只為美國政府機關服務，而CyberPoint的客戶則多元化。CyberPoint以兩倍（有時候是四倍）的薪資招攬國家安全局的前駭客加入，其中包括埃文登和他一些好朋友。工作地點在阿布達比，也讓受雇者期待奢華生活。CyberPoint告訴埃文登，這份工作的內容與他在美國國家安全局時的工作完全相同，只不過雇主是美國親密的盟友。

當埃文登和妻子在二〇一四年降落於阿布達比時，他感覺到四處都是警訊。CyberPoint的總部並非坐落於市區的企業摩天大樓中，而是位於郊區一棟名為「別墅」（Villa）的堡壘式祕密豪宅。埃文登告訴我，這不算太怪異，因為他聽說過美國有幾家初創公司都在類似的別墅裡。

然而接著出現了兩個資料夾。

那年八月，在埃文登上班的第一天，他的新老闆們打開一份資料夾，仔細讀出他的工作內容：他受雇到這裡工作，是為了幫助阿拉伯聯合大公國防禦網路安全，避免其遭受任何網路威脅。「你明白了嗎？很好。」他的老闆們對他說。在他們闔上第一份資料夾之後，又拿出第二份資料夾。他們剛剛告訴他的一切都是謊言。第一份資料夾只是表面上的工作職掌——他們稱之為「紫色簡報」。他必須一字不漏地記住裡面的內容，一遍又一遍地背熟，就像演員默背自己的台詞一樣。如果有人問埃文登來阿布達比做什麼，他必須告訴對方他表面上的工作職掌。第二份資料夾裡有他真實的工作內容，也就是CyberPoint所說的「黑色簡報」。他將代表CyberPoint的阿聯酋客戶侵入恐怖組織和外國網路。埃文登說，即便如此，也還不算奇怪。他認識的每一個從國家安全局駭客變為承包商的人，無論在首都環線附近工作或是到國外服務，現在都會拿到類似紫色簡報和黑色簡報的資料夾。那些人都被告知，如果遇上像我這種喜歡打聽消息的記者，就要表示自己負責防禦性的工作，並且永遠不許提到他們為政府客戶所進行的攻擊任務。

不過，阿布達比的兩份資料夾與維吉尼亞的兩份資料夾不同。儘管攻擊性駭客交易的管理法規還模糊不清，國家安全局對於員工從米德堡離職後可以做什麼、不可以做什麼都有自己的規定。第一條規定：如果未經過國家安全局特別批准，前員工明確禁止——終身禁止——向任何人透露機密資訊和間諜情報。這就是為什麼零時差查理必須先徵求其主管的允許，才能出版他兜售網路漏洞利用程式的論文。

然而埃文登沒有注意到這些警訊。他的老闆們向他保證，一切都不會有問題，他在阿拉伯聯合大公國的任務已取得包括國務院、商務部及國家安全局等最高層級主管機關的核准，這項專案甚至有一個代號：「掠奪計畫」（Project Raven）。在某份美國與阿拉伯聯合大公國簽訂的更大型國防合約中，「掠奪計畫」只是其中一部分。這份大型合約由柯林頓總統和布希總統時期的美國反恐行動負責人理查．克拉克[106]在二〇〇八年時提出，目的是幫助波斯灣區的君主政體發展自己的恐怖主義追蹤技術。這份形成核心作用的合約有個可怕的名稱——「恐怖計畫」（Project DREAD）——但其名稱其實是「開發研究利用與分析部門」（Development Research Exploitation and Analysis Department）的縮寫。這份合約非常依賴像CyberPoint這種轉包商及數十位像埃文登這種才華橫溢的國家安全局前駭客。

埃文登的第一項任務是追蹤潛伏在波斯灣的伊斯蘭國恐怖組織。這並不容易，因為說到伊斯蘭恐怖分子的科技技術，特色就是「始終沒有一致性」。這些據說頭腦簡單的敵人，其實一直不斷在改變。他們知道自己永遠無法在貓捉老鼠的網路遊戲中打敗西方，因此試著遠離網路並融入人群。他們已經放棄電話，改使用燒錄機，並且持續從一個技術平台轉換到另一個技術平台。埃文登在CyberPoint工作的同事一直與零時差仲介商聯繫，以尋找伊斯蘭國挑選及使用的隱祕平台之漏洞利用程式。這是趕上腳步的唯一方法，因為恐怖組織的腦袋就和他們搗亂的本事一樣高明。

可是短短幾個月內，埃文登的老闆們就提出新指令了。「他們告訴我們：『根據報導指出，卡達[107]正在資助「穆斯林兄弟會」[108]。你們有沒有辦法找出證據？』」

「除非取道於卡達。」埃文登告訴他的老闆們。換句話說，他得先駭入卡達才有辦法。

他們回答他：那就放手去做吧。

其他人可能會問更多問題，埃文登承認自己問得不夠多。

埃文登駭入卡達的系統之後，他的老闆們似乎有意要他一直待在裡面。通常這類行動的目標是進入系統之後只在必要的時間內停留，可是他的老闆們明確表示，他們希望他能夠盡可能進入到卡達網路的最深處。阿拉伯聯合大公國與其親密盟友沙烏地阿拉伯老早就與鄰國卡達攤牌了，有人將這場為爭奪波斯灣霸權而蓄勢待發的戰爭稱為「白袍之戰」（Game of Thobes），比喻互相對立的阿拉伯君主身上的白袍在風中翻飛，不過該地區以外鮮少有人知道這種對立局勢，被聘來波斯灣工作的美國國家安全局駭客當然也不清楚。卡達曾是與世隔絕的祕境，只有採珍珠的潛水夫和漁民，但是四十年前卡達在沿海地區挖掘到石油，從此惹怒了其位於波斯灣的鄰國。從那個時候起，這個小國就變成了世界上最大的液化天然氣出口國。當時，其石油蘊藏量豐沛的鄰國正好開始面臨多年來最嚴重的市場衰退，卡達百無禁忌且頗具影響力的新聞媒體「半島電視台」還經常批評其波斯灣的鄰國。此外，阿拉伯聯合大公國和沙烏地阿拉伯一向害怕人民起義，卡達於二〇一一年卻支持「阿拉伯之春」[109]，只不過他們也很小心避免自己國家發生相同的情況。「回想起來，我們根本不知道自己在那裡做什麼。」埃文登告訴我。「表面上，我們在那裡追蹤恐怖分子，但是在私底下，阿拉伯聯合大公國只是假借卡達支持穆斯林兄弟會的消息，讓美國國家安全局的駭客侵入卡達的系統。」

埃文登的團隊從未發現卡達提供穆斯林兄弟會金錢資助的證明，也沒有發現卡達賄賂國際足球總會（FIFA）的官員，以取得二〇二二年世界盃足球賽主辦權的證據——這是阿拉伯聯合大公國也想弄清楚的事。儘管如此，埃文登的老闆們依然要求他們繼續搜尋。不久後，埃文登的團隊還駭入了歐洲、南美洲、非洲的國際足球總會官員的系統。阿拉伯聯合大公國尤其關心卡達的航空交通，想知道卡達每一位皇室成員都飛往什麼地方、與什麼人見面、和哪些人說過話。埃文登的團隊被告知，這些也是他們任務的一

---

106 理查．克拉克（Richard Clarke）是美國前政府官員，曾於一九九八年至二〇〇三年期間擔任美國資訊安全、基礎設施保護與反恐怖行動的國家協調員（National Coordinator）。

107 卡達（Qatar）是位於西亞的君主專制國，為地處阿拉伯半島上的半島國家，該國絕大部分領土被波斯灣圍繞。

108 穆斯林兄弟會（Muslim Brotherhood）是一個以伊斯蘭傳統而形成的宗教政治團體。

109 阿拉伯之春（Arab Spring）是指二〇一〇年十二月十七日至二〇一二年十二月阿拉伯世界一些國家的民眾紛紛走上街頭，要求推翻專制政體的行動。

部分。在反恐戰爭和攻擊性網路交易中，任何事情都可以被合理化。

因此他們遵照指示行事。不久之後，埃文登的團隊開始針對阿拉伯聯合大公國的人權活動分子和英國的新聞工作者量身訂製魚叉式網路釣魚電子郵件。埃文登告訴我，他們從來不曾真正寄出那些郵件，因為阿拉伯聯合大公國的官員們只是想要知道——當然，這是假設性的推測——如果他們的評論家與恐怖分子互有聯繫，要如何發現。因此他們建議埃文登，或許他可以寫個釣魚程式的範本。

埃文登寫了一封陷阱電子郵件給倫敦的記者羅莉．多納吉（Rori Donaghy），當時多納吉正宣揚阿拉伯聯合大公國侵犯人權的事實。那封電子郵件邀請多納吉加入一個虛構的人權小組，可是那封電子郵件根本不該寄送出去。

偏偏那封電子郵件確實寄出去了，郵件裡附有間諜軟體，可以追蹤多納吉的每個點擊、密碼、聯絡人、電子郵件、簡訊和全球定位系統的位置。當研究人員在多納吉的電腦上發現間諜軟體時，CyberPoint的數位指紋早已沾染全世界大約四百個人，其中包括數名被逮捕並遭到單獨監禁的阿拉伯聯合大公國人，因為那些人膽敢在社交媒體上侮辱自己的酋長國，或在其私人信件往返中質疑君主的統治。

回想起來，CyberPoint的搜索網絡也可能會搜集到美國官員的資料，這是難以避免的情況，可是很少人能預料到，國家安全局的前駭客竟然拿到了美國最頂層人物的情資。

在埃文登的團隊駭得美國第一夫人資料的那天，所有的合理性都不復存在了。

二〇一五年年底，蜜雪兒．歐巴馬的團隊正替她為期一週的中東之旅進行最後準備。卡達前王妃謝赫穆札．賓特．納賽爾（Sheikha Moza bint Nasser），卡達前統治者謝赫哈邁德．本．哈利法．阿勒薩尼（Sheikh Hamad bin Khalifa al-Thani）的第二任妻子暨其繼任者塔米姆．本．哈邁德．阿勒薩尼（Emir

Tamim bin Hamad al-Thani）的母親，親自邀請蜜雪兒・歐巴馬在卡達首都杜哈舉行的年度教育高峰會致詞。蜜雪兒・歐巴馬認為這是分享她「讓女孩學習」（Let Girls Learn）教育計畫的理想場合，也是與駐紮於卡達沙漠的烏代德空軍基地（Al Udeid Air Base）美軍將士見面的絕佳機會。

第一夫人的小組正在與喜劇表演者康納・歐布萊恩協商，請其為大約兩千名士兵提供餘興節目。蜜雪兒・歐巴馬還將短暫停留約旦，參觀由美國資助的敘利亞難民學校，整趟行程預計花費七十萬美元。歐巴馬的團隊持續與謝赫穆札・賓特・納賽爾前王妃保持聯繫。

卡達前王妃、美國第一夫人以及他們員工之間所有的電子郵件——個人意見、飯店訂房、航班時間、安全細節和行程變更——全都被傳送到CyberPoint的伺服器中。埃文登的團隊不再只是侵入卡達或阿拉伯聯合大公國的激進分子或西方部落客，他們也成功入侵美國的系統，而且對象還不是一般的美國老百姓。

倘若埃文登想尋找自己身處不法陣營的徵兆，或者正因為沒有道德指引而感到茫然無助，那麼當他在電腦螢幕上看見第一夫人的電子郵件時，就宛如被狠狠賞了一巴掌。

「就在那一刻，我說：『我們不應該這麼做，這是不對的。我們不應該竊取這些電子郵件。我們不應該鎖定這些人。』」他告訴我。

埃文登去找他的老闆們，要求閱讀國務院批准這項計畫的信函。他最初幾次提出要求時，他的老闆們顯然只希望他打消這個念頭，可是他一再要求，直到他們同意讓他閱讀那份文件。那份文件確實是真的，上面有國務院的官印和簽名，但日期是二〇一一年。他很難想像國務院會批准他的團隊執行他們現在正在做的事。就在那個時候，埃文登才意識到自己被告知的所有一切幾乎全是謊言。

當他和同事與CyberPoint的高階主管對質時，他們被告知這一切都只是一個可怕的錯誤，倘若他們發現美國的資料，他們應該加以標注，他們的經理會負責銷毀那些資料。於是他們遵照指示去做，可是經過兩個星期、三個星期、四個星期，埃文登查詢CyberPoint的資料庫，美國的那些資料仍然在那裡。

越過「別墅」，埃文登開始更客觀地檢視阿布達比：人造島嶼和博物館，讓人們忽略了這個酋長國會羈押任何一個提出批評的人。埃文登開始注意當地的新聞報導，報導說，來自美國的移民因無法償還信用卡債務而被關進「債務人的監獄」。有一天在通勤途中，埃文登目睹了一場嚴重的交通事故：一名阿聯酋人闖紅燈撞上一名外籍人士。儘管這場事故顯然是阿聯酋人的錯，警方卻讓肇事者離開，並將受害的外籍人士關進拘留所。埃文登說：「這裡的政府開始讓我們心生恐懼，他們可怕的程度甚至超過恐怖組織。」

埃文登的老闆們似乎決定視而不見。他的直屬上司每年的收入超過五十萬美元，可是當埃文登和他的同事提出他們的憂慮時，得到的答案卻是：「你們太緊張了。」

CyberPoint解決道德衝突的方法不是停止鎖定持反對意見者、新聞工作者或者美國人。相反地，埃文登和他的團隊被告知，他們的聘雇合約將從CyberPoint轉移到一家名為「暗物質」（Dark Matter）的阿聯酋有限公司，他們不再是向國務院借調的人力，可以不受限制地直接為阿聯酋工作。埃文登的老闆們給CyberPoint的員工一個選擇：他們可以選擇加入「暗物質」，或者CyberPoint將支付他們返回美國的費用，只要他們什麼都別問。

有一半的員工決定加入「暗物質」。埃文登警告他的前同事們要仔細考慮清楚。「你們接下來會把美國人當成鎖定目標。」他提醒他們。

他們要不就是不願看清真相，要不就是被阿聯酋提供的優渥薪資蒙蔽了雙眼。有些人告訴埃文登，他們在美國永遠無法賺到這麼多錢。「他們基本上都認為，『我只要做個幾年，這輩子就不愁吃穿了。』」

「一條明顯的分界線已經畫出。」埃文登說。選擇不加入「暗物質」的員工開始被朋友排斥。「以前經常與我們一起喝酒的人、經常受邀到我們家的人，開始不再與我們互動。」接著他們被趕出公司，

CyberPoint拿走他們的門禁卡，並且關閉他們的人事帳戶。埃文登和其他選擇離開的人必須等待公司安排他們返回美國。

等到他們回到美國，並想清楚自己做了什麼，埃文登便去找聯邦調查局。

埃文登於二〇一九年中期與我聯繫時，聯邦調查局已經在調查「暗物質」。埃文登一位選擇留在阿拉伯聯合大公國的前同事，國家安全局的前分析師羅莉．史特勞德（Lori Stroud）在返回杜拜時，在杜勒斯機場被聯邦調查局的特務人員帶走。三年後，她把自己的故事說給路透社的記者。「那是她坦承一切的方式。」埃文登告訴我。「她試著表示：『嘿，我是好人。』但真相是，我們早就非常清楚地告訴她，『如果妳留下來，妳鎖定的目標就會是美國人。』因此她絕對知道自己在做什麼。」

這一切也讓我想到一個問題：為什麼埃文登會來找我。這是他設法掩飾自己錯誤的方法嗎？聯邦調查局依然在進行調查，而且聯邦調查局當然不希望埃文登與記者交談。不過，埃文登開始接到許多國家安全局現任員工的電話，因為「暗物質」主動聯繫了那些員工。「他們問我：『嘿，這間公司聽起來真的很酷，我去那裡的話要負責什麼樣的工作？』」

他的回答十分明確。隨著與他聯繫的人數增加，他覺得自己被迫發表一份公共服務宣告。「我的想法是：『嘿，各位國家安全局的前員工，以下是你到海外工作時不可以做的事。』」埃文登說道。「如果找你到海外工作的人，在把你帶出去之前，沒有先告知你你將來負責什麼工作，那就千萬不要去。你抵達海外之後，如果你拿到兩份資料夾，那就是一個危險訊號。如果你正在考慮要簽下報酬驚人的合約，那麼你要從事的工作很可能不是你心裡所想的內容。」

埃文登最初對CyberPoint的信任，讓我想到美國人獨有的天真。就像溫水煮青蛙的寓言故事，等到來不及的時候才意識到自己身處險境。我很清楚傷害已經造成，埃文登慢了一步，青蛙已經被煮沸了。

第十二章 骯髒的生意

波士頓，麻薩諸塞州

「我總是說，只要這門生意變骯髒了，我就會退出。」阿德里爾・德索特爾斯（Adriel Desautels）在二〇一九年的某個夏末晚上告訴我。

德索特爾斯是網路武器商，外型看起來像牛奶工人，有一頭凌亂的髮髮，戴著無框眼鏡，門牙中間有一道縫隙，說話時喜歡引用天體物理學家卡爾・薩根[110]的話語。他原本使用的駭客綽號「氰化物」（Cyanide）與他的長相不搭，因此後來改用一個比較合理的名字「西蒙・史密斯」（Simon Smith）。不過，在這個不需要露臉的行業中，外表並不重要。參加這種遊戲的每個人都知道，德索特爾斯是美國最優秀的零時差仲介商之一。

我剛開始探索零時差交易時，德索特爾斯這個名字無所不在，而且不是惡名，他似乎是這個無良產業裡的道德之人。我想了解這門生意的具體細節，也想知道一個如此重視真理與透明度的人，如何在這個被黑暗籠罩的世界存活。雖然其他零時差仲介商似乎都很欣賞這位難以捉摸的黑武士[111]代表，不過德索特爾斯已經走向光明的世界。他比這個市場的新人更明瞭聲譽的重要性：聲譽就是他真正的價值。因此，他的客戶——美國國家安全局、中央情報局、首都環線的承包商，以及不喜歡炫耀且討厭雙面經銷商或竊賊的低調人士——都非常信任他。

和埃倫、埃文登及許多在這遊戲中的人一樣，德索特爾斯從來沒有主動接觸零時差市場，是這個市場找上他。二〇〇二年，德索特爾斯在惠普公司的軟體中發現了一個零時差，而且一如大家現在都已熟悉的結果：惠普公司揚言要根據電腦犯罪和著作權法起訴德索特爾斯。德索特爾斯沒有退縮，而是起身反擊。他從電子前哨基金會聘請了一名律師，迫使惠普公司收回威脅並且向他道歉。這件事為企業應該如何進行漏洞研究創下一個全新的先例。德索特爾斯從未想過自己會因為這個案子而出名。當時是二〇〇二年，iDefense的程式錯誤計畫仍在萌芽。他原本完全不知道這個市場的存在，直到他接到一通未知號碼的來電。

「你有什麼可以賣？」對方問他。這個問題令他不解。

「我不懂你的意思。」他回答對方。「你是指提供資訊安全服務嗎？」

「不，我想要買網路漏洞。」那人告訴他。

對德索特爾斯而言，購買網路漏洞聽起來非常荒謬。為什麼會有人想**買**網路漏洞呢？他們可以直接從BugTraq或「全面披露」[112]之類的駭客電子郵件清單下載啊！可是電話那頭的男人堅持要花錢購買。「告訴我你現在正在破解哪個系統。」

110 卡爾·薩根（Carl Sagan）是著名美國天文學家、天體物理學家、宇宙學家、科幻小說及科普作家。

111 黑武士（Darth Vader）是電影《星際大戰》中的角色。

112 全面披露（Full Disclosure）是一個資訊安全電子郵件列表，專門討論資訊安全與網路漏洞方面的消息。

碰巧那時候德索特爾斯出於好玩，正在開發一種聰明的零時差利用程式MP3：假如他向別人寄送出一個數位MP3歌曲檔案，而且收件人播放了那個檔案，那個零時差就能讓他存取對方電腦的資料。德索特爾斯甚至還沒解釋完這個利用程式如何運作，電話那頭的男人就打斷他的話：「我買了。多少錢？」

德索特爾斯依然不確定對方是不是認真的。「一萬六千美元！」他開玩笑地回答。

「成交。」

一個星期後，德索特爾斯收到了支票。他盯著那張支票看了許久，然後得到薩比恩和首都環線附近許多人都曾想到的結論：這可能會是一筆大生意。

當時，他開設的滲透測試公司「Netragard」才剛剛成立。比起其他競爭者，這家公司投入更多心力。「市場上的其他東西都是垃圾。」德索特爾斯告訴我。Netragard進行非常深入的駭客測試，確保客戶不會遭到像他這種駭客的攻擊。Netragard公司的座右銘是：「我們保護您免於遭受像我們這種人的侵入。」大多數滲透測試公司只對客戶的網路進行基本掃描，然後提供一份列出需要升級和修復的項目清單。不過，反正大部分企業客戶也只想知道這些，他們只希望自己的公司符合各種必須遵循的項目。但是就實際阻擋駭客攻擊而言，那些測試根本毫無用處。德索特爾斯將其競爭對手的做法比喻為「拿玩具水槍來測試防彈背心」。他在他的著作中將那些傢伙稱為騙子，那些人向客戶收取數萬美金，甚至數十萬美元，卻無法將駭客擋在門外。Netragard公司進行滲透測試時，是真的進行駭客攻擊。他們會偽造文件、駭入安全鍵盤與工作識別證。假如透過驗證來證實一切無恙的數位方法沒用，他們就派遣駭客溜進客戶公司的貨運電梯，從祕書的辦公桌上偷走識別證，或賄賂清潔女工，以闖入執行長的辦公室。這些都寫明在他們的合約中，他們將之稱為「免入獄金牌」。Netragard公司很快就因為駭入拉斯維加斯賭場、製藥公司、銀行和大型國家實驗室而聞名。

德索特爾斯認為他可以藉著販售零時差利用程式來為Netragard挹注資金，以便將風險資本家拒於門外。當那個花了一萬六千美元買下MP3零時差的仲介商第二次打電話來，德索特爾斯的要價漲了一倍。第三次他又漲價，價格來到六萬美元。他不斷提高售價，直到遇上阻力。不久之後，德索特爾斯以超過九萬美元的價格賣出零時差，那時iDefense才剛列出一百美元的價目表。德索特爾斯不明白為什麼有人願意賣給iDefense，他們明明可以透過德索特爾斯所謂的「無形且合法的黑市」進行交易，靠一筆生意就能讓他們生活好幾年。

我問德索特爾斯，他會不會擔心自己開發的漏洞利用程式被壞人使用。他從未告訴我買家的姓名，僅表示他只賣給美國機關的「公共部門和私營部門」——換句話說，就是那些簡稱為三個英文字母的美國機關、其國防承包商，偶爾還有一些希望拿他的零時差漏洞來測試自己軟體的資訊安全公司。九一一事件的教訓依然歷歷在目，因此德索特爾斯對自己說，他的漏洞利用程式可以幫助好人追蹤恐怖分子或戀童癖。他還開始告訴朋友，如果**他們**手上有零時差漏洞利用程式，他可以幫他們販售。他告訴那些朋友，他的買家會提供五位數到六位數的報酬。相形之下，iDefense和各大網站發起的程式錯誤賞金計畫所支付的金額根本不算什麼。很快地，他仲介販售的漏洞利用程式比自己開發的還多。

德索特爾斯能夠以遠高於iDefense開出的金額賣掉漏洞利用程式，iDefense頂多只能買到次級品。德索特爾斯的零時差漏洞利用程式都是處於「理想狀態」——不需要與目標端進行互動，不像中國駭客那樣發送垃圾簡訊或網路釣魚電子郵件。德索特爾斯所開發與仲介的漏洞利用程式成功率高達百分之九十八點九。如果它們任務執行失敗，也必須「清理失敗」，意味它們不會因此觸發安全警報或者毀損目標的電腦，目標不會知道自己遭到駭客攻擊。由於這類行動非常敏感，倘若目標察覺到一絲絲自己遭到鎖定的跡象，遊戲就沒得玩了。

德索特爾斯似乎非常信任買家的正直，他相信他們不會拿他的利用程式去跟蹤異議分子、記者或分手的情人。

可是，你的賣家呢？我問。他們是誰？如果他們玩兩面手法呢？如果他們把同一個漏洞利用程式賣給像阿拉伯聯合大公國或中國那種專制政府，然後那些政府藉由漏洞利用程式監視自己的人民呢？

這不是假設。二〇一三年，德索特爾斯開始販售漏洞利用程式的那一年，中國客戶也湧入市場。有一個惡名昭彰的年輕駭客喬治・霍茲（George Hotz），綽號叫Geohot，因為破解第一台iPhone和駭入索尼PlayStation遊戲機而聞名。他曾嘗試以三十五萬美元的價格將蘋果系統的漏洞賣給一名零時差仲介商，那個仲介商暗示其背後的客戶是中國（霍茲後來在谷歌工作過一段時間，他否認那筆交易，並且堅稱自己只與美國買家合作，然而他坦承自己在挑選買家時不會特別考量道德問題，並補充道：「我不太在意道德那方面的事」）。

德索特爾斯提出一項計畫：如果駭客同意將他們的零時差獨賣給他，他願意支付三倍的價錢購買。雖然保密協定會將這些約定加以具體化，可是他要如何確保駭客不會把相同的零時差賣給另一邊的買家？這些不是普通的武器，它們是程式碼。德索特爾斯告訴我，一切只能憑靠「武士道」這種武士榮譽守則。他必須相信駭客不會四處張揚他們剛剛賣掉的史詩級零時差，或者再出售給另外一方，或是在交易過程中毀掉他和他的仲介生意。當我一想到那些駭客是什麼樣的人，以及**他們身在何方**，我不禁暗忖這種信任感必須非常強大。

德索特爾斯告訴我，絕大多數賣家都在美國、歐洲和羅馬尼亞。他有一個駭客在羅馬尼亞，那個人什麼軟硬體都能破解，而且口風很緊。*羅馬尼亞*？我心一驚——羅馬尼亞根本是這世界的詐欺中心。可是德索特爾斯提及羅馬尼亞時的口氣，宛如談到最愛國的愛荷華州一樣。

德索特爾斯還告訴我：「伊朗有一些駭客的本領非常高超，我們看過他們向北韓發動一些有趣的攻擊，可是那些傢伙從來不曾跟我們接洽。」

德索特爾斯之前花了五萬美元跟一名俄羅斯駭客買了一個零時差，然而當那個傢伙第二次來找他時，他覺得有點不太對勁，因此拒絕再次與對方交易。那個人沒能通過德索特爾斯所謂的「嗅探測試」。

我問德索特爾斯如何開發出他的「嗅探測試」，他是不是讀過教人如何審問的手冊？或是有關行為科學及心理操縱的書籍？他如何看人？「我有一種不可思議的天分。」他帶著一種和藹可親的傲慢回答我。「在我還很小的時候，只要我和別人聊天兩分鐘，就能感受到對方是什麼樣的人。我可以從他們說話時的動作和細微的臉部表情得知。」一想到許多人的性命都依附在他這種「嗅探測試」上，我不安地在椅子上動動身子。

德索特爾斯目前只接受百分之十五的漏洞利用程式，其餘的都被他拒絕。部分是因為那些漏洞利用程式不夠好，部分是因為賣家的鬼祟感讓他無法信任。他經常提醒他的賣家，如果他們違反保密協定的內容，將會有嚴重的後果，而且許多後果是他無法馬上挽救的。「基本上，我會告訴他們，如果他們賣出的零時差又在其他地方出現，我們的買家一定有辦法查出其來源。那些買家會檢查漏洞利用程式的模式，並且往回追溯源頭。買家在追查漏洞利用程式的源頭時，我們會毫不遲疑地提供他們原始作者的資料，以便他們處理這個問題。我基本上都會告知賣家：我可以擔任你的仲介商，但如果你把你的商品轉賣到其他地方，你就會有大麻煩。」

德索特爾斯的話有點荒謬，聽起來很誇張。然而他就事論事地說著，彷彿事情已然發生，一切公事公辦，不攙雜個人情感。

他的行事風格贏得客戶的信任。不久之後，德索特爾斯便與多位客戶發展出固定關係，他每個月或每季收取費用，代表對方與駭客協商。零時差的價格會根據其利用的軟體而波動：最低階的零時差漏洞利用程式可以操控使用者實際存取的路由器或隨身碟，價錢為五位數美元；比較高階的零時差則可以從遠端操控Adobe PDF軟體、Safari瀏覽器和Firefox瀏覽器，或是例如Word和Excel等微軟應用程式；更高階的，是可以從遠端破解微軟電子郵件及視窗軟體的漏洞利用程式，要價十萬美元到二十五萬美元。時間限制也是影響價格的因素：如果買家需要立即駭入某些設備，例如恐怖分子的手機、伊朗核科學家的電腦，或者是俄羅斯駐基輔的大使館……買家就會願意掏出五十萬美元到一百萬美元購買平常只要二十五萬美元的零時差漏洞。德索特爾斯通常會在售價上提供一點小折扣，有時候可能只折價百分之三，但如果他必須特別為客戶尋找、審查和測試漏洞利用程式，收取的佣金就可能會高達百分之六十。

就做生意的角度來看，結果還算不錯。

新的買家和賣家不斷湧入市場，各式各樣的人都有。居住在泰國的南非人古魯格開心拿著一大袋現金的照片登上《富比士》雜誌；姓名縮寫為MJM的德國間諜軟體企業家則小心地清除自己在網際網路留下的任何蹤跡；來自馬爾他的路易吉和多納托，可以輕而易舉在工業控制系統中找到零時差，而那些工業控制系統大部分是美國在使用；新加坡有一位名叫湯瑪斯・林（Thomas Lim）的生意人，正在向缺乏開發技能、但是財力雄厚的國家和仲介商兜售網路軍火；有個名叫喬基・貝克拉（Chaouki Bekrar）的法國籍阿爾及利亞人經常戲弄谷歌和蘋果，並吹噓自己發現及買下了哪些商品的漏洞，再轉賣給不知名的政府。喬基・貝克拉在推特上毫不隱匿自己的惡行，他的檔案大頭照是黑武士的照片，而且他喜歡提醒大家，批評他的人都稱他為「網路漏洞之狼」（Wolf of Vuln Street）。

這些人似乎不在意社會大眾的觀點。他們不在乎「武士道」，而且覺得那些在產品中留下漏洞的科技公司比把網際網路武器化的自己更可惡。他們的行為比較像外國傭兵而不是愛國者。德索特爾斯還記得二〇一〇年他第一次在駭客會議上看見新買家和經紀人躲躲藏藏的模樣。「嗅探測試」根本沒用。他的嗅覺已經被胡說八道所掩蓋。「他們讓我生氣。我知道有很多惡棍國家進入這個黑暗市場，讓這些人賺很多錢、日子過得很快樂，因此一切馬上就變得骯髒不堪。」德索特爾斯臉上帶著一絲羞愧地表示。

德索特爾斯清楚知悉，零時差市場對這些人來說有利可圖。從以色列到南韓，都有中間人在駭客會議上積極接近他，逼他與外國買家做生意。於是他停止公開自己的行程，以免這些中間人跟著他，強迫他與他們交易。可是他們還是找得到他。在拉斯維加斯的某天早上，他被凱薩宮酒店客房裡的電話聲吵醒，但其實應該沒人知道他在這裡才對。「到樓下來。」一個陌生的聲音在電話那頭說。「我們必須見個面。」對方是個亞洲國家的中間人——是美國的盟友，可是德索特爾斯不肯說出是哪個國家。那個人邀請德索特爾斯搭頭等艙飛機飛往他的國家，且如果德索特爾斯能夠與該國做生意，他還能招待他一場豐厚的旅行。德索特爾斯一向都會拒絕這類要求。

其餘對他感興趣的中間人根本懶得開口問他。在一次前往莫斯科的旅行中，德索特爾斯刻意租了有金屬門和大型門鎖的Airbnb公寓，外面還有鋼筋圍欄。在德索特爾斯勇敢地走出公寓之前，先把他太太的指甲油塗在筆記型電腦的轉軸上。這種舉動雖然看似偏執，但是他知道自己有正當理由擔心。假如名聲不好的國家已經進入這個產業，俄羅斯就是最危險的地方。果不其然，當他返回那間公寓時，發現筆記型電腦轉軸上的指甲油已經裂開了，他的電腦被人動過。倘若那些外國人願意不辭千里地跟蹤他來到俄羅斯，他們肯定也已經找過其他願意與外國做生意的新進仲介商。

到了二〇一三年，也就是我進入儲物櫃工作的那一年，這個市場已經大幅擴張，超出德索特爾斯和他的嗅探測試所能掌控的範圍。那一年，某個年度監控設備貿易展的創辦人估計，這個市場的交易金額已經超過五十億美元，但十年前根本乏人問津。國家安全局在同一年增加了兩千五百萬美元的零時差預算，CyberPoint則購買了零時差來攻擊阿拉伯聯合大公國的敵人和美國的盟友。德索特爾斯的零時差採購業務增加了一倍，可是他的競爭對手業績也成長一倍。「網路漏洞之狼」的法國公司Vupen[113]，每年銷售給各國政府的金額都加倍增長。以色列、英國、俄羅斯、印度和巴西都與美國政府競價，馬來西亞和新加坡也開始購買零時差。事實上，南極洲以外的每個國家幾乎都參與了零時差交易。

德索特爾斯慢慢失去對這個市場的控制權。有那麼多新進國家，帶來那麼大量現金，早就沒人在乎他的嗅探測試。賣家現在有很多選擇，開始想擺脫德索特爾斯的獨賣條款。德索特爾斯曾試著堅持不讓步，可是他最優秀的駭客逼得他別無選擇。那些駭客威脅，除非德索特爾斯願意破例，否則他們將不再販售零時差給他。「於是我們一起去找買家，並告訴買家：如果只能以獨賣的方式進行交易，我們就不再賣零時差給他們。」德索特爾斯的買家只好屈服。「他們說：『好吧，給我們兩、三個月的獨享權，我們就答應與賣家簽訂非獨賣條款。』」

德索特爾斯的長期客戶也開始以別種方式屈服。一位可靠的買家來找他，問他願不願意將零時差賣給美國以外的新客戶。那個買家保證，絕對不會把他的商品交給高壓政府，可是那個買家正與歐洲的某個買方建立起關係——那個新買方是義大利人。

「我像個白癡一樣。」德索特爾斯承認，他以為義大利人只與「友好的國家」合作——例如美國和歐洲的政府機關，還有它們最親密的盟友。

結果義大利人的交易對象是某個總部設在米蘭的新公司，名為「駭客隊」（Hacking Team）。那筆生意讓德索特爾斯賠上了整個市場。

那一天，德索特爾斯打開電腦時，差點沒吐出來。

二〇一五年七月五日，義大利當地時間凌晨三點十五分，「駭客隊」原本靜悄悄的推特帳號突然發表了一則令人不安的資訊：「既然我們沒有什麼好隱瞞的，我們將公開我們的電子郵件、檔案和原始碼。」

事實證明，「駭客隊」這個總部設於米蘭的駭客工具供應商，已經被一個綽號為飛哥．費雪（Phineas Fisher）的意識型態駭客入侵。接下來幾天，飛哥．費雪將駭客隊多達四千二百億位元組（420 gigabytes）的合約、薪資單據、發票、法律備忘錄、客戶服務紀錄，以及其執行長五年來的電子郵件內容全數公開。儘管德索特爾斯的買家曾經一再保證，但駭客隊不僅銷售零時差給「友好的國家」，還把德索特爾斯的零時差利用程式放入間諜軟體中，賣給地球上一些最惡劣的侵犯人權者。

我們現在已經很難定義德索特爾斯到底是牛奶工人還是外國傭兵。在已經外洩的資料中，有一封他直接寄給駭客隊的電子郵件：「我們一直偷偷修改我們內部的客戶政策，並且與國際買家合作……我們知道你們有哪些在遠方和在美國的客戶，我們很樂意與你們直接合作。」

當我詢問德索特爾斯這件事時，他只回答：「我像個白癡一樣，沒有盡到責任。」他這句話有點避重就輕。倘若他曾經花一點點心思加以注意，就會發現「駭客隊」有一些讓人擔心的故事。我曾與多倫多大學蒙克國際研究中心負責監督網路安全的公民實驗室共事三年，發現「駭客隊」透過電子郵件將間諜軟體寄給巴林的異議分子、摩洛哥的記者和衣索比亞的駐美記者。雖然「駭客隊」宣稱他們的工具「無法追蹤」，可是公民實驗室的研究人員依然逆向追查，一路追蹤該間諜軟體到位於世界各地獨裁政權的伺服器中。

這些都不是某個網站上的祕密資料，因為我在《紐約時報》的頭版發表了這些發現，也聯繫了駭客隊

113　Vupen是法國的資訊安全公司。

的義大利高階主管，請他們對此發表評論。該公司的執行長大衛・文森澤帝（David Vincenzetti）強調他們「竭盡全力」確保其間諜軟體只用在調查罪犯與恐怖主義，而且從來不曾販售給「歐洲國家、美國、北大西洋公約組織所列之黑名單政府或任何高壓政權」。文森澤帝表示，該公司甚至成立一個由工程師與人權律師組成的委員會，那個委員會有權力否決他們任何一筆交易。然而當我翻查文森澤帝遭到駭客入侵的電子郵件時，發現這家公司顯然一直在說謊。

飛哥・費雪至今身分不明，而他於二〇一五年七月公開的資料，證實了我心中最深的懷疑：十二年來，駭客隊持續向全球愈來愈多政府機關販售間諜軟體，其中有些機構的人權紀錄不僅令人懷疑，而且非常怪異。駭客隊的客戶包括五角大廈、聯邦調查局和美國緝毒局，美國緝毒局曾利用該間諜軟體從美國駐波哥大的大使館監視販毒集團。「駭客隊」透過位於馬里蘭州安那波利斯的一間傀儡公司將其間諜軟體的樣本借給中情局。根據外洩的資料顯示，這家公司與歐洲各地的機構都簽有合約，對象包括義大利、匈牙利、盧森堡、賽普勒斯、捷克、西班牙、波蘭和瑞士，然而該公司問題重重，因為他們還把「遠端控制系統」賣給阿拉伯聯合大公國的CyberPoint公司，以及沙烏地阿拉伯、埃及、俄羅斯的資訊安全公司、摩洛哥、巴林、衣索比亞和奈及利亞等政府，還有中亞的亞塞拜然、烏茲別克與哈薩克——這些政權把該間諜工具使用在無辜的平民百姓身上。根據外洩的電子郵件顯示，該公司的高階主管曾試圖與白俄羅斯一支孟加拉國的「死亡小組」進行交易——白俄羅斯被認為是「歐洲最後的獨裁政權」——不過，他們還有更糟糕的交易對象：駭客隊將價值一百萬美元的間諜軟體賣給了蘇丹，蘇丹的情報機構數十年來以粗暴的手段驅逐、殺戮、性侵、殘害、綁架和掠奪其大多數人民。美國的救援人員表示：蘇丹是這個世界上「人權處境最惡劣的國家之一」，但德索特爾斯還提供這個加害者更多武器。

「我這輩子從來沒有感到如此厭惡。」德索特爾斯告訴我：「如此噁心。」

世界各地的記者開始從外洩的資料挖掘出更多的機密。南韓記者發現了駭客隊間諜軟體協助南韓情報人員操縱選舉的電子郵件（一名使用駭客隊間諜軟體的南韓特務人員在其電子郵件被公開之後自殺身亡）。厄瓜多的記者則發現該國執政黨利用駭客隊的間諜軟體追蹤反對黨。這些外洩的機密顯示，儘管駭客隊一再否認，但他們確實把商品賣給對批評者和異議分子進行惡意鎮壓的政府。

公民實驗室的第一批報告和文章在二〇一二年公布之後，駭客隊才顯然停下腳步，開始評估部分客戶。該公司在二〇一四年終止了與俄羅斯的交易，他們的一位發言人表示：「普丁政府對西方國家的態度原本很友善，可是現在已經變成較為對立的政權。」很顯然地，普丁總統對克里米亞半島的突擊行動，將俄羅斯推入了一個不同的客戶類別，更別說這些年來多少俄羅斯記者和反對分子在普丁的監控下行蹤不明。駭客隊也在二〇一四年終止了與蘇丹的合約，理由是「擔心該國不依照合約內容使用其系統」。在此之前，已經有數十萬名蘇丹人慘遭殺害，還有數百萬人流離失所。

從更世俗的角度來說，目前沒有修補零時差的擔保條款；市場的不透明化導致嚴重的價格差異。例如：零時差仲介商花了數個月在新加坡的COSEINC公司[114]和法國的Vupen公司之間來回奔波，結果漏洞在過程中已經被修補完畢。還有一筆可笑的交易：駭客隊從印度某個聲譽不佳的經銷商那裡買到了一個假的微軟漏洞。

外洩的電子郵件也清楚表示，駭客隊幾乎沒有考量過其產品被濫用的潛在可能性。在一封電子郵件中，文森澤帝似乎預測了未來。他在郵件中開玩笑地說：「想像一下：如果維基解密洩密，就會讓大家知道這種地球上最邪惡的科技！」

114　COSEINC是新加坡的資訊安全公司。

任何能連上網際網路的人都能很快發現，德索特爾斯賣給駭客隊一種在Adobe Flash軟體的零時差利用程式，那種利用程式隨後變成了「駭客隊」間諜軟體的原始素材。**德索特爾斯的Adobe零時差讓CyberPoint這類客戶得以使用偽裝為合法檔案的PDF陷阱來駭入其目標。**德索特爾斯唯一的安慰是他的零時差漏洞利用程式被全世界看見之後，將會被修補，到時候駭客隊的間諜軟體就無用武之地了。可是他一想到那個漏洞利用程式早已被如何使用，心裡便感到很不舒服。

德索特爾斯曾經相信自己可以用道德和良心來控制市場。*武士道，我心中暗忖，根本是胡說八道。*德索特爾斯仲介給駭客隊的Flash軟體零時差，是他頭一次販售商品給美國以外的買家。我們都知道沒有百分之百精準的方式來驗證這種說法，尤其考量到這種市場的祕密性與日益複雜的情況，身分模糊的中間人經常擔任各種客戶的傀儡公司。不過，這也是德索特爾斯最後一次販售零時差漏洞利用程式。「我總是說，只要這門生意變骯髒了，我就會退出。」德索特爾斯對我說。在第一次洩密事件之後，他突然宣布結束他的零時差生意：

> 駭客隊違反規定一事，證明我們無法充分審查新買家的道德與意圖。直到駭客隊違反規定的事情曝光後，我們才知道他們顯然將技術販售給可疑的對象，包括但不限於各界已知的侵害人權者。雖然供應商沒有責任控管買家如何處理其收購的商品，可是我們無法接受駭客隊曝光的客戶名單。其道德標準相當駭人，我們不願意與其扯上關係。

在這個不以良心著稱的行業裡，雖然德索特爾斯的角色值得關注，只可惜為時已晚（我現在已經知道，在這個行業中，每個人都是等到為時已晚才會表明立場）。駭客隊的洩密事件提供了一個驚人的窗口，讓外界知悉這個市場如何為零時差漏洞訂定價格及進行交易，並且將零時差漏洞整合為更強大的現成間諜軟體，然後再販售給對待人權最惡劣的政府。到那個時候，一切都不再令人吃驚。然而這次的洩密有一件事是我沒預料到的。我一直以為，我寫的那篇關於駭客隊的報導可以幫助外界了解這個暗黑的行業。歐洲監管機構與人權律師偶爾會引述那篇報導的內容，而且那些人權律師誓言將進行調查、修改出口法規，並且以更嚴格的眼光看待網路武器交易。

不過，仔細研究那些外洩的資料，那篇報導其實產生了反效果：它變成一則廣告，讓其他尚未擁有那些能力的政府明白自己缺少了什麼。

到了二〇一五年年底，地球上已經沒有哪個國家的情報機關還未具備那些能力。

第十三章　槍枝出租

墨西哥、阿拉伯聯合大公國、芬蘭、以色列

二〇一六年夏天，記者們還在關注駭客隊洩密事件時，我的某位線人突然來訪，和我閒聊了一個小時，然後毫無預警地打開他的筆記型電腦。「妳用手機拍下我螢幕上的畫面，列印出來，再把這些資料在妳手機、電腦和印表機所留下的痕跡全部刪除乾淨，永遠不告訴任何人妳從哪裡取得這些資料。妳明白了嗎？」

雖然這段對話突然大轉折，但因為這位線人向來十分可靠，我便照著對方的話去做。用手機拍下那些顯然是電子郵件、投影片、提案與合約內容的資料，再將那些資料列印出來，然後從我的手機、印表機及雲端空間刪除所有痕跡。我忙完時，這位線人已經開車離去，因此我只能靠自己理解那一疊堆在工作檯上的資料。接下來幾個星期，我詳細讀完那些客戶檔案、產品敘述、價目表，以及偷偷透過手機拍攝的照片。

這些資料來自一家名為NSO Group的高機密以色列間諜軟體公司，以前我只隱約從一些耳語聽說過這家公司。這家公司沒有官方網站，我只在以色列國防部網站上的某篇文章看到有人提及這家公司，文中表示這家公司已經開發出最尖端的間諜軟體。接著我又找到一些二〇一四年的新聞稿和交易紀錄，那年

ＮＳＯ以大約一億兩千萬美元的價格將控股權賣給舊金山一家名為「舊金山合夥人」（Francisco Partners）的私募基金，然而網路的頁面路徑只能追蹤到這裡。我翻閱ＮＳＯ的檔案時突然有一股衝動：趕快打電話通知我通訊錄裡的每一位記者、異議分子、白帽駭客和網路自由鬥士，然後把我的手機丟進馬桶裡。

全世界都還在關注駭客隊時，洩漏的訊息清楚顯示那些精通監視技術的國家、情報單位和執法機構早就已經又往前邁進一步。這家以色列公司可以不透過電腦，只要駭入手機，就能取得其政府客戶可能想要或需要的一切資訊。根據ＮＳＯ的宣傳簡報，他們已經找到一種方法可以從遠端駭入市場上的每一款智慧型手機而不被人察覺，其中包括黑莓機、第三世界尚有許多人使用的諾基亞Symbian手機、安卓手機，當然還有iPhone。

ＮＳＯ的監視技術最初是以色列情報局八二〇〇部隊的畢業生開發出來的。二〇〇八年，兩名以色列高中死黨——沙列夫．胡里奧（Shalev Hulio）和歐姆里．拉維（Omri Lavie）——把這項技術推銷給手機公司，方便手機公司從遠端解決客戶在技術方面的問題。他們很幸運地選對了時機，當時iPhone上市還不到一年，智慧型手機比個人電腦更能提供警方和間諜即時管道來探查他們目標的位置、照片、聯絡人、聲音、所在地點和通訊內容。有了智慧型手機，間諜真的什麼都不缺了。ＮＳＯ的這套本領傳進西方間諜機構的耳中，很快地，每個機構都想加入這場遊戲。

ＮＳＯ的技術不僅可以把智慧型手機變為間諜手機，還為政府提供一種繞過加密的方法。蘋果、谷歌和臉書等大型科技公司已經開始在傳輸客戶資料時進行加密，無論是從一台伺服器傳輸到另一台伺服器，或者是從一台電腦傳輸到另一台電腦。許多年來，執法單位一直批評科技公司的這項措施，警告他們在客戶資料上加密將使得執法人員在監控兒童侵害犯、恐怖分子、毒梟和其他犯罪分子時變得更加困難，並將這種情況稱為「走向黑暗」（going dark）。到了二〇一一年，聯邦調查局擔心會有更壞的情況發生。過去多年來，聯邦調查局透過竊聽方式取得資料相對容易，但隨著通訊管道的分散化——手機、即時訊息、電子郵件和網路電話——以及加密程式的增加，即使特務人員取得授權去搜查某人的通訊內容，經常也只能得到一些表面資訊。

「我們將這樣的能力差異稱為『走向黑暗的問題』（Going Dark problem）。」當時的聯邦調查局法律總顧問瓦萊麗．卡普羅尼（Valerie Caproni）二〇一一年在國會發表證言時表示。「法院授權政府搜集的證據，無論關於兒童色情片、犯罪情報、販毒資訊、恐怖行動或間諜活動，已經愈來愈不具有價值。」

接下來的十年，聯邦調查局持續尋求極具爭議的解決方案：他們要求科技公司為執法人員製作有利於竊聽的軟體後門。理論上，這聽起來可行，但實際上根本行不通。美國的資訊安全官員比任何人都清楚，軟體後門會成為所有駭客的攻擊目標。這個為滿足執法單位需求的點子會導致那些科技公司害美國更易於受到網路犯罪分子和國家的攻擊，因此馬上遭到否決。接著還有邏輯上的問題，因為並非每一家科技公司都設在美國，例如Skype最早成立於盧森堡，如果要執行這個點子，那些科技公司必須製作多少個軟體後門，以提供多少政府機關使用？

NSO為執法部門想出的是一種強而有力的解決方法，一種可防止失控的工具：透過駭入通訊的「終點」——也就是手機本身——NSO的技術可以讓政府在資料加密之前與之後存取資料。就在卡普羅尼於國會發表證言之後不久，胡里奧和拉維開始宣傳他們當作監視工具的遠端存取技術。他們將這種工具稱為「飛馬」（Pegasus），也就是神話中那種有翅膀的馬，因為它能做到幾乎不可能辦到的事：從空中擷取大量從前無法觸及的資料——電話內容、簡訊、電子郵件、通訊人、行事曆、定位資料、臉書、WhatsApp和Skype對話——而且不留下任何痕跡。飛馬甚至可以做到NSO所謂的「房間竊聽」：利用手機的麥克風和攝影機搜集房間裡面與房間周圍的聲音與照片。它還可以阻止目標連上某些網站和應用程式，並從目標的手機截圖，記錄他們搜尋與瀏覽的每一項紀錄。其中最大的賣點是這種間諜軟體具有「電池意識」。電力持續耗減可以警告你，手機被人安裝間諜軟體，因為間諜活動和擷取資料都很耗費電力。然而飛馬會玩一種高明的花招：當它發現自己正在耗損電量時，就會自動關閉，等到目標連上WiFi，再繼續擷取更多資料。據我所知，飛馬是商業市場上最精細的間諜軟體。

外洩的合約顯示，NSO已經向墨西哥和阿拉伯聯合大公國的兩個心急客戶賣出價值數千萬美元的硬體、軟體與攔截工具，而且目前正向歐洲和中東的其他客戶推銷飛馬。我在維基解密的駭客隊資料庫中快速搜尋NSO的相關資料，不意外地，從文森澤帝的電子郵件可以看出NSO的競爭對手駭客隊已經陷入恐慌。駭客隊那些義大利人正忙著盡力維護客戶關係，因為他們在墨西哥和波斯灣的長期客戶都揚言要改與以色列人合作。NSO與舊金山合夥人的交易讓駭客隊的管理階層陷入恐慌，急著尋找可以與他們合作的私募基金伙伴。不過，那些義大利人最害怕的是NSO某個長期以來被認為是網路武器交易圈裡稀有寶物的本領。

在某些情況下，飛馬仍有賴目標點擊惡意連結、圖像或訊息，才有辦法下載至手機上，但已經愈來愈不需要互動。從NSO的宣傳簡報和提案中，我們可以看出該公司已在市場賣出一種無須點擊的全新感染手法，其高階主管將之稱為「從空中偷偷安裝」（over the air stealth installation）。NSO沒有詳細說明他們如何辦到這件事。有時，他們透過操縱公共區域的WiFi連線來做到這一點，不過他們顯然也可以從遠端駭入目標的手機。無論使用什麼方法，總之NSO就是辦到了，這種無須點擊的感染方式就是他們的獨家祕方。駭客隊的那些義大利人嚇壞了，因為這將會使他們破產。

「我們必須夜以繼日地研究NSO的手法。」文森澤帝於二〇一四年年初寫信給他的團隊。「我們不能容忍被人公然指稱我們不會那種功能。」

但是過了一年，駭客隊依然無法趕上NSO那種無須點擊的感染手法，而且不斷流失客戶。我打電話給其他線人，詢問他們關於NSO的資訊，然而儘管NSO的間諜軟體顯然是市場上最出色的，他們似乎就是能在這個產業中保持低調。從NSO訂定的價格，我們也可清楚看出這家以色列公司的間諜軟體是最頂尖的：他們開出的價格是駭客隊的兩倍。他們的安裝費用固定為五十萬美元，駭入十台iPhone或安卓手機的費用則為六十五萬美元。客戶也可以再花八十萬美元請他們再駭入另外一百個目標，但如果只增加五十個目標則為五十萬美元，二十個額外目標為二十五萬美元，十個額外目標為十五萬美元。NSO告訴他們的客戶：「您可以遠端蒐集目標的人際關係、所在位置、電話通訊、計畫和活動——任何時候，而且無論對方身在何處。這是無價的！」NSO在宣傳手冊上承諾，飛馬就像「幽靈」一樣「不留任何痕跡」。

NSO已經在墨西哥的三個機構安裝了飛馬：墨西哥國家安全調查局（Center for Investigation and National Security）、司法部長的辦公室，以及國防部。該公司已賣給墨西哥總價一千五百萬美元的硬體和軟體，而且墨西哥現在又為了追蹤各種目標而向NSO支付大約七千七百萬美元。與阿拉伯聯合大公國的買賣也敲定了。從NSO訂製的提案、宣傳手冊和宣傳簡報都可清楚看到，名單上還有一大串有興趣的買家，而且名單愈來愈長。

當你發現芬蘭也進入這個市場，可以確定其他歐洲國家都已經在市場裡了。NSO的宣傳簡報中也有為芬蘭量身訂製的提案，在芬蘭與NSO宣傳人員往來的電子郵件中清楚表明，芬蘭已迫不及待簽妥合約，讓我忍不住睜大了眼睛。芬蘭——這個讓人聯想到蒸氣浴與馴鹿的國家——真的也進入了間諜軟體市場？

當然，芬蘭看起來不像有明顯的恐怖主義問題，可是他們與全世界最精明的捕食者俄羅斯共享長達八百三十英里的邊界。芬蘭和俄羅斯較小的鄰國不同，他們選擇不加入北大西洋公約組織，因為擔心激怒莫斯科。在冷戰期間，芬蘭充當蘇聯和西方國家之間的緩衝。芬蘭為確保對其國內事務享有主權，因此同意不採取任何可能挑釁俄羅斯的外交政策。然而到了二〇一四年，俄羅斯卻開始騷擾芬蘭，不僅派機飛入芬蘭領空，還將一千名印度和阿富汗移民送往芬蘭邊境。有人將俄羅斯這種舉動比喻為電影《疤面煞星》和馬列爾事件[115]，當時卡斯楚[116]將古巴的監獄清空，把古巴不要的難民送往美國佛羅里達州。由於俄羅斯的騷擾，芬蘭開始將其軍事裝備現代化，並且與美國及北大西洋公約組織其他成員國舉行聯合軍事演習。他們清楚地向莫斯科表明，他們絕對會挺身一戰。

芬蘭總統紹利．倪尼斯托（Sauli Niinistö）於二〇一九年向記者表示：「我們必須有個夠高的門檻，如果有人不請自來，就必須付出非常昂貴的代價。」不過他沒指名道姓說出普丁的名字。倪尼斯托邀請記者到他位於赫爾辛基的住家時，不讓記者攜帶筆記型電腦，而且炫耀他的特殊窗簾可阻擋能夠竊聽他們談話內容的感應器（當初我們被迫躲在蘇茲伯格的儲藏室裡工作，現在看來實在合情合理）。「小心隔牆有耳。」倪尼斯托開玩笑地說。但是他忘了提到芬蘭其實也正在投資可竊聽別人的工具。

芬蘭的提案以及克羅埃西亞和沙烏地阿拉伯等國向NSO提出的需求清單清楚顯示，只要是既有現金又有敵人（無論是真實的敵人或想像的敵人）的國家，很快都會變成NSO的客戶。NSO、駭客隊

---

115 馬列爾事件（Mariel boatlift）是指一九八〇年四月至十月間發生的移民事件，當時大批古巴人從古巴的馬列爾港（Mariel）逃難至美國，為二十世紀最大規模的移民事件之一。

116 斐代爾．卡斯楚（Fidel Castro）是古巴政治家、軍事家及革命領袖。

和其他網路武器經銷商幾乎在一夜之間將曾經僅限於美國、五眼聯盟中的美國盟友、以色列及中國和俄羅斯等美國最強敵人所能擁有的監視技術變得大眾化。現在，任何一個擁有百萬美元的國家都可進入這個市場，但是其中有許多國家根本鮮少或完全不在乎正當程序、新聞自由或基本人權。

我花了幾個星期仔細研究那些外洩的內容，掙扎著應該如何處理。最不想做的，就是向少數還沒有被NSO列入買家名單的政府機關及獨裁政權宣傳NSO的服務。

因此，我四處尋找飛馬如何被NSO客戶使用或者濫用的證據。我告訴自己，只要一發現有濫用的跡象，就會馬上公開我已經搜集到的所有資訊。

後來事實證明，我不必等待太久。

就在我的線人來我家把NSO的資料丟給我之後幾個星期，我接到了幾名白帽駭客的電話：他們剛剛在「野外」發現了NSO的蹤跡。

一個名叫艾哈邁德·曼蘇爾（Ahmed Mansoor）的阿聯酋民主激進分子——我跟他很熟——傳了一系列奇怪的簡訊給我，那些簡訊的內容是其他阿聯酋公民慘遭酷刑的資訊。曼蘇爾懷疑這涉及犯罪行為，因此也將簡訊傳給與我長期聯繫的比爾·馬可札克（Bill Marczak）。馬可札克是柏克萊大學的研究生，曾在公民實驗室擔任研究員。曼蘇爾曾於「阿拉伯之春」之後大肆批評阿拉伯聯合大公國的壓迫行徑，因此當然有理由心生懷疑。幾個月前，在馬可札克確認自己成為商業間諜軟體鎖定的目標之後，我訪問了他，結果攻擊他的間諜軟體不只有一個，而是兩個！其中一個來自駭客隊，另一個來自一家名為Gamma Group的英國商業間諜軟體製造商。這兩家公司都宣稱只賣間諜軟體給政府機關，因此阿拉伯聯合大公國顯然就是發動攻擊的元凶。我曾在《紐約時報》發表過阿拉伯聯合大公國向曼蘇爾採取間諜活動的報導，該國應該不至於魯莽地向他丟出第三個間諜軟體。

情況就是如此。馬可札克破解曼蘇爾的簡訊時，發現裡面有一種他之前從未看過的間諜軟體。那個程式碼包覆著一層層的加密程式，內容複雜混亂，難以理解。他讓這種間諜軟體感染自己的手機，並且發現了貌似「母體」的東西：蘋果電腦Safari行動瀏覽器的零時差。那種零時差在地下市場可輕易地以六位數甚至七位數的價碼賣出，金額遠遠超過他的薪資。一個同事建議他聯繫位於舊金山灣對面的Lookout手機安全公司，請對方幫助檢查那個程式碼。

果不其然，當馬可札克與Lookout的資訊安全研究人員解開那些訊息時，他們發現三個連成一串的蘋果手機零時差利用程式，那些程式被設計來將飛馬植入曼蘇爾的iPhone。那種間諜軟體來自阿拉伯聯合大公國的某個網域，並且攜帶一枚彈頭，裡面藏著數百個提到「飛馬」和「NSO」的檔案。NSO這種「不留痕跡」的間諜軟體第一次在試圖感染目標時被人發現，因此研究人員都稱曼蘇爾為「身價百萬的異議分子」，因為阿拉伯聯合大公國的資訊安全機關顯然認為曼蘇爾值得他們花七位數的金額購買間諜軟體。

那個時候，曼蘇爾的人生早就像是生活在地獄中。他是一個溫和的詩人，在美國科羅拉多大學波德分校取得電機工程學士學位和電信碩士學位，他在那裡頭一次真正體驗到自由社會的感受。二〇一一年，阿聯酋連最溫和的異議都開始受到壓迫，曼蘇爾無法坐視不管。他與一群阿聯酋學者和知識分子一同要求普選權，並批評國家任意拘留和逮捕老百姓。他贏得來自國際的讚譽和獎項，因為他是在受箝制的國有媒體上針對侵犯人權的問題發表可信且獨立言論的少數人之一，在阿聯酋的君主體制內不曾有過這樣的聲音。

二〇一一年，曼蘇爾和另外四名男子遭到逮捕——他們被稱為「阿聯酋五人幫」（the UAE Five）——並遭指控侮辱阿聯酋的統治者。後來因為國際壓力，而且政府擔心君主制度會使這些人成為烈士，阿聯酋政府當局很快就釋放並赦免他們。然而從那個時候開始，麻煩的事才真的纏上曼蘇爾。我在二〇一五年年末和二〇一六年年初打電話找到他時，他已變成阿聯酋國營媒體抹黑的對象。有時候他會被稱為恐怖分子，有時候被稱為伊朗的特務人員。他丟了工作，退休金也沒了，護照遭到沒收，一生的積蓄全被銀行拿走。政府當局在進行「調查」時，發現一張面額為十四萬美元的假支票，那張假支票是以曼蘇爾的名義開出去的，上面還偽造了他的簽名，收款人則是個不知名的傢伙。曼蘇爾到法庭出席審判，結果法官判那個不知名的傢伙一年監禁，可是曼蘇爾卻沒有辦法拿回他的錢。政府幾乎也懶得隱瞞他們騷擾曼蘇爾的行徑。有一次，警方把曼蘇爾找去訊問三個小時，結束後，他停在警察局停車場的車子竟然消失了。他經常收到死亡威脅，他太太的車子被劃破輪胎，他的電子郵件遭到駭入，他的所在位置亦被追蹤。他之所以知道自己被人追蹤，是因為暴徒在同一個星期內出現並毆打他兩次，第一次他成功擊退對方，只有一點擦傷和瘀血，但第二次攻擊者反覆擊打他的後腦勺。「那些人真的想讓我一輩子殘廢。」

「我經歷了妳所能想像的各種磨難。」曼蘇爾告訴我。

我們談話的那天，曼蘇爾已經好幾個星期不曾踏出家門。他的朋友、親戚和同事都因為害怕遭到報復而不再打電話給他或來探望他，他們當中有些人的護照被撤銷，有些人受到騷擾。當時還有一位同情曼蘇爾遭遇的英國記者也在不知不覺中被CyberPoint的團隊攻擊。曼蘇爾的妻子是瑞士公民，她懇求曼蘇爾帶他們的四個孩子離開墨西哥，在與他的幾次談話中，我也希望他離開。「你這樣沒有辦法活下去。」我告訴他。可是他手邊沒有護照，根本無處可去。

除此之外，曼蘇爾告訴我：「我希望能捍衛自己的權利及其他人的權利，並且在這個國家獲得我的自由。這並不容易，然而我這麼做是因為我深信這是向祖國表達愛國精神最困難的方式。」

曼蘇爾被困在家中，沒有工作也沒有錢，前途無望。他告訴我，他又開始讀詩和寫詩了，這是讓他不感到孤立無援的唯一方法。但是有些時候，他也很清楚不應該假設自己獨自在家，因為監視他的人早已駭入他的筆記型電腦。他們可能正在竊聽我們通電話。「這就好比有人侵占你家客廳一樣糟糕。」曼蘇爾說：「隱私權完全被侵犯，讓你開始覺得也許你不該再相信任何人。」

多年之後，我知道情況已經變得更糟。埃文登在CyberPoint的同事不僅在曼蘇爾的電腦安裝間諜軟體，也侵入他太太的電腦。他們甚至為曼蘇爾取了一個代號——白鷺，他太太的代號則是紫鷺。他們還將間諜軟體植入曼蘇爾使用的嬰兒監視器，利用他的孩子睡覺時偷看、偷聽。而且，是的，我已經證實那些人也竊聽我們通電話。

「有天當你醒來，發現自己被貼上恐怖分子的標籤。」曼蘇爾在二〇一六年時告訴我：「儘管你根本不知道該如何將槍枝的子彈上膛。」

那是我們最後一次通電話。兩年後，阿聯酋政府決定讓曼蘇爾永遠閉上嘴巴。在二〇一八年五月進行的祕密審判中，曼蘇爾被冠上「破壞國家社會和諧與團結」的罪名，判處十年監禁，過去兩年，大部分的時間都被單獨監禁。他沒有床、沒有床墊、看不到陽光。最讓他痛苦的是沒有書籍可閱讀。我聽說他的健康情況愈來愈糟，因為長時間被關在一間小牢房裡，他已經無法走路。儘管如此，他依然繼續奮戰。在某次遭到可怕的毆打之後，曼蘇爾開始絕食，迄今已經六個月，他只靠飲用液體充飢。曼蘇爾已是一則警世故事，不僅對阿聯酋人而言，對全世界的人權活動家、異議分子和新聞記者亦同。每當我想起艾哈邁德・曼蘇爾，以及那些我不認識但與曼蘇爾有相同遭遇的人，以及目前已經遍地蔓延的監視竊聽裝備，我就忍不住想放聲大叫。

二〇一六年秋天，NSO終於同意與我對話——但他們當然附帶了一些警告。那個時候，這家公司已無法繼續躲在暗處，因為我已經根據我所知悉的部分，將他們最重要的「飛馬」技術在《紐約時報》上公開。蘋果公司也已經針對NSO間諜軟體所仰仗的那三個零時差漏洞發表緊急修補程式，並且提醒十億名iPhone使用者注意NSO的花招。當時研究人員已經從飛馬追蹤到大約六十七個不同的伺服器，並且發現它已誘使四百多人將間諜軟體下載到自己的手機裡。不出所料，絕大多數的目標都在阿拉伯聯合大公國和墨西哥。不過，馬可札克還追蹤到來自另外四十五個國家的攻擊者，其中許多是侵犯人權的政府，包括：阿爾及利亞、巴林、孟加拉、巴西、加拿大、象牙海岸、埃及、法國、希臘、印度、伊拉克、以色列、約旦、哈薩克、肯亞、科威特、吉爾吉斯、拉脫維亞、黎巴嫩、利比亞、摩洛哥、荷蘭、阿曼、巴基斯坦、巴勒斯坦、波蘭、卡達、盧安達、沙烏地阿拉伯、新加坡、南非、瑞士、塔吉克、泰國、多哥、突尼西亞、土耳其、烏干達、英國、美國、烏茲別克、葉門和尚比亞。

當然，以色列人否認一切。我曾參加一場怪異的電話會議，與會的十位NSO高階主管都拒絕提供自己的姓名或職稱，並且堅稱他們絕對不是冷血的傭兵。他們說，他們只把飛馬賣給民主政府，以便那些政府調查犯罪行為與恐怖主義。和之前的駭客隊一樣，他們也表示NSO有嚴格的內部審核流程，以決定要把商品賣給哪些政府。他們聲稱，有一個由內部員工和外部律師組成的NSO道德委員會，依據世界銀行及其他全球性機構設定的人權排行榜審查客戶，而且每一筆交易都必須得到以色列國防部的批准。他們告訴我，NSO申請的出口許可從來沒有被國防部拒絕過。他們不願確認客戶的身分。真是可惡的臭鮭魚。我向他們提出尖銳的問題之後，得到的回應往往是無聲的長久停頓，當他們在思考應該如何回答時，我只能被迫閉上嘴巴。「是土耳其嗎？」我問。我現在都把土耳其當成測試性的答案，因為當年在安卡拉遭到監禁的記者人數比任何國家都多。「你們會賣給土耳其嗎？」我又問他們，但是仍然只得到久久的停頓。「請稍等一下。」接著又是長達五分鐘的停頓。「不會。」他們最後回答我。

NSO顯然還有許多問題需要釐清，不過這些以色列人急切地告訴我，他們的間諜軟體阻止了一樁在歐洲的恐怖陰謀，並且幫助墨西哥政府追蹤、逮捕墨西哥最有權勢的毒販華金．古茲曼[117]——其綽號為「矮子古茲曼」（El Chapo）——而且不僅一次，而是兩次。NSO在上述兩個案例中都扮演不可或缺的重要角色，這家公司的高階主管似乎因為新聞沒被大肆報導而感到氣憤。

不過，當我問到誰應該為艾哈邁德．曼蘇爾及我後來知悉的其他幾十位被墨西哥的飛馬軟體侵擾的記者和異議分子負責時，這些以色列人又不敢說話了。

發表了我所知的NSO資訊（包括我所搜集到關於該公司與墨西哥合作的少許細節）之後那幾個月，我的手機持續嗡嗡作響，許多讓人難以相信的「目標」打電話給我，包括墨西哥的營養學家、反肥胖運動支持者、衛生政策制定者，甚至墨西哥政府部門的員工……這些人都表示自己收到一系列怪異且愈來愈具威脅性的附連結簡訊，因此擔心這些簡訊可能是NSO的間諜軟體。我與墨西哥數位權利活動家及公民實驗室開會，請公民實驗室檢視那些簡訊，最後確認每一則訊息都企圖在他們的手機裡安裝飛馬間諜軟體。

那些打電話給我的人，除了全部來自墨西哥之外，他們另外的共同點：每個人都是墨西哥汽水稅的擁護者。那是首次出現的國家性汽水稅。表面上，汽水稅有其存在的道理：墨西哥是可口可樂最大的消費市場，也是因為糖尿病和肥胖症而死亡之人數超過因暴力犯罪身亡人數的國家。然而汽水業者反對這種稅收，政府內部也顯然有人不希望失去抽取回扣的機會。現在看來，墨西哥政府正全力監控那些希望通過汽

117 華金．古茲曼（Joaquín Guzmán）是墨西哥販毒集團的毒梟，綽號「矮子古茲曼」（El Chapo）。

水稅的醫生、營養學家、政策制定者和支持者。

那些簡訊無所不用其極地想吸引你的注意，它們會先以一種無害的方式開始：「嘿，來看看這篇文章。」如果這種方式吸引不了人，它們會變得比較個人化：「我父親在黎明時分離世，我們都很難過。這裡有告別式的相關資訊。」如果這種方式還是吸引不了人，訊息就變成攻擊弱點：「你女兒發生嚴重車禍，現在躺在醫院裡。」或是「你太太外遇，這裡有照片可以證明。」**每一則訊息都吸引收件人去點擊連結。**雖然有些訊息實在太奇怪，收件人不可能點擊，但是那些點擊連結的人會被連結到墨西哥最大的加約索殯儀館（Gayosso），飛馬則趁機在後台自動下載一切資訊。這種駭客入侵方式顯然濫用了NSO的間諜軟體。我聯繫墨西哥汽水業者的某位說客時，對方告訴我：「這是我們第一次聽說這種事，坦白說，我們也被嚇到了。」

NSO告訴我他們會進行調查，可是他們沒有因此終止與墨西哥交易。相反地，他們的間諜軟體繼續在一些讓人更不安的案例中出現。差不多就在我發表這篇文章時，手機再次開始嗡嗡作響，這次的來電者是備受尊崇的墨西哥反腐敗民運家：負責調查四十三名墨西哥學生集體失蹤案的律師、兩名最具影響力的墨西哥記者，以及一位代表遭到墨西哥警方性虐待之受害者的美國人，都收到類似簡訊。間諜活動甚至將魔爪伸向那些人的家人，包括墨西哥最知名記者十幾歲的兒子。我們報社的墨西哥分社主任阿札姆・艾哈邁德（Azam Ahmed）與我試著分頭找這些人進行訪談。阿札姆認得這些人收到的簡訊，因為他在六個月前也收過相同的簡訊，而且由於他一直收到類似簡訊，幾個月後他決定把那支手機丟掉，換個新的號碼。現在他終於明白那些簡訊是怎麼回事。

接下來的幾個月，我和阿札姆一起尋找其他被鎖定的目標。NSO的高階主管告訴我，如果把全世界被飛馬鎖定的目標集中起來，只能塞滿一間小型的禮堂。不過，在墨西哥被NSO鎖定的人突然一個接一個出現，其中許多是曾經直言批評當時墨西哥總統恩里克．潘尼亞．尼托（Enrique Peña Nieto）的人，或者是曾經透過新聞報導批評他的記者。墨西哥記者卡門．阿里斯特吉（Carmen Aristegui）就經常收到這種具有威脅性的攻擊，她曾經揭發一樁名為「卡薩布蘭加」（Casa Blanca）的不動產醜聞，在該事件中，潘尼亞．尼托的妻子密謀從政府主要承包商那裡以低價購買一棟豪宅。阿里斯特吉的報導迫使潘尼亞．尼托的妻子放棄那棟豪宅後不久，阿里斯特吉開始收到拜託她尋找失蹤孩童的簡訊，或是提醒她信用卡遭到盜刷，還有一則簡訊看似來自美國大使館，通知她簽證出了問題。當這些引誘她點擊簡訊的誘餌都失敗時，那些簡訊變得更加刺目，有一則簡訊警告她即將被監禁。當時她十六歲的兒子住在美國，可是他也開始收到簡訊。甚至還有暴徒闖進她的辦公室，威脅她的人身安全，或是故意尾隨她。「這一切應該都是為了報復我寫的那篇報導。」阿里斯特吉說：「否則我真的想不出來為什麼。」其他受害者也與潘尼亞．尼托有關。遭受攻擊的目標還包括阿滕科鎮的婦女團體律師——十多年前在聖薩爾瓦多阿滕科鎮有十一名學生、民主激進分子和市場小販在抗議活動中被警方逮捕，並且在被送往監獄途中遭到殘酷的性侵害。除了警方嚴重濫用職權之外，這個案件也格外敏感，因為下令鎮壓抗議者的人是當時的州長及現任總統潘尼亞．尼托。

在墨西哥，只有聯邦法官才有權力同意監視私人通訊，而且必須在提出合理證明後才能申請授權，但法官不太可能批准我們揭露的這些案件。非法監視在墨西哥已經變成常態，政府可以輕鬆使用NSO的軟體進行間諜活動。NSO合約上允許或不允許買方做些什麼，其實根本不具約束性。即便NSO知道他們的間諜軟體被拿來濫用——NSO商品遭到濫用的爆料都是來自匿名者——他們也只能在合約條款中加上規範，做做樣子。NSO的高階主管表示，他們不可能闖進情報機關，把他們的硬體搬走，收回工具。

「如果你販賣AK-47自動步槍，在它們從裝卸碼頭被運走之後，你就管不到它們會被如何使用了。」資訊安全主管凱文・馬哈菲（Kevin Mahaffey）表示。

在我們的報導發表之後的幾個小時，人們就占據了墨西哥城的街道，要求潘尼亞・尼托總統下台。全世界的推特開始流行貼上#GobiernoEspía的線索標籤——意思為「間諜政府」。整個墨西哥似乎都強烈反對政府的這種行為。我們的報導迫使潘尼亞・尼托承認墨西哥政府使用NSO的間諜軟體——他是第一個坦誠直言的政府領導人。然而潘尼亞・尼托否認命令政府監視批評者和記者，這位墨西哥總統隨後還脫稿演出，語帶警告地表示他的政府「將對那些不實指控政府之人採取法律行動」。潘尼亞・尼托的部下事後表示總統一時失言，無意威脅阿札姆和我或《紐約時報》。

儘管如此，接下來的幾個月，我的手機收到數十則奇怪的簡訊，引誘我點開。可是我很清楚，絕對不能點擊那些連結。

第五部
抵抗

你沒有辦法阻擋資本主義的齒輪，但你可以一直當個討厭鬼。

——土耳其裔美國作家傑拉特・科巴克（Jarett Kobak）

第十四章 極光行動

山景城，加利福尼亞州

二〇〇九年十二月中旬的某個星期一下午，谷歌的一名實習生在電腦螢幕上發現有個像聲納的光點連續閃了好幾個小時，顯然有人觸動了警報系統。

他嘆了一口氣。「也許是哪個粗心的實習生吧？」

谷歌剛剛在其網域中導入新的防禦警戒系統，因此警報聲不斷響起。該公司的資訊安全工程師把所有時間都花在試圖分辨哪些光點才是真正迫在眉睫的攻擊，哪些光點只是某個工程師偷偷連上撲克網站，或者是某個實習生在數位走廊上不小心絆了一跤。幾乎都是最後一種情況。

「有戰爭的迷霧，也有和平的迷霧。」和藹可親的谷歌資訊安全工程副總裁艾瑞克・格羅斯（Eric Grosse）告訴我。「觸發的訊號太多，難以確定應該追蹤哪一個。」

谷歌公司內部有人將這種情況比喻為珍珠港事件。一九四一年十二月的那個星期天早晨，夏威夷的檀香山島一開始非常平靜，海軍上尉們還在熟悉該基地所使用的全新雷達系統。位於島上遠端的一名雷達操作員向值班上尉報告，他的雷達螢幕出現一個異常的大光點——看起來像是一支戰機隊伍正從一百英里外迅速接近。那名上尉的第一反應是：「不用擔心。」他認為那只是一支從舊金山飛來的美國B-17轟炸機中隊，而非日本的第一波轟炸機。

那年十二月，谷歌的電腦螢幕上出現了那麼多新的光點，基於人類本性，他們自然而然會以簡單且善意的方向解釋一切：肯定又是某個腦袋不清楚的實習生出錯，而不是千真萬確、迫在眉睫的國家攻擊。

「我們沒有受過訓練，因此沒有想過那可能是間諜攻擊。」臉上有雀斑、才三十多歲的谷歌資訊安全團隊主管海瑟．阿德金斯（Heather Adkins）事後回憶道。那個星期一的下午，阿德金斯剛開完一場與谷歌經營中國市場有關的會議。三年前，谷歌悄悄進軍中國市場，迄今仍在努力適應中國政府嚴格的審查規定。阿德金斯與她負責管理的那群年輕的男性解碼工程師很不一樣：那些工程師大都深深厭惡權威，白天埋首於鑽研程式碼，晚上則透過電腦遊戲進入角色扮演的人生。但阿德金斯是個歷史迷，她每天花好幾個小時閱讀與中世紀有關的書籍。她認為自己在谷歌負責的資訊安全工作是古代阻擋中世紀入侵者的現代數位版。她的工作內容很簡單：「追捕邪惡之人。」

會議接近尾聲時，阿德金斯瞥視時鐘一眼。那時是下午四點鐘，如果她提早下班，或許可以避開塞車時段的交通。然而她走向大門時，她的實習生向她招招手。「嘿，海瑟，妳過來看一下這個。」那個實習生電腦螢幕上的光點在谷歌的網路上，以令人眼花撩亂的速度進進出出員工的電腦。無論螢幕另一邊的人是誰，絕對不可能是谷歌的實習生。「那是我們見過最快速的網路攻擊。」阿德金斯回憶道：「無論對方是誰，他們顯然練習過了，這不是他們第一次做這種事。」

到了晚上，那個光點變得愈來愈活躍，從這台電腦跳到那台電腦，並且以無法預知的模式在谷歌系統中蜿蜒而行，彷彿在尋找什麼東西。那個實習生一直緊盯著電腦螢幕，直到晚餐時間才去谷歌的咖啡廳與團隊裡的其他人一起用餐。他一邊吃墨西哥捲餅，一邊轉述那個光點怪異的路徑，宛如那光點有自主意識。當晚與他同桌吃飯的人還有阿德金斯的主管格羅斯和其他幾個資安工程師。

格羅斯的眼鏡和灰髮讓他看起來有一種蘇格拉底的教授特質。他是谷歌少數不要求有專用辦公室的主管之一，因為他想與工程師坐在一起。他經常斜倚著沙發，將筆記型電腦放在雙腿上辦公，或者留下來加班，與二十來歲的工程師共進晚餐。那天晚上，格羅斯專心聆聽那個實習生描述，然後提出問題，並且與同桌的其他人交換意見。他們整理出一項共識：無論是何方神聖，對方似乎還在剛開始的偵查階段。是公司裡的人嗎？對方到底想找什麼？薪酬資料嗎？當晚他們吃完晚飯時，還沒有人猜到那是來自國外的攻擊。

太陽在山景城西沉之後，又在瑞士蘇黎世的阿爾卑斯山升起。當年三十歲且綁著辮子頭的駭客摩根·馬奎斯—鮑爾（Morgan Marquis-Boire），也在一天開始之際登入公司系統。谷歌位於蘇黎世的工程師都自稱為「蘇歌人」（Zooglers），並表示他們這邊才是「真正的山景城」，因為辦公室後面就是阿爾卑斯山。不過，馬奎斯—鮑爾卻認為谷歌公司瑞士總部位於蘇黎世赫利曼廣場（Hürlimannplatz）那個五顏六色的大商標看起來像懷有敵意的巨大小丑。

過去許多年來，赫利曼廣場一直是瑞士一家老啤酒廠的所在地，當釀酒商發現他們建築物的磚牆會冒出泉水之後，就開始生產礦泉水。來自歐洲大陸各地區的人會利用週末假期來赫利曼廣場的礦泉水噴泉朝聖，品嘗全歐洲最純淨的水，不過那座噴泉現在已經被改建成溫泉浴場和水療中心。在這個奇特的禪意背景中，醞釀著一場網路戰爭的開端。

那天早晨，馬奎斯—鮑爾接手山景城實習生的工作，繼續追蹤那個在谷歌網域中不停亂竄、愈來愈可疑的光點。馬奎斯—鮑爾幾乎沒注意到窗外的白雪正無聲地覆蓋蘇黎世的屋頂和尖塔。

這絕對不是實習生在搞鬼。「谷歌公司雖然不是核濃縮設施，」馬奎斯—鮑爾對我說：「但是在資訊安全方面，兩者等級相差不大。」

不管對方是誰，他們已經設法繞過馬奎斯—鮑爾見過最嚴格的安全措施，如今正盛氣凌人地在谷歌網路中隨意存取一般員工的數位路徑無法觸及的系統。能夠合理化這個異常光點的解釋已經愈來愈少，最後只剩下一個答案：谷歌遭到駭客攻擊。

「被我們活逮了！」馬奎斯—鮑爾大叫。他無法壓抑自己，忍不住跳到桌上並猛搥胸膛，大喊一聲：「可惡！」

多年來，他一直追逐著假想的鬼魂，並指出安全性薄弱的危機。如今他終於可以面對真實的攻擊，感覺就像得到某種認證。

當他將分析結果傳回山景城並離開辦公室時，已經是晚上十一點，街道也早已被大雪覆蓋。通常他都是騎腳踏車返回位於長街的公寓（蘇黎世的長街類似阿姆斯特丹的紅燈區），然而那天晚上他決定走路回家，因為他需要時間思考。當他腳上的戰鬥靴嘎吱作響地踩在街上，思緒回到了兩年前，他在美國拉斯維加斯發表一場演講，那時候他大膽地向諸多駭客表示：「來自中國駭客的威脅都被大家高估了。」如今回想自己當初說過的話，馬奎斯—鮑爾只能笑著表示：「歷史總是有辦法回頭咬你一口。」

到了山景城的早晨，他們已經知道那個光點顯然不是消防演習。

早上十點，谷歌整個資訊安全團隊都已經聽過這次攻擊的簡報。然而當天下午，那個光點的幕後黑手卻安靜了好幾個小時，到了晚上才又帶著熱情重新露臉。幾個工程師決定熬夜追蹤攻擊者的行蹤，直到黎明破曉時分。

入侵者顯然是夜貓子，或者來自不同時區。隔天，徹夜未眠的工程師向他們精神飽滿來上班的同事說明追蹤狀況。毫無疑問，他們正面對谷歌有史以來最複雜的網路攻擊。

該是請專家出馬的時候了。谷歌的第一通電話是打給維吉尼亞州一家名為麥迪安（Mandiant）的網路安全公司。在充滿安全漏洞的混亂世界裡，麥迪安在因應網路攻擊方面開闢出一個具有利基的市場，如今財星美國五百大各家公司的資訊長，幾乎人人的快速撥號鍵都存著麥迪安網路安全公司的電話。

凱文・麥迪亞（Kevin Mandia）是麥迪安網路安全公司的創辦人，他就像演員哈維・凱托在電影《黑色追緝令》中飾演的那個一絲不苟、說話快速的角色沃夫，經常被美國企業界找來解決嚴重的數位洩密、勒索攻擊和網路間諜問題。谷歌請麥迪安網路安全公司盡快派人到山景城。「順便提醒一件事，」谷歌的高階主管告訴麥迪安的聯絡窗口：「請你們不要穿西裝來。」

隔天，麥迪安網路安全公司的鑑識小組抵達谷歌，但他們無視客戶的提醒，每個人都穿著黑色西裝，並且戴著墨鏡。谷歌那些穿連帽衫的員工看了這些人一眼，覺得他們簡直像是聯邦調查局的特務人員。

格羅斯和阿德金斯帶他們走進臨時戰情室，那是一間不起眼的小型會議室，窗戶可以俯瞰原本的莫菲特海軍機場（Moffett Field）。麥迪安的團隊還隱約看見遠處的舊金山灣傳來一絲微光，直到有人將窗簾拉上，並在會議室門口放上一個牌子：此會議室暫時離線，直到另行通知。

接下來一個小時，凱文・麥迪亞將之稱為「傾吐時間」。麥迪安的團隊堅持要求谷歌提供所有資料：防火牆紀錄、網路紀錄、電子郵件、聊天紀錄。他們盤問格羅斯與阿德金斯團隊截至目前知悉的一切，追問一連串問題。總結來說就是：「你認為誰會這麼做？」

時間至關重要，隨著一分一秒過去，這個光點可以搜集到更多資料及更多程式碼。攻擊者很可能已經在谷歌系統中植入軟體後門，以方便他們迅速回來存取資料。谷歌員工說出他們已知的所有資訊，包括任何可能為麥迪安調查人員提供數位索引路徑或指紋，以便追查攻擊者身分及動機的資訊。

谷歌的內部調查人員也開始傳喚位於全球辦公室的員工進行偵訊。為什麼他們的電腦會存取某個檔案、某個系統、某個特定資料？他們的目的何在？然而那天結束後，他們已確定這並非內部人在搞鬼，攻擊者是從外面滲透至他們的電腦。麥迪安網路安全公司的調查人員仔細檢查各種相關紀錄，尋找谷歌員工可能點擊過哪些惡意連結或附加檔案，才會在無意間讓攻擊者進入他們的系統。

這種情況他們看過太多遍了。麥迪安的客戶願意花數百萬美元添購最新式最強大的防火牆和防毒軟體，可是安全性依然薄弱；通常最薄弱的環節就是某個人點擊了某個簡單但暗藏玄機的網路釣魚電子郵件或訊息。那些訊息可能充滿誘因，攻擊者會模仿聯邦快遞的包裹追蹤信，或人力資源經理發出的通知，公司裡的某個人會無可避免地上當並點擊。麥迪安的調查人員檢查每一台被感染的電腦，找出一條共同的線索：谷歌北京辦公室的幾名員工曾使用微軟的外部聊天功能，與同事、合作廠商及客戶互通訊息。當調查人員過濾那些聊天內容時，發現了一項明顯的警訊，那些人都曾點擊一個具有威脅性的三字連結：「去自殺。」

在二〇〇九年十二月接下來的那幾天，谷歌的戰情室變成資料和腦袋糾結的修羅場，格羅斯和阿德金斯從公司各部門找來工程師，請他們介紹富有資訊安全工作經驗的朋友到谷歌工作。他們開始從米德堡和澳洲內地物色數位領域的間諜，並沿著一〇一號公路從谷歌的競爭對手那邊挖角資訊安全工程師，只要對方願意簽約，谷歌就立刻付對方十萬美元的簽約金，什麼問題都不多問。

很快地，其他谷歌員工也開始對戰情室充滿好奇，特別是精力充沛的公司創辦人之一謝爾蓋·布林經常出現在這個樓面。布林會在業餘時間表演空中飛人特技，他的外型非常醒目，經常穿直排輪鞋或騎著小丑般的戶外踏步腳踏車進辦公室，加上全套的雪橇比賽服，或是螢光色的便鞋。

布林是猶太裔的俄羅斯移民，他對這次的攻擊事件格外感興趣。在史丹佛大學念書時，他學會了各式各樣的開鎖技術。布林碰巧也是全世界最厲害的資訊挖掘專家之一，可以從大量資料中擷取出具有意義的模式。關於這方面的檢驗追擊，布林十分拿手。不過，他也開始把這次攻擊當成是針對他個人而來。布林（有人說也等於是谷歌的身分）與他家人在一九七〇年代末期逃離蘇聯的過往無法分割。布林認為這次的攻擊是衝著谷歌的創立精神而來，該公司的三字座右銘就可以窺得其創立精神：「不作惡。」（Don't be evil.）

每次來到戰情室，布林都更確信這次攻擊絕對不是來自某個住在地下室的傢伙，因為這是一次資源豐沛的攻擊行動。「去自殺」那個點擊誘餌會連結到一個主機設置於台灣的網站，該網站含有一個微軟ＩＥ瀏覽器的零時差利用程式。一旦谷歌辦公室的員工點擊那個連結，就會在無意之中下載加密的惡意軟體，讓攻擊者取得立足點，得以自由進出谷歌網路。沒有哪個年輕人會基於好奇心而在谷歌置入微軟的零時差漏洞，並且在攻擊程式碼中加密——無論他們的本事多麼高明。攻擊者想得到更重要的東西，因此在隱匿自身行蹤時也格外小心。光是攻擊者混淆視聽的手法就已經顯示對方是訓練有素且資金雄厚的敵人。布林認為揪出對方的真面目是他的個人使命。

由於愈來愈多工程師加入搜查陣容，調查工作便搬到空間比較大的第二間會議室，然後又換到第三間會議室，最後乾脆搬到谷歌公司對面一棟閒置大樓裡。大約二百五十名員工在那裡負責找出到底是誰入侵谷歌網域，以及對方想要什麼、他們為什麼這麼做。這些谷歌工程師找出答案的意志非常堅定，後來連家都不回了，有些人開始直接睡在公司裡。

「大樓都著火了，當然擋不住消防隊員。」阿德金斯回憶道。

隨著聖誕假期接近，阿德金斯鼓勵她的團隊回家洗澡、睡覺，儘管她自己也幾乎沒下班，看起來有點狼狽。谷歌員工利用最後一刻到公司的商店購買聖誕禮物時，阿德金斯發現自己已經沒有乾淨衣物可以換穿了。身高一百六十公分的阿德金斯只好穿著螢光綠的超大尺寸谷歌運動衫，繼續進行她這輩子最重要的數位調查。

員工的聖誕假期之旅大都取消，而且谷歌不許員工告訴親人他們無法回家探親的原因。雖然阿德金斯設法抽空去了拉斯維加斯陪她母親過聖誕節，但假期間所有時間都黏在電腦上。格羅斯也只在聖誕節當天回家露個臉。

「我不得不告訴我母親：『有大事要發生了。相信我。這件事很重要。』」阿德金斯表示。

阿德金斯對這次攻擊事件的癡迷漸漸變成一種偏執。某天早晨，阿德金斯在前往公司的路上發現一名電氣工人從路面的人孔蓋底下爬出來。「當時我心想：『噢，我的天啊，那個人打算在我們公司的電路管線安裝軟體後門。』我甚至開始懷疑會不會有人竊聽我們的電話。」

蘇黎世的谷歌工程師也開始擔心自身安危，因為他們不確定攻擊谷歌的人會不會也針對個人而來。他們只不過是平凡的老百姓，卻必須與顯然具有雄厚資金的敵人進行情報對抗。有些工程師在深夜下班時會忍不住回頭確認後方有沒有人跟蹤。

過了幾個星期，谷歌的資訊安全團隊確認他們有充分理由擔心這次的攻擊事件。攻擊者已經開始顯露出蹤跡，對方是經驗老到的敵人：麥迪安網路安全公司以前遇過的某個與中國政府簽約的集團。美國國家安全局也曾追蹤過這個集團，並且以機密代號「洋基軍團」（Legion Yankee）稱呼它。

在美國國家安全局追蹤的二十多個中國駭客集團中，洋基軍團是最黑暗也最多產的，他們曾攻擊美國政府機關、研究中心、大學院校，以及目前在美國最活躍的科技公司，並侵入受害者的智慧財產、軍事機密與往來通訊。

中國的網路盜竊手法有兩種。大部分的駭客活動是由中國人民解放軍第二部和第三部負責執行，從他們攻擊的目標可以清楚看出，中國人民解放軍有許多單位被指派攻擊特定地區的外國政府和部門，或者在有利於中國國有企業及經濟計畫的特定產業中竊取其智慧財產。

另一種手法比較不那麼直接，比較像是插曲。中國國家安全部的高級官員開始把攻擊高調目標（例如達賴喇嘛、維吾爾族和藏族等異議分子及美國知名國防承包商）的任務外包給中國各大學及網際網路公司的獨立駭客。

因為中國認為那些駭客的本領遠遠超越解放軍，而且，假如有人追查到那些人身上，北京政府可以推託完全不知情。「如此一來，北京就可以宣稱：『不是我們，是那些我們也難以控制的駭客。』雖然那些駭客根本不是幕後主腦，但是他們能讓中國政府全身而退。」華盛頓戰略與國際研究中心（Center for Strategic & International Studies）的網路間諜活動專家詹姆斯．路易斯（James A. Lewis）告訴我。

這完全是普丁慣用的伎倆。這麼多年來，克里姆林宮都將網路攻擊行動外包給俄羅斯的網路犯罪分子，這種手法當然容易傳入中國。中國對於自由權和自由市場的包容是有限度的，那些具備高超技術的駭客與其說是被政府聘雇，倒不如說是被徵召。

有一回，我追蹤到某個人民解放軍駭客的個人部落格，這位勤奮的駭客暱稱為「醜陋大猩猩」（UglyGorilla）。他抱怨自己被迫入伍，並感嘆薪資太低、工時過長、工作氣氛緊繃，而且只能吃泡麵充飢。目前我們還不清楚中國國家安全部如何招募這些私人駭客參與攻擊行動，可是資訊安全研究人員經常可以從網路攻擊事件追蹤到中國的大學生身上，尤其是交通大學的學生。交通大學的經費大部分來自中國政府。另外，美國的資訊安全研究人員也經常追蹤到在中國網路界居於領導地位的騰訊公司[118]，攻擊行動正是來自他們的員工。中國時常透過他們一些最受歡迎的網站發動攻擊，例如「網易」[119]和經營新浪微博的「新浪網」。網易的所有權人和檯面上的經營者是中國一位博彩業出身的億萬富翁，然而網易的電子郵件伺服器由中國政府經營，以利中國共產黨存取各種訊息及透過該伺服器傳遞的數位通訊。中國已經開始使用網易的伺服器作為攻擊行動的暫存區。

一些網路安全專家認為，那些員工和學生是為了賺取外快而為國家執行駭客工作，也有人認為那些人其實沒有選擇的權利。無論他們基於什麼理由，美國國家安全局和我都想不到更好的答案。

「那些駭客與中國政府合作的原因目前還無從查證，可是他們的行動為中國國家安全部提供了國家需要的情報。」這是我從一份外洩的美國國家安全局備忘錄中找到的最明確答案。

美國國家安全局不可能像中國政府那樣推諉自己不知情，因為美國不會強迫工程師為國家進行駭客攻擊，也不會部署最優秀的駭客去攻擊外國的產業以搜集商業機密，然後再為了美國企業的利益交付給那些公司使用。就算美國國家安全局真的拿到了具有價值的化學配方或者騰訊公司的原始程式碼，它會交給哪一家公司使用？杜邦[120]？孟山都[121]？谷歌？臉書？在真正的自由市場經濟中，光是聽到這種念頭都會讓人感到荒謬。

118　騰訊控股有限公司（Tencent Holdings Limited）是中國規模最大的網際網路公司。

119　網易（NetEase）是中國一家大型網際網路科技公司。

120　杜邦公司（DuPont）是全世界排名第二大的美國化工公司。

121　孟山都（Monsanto Company）是德國拜耳（Bayer）公司旗下的作物科學子公司，設立於美國的密蘇里州。

最近幾年來，那些與中國安全部簽約合作的集團讓美國國家安全局的分析人員與私人企業的資訊安全研究人員深感困擾，因為那些中國承包商的網路攻擊目標一直在增加，讓人非常不安。有一份機密文件指出，有些駭客特別針對製造國防武器的公司，將目標鎖定在「航空、飛彈、衛星與太空技術」。或許最令人擔心的是，他們也鎖定了「核能推進技術與核子武器」。

早在谷歌於電腦螢幕上發現光點之前的六個月，攻擊谷歌的洋基軍團就已經引起美國情報分析人員的注意，因為該團隊已經出現在一些對國防承包商發動攻擊的駭客名單上。美國國務院的官員後來把谷歌遭駭客攻擊這件事連結到周永康（中國公安部部長）和李長春（中國中央政治局常務委員暨中央精神文明建設指導委員）身上。根據洩漏的外交電報，李長春在谷歌上搜尋與自己有關的資料，結果讓他很不開心，所以決定給谷歌一點教訓。他先下令國有的中國電信股份有限公司（Chinese telecoms）停止與谷歌往來，接著又找人攻擊谷歌的網路——但是這些內幕很久之後才曝光。

那年一月，麥迪安網路安全公司的調查人員在谷歌網路中發現這個集團時，並不感到驚訝，因為中國駭客總是肆無忌憚地攻擊他們所能攻擊的任何對象，麥迪安的團隊早就已經見怪不怪。不過，谷歌的工程師和高階主管對這次攻擊事件仍感到相當憤怒。

「我們從來沒有想過會被中國軍方的駭客攻擊，」阿德金斯說：「這種問題已超出我們公司的預期。」「軍方不該在和平時期攻擊平民百姓。」格羅斯說：「我們不相信會發生這種事，因為我們知道後果會有多嚴重。如今這已經是新的國際準則。」

谷歌很快就發現還有其他受害者。當調查這次攻擊事件的人員追溯攻擊者的命令暨控制伺服器（command-and-control server）時，又發現連結到另外數十家美國公司的路徑，其中包括許多家位於矽谷的公司，例如Adobe、英特爾、瞻博網路[122]等，還有一些受害者不在矽谷，包括美國國防部的承包商諾斯洛普格拉曼公司、陶氏化學[123]、摩根士丹利[124]等。時至今日，這些受害者仍拒絕承認遭到中國駭入。

谷歌的資訊安全團隊試著提醒其他公司，可是卻搞得精疲力竭。「溝通非常困難，」阿德金斯說：「我們必須先透過某人去聯絡另一個人，因為那個人認識某個在我們競爭對手公司上班的人。得跨越許多不同的產業，我們簡直無法相信必須牽扯得那麼遠。等到我們終於聯絡上對方，我們告訴他們：『聽著，你們有麻煩了。如果你看一下這個ＩＰ位址，就會看到一些可怕的東西。』」

「你可以感覺到電話線另一頭的那個人已經臉色發白，說不出話來。」格羅斯告訴我。

那些駭客想要取得谷歌的原始程式碼。

大多數的外行人認為駭客追求的是短期回報：金錢、信用卡資料或值得拿來行賄的醫療資訊，但是最老練的攻擊者想要的是原始程式碼，也就是工程師創造並珍視的象形文字。原始程式碼是軟體和硬體的原始素材，能指揮你的設備與應用程式應該如何運作、何時開啟、何時休息、讓誰進入、把誰擋在外面。操控原始程式碼是一種持久戰。程式碼可能會遭到盜取和操縱，就宛如白宮橢圓辦公室牆壁上某個無形的洞口，可以讓攻擊者立即或在未來幾年獲得豐碩的成果。

程式碼是科技公司最有價值的資產，就像皇冠上的珠寶。然而與中國簽約的駭客在二〇〇九年年底開始在矽谷三十四家公司出沒時，卻沒有人想到應該好好保護程式碼。當然，客戶資料和信用卡資料一定得

122　瞻博網路（Juniper Networks）是一家網路通訊設備公司，主要提供ＩＰ網路及資訊安全解決方案。

123　陶氏化學（Dow Chemical Company）是一間跨國化學公司，總部設於美國密西根州。

124　摩根士丹利（Morgan Stanley）是一家成立於美國紐約的國際金融服務公司。

加強保護，可是大多數科技公司儲存原始程式碼的資料庫都門戶洞開。

邁克菲負責調查中國「極光行動」的研究人員後來發現，受害者不只是谷歌。那些中國駭客四處攻擊，對象包括高科技公司、國防承包商等，而且成功地破解了原始程式碼的資料庫，令人深感不安。有了存取資料的權限之後，那些中國駭客就可以偷偷變更進入商業產品軟體的程式碼，並且攻擊使用該軟體的任何一個客戶。

要從程式碼中找出中國植入的軟體後門，無異是在大海中撈針。這意味著要將遭到駭入的軟體拿來與備份版本進行比較，這種過程即使對於全世界最大的搜尋網路公司而言也極為費力，尤其是在處理那些包含數百萬行程式碼的龐大專案時。

谷歌遇上的極光行動攻擊事件帶出了一個基本問題：到底有沒有哪個電腦系統是完全安全的呢？讓人想起二十多年前，戈斯勒在桑迪亞國家實驗室所進行的練習。當時那些美國菁英駭客連在幾千行程式碼中都找不出他的植入裝置——他們只知道這些程式碼被人修改過了。負責執行谷歌各項服務，如谷歌搜尋、Gmail、谷歌地圖等等所需要的軟體，總共大約有二十億行程式碼。相較之下，史上為單一電腦所打造之最複雜軟體工具的微軟視窗作業系統，估計含有五千萬行程式碼。邁克菲始終沒有找到中國攻擊者變更其目標原始程式碼的確鑿證據，且由於許多遭到中國入侵的受害者都否認自己被駭客攻擊，唯一能確定的，就是什麼都不確定。

麥迪安和谷歌的調查人員下定決心一路追蹤中國駭客，直到另一端的盡頭。線索清楚顯示攻擊者有一個非常具體的目標：**他們在尋找中國異議分子的Gmail帳號**。其實中國可以輕輕鬆鬆使用各種可能的密碼去破解那些帳號，但是密碼可以變更，而且駭客可能會在一連串嘗試錯誤後被阻擋在系統之外，因此中國打算尋找更為長久的管道。透過竊取谷歌的原始程式碼，中國駭客就可以在Gmail軟體植入軟體後門，進而長期從他們選中的任何Gmail帳戶存取資料。

而且那些中國駭客在尋找一般的目標：「五毒」，也就是民主運動人士、藏人、維吾爾族的穆斯林、支持獨立的台灣人以及參與法輪功者。這些都是對中國共產黨最具威脅的團體。中國將他們最好的零時差利用程式和最頂尖的駭客都用來對付自己人。

回想起來，谷歌早就已經預料到會有這種結果。三年前，谷歌以宛如救世主之姿進入中國市場，當時布林與共同創辦人賴利．佩吉（Larry Page）告訴員工，提供給中國市場經過審查的搜尋結果，勝過什麼都不給他們。谷歌依然可以給予中國公民關於愛滋病、環境問題、禽流感和世界市場等方面的教育機會。布林和佩吉辯稱，如果不順從中國的審查規定，會讓十億人什麼都無法知悉。

這種將自身行為合理化的態度在矽谷很常見。科技公司的領袖和創辦人開始認為自己是神，而且就算不是神，起碼也是先知，因為他們讓大眾享有言論自由，並提供大家表達自我的工具，進而改變世界。許多科技公司的執行長開始認為自己是賈伯斯理所當然的接班人，而賈伯斯的狂妄自大也因為其卓越貢獻而被人原諒。然而賈伯斯是獨一無二的，當其他科技公司執行長仿效他時，經常訴諸相同的啟蒙語言，來證明自己不斷擴張至全球增長最快速的網際網路市場是正當行為，儘管方法專制獨裁。

差不多就在谷歌於二〇〇六年進入中國市場之後，布林發現這種妥協其實難以忍受。中國官員要求谷歌淨化任何提及法輪功、達賴喇嘛和一九八九年天安門廣場血腥屠殺事件的搜尋結果，這些要求尚在谷歌的預期範圍內。可是不久之後，需要淨化的清單進一步涵蓋任何冒犯中國共產黨與「社會主義價值觀」的一切，例如時間旅行、輪迴轉世，後來甚至連「小熊維尼」也被列入黑名單。當山景城沒有以夠快的速度阻擋觸怒中國的內容時，中國官員就指控谷歌為「非法網站」。

華盛頓對於谷歌進入中國市場這件事也不甚滿意。布林和佩吉被比喻為與納粹合作的人，眾議院國際關係委員會（the House International Relations Committee）則將谷歌稱為「中國政府的公務員」，並表示其行為「令人憎惡」。

「谷歌已嚴重違反其『不作惡』政策。」一位共和黨國會議員說：「事實上，它已經成了邪惡的共犯。」

谷歌的一些高層主管也開始有同樣的感覺。但是他們知道，如果不完全遵守中國政府的規定，就會身陷危險。他們每個人都聽說過，中國的特務人員常會突然搜查私人企業，並且威脅當地的高階主管立刻阻擋「有問題」的搜尋結果，如果不依照辦理就等著吃牢飯。

在審查制度上妥協是一回事，在無意中成為中國政府監視的幫凶又是另一回事。當谷歌進入中國市場時，布林和佩吉故意不提供電子郵件或部落格平台服務給中國用戶，因為他們擔心自己將會被迫把用戶的個人資料交付給祕密警察。兩年前，一位中國記者將中國控制新聞的細節洩漏給紐約一個由流亡中國人經營的民主主義網站，後來雅虎將他的個人資料交給中國政府。結果那位雅虎的前用戶被判處十年監禁，現在正在坐牢。

布林認為，中國攻擊谷歌的手法與中國對待雅虎的方式基本上相同，唯一的區別是，中國已經懶得要求谷歌提供其用戶的相關資訊。這次的駭客攻擊事件散發出布林在成長過程中曾經歷的蘇聯極權主義氛圍，讓他覺得自己被嚴重冒犯。

布林出生於莫斯科，在蘇聯的壓迫下長大。雖然在政策上，蘇聯並非反猶太主義，然而猶太人不得進入俄國的知名大學就讀，也無法成為上流社會的專業人士。他們參加大學入學考試時，必須在被稱為「毒氣室」的獨立房間應試，並且以更嚴格的標準評分。由於蘇聯不放心讓猶太人研究核子飛彈，明文禁止他們進入莫斯科知名大學的物理系就讀，加上國家認為天文學屬於物理學的一部分，以致布林的父親不得不放棄成為天文學家的夢想。布林的父母在一九七〇年代末期逃到美國，以免他們的兒子謝爾蓋遭遇相同的命運。如今謝蓋爾．布林躋身世界上最成功的企業家及最富有的人，他不打算臣服於另一個獨裁政權。

二〇一〇年一月，谷歌戰情室裡每一個徹夜未眠的工程師也不打算屈服。這些工程師之所以到谷歌工作，是為了免費的額外福利、免費的食物、免費的課程、免費的健身房，還有「不作惡」的道德觀。該公司最新招募的員工也已經加入了這場戰鬥。這些人若是認為自己的工作在某種程度上會助長中國進行監視、囚禁與施加酷刑等劣行，那年一月他們就不可能還繼續待在谷歌。

「我們的態度完全改變了。」谷歌的執行長艾瑞克．史密特告訴我：「我們不會讓這種事情再次發生，我們不能讓它再次發生，我們必須採取果斷的行動。」

但現在應該怎麼做？谷歌是搜尋網站，業務範圍不包括保護異議分子免於遭到訓練有素的國家駭客攻擊。要把中國駭客完全踢出谷歌系統，並且將那些駭客擋在門外，這需要花費大量金錢和勞力。谷歌必須建立自己的情報機構，招募國家級的駭客和間諜，並且在企業文化上做出大規模的轉變。大家都知道谷歌的企業文化以創新和「員工幸福」為核心，而資訊安全則是最讓他們痛恨的問題。從來沒有人表示「我最喜歡長長一串的密碼」，但如果他們的員工依然只設定很弱的密碼，並且在無意中點擊到惡意連結，該公司在更新資訊安全方面花了數億美元的投資就無法指望還能獲得回報。最後，就算谷歌能避免上述的問題，他們真的就能大膽認定自己可以阻擋中國軍隊接近嗎？大多數的高階主管都看得出來，這最後也只是徒勞無功。

「我們針對實際需要的花費進行一系列非常真誠且熱烈的討論。我們必須問自己：『你準備好面對必須付出的一切了嗎？』」格羅斯後來對我說。

「防禦中國的軍隊似乎已經超出公司可預期的範圍。」阿德金斯回憶道：「還有人問：『我們真的要試著阻擋中國嗎？還是乾脆直接放棄算了？』假如真的去做我們應該做的事，大多數的公司都會認為不值得。」

最後是由布林決定要做出強硬的回應。他主張谷歌退出中國，放棄這個全世界最搶手的市場。中國使用網路的人數是美國人口的兩倍，而且中國的網際網路成長率遠遠超過其他任何一個國家。然而要屈服於中國的審查制度實在太困難了，這次的攻擊事件讓布林別無選擇。該是放棄中國市場的時候了，而且谷歌要盡一切力量確保像極光這種攻擊事件不會再次發生。

二〇一〇年一月某個漆黑的夜晚，谷歌的資訊安全團隊無預警地徹查公司辦公室，收走駭客碰過的每一台電腦。隔天早晨，數百名困惑的員工來到自己的辦公桌前，在原本應該放置電腦的地方只看到一團凌亂的電線和一張紙條，上面寫著：「因資安狀況，先搬走你的電腦。」

谷歌的資訊安全團隊同時也讓公司裡的每位員工登出各個系統，重設他們的密碼。當惱怒的員工和主管要求資訊安全團隊解釋時，都只得到一句：「稍後會告訴你們原因，請相信我們。」

與此同時，谷歌的高階主管開始策畫如何對抗攻擊者。他們不再遵循北京政府的審查制度，但也必須找出合法的方式，才不會讓員工置身危險之中。如果他們停止過濾Google.cn，就會違反中國的法律，如此一來，他們的中國籍員工及其家屬肯定會被追究責任。谷歌的法律團隊想出一個計畫：他們關閉Google.cn，並將谷歌的中國網路流量轉向不須經過審查的香港搜尋引擎。香港以前曾是英國的殖民地，自一九九七年以來便隸屬中國，可是中國以「一國兩制」的政策來管理香港。中國政府並未審查香港網路的內容，因此將中國的網路流量轉到香港，對於中國的主管機關而言是一記痛擊，但又在合法範圍之內，畢竟這麼做並非不審查Google.cn，而是直接避開。如此一來可以把責任丟回北京頭上，中國政府必須自己篩檢香港的網際網路，谷歌不必再替他們做骯髒事。

谷歌知道中國一定會報復，最有可能的情況就是共產黨將谷歌完全踢出中國市場。沒有任何一家美國公司曾經公開指責北京的網路攻擊，雖然中國駭客不斷侵犯美國的智慧財產（當時的美國國家安全局局長奇斯·亞歷山大後來將中國這種行為稱為「**史上最大規模的財富轉移**」）。一位名叫德米崔·阿爾佩羅維奇（Dmitri Alperovitch）的資訊安全研究員為這種現象創造一個廣為引用的說法：「只有兩種公司——知道自己被駭入的公司，以及不知道自己被駭入的公司。」這種說法後來變得更真實。谷歌遭受攻擊的三年後，時任聯邦調查局局長的詹姆斯·科米（James Comey）說：「美國有兩種大型公司，一種是已經遭到中國駭客攻擊的公司，一種是不知道自己已經被中國駭客攻擊的公司。」

大部分的受害公司都不願發表聲明，因為擔心影響聲譽或公司股價。然而前往中國經商的美國人都開始攜帶拋棄式手機及筆電，或者棄絕任何數位設備，因為他們知道自己一定會感染透過鍵盤植入的軟體，並且帶回美國。星巴克的一位高階主管告訴我，某次他到上海出差，一場暴風雨切斷了整間飯店的電源，但是只有五樓沒事，他和福特汽車、百事可樂及其他美國公司的高層主管碰巧都住在那間飯店的五樓。「只有我們那層有剩餘的電力和網路，顯然我們所做的一切都被人監視著。」他告訴我：「當時我們公司才剛剛確定了星巴克進駐的最佳據點，結果那趟出差結束之後，我們在中國的競爭對手就開始在相同地點開設咖啡店。」

面對中國的網路間諜活動，大多數的美國公司都只能默默接受。根據谷歌與其他遭到極光攻擊的受害者（包括國防、科技、金融和製造業者）的談話，那些受害公司都不打算抨擊中國。假如谷歌不採取積極果斷的行動，還有誰會願意站出來？後果一定會愈來愈嚴重，現狀其實也比他們所知的還要糟糕。

二〇一〇年一月十二日星期二，北京時間凌晨三點鐘，谷歌將其遭到攻擊一事公諸於世。由於擔心員工們的安全，谷歌已經先向美國國務院透露消息，隨後國務卿希拉蕊親自聽取簡報。美國駐北京大使館的外交官盡可能為谷歌的中國員工及其家屬準備了大規模的撤退方案。

然後谷歌發表了聲明。「我們採取了不尋常的方式，與廣大群眾分享這些攻擊資訊，不僅因為我們發現這些資訊安全和人權的關聯性，也因為這些資訊直指與言論自由相關的全球議題重要核心。」谷歌當時的首席律師大衛．德拉蒙德（David Drummond）在一篇部落格文章中寫道：「中國的攻擊與監視，加上過去一年來他們嘗試限制網路言論自由，讓我們覺得應該重新審視在中國營運的可行性。我們已經做出決定，不再繼續審查Google.cn的搜尋結果。」

這段話已經經過全公司上上下下的檢查，但谷歌的高層主管沒有想到它的影響力。過去一個月大部分的時間，工程師持續從極為複雜的小路徑追蹤一個小光點，最後一路追到中國政府。過去幾個星期以來他們的感覺都很不真實，直到這個時候。

「在這一刻，我們有了一種全新的心態。」阿德金斯回憶道：「我們的用戶正身處於危險之中，我們深知自己必須對用戶的安全負責。」

不到幾分鐘，美國有線電視新聞網（CNN）便出現一則關於此攻擊事件的頭條新聞：「谷歌表示遭到來自中國的攻擊，並宣稱可能退出中國市場」。谷歌公司的電話開始響個不停，彭博社（Bloomberg）、路透社、《華爾街日報》、《紐約時報》、《基督科學箴言報》、CNN、BBC的記者和矽谷各地的科技部落客都想訪問這一刻對於谷歌、網路安全及網際網路的意義。這是美國的公司頭一次譴責中國的網路盜竊行徑，而且谷歌也不打算客氣。在這之前，如果中國境內有人用谷歌搜尋「天安門廣場」，只能找到中國男女遊客面帶笑容的照片，以及天安門廣場夜晚亮燈的旅遊景點照。二〇一〇年一月十二日，搜索相同關鍵字的人可以看到由學生領導之天安門抗議活動的死亡人數，和一名手無寸鐵的中國男子以肉身阻擋二十五輛中國坦克輾壓抗議者的指標性照片。那名「坦克人」（Tank Man）[125]被祕密警察拖走之前，攝影師拍下了他的照片，可是他的命運甚至他的身分，至今仍是一個謎。如果中國想要平息全球的強烈抗議，應該要將這個人交出來，然而他們沒有這麼做。大多數人都認為他已經遭到處決。這些人當中有不少人曾慘遭酷刑，甚至差點被殺害。北京的翌日早晨，許多人到谷歌公司總部外面獻花，以表達對谷歌的感激之情，或哀悼谷歌即將離開中國市場（這是大家都知道的可能後果）。

中國的審查機關急著將他們的網際網路篩檢程式——「防火長城」（the Great Firewall）——轉向Google.com.hk。很快地，想在網路上搜尋「坦克人」照片的人會發現自己的網路連線被重新設定。中國官員也激烈地發表譴責言論：一位高級官員在中國官方媒體新華社上，嚴厲斥責谷歌違反其進入中國市場時答應要過濾搜尋結果的承諾。中國官員都否認與這起駭客攻擊事件有任何關聯，並且對谷歌的指控表達「不滿與憤慨」。

官員直接打電話給谷歌的高階主管。史密特後來提起香港沒有審查制度，他笑說：「我們告訴中國：你們把這稱為『一國兩制』，可是我們比較喜歡另一套制度。結果中國不喜歡這個笑話。」

接下來幾個星期，谷歌的決定引發華盛頓和北京之間的外交騷動。在中國的官方媒體上，中國官員持續強烈否認他們在谷歌攻擊中扮演的角色，並且指控白宮策畫反中國的宣傳活動。在華盛頓，歐巴馬總統則要求北京政府給出一個答案。國務卿希拉蕊要求中國對谷歌的攻擊事件進行透明化的調查，並且在長達

125　「坦克人」（Tank Man）是一九八九年六月五日（即「六四天安門事件」翌日）在北京長安街上隻身阻擋中國人民解放軍坦克車隊前進的一名男子，真實姓名不詳。

半小時關於言論自由的演說中，直接談到中國的審查制度。

「這世界大部分的地區正出現覆蓋資訊的新布簾。」希拉蕊在針對中國網路攻擊事件發表迄今最明白的警告前，對她的聽眾說：「在這個大家彼此相連的世界，對某個國家的網路攻擊可能就是對所有國家的攻擊。」

希拉蕊演講時，中國駭客正在忙著拔掉插頭、放棄他們的駭客工具和命令暨控制伺服器。過了好幾個月，洋基軍團才再次出現在美國的雷達上。一年後，他們重新浮上檯面，對RSA資訊安全公司（一家向美國某些知名國防承包商販售認證密鑰的安全公司）進行複雜的網路攻擊，然後使用RSA的原始程式碼攻擊洛克希德馬丁公司。最後，他們入侵了西方世界數千家公司，包含各種產業，從銀行、非政府組織、汽車製造商、律師事務所到化工公司，並且在過程中盜取價值數十億美元的軍事機密和商業機密。

在谷歌揭發攻擊事件後的幾個月，布林告訴《紐約時報》，他希望谷歌的行動能夠「讓中國的網際網路變得比較開放」。

「從長遠的角度來看，我認為他們將不得不開放網路。」他說。

可是他真的大錯特錯了。

中國永遠封鎖了谷歌。三年後，在新任總書記習近平的領導下，中國開始箝制網路，並且對任何「破壞國家團結」的人處以刑罰。該罰則開創了數位監控的新形式，包括人臉識別軟體、駭客工具和新型間諜軟體，不僅針對中國境內的中國人民，還包括人數日益增加的海外中國人。這種審查制度的魔爪也伸向海外，一度控制了中國最大網際網路公司「百度」的外國流量，並且嵌入程式碼，將百度流量轉變為傳輸管，瞄準那些提供中國查禁內容的美國網站。有些人將中國這種行徑稱為「大炮」（the Great Cannon），這對於那些認為北京政府最後會放寬網路控制的人而言，無疑是狠狠的一擊。

至於谷歌，即便身為最有正義感的公司，在談到世界上最大的市場時也會突然失憶。谷歌二〇一〇年退出中國市場，可是不到一年，一些高階主管又開始催促谷歌重返中國市場。

這間公司過去十年來不斷擴展業務，變成各式各樣的公司——安卓系統、Google Play、Chromebook、照片分享網站、Nest thermostats溫控設備、雲端計算、無人機公司、製藥公司、創業投資公司，甚至衛星公司——每一間公司都有各自的理由想進入中國這個全球成長最為快速的市場。

二〇一五年，布林和佩吉將谷歌的各項業務重整到一家名為Alphabet[126]的新公司底下，並且將賺錢的業務與還在嘗試階段的業務分開來。他們不再參與公司的經營，將長期擔任他們副手的桑達·皮采（Sundar Pichai）升為執行長，並且從華爾街挖角一位新任的財務長，這位財務長的第一要務就是提升每季的營業額。

谷歌重返中國市場成為該公司內部激烈討論的話題。中國的網際網路使用人數超過七億五千萬人，比歐洲與美國網際網路使用者的總人數還多。谷歌的競爭對手蘋果公司正在中國進行大量投資，而谷歌的中國競爭對手百度也在谷歌位於矽谷的總公司旁成立辦公室。中國其他科技公司——阿里巴巴、騰訊公司和華為公司——也開始在矽谷成立研發中心，並且以更高的薪資挖走谷歌的員工。

隨著谷歌重新審視他們的底線，人權問題就變得不再重要了。高階主管不顧一切想要從微軟、甲骨文、蘋果、亞馬遜及百度之類的中國競爭對手那裡搶占市場，對於那些仍忙著提出人權原則的同事失去耐性。到了二〇一六年，谷歌的新任執行長站在哪一邊已顯而易見。「我希望為全球每個角落的使用者提供

126 Alphabet公司（Alphabet Inc.）是位於美國加州的控股公司，成立於二〇一五年十月二日。該公司繼承谷歌的上市公司地位及股票代號，谷歌重整後成為Alphabet最大的子公司。

服務，因為谷歌是每一個人的。」皮采那年對聽眾說：「我們希望在中國為中國的用戶服務。」

他沒有明說的是，那個時候谷歌已經在策畫重返中國市場。一群緊張的谷歌高階主管正在為中國打造一個最高機密的審查用搜尋引擎，代號為「蜻蜓」（Dragonfly）。隔年，谷歌在北京成立了一個全新的人工智慧研究中心。六個月後，谷歌開始向中國的用戶發表一些看似不重要的產品。先是一種應用程式，然後是一種手機遊戲，很顯然地，他們希望當「蜻蜓」準備上線時，人們會加以忽視，以為只是谷歌回歸的下一個合理步驟。

不僅在中國，谷歌現在在沙烏地阿拉伯也主導一種應用程式，**讓男性得以追蹤並控制家中女性成員的動態**。在美國，谷歌與五角大廈簽訂了一項代號為「專家」（Maven）的計畫，以提升軍用無人機侵略性的形象，結果導致數十名谷歌員工辭職以示抗議。廣告業務長期以來一直是谷歌的痛處，然而二〇一六年美國總統大選之後，該公司顯然從兜售謠言與散播陰謀論的網站廣告獲得豐厚的利潤。谷歌的YouTube演算法使得美國的年輕人變得更為激進，尤其是憤怒的年輕白人男性。就連YouTube的兒童節目也遭受抨擊，因為記者發現谷歌的過濾程式沒有阻擋鼓勵孩童自殺的影片。

後來我才得知，二〇一〇年在谷歌攻擊事件中扮演重要角色的駭客摩根·馬奎斯—鮑爾，這個曾與我共處無數小時甚至好幾天的人，過往的人生比他告訴我的還要黑暗。二〇一七年，一些女性出面指控遭到他下藥迷姦。在被指控某項連他自己也無法否認的交易之後，馬奎斯—鮑爾就消失得無影無蹤了，我再也沒有聽過他的消息。

無論如何，早在極光攻擊事件發生後的最初幾年，谷歌資訊安全團隊的男男女女就已經有了新的認知：谷歌和矽谷的資訊安全已今非昔比。

阿德金斯的團隊以他們全新的非官方座右銘做出總結：「下不為例。」（Never again.）

第十五章　賞金獵人

矽谷，加利福尼亞州

極光行動就如同矽谷的槍手計畫。

當初由於俄羅斯的駭客攻擊，美國國家安全局才開始強化他們的網路攻擊行動。同樣地，極光攻擊事件，加上三年後史諾登外洩的機密，也促使矽谷重新思考安全防禦的問題。

「這次的攻擊事件證明，那些令人擔憂的國家也已經開始從事駭客活動，不再只是年輕的腳本小子。」阿德金斯告訴我。

谷歌知道中國會回來。為了爭取時間，將系統盡可能轉移到中國不熟悉的平台，然後緩慢且艱巨地由內到外強化谷歌。他們最終的目標是強化整個網際網路。

格羅斯和阿德金斯先從他們早就應該採行的資訊安全措施著手，接著再轉往更積極的追捕行動。不久之後，谷歌團隊漸漸建立起一個強化的資訊安全制度，最後更成為反對監視運動的先鋒。幾年後，當谷歌列出任務清單時，其中一項激進的附加任務是，消除全球零時差利用程式與網路武器的庫存。

谷歌不僅為其員工制定新的規範，也為人數上億的Gmail用戶訂定新的協定。該公司已經花了一段時間致力於雙重驗證系統（Two-factor authentication）——每當使用者從陌生的設備登錄其帳號時，系統就會發送簡訊到使用者的手機，請他們輸入第二道臨時密碼。這是一種附加的資訊安全步驟。雙重驗證，簡稱2FA，目前仍是防堵密碼被駭客竊取的最佳方式。二〇一〇年，密碼在任何地方都會被盜取。駭客們認真瀏覽網際網路的漏洞，駭入密碼資料庫，然後將密碼分享到暗黑網站上。那年，有個俄羅斯的白帽駭客主動打電話給我，告訴我他找到了十億組密碼。

「妳設定的密碼，是某個男孩的名字，後面接上妳的地址。」他開門見山地說。

他說得沒錯。於是我馬上變更所有帳戶的密碼，改用長篇大論的歌詞和電影台詞來取代，並且開啟2FA驗證功能。我不信任密碼管理員，因為密碼管理員大都已經被駭客入侵，即使那些費心將使用者密碼弄亂或「雜湊」（hash）的公司，都比不上駭客的「彩虹表」[127]——彩虹表是含括幾乎所有字母加上數字且長度一定的雜湊值資料庫。**親愛的讀者，敬請使用較長的密碼**。有些暗黑網站公布了多達五百億個的雜湊值，因此要破解密碼非常容易。除非你啟用雙重驗證功能，否則駭客只要偷到你的密碼，就可以存取你的電子郵件、銀行帳戶、雲端照片帳號或證券帳戶。谷歌規定員工使用雙重驗證很長一段時間了，可是在極光攻擊事件之後，「那場攻擊事件就像是**中了賓果！**」阿德金斯回憶道：「現在應該是向所有Gmail用戶提供這項服務的時候了。」

在極光攻擊事件之前，谷歌有三十位專職的資訊安全工程師。在極光之後，谷歌新增了數百位資訊安全工程師。那一年，矽谷有一場無情的人才爭奪戰，谷歌為員工加薪百分之十，以免他們跳槽至臉書，然後又發放數千萬美元，以防止兩名頂尖的產品經理叛逃至推特。矽谷的工程師受到各種福利誘惑，包括大量股票、巨額獎金，以及iPad、有機食品、接送服務、一年期的啤酒與一萬美元的辦公隔間裝潢預算。

然而谷歌還比他們的競爭對手多一項優勢。阿德金斯告訴我：「向全世界公開這場攻擊事件，已變成谷歌吸引人才最有利的特點。」

在谷歌點名羞辱中國之後，數百名渴望挺身奮戰的資訊安全工程師——其中許多人原本因為不認同谷歌在隱私權方面的做法而刪除了谷歌——開始主動前來谷歌應徵，美國國家安全局、中央情報局和「五眼」的駭客們也開始寄出他們的履歷。接下來十年，谷歌的資訊安全團隊擁有超過六百位工程師，這些人都下定決心要阻擋中國和其他高壓政權。谷歌將其最大的資源，也即豐富的資料庫加以武器化，以搜尋其程式碼中的錯誤。他們用數千台電腦部署大型的「警察農場」（fuzz farms），連續數天將大量的垃圾程式碼丟給谷歌的軟體，以找出不堪負載而損壞的程式碼。程式碼損壞就是出現漏洞的跡象，表示軟體可能藏有可被用來攻擊的程式錯誤。

谷歌知道他們自己的駭客以及全世界最強大的「警察農場」都比不上那些不顧一切追蹤自己人民的國家，因此他們有了與iDefense在幾年前一樣的頓悟：谷歌開始尋求世界各地的駭客來幫忙。在二〇一〇年之前，谷歌只給那些找到漏洞的駭客一些形式上的獎勵：任何一位發現谷歌漏洞的人都可獲贈一件圓領衫，而且他們的姓名會出現在谷歌網站上。然而在極光攻擊事件後，谷歌決定開始給他們的志願軍團一點實質上的獎賞。

他們開始向駭客支付最低五百美元、最高一千三百三十七美元的賞金。這個看似隨機的金額，是他們向駭客的巧妙暗示——數字一三三七在駭客的代碼中可以拼出leet，為菁英（elite）的縮寫。菁英駭客就是技術熟練的駭客，與「腳本小子」相反。這是谷歌向駭客提出的和平邀約，畢竟這麼多年來，駭客們一

127 「彩虹表」（rainbow tables）是一種用於加密雜湊函式逆運算的預先計算表，常用於破解加密過的密碼雜湊。彩虹表經常被用於破解長度固定且包含字元範圍固定的密碼（例如信用卡）。

直認為科技公司是撒旦轉世。

這並不是科技公司第一次為了程式錯誤而向駭客支付費用。在iDefense之前的幾年，一九九五年網景公司就已經開始支付小額酬金給那些找到網景領航員瀏覽器錯誤的人。這也激勵了Mozilla[128]採取相同的策略，他們在二〇〇四年付了幾百美元給那些在Firefox瀏覽器中發現嚴重漏洞的駭客們。不過，谷歌的計畫大大提高了金額，並開始向那些在Chrome瀏覽器開放原始碼Chromium中發現漏洞的駭客支付賞金。和iDefense一樣，谷歌一開始買下的程式錯誤都是爛東西。但隨著谷歌認真看待此事的消息慢慢傳開，他們陸續收到比較重要的錯誤。幾個月內，谷歌又擴展了該項計畫，他們付費購買任何可能洩漏YouTube及Gmail等系統用戶資料的漏洞，並將最高獎金從一千三百三十七美元提高為三萬一千三百三十七美元——也就是駭客代碼的eleet——還開始提供與駭客捐贈給慈善機構相當的賞金。

當然，谷歌永遠無法說服像零時差查理那樣的人加入，因為他們曾被深深傷害過。谷歌支付的金額也永遠無法與德索特爾斯等人相提並論，可是已經足以吸引阿爾及利亞、白俄羅斯、羅馬尼亞、波蘭、俄羅斯、吉隆坡、埃及、印尼、法國鄉下和義大利的程式設計師，甚至是沒有國籍的庫德人，特別花時間去尋找谷歌的漏洞。有些人用他們拿到的賞金付房租，有些人則去溫暖的地方度假。住在阿爾及利亞的瓦迪吉烏的十八歲少年米蘇姆·賽義德（Missoum Said）放棄了踢足球，開始從事駭客工作。他立志成為谷歌的十大賞金駭客之一，而且在不久後就賺到足夠的現金讓他為自己買一輛好車、改建家裡的房子、前往他以前連做夢都不敢想的國家旅行，還招待他的父母到麥加朝聖。兩名埃及駭客替自己買了公寓，另外一人用賞金為他的未婚妻買了一枚訂婚戒指。印度貧民窟的程式設計師開始提交程式錯誤，並且用他們得到的賞金資助全新的初創公司。羅馬尼亞的餐廳老闆、遭到資遣的波蘭和白俄羅斯程式設計師，也都開始用谷歌的賞金展開全新的生活。在華盛頓州最北邊的崎嶇地區，一名駭客將他的賞金捐給國際特殊奧林匹克組織

（Special Olympics）。在德國，谷歌最頂尖的賞金獵人之一尼爾斯・朱尼曼（Nils Juenemann）因為把賞金捐給衣索比亞的一所學校而拿到兩倍的賞金，於是他開始把賞金寄到西非多哥共和國的各個幼稚園，並幫助坦尚尼亞一所女子學校打造太陽能設備。多年來，一小群駭客在由政府主導的祕密市場靠著販賣漏洞利用程式賺取了數十萬美元，有人甚至賺到數百萬美元。如今谷歌付錢給數百名程式設計師及具有防禦意識的駭客，好讓那些在政府市場撈錢的人工作變得困難。

但隨著谷歌的賞金計畫步上軌道，駭客交出關鍵漏洞的速度開始減緩。部分原因是谷歌的賞金計畫已帶來預期成果——谷歌的軟體愈來愈難找到漏洞。於是谷歌又提高賞金金額，增加數千美元的獎金，並且贊助在吉隆坡和溫哥華舉行的駭客比賽。只要在比賽中找到一個Chrome瀏覽器的漏洞，谷歌就頒發六萬美元的獎金。有些人嘲笑這個Chrome獎項，指出相同的程式漏洞在政府市場可以賺到三倍的錢。假如保持沉默可以賺到更多錢，駭客們何必要告訴谷歌他們的系統哪裡出錯？

沒有人比「網路漏洞之狼」更喜歡嘲諷谷歌的賞金計畫。法國籍的阿爾及利亞人喬基・貝克拉偷偷追蹤谷歌贊助的駭客比賽和會議。每年有來自世界各地的駭客前往溫哥華，在CanSecWest會議中的Pwn2Own駭客大賽破解軟體和硬體，以賺取現金獎勵與免費的電腦設備。這是全世界獎金報酬最高的駭客比賽。

這個駭客比賽剛開始舉辦時，駭客們必須在最短時間內破解Safari、Firefox和IE瀏覽器。但隨著智慧型手機變得無所不在，最大獎項就頒發給能夠破解iPhone和黑莓機的人。二〇一二年，最大獎的挑戰變成破解谷歌的Chrome瀏覽器系統。那年共有三組駭客團隊駭入Chrome，可是只有兩組獲得谷歌頒發的現

128 Mozilla是一個自由軟體社群，於一九九八年成立。

金獎勵，因為貝克拉的Vupen駭客小組不願遵守谷歌的規定——優勝者必須告訴谷歌他們破解谷歌程式的細節。

「就算給我們一百萬美元，我們也不願意告訴谷歌。」貝克拉對記者說：「我們要把這個祕密保留給我們的客戶。」

貝克拉和市場上任何一位仲介商同樣直白且粗野。「我們不想那麼努力幫助身價高達數十億美元的軟體公司，幫助他們確保程式碼安全無虞。」貝克拉表示：「如果我們想當志工，我們會去幫助無家可歸之人。」

Vupen的總部位於法國南部，該公司的駭客為世界各地的政府機關大量生產零時差漏洞利用程式。那年，他們最大的客戶包括美國國家安全局在內。德國的聯邦資訊安全辦公室[129]和Vupen其他的客戶都願意每年掏出十萬美元，只為一瞥Vupen漏洞利用程式的含糊不清的說明書。那些政府機關如果要取得實際的漏洞利用程式碼，每個程式碼必須支付給Vupen五萬美元或者更高的金額。貝克拉認為谷歌的賞金計畫會改變這種情況。他參加駭客會議只是為了與客戶取得聯繫。雖然他宣稱只販售給北大西洋公約組織的成員國或「北約伙伴」，例如「五眼」的非北約成員國；不過他也承認，程式碼很可能落入壞人手中。「只能盡我們所能，確保程式碼不會從政府機關外洩。」貝克拉告訴記者：「可是，如果你把武器賣給別人，就沒有辦法確保他們會不會轉賣給其他機構。」

貝克拉稱自己的做法「透明化」，但是批評他的人則認為他「無恥」。批評他的人包括克里斯·索格霍安（Chris Soghoian），一個伸張隱私權的死硬派激進分子。索格霍安將貝克拉比喻為「現代版的死亡商人[130]」，專門販售「網際網路戰爭的子彈」。

「Vupen不知道他們的漏洞利用程式會被如何使用，可能根本不想知道，只要客戶把錢付清就好。」索格霍安告訴記者。

索格霍安的觀點在三年後駭客隊的外洩事件得到證實，該事件顯示駭客隊一直將Vupen的零時差漏洞置入他們賣給蘇丹和衣索比亞等國的間諜軟體中。媒體對於洩密事件的關注使得這兩家公司都被世人放在顯微鏡底下檢視。歐洲的監管機關認為，身為全世界在隱私議題方面最強硬的聲音，竟然也是最大的網路武器交易商總部，這實在非常偽善，因此監管機關直接吊銷駭客隊的全球出口許可證。這意味著將來如果未經義大利政府的明確許可，該公司不能再把他們的間諜軟體販售給其他國家。下一個要處理的是Vupen。在主管機關吊銷Vupen的全球出口許可證之後，貝克拉便收拾行李，將位於蒙皮立[131]的辦公室搬到全世界網路武器市場的總部：美國的華盛頓特區。他模仿丟人現眼的軍事承包商黑水公司[132]，將Vupen改名為「零點」（Zerodium）。他建立一個漂漂亮亮的新網站，並且以一種前所未見的方式——公開他願意為零時差漏洞利用程式支付的價格——來換取駭客的沉默。

「零時差交易的第一項規則，就是永遠不得公開討論價格。」貝克拉留言給記者時寫道。「所以，你們猜猜我們怎麼做？我們要公開我們的收購價目表。」他願意以八萬美元購買能夠駭入谷歌Chrome瀏覽器的漏洞，以十萬美元購買安卓的漏洞。最高賞金為五十萬美元，保留給iPhone的漏洞。隨著零點的客戶增加，貝克拉的支出也增加了。二〇一五年，零點在推特上徵求iPhone的遠端越獄[133]程式，報價高達一百萬美元。這個程式要包含一連串的零時差漏洞，好讓他的政府客戶能夠從遠程監視iPhone的使用者。到了二

129 聯邦資訊安全辦公室（Bundesamt für Sicherheit in der Informationstechnik, BSI）是德國的頂級聯邦機構，為德國政府管理電腦和通訊安全。

130 死亡商人（merchant of death）指一九三〇年代那些資助第一次世界大戰的產業與銀行。

131 蒙皮立（Montpellier）是位於法國南部的城市。

132 黑水國際公司（Blackwater Worldwide）是美國一家軍事安全顧問公司，於二〇〇七年變得惡名昭彰之後，改名為Academi。

133 越獄（Jailbreak）是iOS系統上的專有名詞，意指透過系統漏洞獲取iOS系統最高權限的技術。

○二○年，貝克拉開出一百五十萬美元的價碼，徵求連一次點擊都不用就可以從遠端存取WhatsApp訊息與蘋果公司iMessage訊息的漏洞利用程式。他為iPhone的遠端越獄程式支付二百萬美元，而且他願意出二百五十萬美元購買安卓的越獄程式，這是顯著的轉變。長久以來，位居最高價格的一直是蘋果的漏洞利用程式。有人認為價格的異動證明蘋果公司的安全性正在減弱，也有人更微妙地指出：並沒有所謂的單一安卓系統，因為每個手機製造商使用的安卓都會有點不同，因此某種廠牌使用的安卓越獄程式在另一種廠牌的手機上可能無法發揮作用，這使得安卓設備的遠端攻擊更具有價值。

那些公司因此恨透了貝克拉。駭客原本認為不會有比谷歌賞金更好的選擇，如今這個疑慮已經被貝克拉消除。由於交給谷歌的重要程式錯誤報告大量減少，谷歌別無選擇，只好再次調漲其收購價。到了二○二○年，谷歌已經將安卓手機的全套遠端越獄程式的最高賞金調高至一百五十萬美元。

這是一場全面性的軍備競賽。

不過，谷歌仍有一個優勢勝過全世界像零點這樣的公司。仲介商需要遵守緘默法則，但谷歌的賞金獵人可以自由地公開討論他們的工作，以避免這門生意出現陰暗面。

谷歌在網路攻擊市場上還有另外一個優勢，但當時他們可能還沒意識到這一點：與政府固定合作的自由駭客已經開始厭煩網路武器市場。

「承包商可能是完全的剝削者。」某天深夜，一名駭客在溫哥華某家俱樂部裡告訴我。CanSecWest駭客競賽在那天晚上即將結束，因此駭客、仲介商和承包商的心情都比較放鬆，五眼聯盟的漏洞利用程式仲介商林奇平實驗室（Linchpin Labs）就是一個很好的例子，還有專門向未公開的外國情報機構販售漏洞利用程式的加拿大經銷商Arc4dia亦然。一些網路漏洞研究實驗室的前駭客當晚都在現場，貝克拉也在。聯邦探員們正以最大的努力融入其中，我則透過一個熟人認識了一位接近五十歲、長得很像演員威廉·薛特納的駭客，我姑且稱他為「網路薛特納」。介紹我們認識的那位熟人再三向他保證我值得信任，而且不會透露他的真名。

網路薛特納已經向大型國防承包商販售網路漏洞利用程式幾十年了。然而最近，從他口中傾吐而出的各種不滿，我聽得出他顯然很想離開這一行。

「我曾經以三萬美元的價格將一個漏洞利用程式賣給雷神公司，但他們立刻就以三十萬美元的價格再轉賣給某個情報機構。」薛特納告訴我。有段時間他曾經受雇於雷神公司。「後來我才知道自己有多蠢。」每個市場都有傻瓜，最近薛特納突然覺得自己就是傻瓜。零時差沒有著作權法，漏洞利用程式也沒有專利權。薛特納告訴我，他花了好幾個月開發防火牆的漏洞利用程式，然而當他交件時，雷神公司卻拒絕收下。

「雷神公司當時告訴我：『這個沒用。』過了一年，我才從公司的某個同事那裡聽說，他們已經使用我開發的漏洞利用程式好幾個月了，但我始終沒拿到報酬。」薛特納告訴我。「這是一場軍備競賽，最終結果是我們都輸了。」

薛特納試圖扭轉這種局勢，可惜不受其他人歡迎。他告訴我，有一次他受邀出席一場國防承包商和五眼客戶的年度高峰會，以展示他的工作成果。他把握那個機會，在會議中提倡更好的做法：漏洞利用程式的託管。他建議承包商找個值得信任且技術純熟的第三方來評估每一個漏洞利用程式的價值，並確立公平的價格。這麼做將可以確保駭客不被客戶玩弄、消除市場的不信任感，同時也更為謹慎。在他看來，這麼做相當合理，可是承包商對這個提議卻有不同看法。

「後來我再也沒有接獲邀約。」薛特納懊悔地說。

薛特納不僅因此遭到排擠，還因此被外國人取代，因為那些外國人以低廉的價格提供與他相同的服務。雖然美國聯邦法規規定，只有通過安全審查的美國公民才能從事與機密系統相關的工作，可是在原料（實際的程式碼）方面仍有很大的彈性空間。早在二〇一一年，一名吹哨者就已經向五角大廈透露，他們的資訊安全軟體上布滿了俄羅斯的軟體後門。五角大廈向電腦科學公司（如今擁有網路漏洞研究實驗室的巨型承包商）支付六億一千三百萬美元來保護其系統的安全，可是電腦科學公司再將實際的編碼工作分包給麻薩諸塞州一家名為NetCracker Technology的機構，後者又發包給莫斯科的程式設計師。為什麼？因為貪婪。俄羅斯人願意以美國程式設計師報價的三分之一接下這份工作。因此，**五角大廈的資訊安全軟體基本上就是俄羅斯的特洛伊木馬。**五角大廈支付了數億美元來阻擋俄羅斯，結果卻開門邀請這位敵人進入。

在攻擊方面甚至更具風險，因為從來沒有人費心去問國防承包商：他們的漏洞利用程式從何而來？德索特爾斯、貝克拉等仲介商和網路漏洞研究實驗室的員工都承認，他們最棒的漏洞利用程式出自東歐、南美和亞洲駭客之手，沒人監督，也沒人知情。這只會讓像薛特納這種美國漏洞利用程式藝術家更難生存。

谷歌的賞金計畫為世界上像網路薛特納這樣的人提供了一條出路。谷歌永遠無法與灰色市場匹敵，可是他們願意為程式錯誤付錢，駭客不必再花好幾個月將那些程式錯誤武器化，使其變成可靠的漏洞利用程式，以免別人也發現相同的錯誤，或反過來將他們一軍。除此之外，駭客們也因此更為安心——因為他們不必擔心自己開發的武器會被如何使用，或者被用來對付誰。

在谷歌的賞金計畫實施一年之後，兩名二十歲出頭的年輕荷蘭駭客列出了一份清單，清單上有一百家他們準備駭入的公司。他們將那份清單稱為「駭客一百」（Hack 100）。

米希爾·普林斯（Michiel Prins）和喬伯特·阿布馬（Jobert Abma）在風景如畫的荷蘭北部長大，兩人的家就隔著一條馬路。他們因為都討厭凜冽的北海寒風而且都喜歡駭入網路而結緣，兩人經常互開玩笑。米希爾會想辦法從家裡劫持住在對街的喬伯特的電腦螢幕，並留下「米希爾到此一遊」的訊息；喬伯特則會從兩百碼外讓米希爾硬碟機裡的光碟從機器裡退出。他們滿十六歲時，他們的父母希望他們不要老是宅在家裡，應該到外頭去發揮他們的長才。他們開始去找使用開放式WiFi的鄰居，表示願意幫他們封閉網路，並以此收取費用。不久之後，他們開始去拜訪荷蘭各地的企業和政府機關，兜售他們提供的服務。有時候他們需要帶個蛋糕去拜訪客戶，因為荷蘭人愛吃蛋糕，如果那些高階主管願意給他們半個小時，他們承諾會在對方的網站上找出漏洞，假若他們任務失敗，他們就送給對方一個蛋糕。結果，沒有任何一家公司拿到他們的蛋糕。五年來他們提供服務給荷蘭的各大品牌，賺取了數千美元，直到他們覺得無聊。

「我們只是一次又一次地告訴不同的人如何修復相同的漏洞。」喬伯特說。

二〇一一年，他們兩人認識了一位三十多歲的荷蘭企業家，名叫梅里恩・泰爾海根（Merijn Terheggen）。泰爾海根住在矽谷，但當時在荷蘭出差。他以初創公司及風險投資事業可憑空賺錢的故事來吸引這兩名年輕人。這兩個年輕人想像中的矽谷是科技人才的天堂，坐落於紅杉林和蒼翠的群山之間——就和瑞士一樣，只是多了面帶笑容且穿著印有公司商標連帽衫的工程師在沙山路[134]上走來走去。泰爾海根邀請他們到矽谷參觀。

「太好了，我們兩個星期後就去。」他們說。

那年夏天，當他們兩人抵達舊金山後，只有在紅杉林停留一會兒，大部分的時間都在一〇一號公路上開車，忙著參觀臉書、谷歌和蘋果等公司。二〇一一年，矽谷到處有資金流動，股票尚未公開上市的臉書

134 沙山路（Sand Hill Road）是美國加州矽谷的主要幹道。

估價高達五百億美元，身價之高前所未見。推特尚未開啟任何商業模式，其估價也高達一百億美元。網路折扣商店酷朋（Groupon）則拒絕了六十億美元的收購出價。這兩個荷蘭人認為必須把握這個機會，因為矽谷裡似乎沒人關心資訊安全的問題（那年我問傑克．多西[135]，他會不會擔心駭客不停指出推特和他新的初創公司Square的漏洞。他回答：「那些傢伙就是喜歡發牢騷」）。

如果普林斯和阿布馬能向多西等人證明這些公司多麼容易受到駭客攻擊，或許他們也能說服矽谷的那些有錢人，讓他們知道一間提供資訊安全的初創公司亦可能成為下一隻獨角獸。於是他們列出矽谷附近一百家成功企業的名單，一個星期後，這些企業全部遭到駭客攻擊。他們兩人平均只花十五分鐘就輕易駭入每一家公司。

當他們去提醒那些公司的高階主管時，三分之一的人不理他們，另外三分之一的人感謝他們，可是沒有修復漏洞。其餘的人則爭先恐後地解決問題。他們很幸運，因為沒有任何一家公司報警。

雪柔．桑德伯格（Sheryl Sandberg）從來沒有收過這種電子郵件。二〇一一年的某天早晨，臉書的營運長桑德伯格打開她的收件匣，裡面有一封電子郵件標注為「高度敏感性」。那封郵件裡詳細描述了一個重要的臉書程式錯誤，該錯誤足以讓兩個二十多歲的荷蘭年輕人接管臉書所有的帳號。桑德伯格一刻也不遲疑地將這封郵件列印出來，然後去找臉書的產品安全主管，要求他立刻處理這件事。

亞歷克斯．萊斯（Alex Rice）是個年紀三十出頭、臉上長著雀斑的工程師，他看了那封電子郵件一眼，對於那個程式錯誤以及桑德伯格的催促都留下深刻印象。臉書當時的競爭敵手MySpace曾積極控告那些指出其網站錯誤的駭客，然而臉書創始人馬克．祖克柏採取相反的做法。祖克柏認為自己是駭客，曾贊助駭客通宵進行的程式設計馬拉松活動[136]，並表明願意與找出臉書嚴重錯誤的駭客接觸——通常是直接聘請對方來上班。臉書於二〇一二年首次公開發行股票時，其說明書的內容一部分是基於美國證券交易委員會的規範，一部分是對全球駭客發表的情書。

「『駭客』這個詞彙在媒體上被描繪為闖入電腦之人，具有負面意涵，但這是不公平的。」祖克柏寫道：「事實上，駭客所做的只是快速打造出某個東西，或者是測試某件事能夠做到什麼極限。和大多數的事情一樣，這樣的本領可以運用在好事或壞事上，而我遇到的絕大多數駭客都是理想主義者，他們只希望對這個世界發揮正面的影響力。」

「那份說明書讀起來像一篇以狄帕克．喬布拉[137]手法寫成的精采簡短說明。」《紐約客》雜誌寫道。但祖克柏是發自真心。

亞歷克斯．萊斯邀請那兩位荷蘭年輕人到他家烤肉，與他們合作修復錯誤，並利用這個案例向管理階層施壓，以啟動臉書自己的賞金計畫。不久之後，臉書開始支付賞金，最低五百美元，最高沒有上限。兩年後，該公司為六百八十七個程式錯誤向大約三百三十位研究人員支付了一百五十萬美元的獎金，其中有四十一個程式錯誤可能會讓臉書淪為網路犯罪分子或間諜的遊樂場。到了二〇一四年，萊斯打電話給他的荷蘭老友，問他們是否有機會永遠消滅網路武器市場。

微軟又經歷了痛苦的兩年才決定採行賞金計畫。二〇一〇年，極光事件向世界各國展現了單一的微軟

---

135 傑克．多西（Jack Dorsey）是美國軟體工程師和科技創業者，為推特的聯合創始人和CEO，以及Square創始人和CEO。

136 程式設計馬拉松（hackathon）是一種活動，電腦程式設計師及其他如圖形設計師、介面設計師與專案經理等人齊聚一堂，合作進行一項軟體專案。

137 狄帕克．喬布拉（Deepak Chopra）是一位印度裔的美國作家和替代醫學倡導者。

零時差漏洞具備什麼樣的監控潛力。幾個月後，震網又展示了將一些微軟零時差漏洞串在一起會有什麼樣的破壞潛能。然後是二〇一一年和二〇一二年所發現的震網前身，Duqu和Flame。Duqu藉由微軟Word的程式漏洞感染了整個中東地區的電腦，Flame的感染機制甚至更嚴重。美國或以色列（或兩者一起）將微軟客戶對於微軟的信任感變成了戰爭武器，他們透過微軟視窗軟體的更新機制散播Flame。而讓這一切變得可怕的是，總共有九億台微軟電腦透過這種方式進行了修補與更新。感染微軟的更新程式猶如駭客的聖杯，也是位於雷德蒙德的微軟公司總部最害怕的噩夢。如果Flame落入他人手中，全球的經濟、重要的基礎設施、醫院、輸電網路等可能會因此慘遭掠奪。

我羅斯研究人員在卡巴斯基實驗室發現Flame，對微軟來說是一場災難，讓雷德蒙德的駭客們因此在戰情室裡待了好幾個星期。Flame是一種病毒猛獸——二千萬位元組，是大多數惡意軟體的二十倍——然而它就一直躲在眼前，微軟公司沒人發現它，過了四年才看見。受人敬重的安全研究人員開始提出陰謀論，認為微軟公司是網路戰爭的同謀，不然就是雷德蒙德有中央情報局或國家安全局長期潛伏的間諜。

到了二〇一一年，微軟公司直接從駭客那裡得到的錯誤報告數量開始下降。那些報告之前曾有如洪流一般湧入，每年有數十萬則資訊。如今駭客們開始為自己囤積漏洞，或選擇將這些漏洞販售給國防承包商，因為那些承包商願意支付駭客六位數的報酬，而微軟一毛錢都沒付。

微軟的駭客拓展部門主管凱蒂．穆蘇里斯（Katie Moussouris）知道這對於該公司或網際網路而言都不是好事。即便她的名片上有「微軟」的公司名稱，她仍認為自己是駭客，因此她以一件印著「不要討厭發現者，應該討厭漏洞」字樣的圓領衫提醒大家。有時候她會把烏黑的頭髮染成亮粉紅色，經常被人誤認為是二十多歲的駭客，但其實她已經超過四十歲了。「我真的老了，可是保養得很不錯，因為我從不出門。」她告訴我。

穆蘇里斯的使命，正如她所看到的，就是吸引全世界的駭客交出他們發現的程式錯誤，並希望在這個過程中減少世界上儲備的網路武器。微軟比其他任何一家公司更常被國家和專制政權以間諜工具、監視工具、勒索軟體攻擊。以震網為例，那次是全世界所見過最具破壞性的攻擊。震網和極光就像是警鐘，然而從潛在的危害廣度及缺乏任何約束力，我們可以確知：除非微軟鎖住其系統，否則難以阻止壞人以相同手法進行可以引發大規模破壞的網路攻擊，或者作為實行殘暴獨裁主義的工具。風險只會變得愈來愈高。

穆蘇里斯很適任這份工作。她於二〇〇七年進入微軟時，該公司的漏洞揭露政策的線上連結已荒廢多年，就好比撥打九一一專線，結果只能得到語音答覆。這讓她感到相當困惑，竟然沒有正式的方法可告知這家領先全球的科技公司其系統有嚴重的錯誤。她認為，如果要消除那些可能會危及生命的攻擊，微軟公司內部的駭客和外面的駭客都扮演著極為重要的角色。

她開始請駭客們喝酒，很多啤酒，還邀請他們在駭客會議結束後的夜晚去唱卡拉ＯＫ。她還親自更新微軟的「協調漏洞揭露政策」（Coordinated Vulnerability Disclosure policy），因此當駭客們向她表示害怕被告而永遠不願將他們發現的錯誤交給微軟時，她知道如何說服他們。穆蘇里斯的努力慢慢有了回報，駭客們開始在他們於Def Con駭客會議公開微軟視窗的零時差漏洞之前，提早幾週先通知微軟公司。過了不久，微軟每年收到二十萬份的漏洞報告。這些報告提供微軟公司豐富的資料，讓他們知道他們的產品可能遭到濫用，並提供穆蘇里斯的團隊寶貴的見解，幫助他們知悉研究人員的想法。隨著時間經過，微軟的回覆者可以看出哪些駭客只是在浪費時間、哪些駭客需要找白手套幫忙處理，因為這些駭客可能隨時會公開重要的微軟零時差。二〇一一年我開始接觸網路攻擊領域，我會故意問駭客們最討厭哪一家科技公司。「微軟」幾乎是他們共同的答案。「因為他們會翻轉逆勢。」其中大部分可歸功於比爾．蓋茲推行的「可信賴電腦行動」，但是該計畫當中又有大部分可直接歸功於穆蘇里斯。

二〇一一年當漏洞報告的來源開始枯竭的那一刻起，穆蘇里斯就知道問題嚴重了。比起從駭客那裡取得漏洞報告，微軟開始從仲介商那裡得到更多漏洞報告——但可能是在那些漏洞已經被人利用之後。由於這暗示著那些漏洞可能已經變成具破壞力的網路攻擊，不僅對於異議分子、激進分子和新聞記者而言是壞消息，對於微軟而言也非常不利。矽谷殘酷的人才爭奪戰依然肆虐，雷德蒙德已經成為推特和臉書等新成立的初創公司肥沃的偷獵地。微軟如今不僅少了漏洞報告，其進入大型人才庫的管道也被切斷了。如果無法爭取到最優秀的資訊安全人才，處境將會愈來愈危險。隨著谷歌和臉書現在都已經開始支付賞金，穆蘇里斯知道微軟公司也應該這麼做。

說服微軟高層開始向駭客支付賞金是一項艱巨的任務。首先，微軟永遠無法在網路武器市場上與政府競爭，除此之外還有另一個賞金可能變成邪惡誘因的合理限制：假如駭客能夠在攻擊領域賺到愈多錢，棄絕防禦工作的駭客人數就可能變多。如果一個微軟程式的錯誤能讓他們賺進數千美元，還有多少有才華的資訊安全工程師願意投入這一行？

穆蘇里斯開始利用下班時間研究賽局理論[138]，以便了解各種激勵模式及缺點。微軟可能永遠無法與政府市場競爭，然而穆蘇里斯知道金錢不是吸引駭客的主要誘因。她將駭客的動機分為三種類別：賺取報酬、獲得認同，以及「尋求知性方面的快樂」。假如微軟不打算支付駭客最高的報酬，就必須創造出一種條件，而在這種條件下，修復錯誤會比將漏洞武器化並販售給政府還要吸引駭客。然而並不是每個人都吃這套，因為有些人就是為了賺錢才當駭客，有些人則認為將漏洞利用程式賣給政府是愛國的表現。但世界上有一千八百萬名軟體程式設計師，如果微軟能以更具意義的方式來認同這些程式設計師，就能長長久久地利用他們的腦力，並邀請到最優秀的程式設計師來雷德蒙德工作。

當穆蘇里斯在二〇一一年向史蒂夫．巴爾默[139]手下的大將提出這項建議時，他們雖然接受，可是還沒有準備要扣下扳機，因為他們需要更多的資料。接下來兩年，穆蘇里斯把自己當成卡珊德拉[140]，「注定知悉未來，可是沒人相信她，直到她能夠向人們展示證據。」到了二〇一三年，她已經握有兩年的數據可以證明微軟的漏洞報告正不斷地被第三方的仲介商和中間人搶走。那年六月，改善這個趨勢成為微軟的當務之急。《衛報》在那個月報導了史諾登第一次外洩的國家安全局情資，並且詳細記載一個名為「稜鏡」（Prism）的國家安全局計畫。某張投影片顯示，微軟和其他科技公司允許國家安全局直接存取他們伺服器中的資料。有些外洩的資料將「稜鏡」描述為科技公司、國家安全局、聯邦調查局和中央情報局之間的「團體活動」。

在史諾登外洩的文件檔案中，這些投影片最引人咒罵，而且最具有誤導性。其實科技公司都沒有聽說過「稜鏡」計畫。是的，他們都遵守了法院的命令，交出小範圍特定客戶的帳號與元數據，但如果因此認定他們在某種程度上是國家安全局的合作伙伴，並且讓國家安全局存取他們客戶的私人通訊資料，可就大錯特錯了。不過，由於法律禁止他們披露究竟遵循和反對哪些法院密令，他們無法輕易否認他們與國家安全局具有合作關係。

微軟花了數年時間所建立的信賴感，隨時有化為雲煙的危機。他們開始流失客戶，包括把「稜鏡」比擬為史塔西（Stasi）[141]的德國人，以及巴西政府的所有機構。外國人要求微軟將資料中心轉往海外，誤以

138　賽局理論（Game Theory）是經濟學理論，被認為是二十世紀經濟學最偉大的成果之一。一九四四年由馮・諾伊曼（John von Neumann）與奧斯卡・摩根斯特恩（Oskar Morgenstern）合著的《賽局理論與經濟行為》（*Theory of Games and Economic Behavior*），為賽局理論的奠基之作。

139　史蒂夫・巴爾默（Steve Ballmer）曾於二〇〇〇年一月至二〇一四年二月擔任微軟公司的執行長。

140　卡珊德拉（Cassandra）為希臘羅馬神話中的特洛伊公主、阿波羅的祭司，具有預言能力，但是其預言不被人相信。

141　東德國家安全部（Ministerium für Staatssicherheit）是德意志民主共和國（東德）的國家安全機構，通稱「史塔西」（Stasi），該詞意義為「國

為這麼一來他們的資料就可以不被美國政府窺探。分析人員估計，美國科技公司在未來幾年可能有四分之一的營收會被歐洲和南美洲的外國競爭對手搶走，因為駭客們不開心。

穆蘇里斯知道，除非微軟公司馬上行動——不僅在公關操作上，還包括採取有意義的行動——否則他們將失去確保網路安全的最佳盟友。藉著追蹤數據，穆蘇里斯得知數量減少最多的漏洞報告是關於IE瀏覽器的漏洞。顯然有一個收購IE瀏覽器程式漏洞的攻擊性市場存在，因為IE仍是最被廣泛使用的瀏覽器之一。一個IE瀏覽器的漏洞利用程式可以獲取與目標有關的大量情報：使用者名稱、密碼、網路銀行交易明細、點擊紀錄、搜尋歷史、旅行計畫——基本上就是間諜的願望清單。

穆蘇里斯就從這裡開始著手。假如微軟願意在IE瀏覽器與視窗系統的升級測試版（預覽版）上市之前就先找駭客幫忙呢？視窗系統顯然也是政府市場另一個首要目標。政府對於敵人、恐怖分子和異議分子尚未使用的軟體不感興趣，因此如果微軟找駭客來探測其測試版軟體，就不會與地下市場的需求重疊。該公司願意為最新的程式利用技術提供低至五百美元、高至十萬美元的賞金。巴爾默的團隊簽署了一個月的試用計畫，微軟終於在那年六月開始付錢給提供IE瀏覽器漏洞的駭客。在這種即將成為趨勢的情況下，微軟的第一筆賞金給了谷歌的某位工程師。但到了六月底，微軟已經收到兩個月份的重要漏洞，於是巴爾默在十一月又簽署了一個永久執行的計畫。該計畫實施一年後，微軟已經向研究人員支付了二十五萬美元——大約為出色的資訊安全工程師的年薪——並且在軟體的安全問題外洩至市場之前就先解決一切。在這樣的過程中，政府儲備的數百個漏洞利用程式也漸漸耗盡。穆蘇里斯希望這麼一來可以讓政府的防禦比重及時增加。

谷歌、臉書和微軟在招募最優秀的資訊安全工程師方面競爭激烈，但是他們在確保網際網路安全方面都有既得利益。他們經常交換與威脅有關的情報，在大型駭客會議上碰面，並且分享他們的賞金作戰經歷。二〇一四年，萊斯、穆蘇里斯與三個荷蘭人——泰爾海根、阿布馬和普林斯——想知道還有沒有更大的事能做。他們一開始只是隨意閒聊，但最後開始勾勒出一家公司的輪廓，這家公司將可為許多與他們簽約的公司管理「賞金計畫」。該計畫容易讓高階主管產生心理障礙，但假如他們能夠管理後端的物流和金流，並提供值得信賴的平台，以利駭客透過該平台與各行各業的公司互動，就更能大幅減少政府儲備漏洞利用程式，而且效果遠超過他們各自孤軍奮戰。

二〇一四年四月，萊斯和那些荷蘭人來到舊金山的市場大道，搭乘電梯抵達標竿資本（Benchmark Capital）風險投資公司金光閃閃的開放式辦公室。這是一棟經過翻新的建築物，位於舊金山歷史悠久的戰地劇院樓上。他們向矽谷最具競爭優勢的五位風險資本家進行遊說。標竿資本風險投資公司與安德里森霍羅維茲[142]及艾克賽爾[143]那種靠行銷專家、公關人員及獨立設計師賺錢的熱門公司不同，他們以其關注焦點而聞名。這家風險投資公司早期因投資eBay而致富，後來又投資了Dropbox、Instagram、優步、Yelp網站、推特和Zillow[144]而持續發達。該公司在過去十年讓投資人賺進超過二百二十億美元，獲利率為百分之一千，而且他們堅持一個簡單的公式：五個合夥人地位平等，在公司的基金中持有相同股份，投資前幾輪

安」，來自德語「國家安全」（Staatssicherheit）的縮寫，成立於一九五〇年二月八日。

142 Andreessen Horowitz是一家美國私人風險投資公司，由馬克・安德里森（Marc Lowell Andreessen）和班・霍羅維茲（Ben Horowitz）於二〇〇九年成立。

143 艾克賽爾（Accel Partners）是一家美國風險投資公司。

144 Zillow是一家成立於二〇〇六年的線上房地產公司。

的融資，以獲得最大的股權與董事席位。當紅杉資本[145]和艾克賽爾等其他有名的公司開始擴展至中國和印度時，標竿資本風險投資公司依然堅持其路線。標竿資本的合夥人都鄙視像安德里森霍羅維茲那種在矽谷不斷自我推銷的公司，而且為那種公司創造了一個名稱——「遊行跳躍」（parade jumping），因為他們認為真正的功勞應該歸於每天忙著經營公司的企業家。他們以對企業家採取強硬態度聞名，對於來遊說他們投資的人也不心軟。每一筆投資都必須全體一致贊同，只有在極少數的情況下，這五個合夥人會在說明會議上互相交換一個眼神，意味著**達成合意！要在哪裡簽名？**當取名為「駭客一號」（HackerOne）的萊斯等人到標竿資本風險投資公司提案的那天，他們看到了這種眼神，並且順利取得九百萬美元。

「現在每一家公司都想這麼做。」比爾·古利[146]對我說。他讀大學時曾是籃球運動員，現在是矽谷最具競爭力的風險投資家之一。「如果不去試試看，那就真的太傻了。」

古利的看法通常都沒錯。不到一年，駭客一號就說服了科技圈的一些大公司——包括雅虎和傑克·多西的兩家公司：Square和推特——以及你可能永遠想像不到的公司，還有銀行和石油公司，讓這些公司開始為他們平台上的漏洞向駭客支付賞金。過了幾年，他們的客戶又增加了通用（General Motors）和豐田之類的汽車製造商、威訊（Verizon）和高通（Qualcomm）之類的電信公司，以及漢莎航空（Lufthansa）之類的航空公司，聘請駭客找出那些可能把手機基地台、銀行、汽車和飛機變成監視工具和網路戰爭武器的漏洞。到了二〇一六年，這家公司甚至成功簽下了最不可能的客戶：五角大廈。

坦白說，這是可以理解的。那一年，當國防部長艾許·卡特（Ash Carter）在RSA資訊安全會議上初次宣布五角大廈的賞金計畫時，我聽見從聽眾席傳出明顯的抱怨聲。我可以發誓，坐在距離我幾個座位的某個男人甚至發出咆哮。每個駭客應該都看過電影《戰爭遊戲》，電影中十幾歲的演員馬修·柏德瑞克在無意間駭入五角大廈的電腦，差點引發第三次世界大戰，並因此被聯邦調查局逮捕。被聯邦調查局捕獲似乎是入侵五角大廈唯一合理的結局。至於五角大廈實際邀請他們來駭入系統，這似乎根本不重要，因為沒人想參與這個遊戲。我猜那個咆哮男一定和那些當晚在雞尾酒會上咒罵該計畫的駭客們有相同的感覺，他們認為這是政府用來追蹤他們的另一種手法。這種想法似乎有點過於偏執，可是我不得不承認，他們有理由這麼想——那個計畫只支付賞金給願意接受背景調查的駭客，這對於喜歡以匿名方式做事的人而言並不理想。

可是在那個時候，政府知道自己必須做點什麼。前一年，美國人事管理局（the U.S. Office of Personnel Management）發現他們遭到中國駭客大舉入侵，規模大到政府部門從未見識過；該單位負責儲存大約一百萬名聯邦雇員和承包商的機密資料，包括詳細的個人檔案、財務狀況、病歷資料、社會安全碼，甚至指紋。二〇一五年，美國人事管理局發現自己遭到入侵，而中國駭客其實早已駭入他們的系統一年多了。當我仔細研究還有哪些政府機關也儲存著機密資料並且可能遭到入侵時，才發現網路根本就宛如瀰漫著流行疾病。負責管理核設施的美國核能管理委員會（Nuclear Regulatory Commission）沒有把關於重要核零件的資訊放置在安全的網路驅動器上，而且該機構完全未追蹤存有重要資料的筆記型電腦。美國國內稅務局（IRS）的員工使用電腦時，可以選用安全性很低的密碼（例如「password」）。某份報告詳細指出，美國國內稅務局已有七千三百二十九個漏洞，因為該機構懶得安裝軟體修補程式。儲存有上百萬筆學生貸款

145 紅杉資本（Sequoia Capital）是唐・瓦倫丁（Don Valentine）於一九七二年創立的風險投資公司，在美國、印度、中國大陸、以色列都設有辦事處。

146 比爾・古利（Bill Gurley）是美國加州標竿資本風險投資公司的合夥人。

資料的美國教育部，審計人員可以在不被注意的情況下將惡意電腦連接上網路。美國證券交易委員會已有好幾個月沒有在重要的網路環節加裝防火牆或防護軟體。

不過，讓我和其他許多人更感到驚訝的是，在一年半之後，五角大廈的賞金計畫真的啟動了。超過一千四百名駭客參與了這項賞金計畫——人數超出官方預期的三倍之多——五角大廈共付出七萬五千美元的賞金，每一筆從一百美元到一萬五千美元不等。比起國家安全局及其他機關向駭客支付的金額，這點錢根本不算什麼，但這項計畫確實是一件大事。五角大廈的合作對象不再只限於駭客一號，美國國防部還與駭客一號的競爭對手Bugcrowd及另一家名為Synack的公司簽約，Synack公司是國家安全局的一位前駭客成立的，該公司將滲透測試外包給世界各地經過審查的駭客負責。Synack的共同創辦人傑伊．卡普蘭（Jay Kaplan）向我保證，五角大廈的計畫是真真實實的政策，而非某些官僚主義的假象。他還說服我飛到阿靈頓去親眼見識。

我在二〇一八年四月抵達五角大廈，當時我懷著八個月的身孕，已經好幾個星期沒辦法看見自己的腳趾頭。我也沒有料到五角大廈竟然如此……龐大，我搖搖擺擺地在美國空軍部及五角大廈剛成立的數位防禦局（Digital Defense Service）的小型辦公室之間來回走動，感覺就像走好幾英里的路。除了特定入侵行動辦公室之外，數位防禦局是美國國防部裡少數沒有服裝規定的辦公室之一。艾許．卡特成立這個單位的目的是為了將駭客和矽谷的人才帶進五角大廈，為期一年，以重振精神並監管賞金計畫。

「我們積極地勸阻人們不要告訴我們有關漏洞的事，」穿著連帽衫的數位防禦局負責人克里斯．林奇（Chris Lynch）告訴我：「現在該是『讓美國再次安全』的時候了。」

林奇創立了許多科技企業，他的個性坦率，說話時喜歡用誇張的詞彙。他經常出現在艾許．卡特身邊，並認為自己在數位防禦局的使命就是「把該做的鳥事做完」。在林奇的敦促下，五角大廈已經將其賞金計畫從一個未經分類的小網站擴展為更加機密的系統，有如F-15戰鬥機的「可信賴飛機資訊程式下載站」（TADS）[147]，該系統可以在飛行中透過攝影機和感應器搜集資訊。Synack的駭客在其中發現了幾個嚴重的零時差漏洞，那些漏洞如果被人利用，系統可能會被完全操控。他們還在五角大廈的檔案傳輸機制中發現一個重要的零時差漏洞，戰士們會利用這個機制在五角大廈的網路間傳輸與任務有關的重要資訊，甚至機密的資料。政府的承包商曾對這套系統進行滲透測試，可是Synack的一名駭客花不到四小時就找出了駭入五角大廈機密網路的方法。

「這種零時差漏洞的戰爭是一件大事。」布拉德福特．舒維多將軍（General Bradford J. "B. J." Shwedo）對我說。如今我知道這只是輕描淡寫的說法。「如果你等到戰爭發生那天才發現零時差，你就完蛋了。讓自己與世界隔離並非未來的戰爭趨勢。在網路世界中，向來都是諜對諜。」

在龐大的官僚機構中（例如國防部），**一個機關付錢給駭客來修補其漏洞，而其他機關卻給駭客更多錢以確保世界上的漏洞不會被修復。**

我想起已退伍的國家安全局副局長克里斯．英格利斯（Chris Inglis）曾說過的一句話：「如果我們要在網路戰爭中獲勝，像我們在足球比賽中那樣，但此刻時間只剩下二十分鐘，比數是四百六十二分比四百五十二分。換言之，我們只能夠進攻，不能光靠防守。」

六個月後，五角大廈決定再將一筆預算投入賞金計畫中——三千四百萬美元——相較於在攻擊上的花費，這筆用以防禦的金額實在不算什麼，但或許最後可以將比數拉近。

147 TADS為Trusted Aircraft Information Program Download Station的縮寫。

第十六章　走向黑暗

矽谷，加利福尼亞州

假如美國國家安全局刪掉那個笑臉符號，事情就會變得比較簡單。

二〇一三年的夏天，矽谷還忙著處理「稜鏡」帶來的餘波。史諾登外洩的文件檔案如此諷刺，矽谷各大企業疲於接聽記者和憤怒消費者的電話，並且被指責與國家安全局暗中勾結。然而那年十月，《華盛頓郵報》公布了史諾登最引人咒罵的祕密資料：根據那些最高機密的投影片顯示，國家安全局除了光明正大從各大企業索取資料——依法取得的企業客戶資料——之外，還偷偷拿走更大量的資料數據。

根據史諾登洩漏的文件檔案顯示，美國國家安全局及英國的政府通信總部在那些企業不知情或未表達願意合作的情況下，從那些企業網路的海底光纖電纜及交換機竊取資料。就政府機關的術語來說，這是以「逆流」（upstream）的方式搜集資料，而「稜鏡」那種搜集方式則稱為「順流」（downstream），也就是政府機關透過法院密令要求企業提供客戶的資料。根據美國國家安全局最高機密的投影片顯示，在雅虎、微軟、臉書和谷歌等公司不知情的情況下，國家安全局搜集了「四十四萬四千七百四十三份雅虎電子郵件的通訊錄、十萬五千零六十八份Hotmail通訊錄、八萬二千八百五十七份臉書通訊錄、三萬三千六百九十七份Gmail通訊錄，另外還有二萬二千八百八十一份來自其他系統。」

但這還不是最糟糕的。那些投影片顯示，美國國家安全局和英國政府通信總部直接駭入谷歌與雅虎的內部資料中心，在客戶資料加密之前就加以攔截，然後將資料移到開放的網路上。這在本質上就算是「中間人攻擊」。美國國家安全局與英國政府通信總部的這項攻擊任務的代號為「肌肉發達」（Muscular）。這顯示那些企業並不願意成為政府的幫凶。

「這為我們提供了線索，讓我們終於搞清楚發生了什麼事。」微軟公司的總裁布拉德・史密斯（Brad Smith）對《連線》雜誌[148]說。「我們一直聽聞國家安全局持有我們大量的資料，可是我們和其他同業明明只提供非常少量，因此不明白為什麼，如今終於有了非常合乎邏輯的解釋。」

就另一個層面來說，這也引發了科技公司和政府之間的全面加密戰爭。在十月外洩的文件檔案中，還包括一張國家安全局的分析人員在黃色便利貼上所畫的手繪圖，其中指出美國國家安全局和英國政府通信總部從哪裡竊取谷歌的資料。谷歌的資料要等到加密完成後才會上傳到網路，所以他們就趁著資料尚未加密之前動手。那張手繪圖上畫了兩朵雲，其中一朵標示著「谷歌雲端」，另一朵則標示為「公開網路」，而在那兩朵雲中間，某位國家安全局的分析人員畫了一個小小的笑臉，一個得意洋洋的表情符號！這個表情符號讓那些企業決心向政府開戰。

倘若沒有那個笑臉符號，矽谷可能只會把國家安全局的那些投影片當成某種說明書，解釋谷歌的資料如何從資料中心被移轉到公開網路上，然而那個分析人員所畫的笑臉表情符號顯示出國家安全局早已介入其中，這讓谷歌的外國客戶、倡議家及任何注重隱私權的人都深感絕望。無論矽谷那些公司的律師有沒有拒絕政府索取資料的密令，那個笑臉塗鴉都已經清楚表明：國家安全局什麼資料都拿得到。

148　《連線》（*Wired*）是在美國發行的月刊雜誌，報導科技對於文化、經濟及政治的影響。

谷歌的客戶資料分散於全球的谷歌前端伺服器（Google Front-End Servers），也就是那張手繪圖裡標示的「GFE」；某部分原因是為了速度，另一部分的原因則是為了安全考量。位於孟加拉的Gmail使用者在開啟谷歌的檔案時，不必等待資料從矽谷繞過大半個地球傳來，而且使用者的資料也不會受到區域性的自然災害或者當地傳輸中斷的影響。前端伺服器同時也是一種安全機制，可以偵測和阻擋拒絕服務攻擊（denial-of-service attack）。谷歌將使用者資料從這些前端伺服器送往公開網路之前會先加密，可是他們在公司內部的各個資料中心裡沒有為使用者資料加密。谷歌表示，他們接下來的長期計畫就是將在各個資料中心之間流動的資料加密。然而在史諾登事件發生之前，谷歌似乎認為替在自家資料中心之間流動的資料加密是沒必要又浪費錢的事。

國家安全局的駭客利用這種鬆懈的心態，駭入谷歌的伺服器，並存取他們想要的未加密資訊：Gmail的收件匣和訊息、谷歌地圖的搜尋與定位，以及行事曆和聯絡人。這在數位間諜行動中是一項壯舉，讓「稜鏡」和國家安全局正在吞噬全世界資料的其他行動都顯得多餘。

檯面上，谷歌表示他們感到「相當憤怒」。艾瑞克．史密特在接受《華爾街日報》訪問時表示：「國家安全局為了尋找幾個壞人，竟然大舉侵犯所有美國公民的隱私權。」檯面下，谷歌的資訊安全工程師們更是直截了當。一位名叫布蘭登．道尼（Brandon Downey）的谷歌安全工程師在他個人的Google Plus頁面上寫道：「去他媽的這些傢伙。」道尼和其他數百名谷歌工程師過去三年中，忙著阻擋中國攻擊谷歌的用戶，卻發現自己的政府也來攻擊他們。從道尼引用的《魔戒》的對白，可以了解矽谷的工程師如何看待這件事：「這種感覺就彷彿與索倫從戰地返回家鄉，明明好不容易摧毀了一枚魔戒，結果卻發現國家安全局在夏爾的入口砍倒了派對樹，並且派半獸人拿鞭子奴役所有的哈比人農夫。」他還補充一句：「美國政府不該是這個樣子。」

在蘇黎世，一位名叫邁克・赫恩（Mike Hearn）的英國谷歌工程師也出面呼應道尼：「製作那些投影片的傢伙，送你們一個大大的『去你媽的』。」

「繞過加密系統是違法的。訂定法規絕對不是毫無理由。」赫恩寫道：「但是英國政府通信總部或美國國家安全局沒有一個人站到法官面前，為這種涉及產業的顛覆司法行徑負責。」在沒有人出面負起責任的情況下，赫恩補充道：「因此，我們當網路工程師的人只能一直努力建構更加安全的軟體。」

「無意挑釁，但我的工作就是讓政府駭客難以執行任務。」六個月後艾瑞克・格羅斯這樣對我說。當時我們坐在谷歌總部，我不禁注意到格羅斯身後有一根巨大的棍子。他告訴我那是一根權杖，是他的工程師在笑臉符號曝光後不久送給他的，藉此向《魔戒》裡的巫師甘道夫手裡拿的魔杖致意。當甘道夫遇到邪惡的炎魔時，他以特殊的聲調吟詠道：「你不能通過！」如今艾瑞克・格羅斯就是矽谷的甘道夫，他站在谷歌的前端伺服器前，就像站在石橋上的甘道夫，寧願死去，也不讓世界各國的情報機關駭入谷歌的資料中心。

過去六個月，格羅斯和他的團隊修補了國家安全局駭入的每一道裂縫。格羅斯把谷歌各個資料中心之間尚未加密的環節稱為「盔甲上最後的縫隙」，他現在正在替那些內部資料加密。其他公司也紛紛仿效，改用更強的加密形式，稱為「完全前向加密」[149]，國家安全局將來進行資料解碼時得花費更多工夫。谷歌如今也在全世界海底鋪設自己的光纖電纜，並且加裝感應器，以隨時提醒他們海底下是否有人竊資。

「一開始，我們與那些老練的犯罪分子進行軍備競賽。」大衛・桑格和我在二〇一四年春天拜訪格羅

---

149 完全前向加密（Perfect Forward Secrecy）是密碼學中通訊協定的安全屬性，能夠保護以前的通訊內容，不因日後密碼或金鑰曝光而遭受威脅。

斯時，他對我們說：「接著我們必須與中國進行軍備競賽。現在，我們得與自己國家的政府進行軍備競賽。我願意在單純的網路防禦面向協助政府，但不包含信號攔截。」

谷歌核對完清單上的所有項目之後，向客戶推出一種容易使用的全新電子郵件加密工具，而且還在程式碼中偷藏一個眨眼睛的笑臉符號;-)。

儘管如此，在面對國家的零時差攻擊時，加密功能其實發揮不了什麼保護作用，這就是零時差厲害的地方。好的零時差能穿透全世界的加密工具，讓你進入目標的電腦，裡面的一切都是尚未加密的狀態。想要破解這些終點必須耗費更多時間，難度也比較高。不過，史諾登表示，這就是他最初將國家安全局機密外洩的目的。他希望自己洩密的舉動能促使政府放棄大規模的監視，轉向更具有針對性、更符合憲法規範的情報搜集形式。

根據我訪問過的幾位政府分析人員，程式錯誤賞金計畫已經達成基本目標，使得國家更難破解每個平台，但是難度只有增加一點點。因此，二〇一四年谷歌的工程師開會決定，將計畫提升至另一個層次。克里斯·埃文斯（Chris Evans）是一個眼神嚴肅、下巴方正的英國資訊安全工程師，他知道光封鎖谷歌公司的內部資料還不夠，因為谷歌主要商品（例如Chrome瀏覽器）的安全與否，仍有賴第三方程式碼（例如Adobe Flash、防毒軟體，以及視窗、Mac和Linux等操作系統的元素）的安全性。攻擊者總是瞄準最弱的一環進攻，如果不解決其他系統的缺陷，一切都將只是白費工夫。埃文斯對於資訊安全的問題十分火大，他是一個溫和的人，可是每當他發現Adobe Flash的某個零時差漏洞被用來追蹤敘利亞公民與自由鬥士時，整個人就會氣炸。自從極光攻擊事件發生以來，他便一直以電子試算表記錄每一個最新發現的零時差，並且注記該漏洞是否被用來對付敘利亞公民、異議分子及航太業者。他對於那些修補零時差漏洞拖拖拉拉、將人們置於風險而不顧的公司企業毫不寬容。「我完全無法接受。」他告訴我。

埃文斯在谷歌裡偷偷開始招募菁英駭客來挑戰國際網路武器市場。二〇一四年八月，他召集了公司裡最優秀的駭客到加州太浩湖的一間小屋，問他們一個簡單問題：「我們能夠做些什麼，才能使零時差漏洞利用變得困難？」並非所有漏洞都一樣，有些漏洞會造成非常嚴重的傷害。賞金計畫是朝著正確方向踏出的一步，但是該計畫是自由參加。如果谷歌動員一個團隊，專門針對策略性的目標（像是高壓政權用來攻擊自己人民的Adobe Flash軟體、防毒軟體，以及可觸及到手機、筆記型電腦、資料中心和超級電腦的Java程式碼，甚至網際網路）來執行賞金計畫呢？零點、NSO Group和其他公司現在願意支付最高金額購買的iPhone與安卓越獄程式，但這有賴一連串零時差漏洞才能運作。只要能讓那一連串漏洞當中的任何一個失效，就有機會破壞間諜的入侵工具，或者至少讓間諜的陰謀倒退幾個月、甚至幾年。隨著零時差的價格不斷上漲，針對攻擊方式的研究也以驚人的速度地下化。假如能讓那些藏在地下的研究浮出檯面，只要發現一個程式錯誤，就能找出更多程式錯誤。如果谷歌將自己的研究公開，或許就能因此激勵其他防禦者找出其餘的程式錯誤。這種情形以前也發生過。於是，在那個週末結束前，埃文斯的這項任務已經有了一個名稱：「零計畫」（Project Zero），同時還有一個明確的目標：要讓重大的程式錯誤完全消失。

零計畫剛開始招募的新人包括一位來自紐西蘭的大肌肉橄欖球運動員，名叫班・霍克斯（Ben Hawkes），專精於Adobe Flash和微軟的零時差；一位名叫塔維斯・奧曼迪（Tavis Ormandy）的英國研究人員，他是世界上最高明的程式錯誤獵人之一；一個綽號為Geohot的天才駭客，他曾駭入索尼公司，並且開發出第一個iPhone越獄程式（執法機關現在對這個越獄程式垂涎三尺）；一位名叫伊恩・比爾（Ian Beer）的英國研究人員，曾連續阻斷數十種蘋果iOS系統的漏洞，其中包括中國駭客用來監視維吾爾人的漏洞利用程式（那些漏洞利用程式在地下市場價值數千萬美元）。零計畫的研究人員立刻在蘋果的Safari

瀏覽器中發現了重大的零時差漏洞，以及一些信譽最好的資訊安全產品的設計缺陷，還有電腦設備上，能夠讓間諜完全控制使用視窗系統的微軟零時差。零計畫的任務既贏得讚美也受到批評，尤其是來自微軟的批評。微軟指責他們在修補程式問世之前就先讓程式錯誤曝光。零計畫的團隊給供應商九十天的時間設計修補程式，九十天之後，他們就會把那些程式錯誤丟到網路上，一部分的目的是要逼供應商加快動作。

零計畫的研究團隊也因為可能導致間諜更容易駭入軟體而被譴責：供應商認為，零計畫的研究人員公開他們的作品，尤其在修補程式推出之前就急著發表，可能會讓各國NSO Group之類的團體有機可乘，利用空檔時間搞鬼。根據資料顯示，零時差漏洞只要一公開就會馬上被大量利用。供應商忙著推出修補程式，客戶則急著想安裝修補程式。在這個過程中，一位開發人員將NSO Group稱為「零計畫的『商業部門』」。可是零計畫團隊的另一種選擇——保持沉默不公開研究成果——對於資訊安全提升的長期發展沒有任何幫助。

零計畫團隊宣揚其工作成果，其實還有另外一個好處：他們向抱持懷疑心態的客戶與政府發出一項訊息（尤其是對那些認為谷歌公司是國家安全局監視行動共謀者的人）：谷歌非常認真看待資訊安全問題。此次曝光也有助於吸引全球頂尖的漏洞利用程式開發人員開始進行防禦工作。班．霍克斯招募的第一批新人當中，有一名二十一歲的韓國駭客李政勳（Jung Hoon Lee），化名為洛基哈特（Lokihardt），那年在溫哥華舉行的Pwn2Own大賽上吸引了漏洞利用程式仲介商和谷歌的注意。洛基哈特被保鏢、翻譯人員和一群戴著帽子與墨鏡的駭客包圍著，在短短幾分鐘內就摧毀了Chrome、Safari和微軟最新的視窗軟體，我看到零點的貝克拉都快流口水了。幾個月後，洛基哈特加入了零計畫，負責消滅貝克拉和其公司願意支付最高金額購買的程式錯誤。那年貝克拉在會議上對我說，洛基哈特是他這麼多年來所見過最優秀的駭客，如今這兩人正為了相反的目標而努力。

接下來的幾年，零計畫共找出超過一千六百個重大的程式錯誤，這些程式錯誤不僅出現在世界上最具針對性的軟體和資訊安全工具中，也出現在世界上幾乎每一台電腦的英特爾晶片裡。零計畫的研究人員消滅了整批程式錯誤，讓間諜更難以竊取資料。

「間諜組織不會跑出來大喊：『你們毀掉了我的零時差！』」格羅斯對我說。「但有趣的是，我們已經讓他們的工作變得愈來愈困難，這點讓我很開心。」

提姆．庫克[150]接到了來自全球各地的信件，包括巴西、中國和他的家鄉阿拉巴馬州。他在二〇一三年和二〇一四年收到德國人寄來的信件數量比他在蘋果公司工作十七年收到的還多。那些來信的內容不僅充滿戲劇性和情緒，同時也發自內心。德國人經歷過被史塔西監視的日子，當時所有的工作地點、大學院校和公共場所都受到士兵、分析人員、迷你攝影機和麥克風的監控，目的是為了根除「顛覆分子」。六十五年後，東德過往的恐怖體驗再度變得真實。

「這是我們的歷史，」他們在寫給庫克的信中表示：「這就是隱私權對我們的意義。你明白嗎？」

庫克個人也非常注重隱私。他在保守的阿拉巴馬州長大，始終隱藏著自己的同志身分，直到二〇一四年，史諾登洩密事件的隔年，他才公開出櫃。在阿拉巴馬州，他永遠無法忘懷的童年記憶，是看著三K黨徒在一個黑人鄰居家的草坪上焚燒十字架，一邊還唱著充滿種族歧視的歌曲。庫克對著那些人大叫，要他們停止，然而當其中一人脫掉白色頭罩時，庫克發現對方竟是當地教會的執事。公民自由對庫克而言是非常緊迫的議題，因此他將史諾登的洩密事件當成是對他個人的侮辱。庫克認為沒有比隱私權更珍貴的東

150 提姆．庫克（Tim Cook）是蘋果公司現任執行長。

西，他眼睜睜看著矽谷的新公司和初創企業一點一滴侵蝕隱私權，擔心歐威爾主義[151]的未來即將來臨。蘋果有點像是矽谷地區一個不受重視的怪孩子，他們販售實體商品——手機、平板電腦、手錶和電腦——而非數據資料，而且不靠追蹤購買紀錄或搜尋紀錄或定向廣告賺錢。我們某次開會時，庫克對我說，這正是他認為蘋果公司最具價值的優點。他覺得那些寫信給他的人都明白他的感覺。

因此，二〇一三年八月，歐巴馬總統邀請庫克和AT&T執行長藍道爾．史帝文森（Randall Stephenson）、網路先驅之一的文頓．瑟夫[152]以及公民自由活動人士到白宮討論史諾登洩密事件所造成的附帶損害，庫克便帶著那些信件赴會。那個時候，各家公司都在加速進行對客戶資料的長期加密計畫，可是華盛頓特區（尤其是聯邦調查局），卻擔心如此一來，情況不僅會「變得黑暗」，還會變得盲目。

在那場祕密會議中，歐巴馬總統表示有充分理由必須採取一種平衡隱私權和國家安全的方法。庫克專心地聆聽著，等到輪他發言時，他分享了他從蘋果的海外用戶那裡聽到的回應。他告訴歐巴馬總統，現在人們對於美國的科技公司有很深的疑慮，美國已經失去了公民自由的光環，可能要好幾十年才能夠再讓人們重拾對美國的信心。就他看來，大規模監視是公民自由的噩夢，更別說這絕非生意之道。隱私權是人民的基本權利，如果美國的企業無力保障人民的隱私，就別想繼續在美國混下去了。因此庫克告訴美國政府：蘋果公司將對該公司所有的資料嚴以加密。

一年後，二〇一四年九月，庫克在位於庫比蒂諾的蘋果公司總部發表全新的iPhone 6，該款式是後史諾登時代的新手機，為「iPhone史上最大的進步」。從那款手機開始，**蘋果將自動為手機裡的一切加密——訊息、通話紀錄、照片、聯絡人**。這套加密系統採用複雜的數學演算法，是使用手機用戶自己獨特的密碼來解開手機上更大型的金鑰，蘋果公司不再持有客戶資料的備用金鑰，而是將唯一的密鑰交給使用者。如果政府想要存取蘋果客戶的資料，只能直接去詢問用戶。

那個時候，如果政府需要蘋果公司幫助解鎖iPhone，必須親自飛往庫比蒂諾，將手機帶到一個安全的機密隔間資訊設施（SCIF），那裡會有值得信賴的蘋果工程師負責解鎖。這趟旅程有時候會得到可笑的結果，有個例子是某個外國政府送來一支iPhone，由一名政府人員包下專機一路護送至庫比蒂諾，並進入機密隔間資訊設施，結果從蘋果的工程師那裡得知，那支手機的主人根本沒有設定密碼。現在，蘋果公司已經明確告知政府：沒有必要再飛往庫比蒂諾了，因為蘋果沒有辦法解鎖iPhone，就算他們想解鎖也不行。

盲猜密碼或「野蠻地強行輸入」密碼也沒用，蘋果新的iOS系統有附加的安全功能，假如有人連續輸入十次不正確的密碼，該功能就會清除該手機的硬碟資料。

我問蘋果的工程師他們認為接下來會發生什麼事。「唯一的驚喜，就是政府會訝異我們竟然這麼做。」他們告訴我：「但這本來就是我們的使命。」

聯邦調查局因此失去了理智。相較於國家安全局和中央情報局的攔截外國通訊工具，聯邦調查局手邊很少駭入手機的工具，這導致聯邦調查局和另外兩個情報機構之間長期的緊張關係，因為另外兩個情報機構藏有最好的人才與工具。蘋果公司推出先進加密技術的時間點，正好碰上新的恐怖主義威脅。伊斯蘭國很快就在暴力、殘忍、觸及範圍與招募等各方面超越之前的蓋達組織，成為世界上最有名的聖戰團體。伊

151 歐威爾主義（Orwellism）來自英國左翼作家喬治．歐威爾，指現代專制政權藉著嚴格執行政治宣傳與監視來控制社會。

152 文頓．瑟夫（Vinton Cerf）為美國網際網路先驅，被公認為「網際網路之父」之一。

斯蘭國愈來愈常藏身於加密應用程式中，並且利用社交媒體在歐洲、英國和美國協調攻擊活動與招募認同他們的人。

接下來幾個星期，當時的聯邦調查局局長詹姆斯．科米展開了一趟「走向黑暗」（Going Dark）之旅。「這個國家沒有人不受法律規範。」科米在蘋果公司發表iPhone 6的一個星期後在聯邦調查局的總部對記者說：「竟然有人會販售永遠無法打開的衣櫃——即便那個衣櫃可能藏有綁架兒童的犯人。而且就算法院下令，也不將衣櫃打開。我覺得這根本毫無道理。」

科米去上《六十分鐘》節目[153]，並且在布魯金斯學會[154]長達一小時的演說中告訴觀眾，「後史諾登時代的鐘擺」已經「搖晃得太遠」，並直指蘋果公司的全新加密系統「將威脅我們走向一個非常黑暗的地方」。

科米提出的論點基本上與白宮二十年前提出的相同。當時有個名叫菲爾．齊默爾曼（Phil Zimmermann）的程式設計師向社會大眾發表了一種名為「優良保密協定」[155]的加密程式，透過端點到端點的加密，通訊會變得更容易。那種加密軟體會弄亂訊息，只有寄件人和收件人能夠破解。政府擔心「優良保密協定」軟體會讓他們無法進行監視，因此提出一種名為「剪刀晶片」（Clipper Chip）的軟體後門程式，以利執法單位和資訊安全機關存取資訊。然而「剪刀晶片」引起許多反彈，而且那些人同一個鼻孔出氣，實在讓人無法想像，其中包括密蘇里州的共和黨參議員約翰．阿什克羅夫特[156]、麻薩諸塞州的民主黨參議員約翰．凱瑞[157]、電視福音傳道人帕特．羅伯遜[158]、矽谷的企業高層主管，以及美國公民自由聯盟[159]。那些人都認為「剪刀晶片」不僅違反憲法第四條修正案[160]，還會扼殺美國的全球科技優勢。到了一九九六年，白宮終於打退堂鼓。

每次一有新的加密技術問世，政府都會感到焦慮。當齊默爾曼於二〇一一年推出Zfone時，國家安全局的分析人員在一封標題為「事情可能不妙」（This can't be good）的電子郵件中分享了這個消息。Zfone

的開發後來停滯不前，但是蘋果的新款iPhone及其iOS系統在本質上就是後史諾登時代的Zfone。政府無法取得的資料量以幾何級數倍增。二〇一四年年底，聯邦調查局和司法部已經準備在法庭上與蘋果對質，只等待合適的機會出現。

一年後，兩名槍手賽義德・里茲萬・法魯克（Syed Rizwan Farook）和塔什芬・馬利克（Tashfeen Malik）手持突擊步槍和半自動手槍，在加州聖貝納迪諾市衛生局舉辦的節日派對上開槍射擊，造成十四人死亡，二十二人受傷，隨後逃離現場。四個小時後，他們在槍戰中喪生，只留下三枚尚未引爆的鋼管炸彈、一篇馬利克公開表示自己效忠伊斯蘭國的臉書貼文，以及法魯克上了鎖的iPhone。科米的機會終於來了。

153 《六十分鐘》（*60 Minutes*）是美國的新聞雜誌節目，由哥倫比亞廣播公司（CBS）製作並播出，自一九六八年開播至今。

154 布魯金斯學會（Brookings Institution）是美國著名的智庫之一，主要研究經濟發展、都市政策、政府與外交政策及全球發展等議題，總部位於華盛頓特區。

155 優良保密協定（Pretty Good Privacy）是用於訊息加密與驗證的應用程式，主要開發者是菲爾・齊默爾曼，於一九九一年在網際網路上免費公布。

156 約翰・阿什克羅夫特（John Ashcroft）為美國共和黨政治家，曾任密蘇里州州長、美國參議員和美國司法部長。

157 約翰・凱瑞（John Kerry）是美國民主黨政治人物，現任美國總統氣候特使，曾任第六十八任美國國務卿、麻薩諸塞州聯邦參議員、參議院外交委員會主席。

158 帕特・羅伯遜（Pat Robertson）是美國傳媒大亨及電視傳道人。

159 美國公民自由聯盟（American Civil Liberties Union, ACLU）是美國的大型非營利組織，總部設於紐約市，目的是捍衛和維護美國憲法和其他法律賦予每位美國公民應該享有的個人權利與自由。

160 美利堅合眾國憲法第四條修正案（Fourth Amendment to the United States Constitution）是美國權利法案的一部分，旨在禁止無理之搜查與扣押，並要求搜查與扣押狀的發出必須有相當的理由支持。

那場槍擊案發生後四個月，我去參加一場在邁阿密舉行的網路武器市集。沒人希望我參加，主辦單位甚至試圖取消對我的邀約，兩次。他們告訴我，問題出在我寫的書，與會人士都不希望和我的書扯上任何關係。「請妳不要來。」他們說：「妳在這裡不受歡迎，請待在家裡。」我告訴他們我已經買了機票，因此無論他們希不希望我前往，我都一定會出現，他們才終於打消念頭。然而當我抵達這個位於遼闊草原而且可以俯瞰邁阿密海灘的會場入口時，除了看到一份列有頂尖駭客、間諜和數位武器開發人員的簡短受邀名單之外，還有一個主辦單位特別為我準備的東西：發亮的螢光棒。

「拿去，把這個戴在脖子上。」一個坐在楓丹白露酒店簽到處的彪形大漢對我說。他所謂的「這個」是個會發亮的綠色螢光棒，用來提醒現場每個人我是記者，是賤民階級，是大家應該迴避的女人。我對那個人露出一種「這很不好笑」的表情，但他只幽幽地對我說：「妳應該慶幸自己運氣夠好，因為我們本來考慮讓妳在脖子上戴一顆超大的氦氣氣球。」

多年來我經常與重視小祕密的駭客、聯邦探員和承包商交手，所以早就習慣了這種待遇。我知道這是他們允許我進入這個網路武器市集的唯一方法，而我到這裡來尋找我想找的人，只得乖乖遵守他們的規則。即使這意味著我必須把這種有辱人格的派對道具套在脖子上。

於是，我照著他們的遊戲規則，把螢光棒戴在脖子上，迎接邁阿密的熱浪，往東走向雷雲聚集於大西洋上空的海平線那頭，加入兩百多名世界頂尖駭客、網路武器仲介商、聯邦探員與間諜的聚會。我用眼角小心觀察會議主辦人啜飲他們的琴湯尼和薄荷莫希托，等到他們喝得夠醉，我就可以拿掉這個該死的螢光色狗項圈。我告訴自己，這是我的最後一站，聯邦調查局那個 iPhone 駭客肯定就在這裡。

幾個月來，司法部一直在法庭上向蘋果公司施壓，逼迫蘋果幫助他們繞過無懈可擊的加密系統，以利聯邦調查局檢查四個月前聖貝納迪諾恐怖攻擊事件中，那名槍手法魯克所使用的iPhone。這是聯邦調查局在失去理智之前的最後一次嘗試。

對聯邦調查局而言，聖貝納迪諾攻擊事件是完美的藉口：兩名認同伊斯蘭國的人在美國本土發動攻擊，而且兩人都小心翼翼地掩蓋自己的數位足跡。他們刪除了所有的電子郵件，毀掉電腦硬碟和個人手機，並且改用拋棄式手機。留下的只有馬利克的臉書發文，她在貼文中宣誓效忠伊斯蘭國，還有法魯克在工作時使用的iPhone。如果聯邦調查局能夠解鎖那支手機，就有機會找到重要的證據，例如法魯克在攻擊事件發生前的GPS定位，或者他與任何一名同夥的最後通訊，抑或其他在美國本土的伊斯蘭國恐怖分子下一次的攻擊計畫。法魯克沒有將他的資料備份到iCloud，否則聯邦調查局就能夠了解他手機裡的內容。要知道他手機裡有些什麼，唯一的方法就是迫使蘋果公司將其解鎖。假如蘋果公司拒絕，政府可以主張該公司為恐怖分子提供避風港，進而在法律層面獲得勝利。聯邦調查局相信他們還有其他有利的論點：由於法魯克已死，因此不適用憲法第四條修正案。另外就技術上而言，那支手機並不屬於法魯克，而是屬於法魯克的雇主——縣政府。縣政府同意讓聯邦調查局進行搜查。

六個星期以來，司法部一直試圖說服某位法官強迫蘋果公司收回其安全機制，可是蘋果公司不為所動。科米曾經親自要求蘋果公司編寫新的軟體，好讓聯邦調查局繞過蘋果的全新加密機制。儘管科米表示聯邦調查局會審慎使用這個軟體，但是很顯然地，政府是打算讓「剪刀晶片」重出江湖。駭客和支持隱私權的倡儀家為聯邦調查局要求蘋果公司所做的事創造了一個名稱：「政府作業系統」（Government OS）。這種要求不僅會降低蘋果用戶的安全性，而且可能會破壞蘋果公司在其最大市場中國及其他無數希望蘋果加強防範美國間諜之國家的市占率，例如德國和巴西。

假如蘋果公司選擇有條件投降，很可能會開創危險的先例，因為如果北京、莫斯科、安卡拉、利雅德、開羅，以及與蘋果公司有生意往來的各個國家也提出降低軟體安全性和安裝軟體後門的類似要求，蘋果就必須答應。與蘋果公司有生意往來的國家包括世界上大部分的地區，只有少數國家因為美國的貿易制裁而不在名單上，例如伊朗、敘利亞、北韓、古巴，而且數量正持續減少。如果蘋果只答應美國官員的要求，但拒絕提供外國官員相同的存取權限，他們未來將會失去超過四分之一的收入，將生意拱手讓給國外的競爭對手。

另外還要考慮公司名聲的問題。蘋果拒絕聯邦調查局的要求之後，這個品牌成了美國財力最雄厚的民權組織，同時也是數位時代保障某種程度之隱私權的最後一道防線。倘若就連美國最富裕的公司都無法勇敢地與一個民主政府對抗，誰還能有機會？在這個故事中，庫克成了「隱私權先生」（Mr. Privacy），是全球的人權鬥士，因此他絕對不會屈服。庫克在蘋果網站上發表一封有一千一百個字的信件，清楚告訴他們的客戶他的理念。

「政府的這項要求令人害怕，」庫克寫道：「我們擔心這項要求到最後會破壞美國政府應該保護的獨立自主和自由。」

庫克邀請我的同事大衛．桑格和我到舊金山皇宮酒店進行會談，親自向我們陳述他的觀點。「政府的論點是，希望我們為『好人』置入一個漏洞利用程式，但這實在太奇怪了。這從一開始就是個有問題的論點。」庫克對我們說：「現在是全球化的市場，聯邦調查局應該去問問世界各國的政府：假如蘋果公司按照美國聯邦調查局的建議做出一些改變，比方說安裝一個軟體後門、一把密鑰、一根魔杖，好讓聯邦調查局可以自由進入蘋果的軟體，其他各國會有什麼想法？他們要取得資訊的唯一方式——至少就目前為止我們所知的唯一方式——是我們必須編寫一個我們認為相當於癌症的軟體。這將會導致世界變得更糟，但我們不想參與任何會導致世界變得更糟的事。」

庫克的情緒相當激動。「你人生中最私密的事情都在這支手機上。」他拿起他的iPhone說：「你的醫療紀錄、你傳給伴侶的簡訊、你一天之中每個時段的動態。這些資訊是你私人的，而我的工作就是確保這些資訊只讓你私人保有。如果你重視公民自由權，你就不會想要破壞這一切。」

庫克還有另一個堅實的論點：就算蘋果答應了政府的要求，就算蘋果為這個案子編寫了一個軟體後門，這個軟體後門也將會變成每一個駭客、網路罪犯分子、恐怖分子和世界上各國家的目標。如果美國政府連自己的資料都保護不了，又怎能確保蘋果的軟體後門安全無虞？美國人事管理局的入侵事件仍讓庫克記憶猶新：政府讓最應該受保護的私人資料外洩，包括社會安全碼、指紋、醫療紀錄、財務往來紀錄、住家地址，以及過去十五年來接受過背景調查的每個美國人的機密事項，其中包括科米以及司法部和白宮最高階層官員的資料。倘若他們連自己的資料都無法確保安全，誰能指望他們保護蘋果的軟體後門？

蘋果公司和美國司法部在這場全美關注的法庭糾紛中來回過招，從美國總統到愛德華．史諾登到喜劇演員約翰．奧利佛[161]，每個人都參與其中。根據民調顯示，美國人民對這個案子的意見各有不同，但是幾乎都愈來愈傾向支持蘋果公司。

就連聖貝納迪諾槍擊事件中某位罹難者的母親卡蘿．亞當斯（Carole Adams），也公開向蘋果公司表達支持之意。她認為聯邦調查局的要求不值得讓蘋果公司冒險破壞隱私權，任何人都沒有權利探查殺害她兒子的凶手。

「我認為蘋果公司絕對有權保護每一個美國人的隱私。」她告訴記者：「這就是美國能夠如此偉大的原因。」

---

161 約翰．奧利佛（John Oliver）是英國喜劇演員、政治評論員、諷刺作家、影視演員和節目主持人，目前主要在美國發展。

雖然聯邦調查局在公眾輿論上落敗，這個案子最終還是得由法官裁決。蘋果公司已經明確表示會一路上訴至最高法院，但是在我飛往邁阿密的前一個星期，情況出現了轉折。司法部在沒有預警的情況下撤回這個案件，並告訴法官，他們已經找到另一種方式來取得法魯克的資料，因此不再需要蘋果公司的協助。身分不詳的駭客主動找上聯邦調查局，提供他們另一種駭入iPhone的方法，讓美國政府得以繞過蘋果公司的加密技術，直接存取法魯克的iPhone資料——這種方法也是零時差漏洞攻擊的一種。

或許最令人意外的是，科米承認，聯邦調查局付給這些神祕駭客的報酬金額超過他未來所剩七年多任期的年薪。記者和其他駭客計算之後，發現聯邦調查局等於公開承認他們向駭客支付一百三十萬美元以繞過蘋果公司的安全系統。聯邦調查局宣稱他們不清楚駭客使用什麼樣的漏洞，也不打算幫助蘋果修補這個漏洞。

這是有史以來美國政府第一次公開承認他們支付高額報酬，請私人駭客入侵廣泛使用的科技軟體。

「與這場訴訟有關的所有爭議，以一種奇怪的方式促使某種市場誕生。可是在此之前，對於嘗試駭入iPhone的人而言，那個市場根本不存在。」那年四月，科米告訴他的聽眾。這二十年來，網路武器市場一直在暗處交易，如今社會大眾終於可以透過第一扇窗去了解駭客、情報機構與日益成長的首都環線軍隊在過去二十年來所熟知的一切。民眾對此非常憤怒，然而這些對我而言早就不是新聞。我追蹤政府的網路武器市場已經很多年了，從蘇茲伯格的儲藏室，一直到我此刻在邁阿密海灘戴著綠色螢光項圈參加的晚會，可是仍然有許多未能得到答案的問題，其中包括：**讓聯邦調查局支付上百萬美元的駭客到底是誰？**

那個人很可能就站在我的面前。

這場網路武器市集有個基本規則：沒有名牌，只有代表不同身分的各色手環：黑色是演講者，紅色是聽眾。至於像我這種身分，顯然就是綠色螢光棒。二百五十名出席者，包括駭客、間諜和外國傭兵，名單是保密的，主辦單位提醒我們：如果你不認識與你聊天的對象，也不能探問對方的身分。

我馬上就找出了國家安全局的駭客代表團，因為他們很容易辨識：二、三十歲的年輕男性，皮膚蒼白，大部分都是獨自一人。至於在吧台喝著琴湯寧的則是英國政府通信總部的駭客。首都環線軍團也來了。有個名叫彼特（Pete）的好好先生（我不知道他姓什麼），在「華盛頓特區外圍的一家小公司」上班，他主動表示要幫我拿杯酒。另外還有「位元蹤跡」（Trail of Bits）、「出埃及記情報站」、國家安全局前駭客戴維·艾特爾創立的「免疫力」等漏洞利用程式開發商也出席了。戴維·艾特爾經常舉辦研討會，而且樂於培訓願意出錢學習網路攻擊這門黑暗藝術的各國政府。這裡還有來自法國、德國、義大利、馬來西亞與芬蘭的「資訊安全專家」。一位國家安全局的前分析人員告訴我，這些人的公司都是中間人，打算為他們的政府購買漏洞利用程式，然後帶回他們的國家。一群阿根廷的漏洞利用程式開發人員也在這裡。

我向前美國海軍陸戰隊偵察隊隊長奈特·菲克（Nate Fick）打招呼。當他在達特茅斯學院[162]的大學同學紛紛前往華爾街工作時，他選擇到伊拉克和阿富汗服役。他在學校主修古典文學，不像一般在好萊塢電影中會看見的那種睪丸激素發達的軍人。他深思熟慮的性格就像HBO迷你劇集《殺戮一代》[163]最理想的男主角人選。風險資本家認為，他這種特質很適合負責將備受爭議、人稱「駭客黑水」的承包商「殘局」改頭換面。

162　達特茅斯學院（Dartmouth College）是位於美國東北部新罕布夏州的一所私立大學，為常春藤聯盟成員。

163　《殺戮一代》（*Generation Kill*）是美國HBO電視網製作的電視迷你劇，改編自戰地記者埃文·萊特（Evan Wright）撰寫的同名小說，共七集。

菲克於二〇一二年接任殘局的執行長時，他們販售給政府的漏洞利用程式和網路攻擊工具都是以不好的字眼命名。該公司的主要產品「骨鋸」（Bonesaw）可以找出敵人所仰賴的軟體，並列出能駭入那些軟體的所有方法，再加以過濾。該公司牆上掛著一把美國內戰時期遺留下來的骨鋸，上面有開發這種軟體的團隊成員簽名。「了解你的敵人有兩種方法：一種是閱讀與他們有關的白皮書，另一種則是**變成**他們的一員。」菲克告訴我。

殘局讓美國變成反派，可是菲克始終不認可漏洞利用程式的下流元素和多變性。「漏洞利用程式也許適合某個住在父母家地下室的羅馬尼亞年輕人，但不適合風險投資公司金援的公司。」菲克告訴我。因此在菲克接手該公司之後，他將那把骨鋸從牆上拿下來，並且要求殘局放棄以漏洞利用程式進行攻擊，將業務調整為防禦方向，並開始鼓吹網路規範。然而礙於周遭的大環境，他的做法讓他與大家格格不入。

新加坡有一家名為COSEINC的漏洞利用程式公司，其創辦人是湯瑪斯．林，個性友善。COSEINC仲介的漏洞利用程式客戶名單上有一百個國家——而且數目持續增加中。這些國家也想要玩利用網路的遊戲，可是還不具備五眼聯盟、俄羅斯、中國或以色列等國的程式編碼技術或漏洞利用程式開發人才。

以色列人則是已經全面出擊。一家名為Cellebrite的以色列公司被美國聯邦調查局鎖定為iPhone越獄攻擊案的主要嫌犯，因為Cellebrite專精於破解iPhone和安卓的加密系統。Cellebrite在一個巧妙的時間公開發表其iPhone破解軟體——就在聯邦調查局透露，有人幫助他們破解法魯克iPhone的那個星期。一家以色列報紙報導美國聯邦調查局與Cellebrite簽訂了一份價值一萬五千二百七十八美元又二美分的合約，簽約日期就是聯邦調查局通知法官他們有新管道的那天。各家媒體紛紛致電Cellebrite或者在他們的推特上提出問題，要他們證實那篇報導的真實性，然而Cellebrite的以色列駭客只在推特上表示「無可奉告」，但附上一個眨眼睛的表情符號。據我所知，Cellebrite是聯邦調查局同謀的消息，其實就是從Cellebrite傳出來的，這是他們宣傳其最新手機破解服務的行銷策略。就這件事的背景而言，政府方面堅決否認Cellebrite與他們有任何關係。我們很難釐清真相，但一萬五千二百七十八美元又二美分與一百三十萬美元確實有很大的差距。

接下來兩天，我就在這個駭客競賽場與楓丹白露酒店四處遊蕩。白天我看著駭客攻擊蘋果與Java軟體，然後他們一面喝著雞尾酒，一面向人解釋如何從米德堡的停車場改造社交軟體Tinder，然後鎖定國家安全局間諜的所在位置。我試著向沒有把我攆走的每一個人打探聯邦調查局iPhone駭客的情報，可是一無所獲。因為就算那些駭客就站在我旁邊，他們也不可能違反金額高達一百三十萬美元的合約保密協定。**該死的臭鮭魚。**

網路武器市場亂得不合邏輯，世界各地的駭客都隨意與那些使用數位間諜工具及數位戰爭工具侵害自己人民的國家做生意，那些國家在不久之後就會（說不定早就已經）來侵犯我們。加密只能增加一點阻礙，並且加速競爭。這個市場正向全世界各個角落伸展，零時差的價格只會不斷上漲，風險只會不斷增加，但是沒人願意談論這件事，或者考量這對於我們的防禦有什麼影響。這個市場沒有規範。起碼沒有人能夠清楚說出任何規範。在這樣的虛無之中，我們只能建立自己的規範，但我知道我們並不想倚賴那些規範，因為到頭來敵人會把那些規範拿來對付我們，這將是無可避免的結果。

我在邁阿密的那三天，一直沒找到聯邦調查局的iPhone駭客。

有時候，有趣的線索會帶你走上意外的道路。離開邁阿密兩個月之後，有天來到紐約韋弗利飯店擠滿人潮的酒吧。我的一位朋友剛完成一本關於暗黑網路的書籍，因此我們到那家酒吧慶祝，當天出席的人還有出版社的經紀人、知名媒體工作者，以及書中提到的某位聯邦探員的同事們。我向那些聯邦探員自我介紹，一邊喝著雞尾酒一邊聊天。我告訴他們，我還在找他們那位iPhone駭客。

「噢，他早就離開了，」一位特務人員告訴我：「他辭職了，跑去阿帕拉契小徑[164]健行。」

那位特務人員不願意告訴我那個人的名字，但是明白地對我說：他不是以色列人，而且從來不曾在Cellebrite工作過，他只是一個受雇兼差的美國駭客。我在邁阿密尋找他的那段期間，他刻意遠離輸電網路，還跑到喬治亞州和緬因州之間的某個地方離群索居。

---

164 阿帕拉契小徑（Appalachian Trail）是美國東部著名的徒步路徑，包括八個國家森林和兩座國家公園，全長約三千五百公里（約兩千兩百英里）。

第六部

龍捲風

原子能的釋放改變了一切，唯一沒有改變的是人的思維……這個問題能否解決，關鍵在於人心。早知道是這樣，我寧願當鐘錶匠。

——愛因斯坦

第十七章 網界高卓人

布宜諾斯艾利斯，阿根廷

我們的計程車闖了紅燈，還把一輛客車的保險桿撞下來。我以為司機會停車查看，確認客車的駕駛有沒有事，沒想到他面不改色，反而猛踩油門，驚險地閃過另一輛客車，再避開地面上如小騾子般大小的坑窪，在布宜諾斯艾利斯早晨尖峰時段的車流中穿梭。

我嚇呆了。我的同伴看了我一眼，笑出聲來。

「這就是阿根廷會有這麼多駭客的原因啊。」西薩・瑟魯多對我說：「想要事情有進展，就要在體制裡鑽來鑽去，妳看！」

他指著路上另外六、七輛被撞得破爛凹陷的車子，保險桿幾乎都是用膠帶或鐵線勉強固定住，這些駕駛簡直是拚命三郎。這時，西薩和司機都看著我大笑。

「Atado con alambre！」司機附和道。

這是我接下來一個星期不斷重複聽到的三個字：atado con alambre，是一句阿根廷俚語，意思是「鐵線綁一綁」，代表當地人一種馬蓋先式的精神，總是用一點點資源做很多事。這也是阿根廷駭客常掛在嘴邊的一句話。

多年來，我聽過漏洞市場好些最厲害的程式，都是來自阿根廷。雖然我在邁阿密、拉斯維加斯、溫哥華採訪，都遇到阿根廷人，但我還是很難接受這個說法。於是，二〇一五年末，我啟程南下，跟南半球的漏洞利用程式開發者見面，順便看看世界已經變成什麼樣子。

阿根廷的科技感覺很落後，尤其跟矽谷的標準比起來，更顯古老。由於政府「禁止酷炫的東西進口」（套用駭客的說法），因此高畫質電視比原價貴一倍，而且要等六個月才會到貨。亞馬遜在阿根廷還沒辦法提供戶對戶送貨服務，苟延殘喘的黑莓機在這裡市占率比蘋果手機還高，阿根廷人如果想買 **iPhone**，至少得掏兩千美元在地下拍賣網站下標。

然而，西薩和其他一些人告訴我，這些阻礙恰恰是阿根廷成為零時差漏洞獵人和仲介商的沃土的原因，如今，漏洞仲介商從沙烏地阿拉伯、阿拉伯聯合大公國、伊朗等地遠道而來，購買他們的漏洞程式碼。阿根廷人可以獲得免費而高品質的技術教育，識字率是南美洲最高之一，但說到享受現代數位經濟的果實，卻是障礙重重。如果想獲得正常商業管道沒有提供的東西，就必須土法煉鋼；想用我們在美國視為理所當然的電動遊戲和其他應用程式，就只能以逆向工程拆解整個系統，找出各種鑽漏洞的方法。

「阿根廷人有一種心態，就是想騙過系統。」西薩告訴我：「除非你家裡很有錢，否則成長過程中絕不會有自己的電腦。想要用新軟體，就只能靠自己從零開始學。」

我一邊聽他說，一邊想到，美國的情況正好相反。矽谷應用程式和線上服務背後的軟體工程師已經不需要透過逆向工程來直探系統的核心，也無須直搗資料堆疊的底層。他們只看到表面，愈來愈缺乏深入透徹的理解，但這正是找出最佳零時差漏洞和開發利用程式所需要的能力。

這種此消彼長已經開始顯現出來。一年一度的國際大學校際程式設計競賽（ＩＣＰＣ）是歷史最悠久、最頂尖的程式設計大賽，每年都有來自一百多個國家的大學生組隊參加。二十年前，總決賽前十名幾乎都由柏克萊、哈佛、麻省理工學院等美國隊包辦，現在，前十強通常是俄羅斯隊、波蘭隊、中國隊、南韓隊和台灣隊。二〇一九年，一支來自伊朗的隊伍打敗了哈佛、史丹佛和普林斯頓，普林斯頓甚至連二十強都沒能打進去。美國的網路人才正在萎縮，美國情報機關在史諾登和一批國安局分析師紛紛離去後，士氣大受打擊，有人比喻就像一場「流行病」。另一方面，資質最好的大學畢業生已經不再嚮往進入國安局工作，更何況他們大可去谷歌、蘋果或臉書上班，薪資要高出許多。國土安全部招募防衛人員更是難上加難，當海盜總是比加入海岸警衛隊有趣得多，情勢對美國愈來愈不利。美國不像俄羅斯、伊朗、北韓和中國這些國家，不會強行徵召谷歌或麻省理工學院內部技藝高超的駭客，要他們兼差當駭客國家隊。就攻擊力來說，美國也許仍然是全球最厲害的網路強權，但勢力正在此消彼長。我剛認識戈斯勒的時候，曾經問他對零時差市場的看法，他認為沒有這種需要，但那時候國安機構還可以指望像他這樣的人才加入，開發漏洞利用工具，而今美國網路人才轉戰他處，國安機構已經不得不從外部購買漏洞利用工具。

「這是新的勞動市場，年輕一代阿根廷駭客的選擇比我們當年多很多。」西薩這麼告訴我。

西薩長得超級像電影《忘掉負心女》（*Forgetting Sarah Marshall*）中的傑森・席格（Jason Segel），簡直就是席格在阿根廷的分身，我覺得他們一定是從小失散的雙胞胎，現在一個成了浪漫喜劇中一脫成名的演員，一個則是住在阿根廷小鎮的駭客，掌握全球關鍵基礎建設的命脈。我用手機找到一張席格的照片，舉到西薩臉旁做對比，我們的司機點頭同意很像，但西薩拒絕承認他的雙胞胎兄弟。

我是透過iDefense注意到他。十五年前，西薩和紐西蘭駭客葛雷格・麥克曼納斯一起爭奪iDefense的漏洞懸賞計畫最高賞金，當年他還是個綁馬尾的青少年，從阿根廷東北部的河邊小鎮巴拉那（Paraná）傳送零時差漏洞給iDefense，一年就賺進五萬美元。當時阿根廷正陷入嚴重的經濟危機，西薩靠賣零時差漏洞程式變得非常富有。而今他有妻有兒，也跟他那一輩的阿根廷駭客一樣，放棄了抓漏洞、開發漏洞利用程式這種雲霄飛車般的生活，轉而在一家美國資安公司上班領薪水。

但追尋漏洞永不停歇。一年前，他以《終極警探》橋段般的舉動，引起舉世矚目。西薩從阿根廷飛到華府，走到國會山莊，從背包拿出筆電，這裡滑一滑，那裡點一點，馬路上竟然就紅燈變綠燈、綠燈變紅燈。他如果有心，大可讓國會大廈陷入癱瘓，但他純粹只想證明自己有辦法做到而已。設計交通號誌感應器的公司不認為西薩抓到的小漏洞是個問題，因此，他又到了曼哈頓和舊金山示範，證明所有的號誌系統都很容易遭駭而陷入大亂。

我在《紐約時報》報導了西薩的特技表演，你以為國會諸君一定會做點什麼，沒有，他們眼睛眨都沒眨一下。此時此刻，我和西薩在布宜諾斯艾利斯坑坑窪窪的馬路上閃來閃去，交通號誌顯然僅供參考，**但至少這裡的交通號誌沒有連接網路！**所謂的智慧城市其實很笨，笨城市才是有智慧的，整個系統已經徹底反轉過來。

車子穿過布宜諾斯艾利斯最時髦的精品和餐廳一條街巴勒莫區（Palermo），美元在這裡很好花。官方匯率完全沒有參考價值，非官方匯率叫「藍色美元」，幾乎是官方匯率一美元對九點五披索的兩倍。即將卸任的阿根廷女總統費南德茲不肯矯正這種狀況，當地人鑑於她寧可用謊言粉飾事實，把她比作「女版格達費」。從她的臉就可以看出一切，她整容程度在近代，除了麥可·傑克森，無人能比。對她來說，要調整匯率以反映阿根廷的現實，就等於承認阿根廷已陷入長期通貨膨脹。

阿根廷的駭客幾乎完全不受金融危機影響，他們在地下市場販售漏洞利用程式賺取美金，每個月花一千美元住進巴勒莫區時尚的現代公寓。只要每月再多花一千五百美元，就可以在離布宜諾斯艾利斯市中心三十分鐘車程的郊區，租下有無邊際泳池的第二套房子。

我問西薩，為什麼阿根廷駭客寧可轉向漏洞地下市場賺錢，不像巴西駭客靠網路犯罪發財。巴西正漸漸取代東歐的全球網路詐騙霸主地位，巴西的銀行每年因網路犯罪損失高達八十億美元，其中大都是被本國公民盜走。

西薩說，答案很簡單：在阿根廷，連駭客都懶得跟銀行打交道。從我抵達布宜諾斯艾利斯的那一刻起，自稱「港口城市人」（porteños）的當地人就告訴我，千萬不要去銀行，還介紹了幾間非法外幣兌換店給我。經過多年的經濟癱瘓，政府下令凍結提款，阿根廷人早已失去對銀行的信任。至於網路銀行和行動銀行，當地人基本上連聽都沒聽過，也就是說，駭客可以從中獲得的利益更少。港口城市駭客告訴我，這就是為什麼阿根廷如今成了「漏洞利用程式界的印度」。

我們毫髮無傷地抵達市郊的一座老舊露天油廠，大約有一千多名年輕阿根廷駭客在廠房外面排隊等候，有些看起來頂多十三歲，就像在滑板公園運動的青少年。在他們之間穿插著一些外國人，有亞洲人、歐美人，還有幾個中東人，他們可能是來招募人才，或者充當仲介商，尋找阿根廷最新、最厲害的間諜程式。

我特地把此行安排在拉丁美洲規模最大的資安盛會Ekoparty期間，Ekoparty是南美駭客必來朝聖的盛會，近年也成了全球各地零時差漏洞仲介商尋找數位血鑽石的場合，這是我一窺全球新興資安漏洞勞動市場的最好機會。大會議程表列出駭進各種系統的方法，從加密醫療器材、電子投票、汽車、應用程式商店、Android、個人電腦，到思科和SAP的商業應用程式，掌握這些方法，攻擊者就能從遠端遙控全球大型跨國企業和政府機構的電腦。

Ekoparty比起Def Con駭客會議、黑帽大會和RSA會議，仍屬小巫見大巫，但規模和排場不如人之處，它以充滿創意的新秀人才來彌補。這裡沒有美國資安大會上氾濫的展場辣妹和賣膏藥江湖術士，重心都在破解和駭入電腦系統，是阿根廷人向全世界展示駭客技巧的良機。

我看到國際知名會計師事務所德勤（Deloitte）和安永（Ernst & Young）的外國代表，捷克的防毒軟體巨頭Avast也來了，還有資安眾包平台Synack，他們都是來招募人才的。我不禁注意到，Ekoparty的「白金贊助商」是零點，**這可有意思了！**喬基．貝克拉是個話題不斷的人物，他曾發推文表示，零點剛剛以一百萬美元收購了iPhone的越獄程式。

我認出Ekoparty的共同創辦人費德里柯．基許班（Federico "Fede" Kirschbaum），人稱「費德」。十幾年前，他和一群同好共同發起這場盛會，那是還沒有人把漏洞程式賣給政府的年代，辦Ekoparty主要是為了好玩和熱鬧。這個目的至今沒變，只是現在駭客另外還有很多錢可以賺。

費德比了比站在我們周圍五英尺內的幾百名阿根廷駭客說：「丟一塊石頭出去，你一定會打到正在賣漏洞程式的人。」

曾經，美國的駭客傭兵只在首都圈內聽令於華府，現在，他們來到阿布達比，只要在阿根廷的貧民區就可以買到漏洞程式。事情正在快速失控。

我想起一年前在黑帽大會聽到的主題演講，主講人是美國中情局內部人士丹．吉爾（Dan Geer），中情局的投資機構In-Q-Tel的資安長，也是業界充滿傳奇的人物。他對零時差漏洞地下市場一點都不陌生，他會利用演講的機會，建議美國政府出高價打敗其他外國買家，壟斷漏洞市場。吉爾說，美國應該發出這樣的壯語：「告訴我競標價，我可以出十倍價錢。」這樣美國就有機會利用這些零時差漏洞，然後交給軟體供應商進行修補，過程中也把敵人的儲備耗盡。這也會讓漏洞市場受益，避免駭客造成大規模的破壞。

吉爾的建議很有啟發性，但此時此刻，我站在布宜諾斯艾利斯的這家老舊油廠，發現他的邏輯行不通，太晚了，美國早在幾年前就已經失去對漏洞市場的主導權。

接下來幾天，我在台下看一位知名阿根廷駭客朱利安諾・瑞澤（Juliano Rizzo）示範一項零時差攻擊，光憑這份能耐，他就能很輕易地在政府市場賺到六位數美金。

阿根廷駭客示範了幾項令人看了心裡發毛的漏洞攻擊，有的控制汽車，有的控制輸電網路。他們的演講一結束，許多外國人（我後來才知道是漏洞仲介商）蜂擁而上，我不明白為什麼這些仲介商是在駭客把自己最厲害的招式亮出來之後才去找他們，這些招式一公布，不就沒用了嗎？

費德告訴我：「仲介商有興趣的是這些研究人員接下來做的事情，先打好關係，到時再購買零時差漏洞程式和網路武器，以備不時之需。」

各國政府從來沒有像現在這樣飢渴地想要得到漏洞利用程式。電腦蠕蟲「震網」向世人展示了漏洞程式的潛力，接著，史諾登又讓各國看到真正厲害的網路攻擊計畫是什麼樣子。一旦蘋果和谷歌開始對iPhone和安卓手機的每個細節進行加密，各國政府就有更大動機收購讓他們可以繼續進入這些系統的工具。

美國仍然擁有最多的網路攻擊預算，但跟傳統武器比起來，漏洞利用程式要便宜許多，各國政府現在很願意出跟美國一樣的價格，購買最好的零時差攻擊程式和網路武器。中東那些靠石油賺得口袋滿滿的國王，為了監控批評他們的人，付多少錢都願意。至於在傳統戰爭中永遠不可能匹敵美國的伊朗和北韓，領導人把追平差距的最後一線希望寄託在網路世界，假如NSO、零點、駭客隊，乃至全世界的網路情報和資安公司都拒絕販售產品給他們，只要搭上前往布宜諾斯艾利斯的飛機，問題就解決了。

費德跟我說，我如果真想知道阿根廷駭客有多大能耐，就要拜訪「網界高卓人」（Cyber Gaucho[165]），這位駭客如今年過四十，名叫阿弗列多·歐爾特加（Alfredo Ortega），在巴塔哥尼亞偏遠地區長大。於是，此行第三天，我去了這位高卓人令人驚嘆的駭客工作室，只見地上亂七八糟擺滿了望遠鏡、駭入電腦用的微處理器，還有可以穿透核電廠的X射線儀器。

費德對我說：「不管給他什麼東西，他都有辦法破解。」

高卓人端出茶和餅乾，開始說他的故事：「巴塔哥尼亞很冷，所以我從小就都宅在家。」跟他這一輩的多數駭客一樣，高卓人一開始用的是「康懋達六四[166]」。他不斷嘗試各種駭客手法，終於可以進入他用正常管道得不到的電動遊戲。為了學會更多駭客手法，他加入早期的駭客論壇，在論壇上認識了阿根廷駭客界的教父級人物：留著一把灰白鬍子的赫拉多·理查特（Gerardo Richarte），人稱「赫拉」（Gera）。我久仰赫拉大名，他不只是阿根廷的傳奇人物，在全球駭客界也夙負盛名。艾特爾的第一位員工，庫德人埃倫就很感謝赫拉，在他發起土耳其庫德族的網上抗爭運動時，參與聯手策畫，幫了很大的忙。

二十年前，赫拉和四位友人共同創辦了一家滲透測試公司：核心資安（Core Security），阿根廷的駭客發展史和這家公司密不可分。他們的早期客戶有來自巴西和美國的銀行，還有像安永這樣的會計師事務所，最初幾年業績好得不得了，甚至在紐約設置辦事處，開幕當天是二〇〇一年九月六日，五天後就會發生九一一事件，價值一百萬美元的合約就此化為灰燼。而在阿根廷，經濟正在崩解，成千上萬一貧如洗

165　高卓人（Gaucho），在拉丁美洲文化中指英勇強悍、騎術高超的草原居民，意思與北美的「牛仔」相近，在阿根廷和一些南美洲國家是民族主義的象徵。

166　編注：康懋達六四（Commodore 64），是由康懋達國際於一九八二年推出的八位元家用電腦，在金氏世界紀錄中被列為有史以來最暢銷的單一電腦型號。

的港口城市人滿腔怒火，上街抗議政府對這場危機處理不當，他們砸碎銀行的窗戶，衝進有玫瑰宮（Casa Rosada）之稱的阿根廷總統府，數十人在抗爭中喪生，阿根廷總統也被迫辭職。

核心資安的創辦人知道，公司要維持下去，就必須推出更有吸引力的產品，不能只是幫銀行掃描軟體有沒有漏洞而已。於是，他們設計出一套能以漏洞利用程式滲透客戶網路的自動化攻擊工具Implant，有些漏洞本來就眾所皆知，但更多是他們自己發現的漏洞。起初，資安分析師猛烈抨擊這套工具既危險又不道德，但最早採用這套工具的客戶之一就是美國太空總署，業界的想法才因此慢慢改變。

核心資安開始招募漏洞利用程式開發人員，為Implant工具編寫新的漏洞利用程式，也訓練出朱利安諾．瑞澤這些阿根廷駭客。赫拉親自出面把高卓人請到布宜諾斯艾利斯，邀他加入核心資安，高卓人原本以為自己的未來就是在巴塔哥尼亞經營老爸的加油站，這對他來說是跨出人生的一大步。在核心資安，高卓人的專長是駭入硬體，後來愈來愈往「韌體」發展，也就是嵌入在硬體裝置中的軟體。他告訴我：「我差不多可以說是韌體專家了。」

二十餘年後的今天，沒有什麼硬體是高卓人駭不進去的。在阿根廷即將舉行總統大選的前兩週，高卓人連同Ekoparty那些傢伙成功駭入阿根廷的新投票機，他花不到二十分鐘就破解了整個系統。隨後他們遭到警方突襲，目前他和其他人正在跟立法者合作，要在大選投票前修補機器的資安漏洞。

高卓人帶我參觀他的工作室，經過角落裡的望遠鏡，他告訴我他曾經駭入一顆人造衛星。另一個角落擺著他正在進行的工作：一台很像魯布高登伯格（Rube Goldberg）機械的X射線儀器，可以穿越氣隙進入離線系統，就像納坦茲事件那樣。我問他怎麼想得出駭入世界上防守最嚴密的電腦網路的方法。

「很簡單，」他說：「他們從來沒想過會被駭。」

晶片製造商聘請高卓人來確保自家產品安全無虞。他因此發現各式各樣透過駭入晶片進入全球供應鏈的方法。他示範給我看，怎麼以「旁通道攻擊」駭入晶片，透過無線電把惡意軟體發送到晶片內部的銅導線中。現在每一種裝置至少都有十個這樣的晶片在裡面。

他又說：「要找到被破解過的裝置不容易。」但也不是完全不可能。

高卓人遇過其他駭客的傑作，一家大型電器製造商（他不肯告訴我是哪一家）請他去檢查他們的電器，果不其然，電器內的韌體被人破解了，他從沒見過這麼高明的供應鏈攻擊，就像戈斯勒告訴我的，那種只有第一級國家才有的能力。「這種攻擊不是網路犯罪分子的作為，你不會想去招惹這些傢伙，」高卓人說：「這是國家政府幹的。」

說到這，他能說的差不多都講完了，此時切入我接下來要問的問題（已經成為我每次採訪的標準問題），似乎也滿恰當：「你有沒有賣過漏洞利用程式給仲介商或政府？」高卓人為人太好，很難想像他在暗巷裡賣漏洞利用程式給伊朗人。

「沒有。」他說，但並不是出於道德考量。「我對間諜活動沒有意見，那不是壞事。」

「那你為什麼不賣？」

「這不是人過的生活，」他告訴我：「不值得為這個失去自由。你會像一九三〇年代研究原子彈的物理學家，會把你害死的。」

那天結束採訪後，我在走回飯店的路上不斷想著高卓人說的話。駭客已經不再是業餘嗜好，他們不是在玩遊戲，在極短的時間內，駭客搖身一變，成了全球新一代核子科學家，只是核子嚇阻理論派不上用場。網路武器不需要可分裂材料，進入門檻低得多，卻能使破壞迅速擴大，美國雖然掌握了大量漏洞利用程式和網路武器儲備，卻嚇阻不了對手累積實力。伊朗、北韓及其他各國沒有能力自行開發漏洞攻擊和網路武器，現在只要在地下市場收購就有，高卓人也許不會賣，但這裡願意賣的人多得是。

我如果再晚十分鐘經過，大概就會錯過她們。就在轉角的地方，意外遇見一支遊行隊伍，後來才知道這是每星期四的固定活動，在布宜諾斯艾利斯最古老的五月廣場（Plaza de Mayo），傷心的阿根廷母親頭綁白布巾，手舉牌子，上面寫著她們失蹤孩子的名字。時間是下午三點半，遊行正要開始。

那些母親都已年老力衰，繞著方尖碑走不過幾圈，就在椅子上坐下來。其中一位母親停下來向圍觀的人群講話，聽得出來她的傷痛仍然錐心。走在布宜諾斯艾利斯的老城區，時髦的酒吧和咖啡館林立，令人多麼容易忘記就在沒多久以前，阿根廷軍人把槍口對著自己的人民。一九七〇年代末至一九八〇年代初，阿根廷發生「骯髒戰爭」（Dirty War）期間，大約有三萬人「被消失」，軍政府指控左翼社運人士製造恐怖主義，被懷疑者遭到刑求、強姦、綁架，被帶到萬人坑邊用機關槍掃射，或者遭下藥，在全身赤裸和半昏迷狀態下，從軍機上被丟進普拉塔河（Río de la Plata）。只要找不到「被消失者」，政府就可以假裝他們不存在，四十年過去，官方仍然沒有任何認真查明或記錄受害者的作為。高卓人和赫拉這些上一輩的阿根廷駭客就是在那個時代長大成人。

難怪他們對賣漏洞利用程式給政府沒有興趣。而阿根廷的年輕一輩是完全不同的一群人，他們沒有經歷過「被消失」的時代，既然有大把錢可賺，就毫無顧忌、前仆後繼地跳進漏洞買賣的市場裡。

當天晚上，費德和他的工作人員邀請我共進晚餐，但我拒絕了。我想去看看城市的另一頭。我把筆電塞進飯店保險箱，穿上洋裝，累了一天的腳蹬上高跟鞋，招了輛計程車，穿街過巷來到老馬德羅港（Puerto Madero）。

我抵達時剛好趕上日落，我沿著普拉塔河岸漫步。這裡的街道全都以阿根廷歷史上著名的女性命名：歐嘉．柯塞蒂尼（Olga Cossettini）、卡蘿拉．羅倫茲尼（Carola Lorenzini）、胡安娜．曼索（Juana Manso）、阿麗霞．莫羅．胡斯托（Alicia Moreau de Justo）。我走過瓦倫西亞建築師聖地亞哥．卡拉特拉瓦（Santiago Calatrava）設計的女人橋（Puente de la Mujer），造型就像一對跳探戈的男女。在雄性荷爾蒙滿滿的Ekoparty待了一整天，這裡讓人感覺真舒服。

一個個穿著優雅的阿根廷女人和我擦肩而過，我突然想到，我已經好幾天沒跟女人交談過。不知道女人會不會是讓這個市場不致失控的力量，女人曾經發動過戰爭，也許她們會先發制人。我想起剛開始報導這個主題的時候，一位女駭客友人在某天深夜告訴我，只有一個辦法能讓駭客不再駭進電腦，那就是嫁給他。**要是事情有這麼簡單就好了。**

從女人橋走回來，天色漸暗，布宜諾斯艾利斯的萬家燈火在遠處閃爍，我終於明白為什麼這座城市有南方巴黎之稱。我走上海濱步道，走進水岸邊一家半戶外牛排館，點了厚實的馬爾貝克（malbec）葡萄酒和阿根廷烤肉asado，細細地品嘗每一口。

那天晚上終於回到飯店後，我很期待鑽進乾淨的被窩睡個好覺。我在電梯的鏡子裡瞥見自己，只見眼窩下陷，時差還沒調過來。我走到房門口，卻見門虛掩著，難道是我匆忙間沒關好？也許房務員還在做夜床服務？我走進去，房裡沒人，每一樣東西都在原來的位置，只有保險箱敞開，我的筆電還在，可是位置變了。我檢查浴室、衣櫥和陽台，看看有沒有被闖入的痕跡。什麼也沒有，一切原封不動，包括我的護照，連我在「地下錢莊」兌換的現金也在。難道這是誰在給我某種警告？還是我踩到誰的地雷了嗎？

我定下神來看了筆電一眼，這台筆電是租來的，我把平常用的電腦留在家裡，參加會議都用紙和筆記錄。我離開房間的時候，筆電還是空的，現在不知道裡面灌進了什麼。我用空垃圾袋包起筆電，坐電梯回到飯店大廳，把筆電丟進垃圾桶裡。

在布宜諾斯艾利斯的最後一天，我見了伊凡．阿勒塞（Ivan Arce）。他跟赫拉多．理查特一樣，是阿根廷駭客界的教父級人物之一，也是二十年前創辦核心資安的五人之一。

阿勒塞不像赫拉有莊嚴的灰白鬍子和親切的態度，他在推特上有時會得意忘形，但他對阿根廷駭客發展史的熱情，跟我此行遇到的其他人並無二致。「阿根廷駭客界能有今天，我們這代人功不可沒。」他說：「我們當年把漏洞利用程式當遊戲分享，現在這一代卻是私藏起來謀利。」

阿勒塞、赫拉這些人培育出年輕一代的阿根廷駭客，但阿勒塞告訴我，這些年輕人的心態比較像千禧世代，不是那種忠於公司的人。而把漏洞利用程式拿到地下市場去賣，要比把程式寫進核心資安的漏洞工具中賺得更多。

「他們可能會在核心資安待個兩年，然後就去外面闖。」阿勒塞說：「年輕一代只想要及時行樂，不再忠誠，這些都是把漏洞利用程式賣給外國政府的人。」

時下年輕駭客的所作所為顯然讓阿勒塞心裡很不是滋味。「他們的盤算是，這樣可以賺更多錢，又不必繳稅。」他說：「賣漏洞利用程式給情報人員有一種〇〇七的感覺，不知不覺間，他們發現可以過這種奢華的生活，便再也回不去了。」

會議中的年輕人也許不願跟我多談，但肯定願意跟他們的教父談。阿勒塞多年來跟年輕一代聊了很多，這些交談讓他心裡五味雜陳，既有不屑也有理解。阿勒塞告訴我，震網事件過後大家都是這麼做，賣漏洞利用程式給各國政府，是他們擺脫貧窮又不必在公司苦熬的管道。

我問阿勒塞那個我已經問過無數受訪者的問題，但我之前被打槍太多次，自己先亂了陣腳，問成了一個笨問題。

「那麼他們會只賣漏洞利用程式給好的西方政府嗎？」

他用我的話反問我：「**好的西方政府？**」

我整個人龜縮進椅子裡，我很確定我的頭應該已經縮到看不見了。這句話從阿根廷人的口裡講出來，更讓人覺得丟臉。阿根廷和美國的關係一向緊張，因為二次大戰期間，阿根廷拒絕向納粹德國宣戰，成為唯一沒有獲得美國援助的拉丁美洲國家。波斯灣戰爭時，阿根廷加入以美國為首的聯軍，兩國關係多少有所改善，但費南德茲上台後，兩國關係又急轉直下，因為阿根廷債券變得一文不值，許多美國避險基金被套牢，費南德茲在總統任期內幾乎都在逃避這些基金經理人。紐約一家避險基金在無計可施之下，只好扣留費南德茲的專機、一艘載有兩百二十人的阿根廷海軍艦艇，甚至連一年一度法蘭克福書展上的阿根廷攤位也不放過。費南德茲在最近一次不著邊際的電視演說中，就指控美國政府密謀暗殺她。

她說：「我如果有什麼不測，不要往中東看，要往北邊看。」

阿根廷人對美國的鄙視在歐巴馬時代稍有緩和，但對美國有好感的人和認為美國是惡魔的人，仍差不多各占一半。這也怪不得他們，解密的美國外交電報顯示，一九七六年，美國國務卿季辛吉給阿根廷軍政府開綠燈，縱容他們大規模鎮壓、殺害、綁架、刑求自己的國民。季辛吉在那年跟一位阿根廷海軍上將這樣說：「我們希望你們成功，如果有該做的事就要趕快做。」阿根廷人的傷口還沒有癒合，對他們來說，美國不是什麼民主救世主，而是綁架他們孩子的幫凶。

「妮可，你要放下這種觀點才行。」阿勒塞對我說：「在阿根廷，誰是好人？誰是壞人？據我所知，把別人的國家炸得面目全非的，不是中國，也不是伊朗。」

來到南半球，衡量道德的那把尺完全顛倒了過來。在這裡，伊朗才是盟友，而美國是國家恐怖主義背後的金主。

「這些駭客很多都才十幾歲。」他又說：「一個美國國安局的人和一個伊朗人帶著大袋現金出現，你要做道德分析嗎？還是就秤一秤那兩袋現金，看看哪一袋比較重？」

我一直希望這個市場存在一些道德標準，這種想法終究太天真。像德索特爾斯和前特定入侵行動辦公室成員這些美國人，即使已經愈來愈不支持美國，心中或許還是有道德標準在把關。但在其他地方，情況顯然不是這樣。

「不是每個軍火商都有道德感，」阿勒塞說：「到最後就是看誰的預算最多，而目前，預算最多的也許是美國國安局。問題是，美國國安局的武器還可以保密多久？」

當天晚上，我最後一次大啖阿根廷烤肉，再前往巴勒莫區一座大型工業大樓內的地下夜店，Ekoparty的閉幕晚會在這裡舉行，這是駭客盡情揮灑和買賣成交的最後機會。我沿著紅龍圍起的走道往裡面走，越過身穿迷你裙、魚網襪的年輕辣妹，以及看起來像把年終帶到布宜諾斯艾利斯來花的外派金融才俊。我穿過昏暗頻閃的綠色燈光和裊裊煙霧，來到樓上駭客聚集的貴賓區。DJ正在用「臉部特寫合唱團」（Talking Heads）的歌來混音：*家是我心之歸屬。來接我，轉身回頭。感覺已麻木，我心生來本脆弱。我想我一定是玩得很開心……*

駭客貴賓一個個被婀娜多姿、擅長寒暄和開瓶服務的年輕小姐迷倒，三杯下肚，有人開始跳舞，有人醉得不知道自己是誰。有人遞給我一杯紅牛伏特加，我把味蕾關上，咕嘟喝了一大口。*我們最好都不要提，到時隨口編個故事。*過去這一週的影像和對話開始浮現，匯聚成一個單一的聲音和影像。*他們是新一代的核子物理學家。*不知誰又帶著漏洞程式滿載而歸。*你可能會問自己：「我做對了嗎？我做錯了嗎？」*

你可能會對自己說：「天哪！我到底做了什麼？」

我放下紅牛伏特加，走到吧台點一杯真正的調酒。在煙霧瀰漫中，隱約看到角落裡有兩張熟悉的臉孔正在密談。我在Ekoparty見過他們，兩人在會議上幾乎都刻意避開我，其中一位是三緘其口的年長外國人，看外表應該是來自中東，但會是哪一國呢？沙烏地阿拉伯？卡達？可以肯定絕不是美國人；另一位則是三十出頭的阿根廷駭客。

臉部特寫合唱團主唱大衛·拜恩（David Byrne）的聲音太過響亮，我聽不見他們在說什麼，但從肢體語言看得出來，絕對是嚴肅的正經事，那是漏洞利用程式被仲介和買賣的私密對話。由美國催生的這個市場已經遠非其所能控制，這個市場會有受到遏制的一天嗎？真希望我能知道那位駭客這次破解了什麼程式，攻擊對象又是誰。我仰頭喝完最後一口調酒，那位年長外國人對上我的目光，他示意駭客退到更暗處，那裡煙霧太濃，我已經完全看不見他們。

我獨自走了出去。夜店外面，夜晚才正要開始，我經過排隊的人龍，那些喝得微醺的港口城市人和外籍人士都等著進去。我招了一輛計程車，搖下車窗，車子開出去的時候，依稀聽到臉部特寫合唱團唱著：龍捲風來了。

第十八章 超級風暴

札蘭，沙烏地阿拉伯

回想起來，這個超級風暴是由一面起火燃燒的美國國旗揭開序幕。那十年間，美國在網路上的對手一個個都衝著我們而來。

在美國和以色列越界摧毀伊朗核設施的離心機三年後，伊朗發動了報復攻擊，這是截至目前為止全世界破壞力最強的網路攻擊。二〇一二年八月十五日，伊朗駭客以惡意軟體攻擊全球最有錢的石油公司沙烏地阿美（Saudi Aramco，帳面價值是蘋果公司的五倍以上），有三萬台電腦被摧毀，大量資料被清除，取而代之的是一幅美國國旗起火燃燒的圖像。再多錢都阻止不了伊朗駭客駭進沙烏地阿美的電腦系統，這些駭客特地等到伊斯蘭教一年當中最神聖的夜晚「貴夜」（The Night of Power）前夕，趁沙烏地阿拉伯人在家中慶祝先知穆罕默德獲得真主開示《古蘭經》經文的日子，才打開某個危險開關，引爆惡意軟體，不但摧毀了沙烏地阿美的電腦、資料、電子郵件和網路存取權限，連帶還造成全球硬碟市場大亂。事情本來還有可能更糟。沙烏地阿美和CrowdStrike[167]、邁克菲及其他資安公司的調查人員仔細研究伊朗駭客留下的足跡，發現他們曾經試圖從沙烏地阿美的業務系統進入生產系統，只不過沒有成功。

沙烏地阿美副總裁阿卜杜拉・薩丹（Abdullah al-Saadan）對沙烏地電視台Al Ekhbariya表示：「這次

攻擊的主要目的是要切斷我們對國內外石油和天然氣市場的供應，謝天謝地，他們最終沒能成功。」多年來，軍方將領、機構高層、情報人員和駭客全都警告過我，我們終將迎來有動態後果的網路攻擊。只是沒料到，伊朗會這麼快就有這種功力。

美國嚴重輕敵，完全低估伊朗多快就能從美國的攻擊程式中學到東西。伊朗駭客用來攻擊沙烏地阿美的惡意軟體，甚至算不上高明，只能算偷師，抄襲對象是四個月前美國和以色列用來感染和刪除伊朗石油系統內資料的病毒程式。儘管如此，伊朗的惡意軟體「沙蒙」（Shamoon，以嵌入程式編碼中的一個詞命名）已經完全夠用，他們讓伊朗在中東地區的主要對手沙烏地陷入一片混亂，也讓華府知道，伊朗已非網路世界的吳下阿蒙，足以對美國構成強大威脅，終有一天會直衝美國而來。

「我們很吃驚，伊朗竟然能開發出那種精密的病毒。」時任美國國防部長的里昂·潘內達後來對我說：「這件事告訴我們，他們在這方面已經走得比我們以為的遠得多。他們大可以用這種病毒來攻擊我們的基礎建設，那種武器可以造成的破壞，完全不亞於九一一或珍珠港事件。」

伊朗政府不敢奢望在傳統武器或軍事開支上和美國平起平坐，但「奧林匹克運動會」讓他們看到，網路武器的破壞力同樣強大。美國雖然有最強的網路攻擊能力，在防守自己的電腦系統上卻極其落後，接下來只會一天比一天容易遭受攻擊。美國境內發生的資料外洩事件，每年以百分之六十增加，如今已司空見慣，連夜間新聞都懶得報導。有半數美國人至少有過一次因網路詐騙不得不更換信用卡的經驗，連歐巴馬總統都不例外。從白宮、國務院、最高情報機構，到美國最大銀行、最高醫療機構、能源公司、零售商，甚至郵政署，都發生過資料外洩，通常等到發現的時候，最敏感的政府機密、商業機密、員工和客戶資料

167 編注：CrowdStrike，位於美國加州的電腦安全技術公司，提供端點安全、情報威脅和網路攻擊的安全性服務。

早已流出辦公大樓。而美國人現在愈來愈多東西連線網路，包括發電廠、火車、飛機、飛航管制、銀行、證券交易、輸油管、水壩、建築大樓、醫院、住家和汽車，根本沒有意識到，這所有的感應器和存取點就像暴露在外的要害。而另一方面，議會外的說客努力關說，確保監管機構什麼都不要做。

就在伊朗對沙烏地阿美發動網路攻擊的兩週前，美國官員第一次正式向國會爭取保護國內關鍵基礎建設的努力宣告失敗。這項議案一開始是來真的，如果通過，負責營運美國關鍵基礎建設的公司將必須遵守嚴格網路安全準則。一切看來很有希望，閉門簡報在國會大廈內的機密隔間資訊設施（SCIF）舉行，國土安全部部長珍妮特·娜波莉塔諾（Janet Napolitano）、時任聯邦調查局局長的羅伯特·穆勒（Robert Mueller）、參謀長聯席會議主席馬丁·鄧普西（Martin Dempsey）上將、國家情報總監邁克·麥康奈爾等資深人員賣力說服參議員，美國關鍵基礎建設正面臨嚴重的網路威脅。麥康奈告訴參議員：「我鄭重聲明，如果遭到攻擊，我們一定會輸。」政府很需要私部門一起幫忙防守。

前國土安全部部長麥可·切爾托夫（Michael Chertoff）當時對我說：「大部分基礎建設都掌握在私部門手中，政府不可能像飛航管制那樣管理網路，只能召集許多獨立單位一起來做這件事。」他認為，如果這表示必須以法規強制民營公用事業、管線營運商和水處理廠加強系統安全性，那就要去做。切爾托夫曾經在卡崔娜颶風時指揮政府的災害應變工作，深知美國目前面臨的網路威脅可能使基礎建設遭受同等嚴重的破壞，甚至可能更糟。

「我們正在跟時間賽跑。」他告訴我。

但接著，美國商會的說客來了（他們前一年才遭到中國駭客惡意攻擊，商會的恆溫裝置和印表機都被入侵）。說客們不斷嚷嚷「管太多」、「大政府」……諸如此類，很快地，原本擬定的強制性安全準則逐漸放寬，變成自願性質。而就連自願性質的準則，共和黨參議員還是認為太麻煩，不斷阻撓議事，最終還投下了反對票。我們如果連自願性質的安全準則都不能達成共識，你不得不懷疑，美國在這片新戰場上是否還有任何一絲絲的機會。六千英里以外，阿亞圖拉[168]嗅到了鮮血的味道。

震網打擊到伊朗最看重的東西：核計畫，但伊朗很快發現，也可以透過網路打擊美國的要害：廉價石油的管道、經濟，還有美國人的安全感和軍事優勢感。震網病毒一被發現和解析，就成了伊朗政府號召人民團結的戰鬥口號，也成為阿亞圖拉如獲至寶的強大招募工具。網路軍備的門檻太低了，伊朗的伊斯蘭革命衛隊（Islamic Revolutionary Guard Corps）只需要花三架F-35匿蹤轟炸機的費用，就能組建一支世界級的網路軍團。

震網事件之前，伊斯蘭革命衛隊每年花在網路生力軍的預算據報是七千六百萬美元。震網事件過後，伊朗投入十億美元在最新的網路科技、基礎建設和專業知識上，徵募伊朗最厲害的駭客加入國家的新數位軍。震網使伊朗的核計畫倒退好幾年，進而打消以色列發射飛彈的念頭，然而短短四年後，伊朗不但重新提煉濃縮鈾，還安裝了一萬八千台離心機，是震網第一次攻擊時的三倍不止。如今，伊朗政府自稱擁有「世界第四大網路軍團」。

伊朗讓我們完全措手不及，來自中國多不勝數的網路攻擊，就已經夠美國疲於追蹤——根本還談不上抵擋。極光行動只是冰山一角，洋基軍團只是中國二十多個拚命駭入美國政府機構、企業、大學以及實驗室的駭客團體和承包商之一，這些駭客竊取價值幾兆美元的美國智慧財產、核推進藍圖和武器，造成美國每年損失多達一百萬個工作機會。歐巴馬執政時，不知派了多少代表團前往北京跟中國官員對質，會議

---

168 Ayatollah，伊斯蘭教什葉派宗教領袖的稱號。

上，中國官員總是仔細聆聽，但一概否認，表示中國也是網路攻擊的受害者，會後再照駭不誤。

在谷歌之後，《紐約時報》是第一家直接譴責中國駭入其電腦的公司。我那篇報導付印之前，編輯團隊最後一次檢討是否妥當：我們真的要公開自己受到攻擊嗎？競爭對手會怎麼說？我告訴他們：「不會怎麼說，他們也都被駭過。」果不其然，文章見報幾小時內，《華盛頓郵報》和《華爾街日報》急著承認也曾遭到中國駭客攻擊，彷彿沒被中國駭客入侵，就不算有公信力的新聞媒體。那篇報導解開了大家壓抑已久的禁忌，我說自己是《紐約時報》記者的時候，從來沒有覺得這麼驕傲過。多年來，被中國駭客攻擊的受害者一直把這當作見不得人的祕密，不能讓客戶、股東和競爭對手知道，以免造成股價下跌，或危及進軍中國市場的巨大商機。現在，這些受害者終於漸漸走到陽光下。

與此同時，中國官員繼續否認涉入，說我那篇報導毫無根據，要我們拿出「真憑實據」。既然要證據，我們就給證據。報導刊出兩個星期後，我和同事大衛·巴博薩（David Barboza）以及大衛·桑格，一路追蹤駭客的位置到解放軍門口，我們找了麥迪安網路安全公司幫忙調查，查到上海一棟十二層樓的白色軍事大樓，解放軍的六一三九八部隊就在這裡對可口可樂、資安公司ＲＳＡ、戰機製造商洛克希德馬丁公司等美國企業發動無數的網路攻擊。我們追查到個別駭客的確切ＩＰ位置，甚至能看到部分駭客的螢幕活動，唯一辦不到的是進入解放軍的大樓。

麥迪安公司負責人凱文·麥迪亞告訴我們：「要不就是駭客是六一三九八部隊內部的人，要不就是世界上監控最嚴密的網路的主事者竟渾然不知有好幾千人正從這個小區發動網路攻擊。」

這些報導給白宮壯了膽，我的文章揭露中國駭客攻擊《紐約時報》五天後，歐巴馬總統發表國情咨文，嚴厲譴責「一些國家和外國公司竊取我們的商業機密」。這是白宮在網路盜竊問題上第一次不再採取「低調外交」，開始摩拳擦掌的徵兆。

在司法部，官員準備對中國駭客提起法律訴訟。一年後，聯邦檢察官公布指控五名解放軍六一三九八部隊成員的起訴書，這五人成了聯邦調查局的頭號通緝犯。但這些作為徒具象徵意義，因為中國政府絕不可能把自己的軍人交出來。有幾個星期的時間，中國駭客軍團放下網路攻擊工具，遁入黑暗之中。然而，就算白宮曾因此滿懷希望，也很快就樂觀不起來，幾個星期後，一個新的解放軍駭客部門誕生了，那些工具又被重新拾起，用來向美國發動新一輪網路攻擊，延續前人未竟之業。

白宮如果連中國這樣的理性國家都阻擋不了，又要如何制止伊朗這種不理性的角色？當伊朗駭客衝著我們的銀行而來，沒有任何人有妥善的對策。

如果說石油是沙烏地阿拉伯的命脈，那麼金融就是美國經濟的命脈。沙烏地阿美遭駭一個多月後，美國境內銀行就成了伊朗駭客的標靶，美國銀行、摩根大通、花旗銀行、五三銀行、第一資本和紐約證券交易所一家接著一家，業務網站被來自伊朗的超大網路流量灌爆，銀行高層只能眼巴巴看著自家網站癱瘓或者被迫離線。

這些攻擊是所謂的「阻斷服務攻擊」（denial-of-service attack），即同時傳送幾千台電腦的數據請求，使目標網站的資源耗盡，陷入癱瘓。但這波網路攻擊和以往的阻斷服務攻擊不盡相同，特別令人感到不安，這是一種新型態的武器，駭客不只利用個別電腦發出請求，而是攔截全球各地資料中心的電腦，相當於把網路世界裡幾隻汪汪亂叫的吉娃娃變成一群張口噴火的哥吉拉，造成的流量大到沒有任何安全防護措施抵擋得住。美國境內銀行的網路容量一般是40GB（想想看大多數企業可能只有1GB，就知道這個容量有多驚人），卻被持續噴出的70GB流量灌爆，這樣的流量是二〇〇七年俄羅斯駭客向愛沙尼亞發動長達數月網路攻擊的好幾倍，那次網路攻擊幾乎造成愛沙尼亞全國陷入癱瘓。從來沒有這麼多金融機構接連遭到這麼嚴重的挾持，那幾個月，伊朗駭客持續攻擊美國境內銀行，日益凌厲的攻勢總共癱瘓了四十幾家銀行，成了網際網路發展史上歷時最久的一次網路攻擊。

歐巴馬邀請華爾街高層到華府舉行緊急狀況說明會，會後，華爾街高層一個個搖著頭離開。政府明確指出罪魁禍首是伊朗，但說到解決對策，政府官員和華爾街高層一樣束手無策。這波網路攻擊暴露了美國網路防禦能力的不足，專門負責保護美國關鍵基礎建設（包括金融體系）的國土安全部完全沒有約束力，充其量只能提醒民營公司他們的系統有哪些風險，並在被駭時提供協助，至於因此遭受的鉅額損失和補救費用，恐怕賠償無門，只能由受害者自己承擔。這就是網路戰爭不對稱作戰的新時代，美國政府可能對某個國家的關鍵基礎建設發動網路攻擊，當對方採取報復行動，美國企業卻必須獨吞惡果。面對他國日益凌厲的網路攻擊，美國政府竟拿不出口徑一致的應對措施。

「我們如果打算積極利用網路武器對付美國的對手，」潘內塔對我說：「當這些對手發動網路攻擊，我們就要有萬全的準備才行。」

伊朗駭客下一次向美國發動網路攻擊的時候，美國官員反應就快得多——卻差點釀成大禍。

「我們要不要把總統叫起來？」二〇一三年八月的某天深夜，中情局局長約翰．布瑞南（John Brennan）問白宮網路安全協調官麥可．丹尼爾（J. Michael Daniel）。這通電話就是後來眾所周知、凌晨三點叫醒總統的電話。布瑞南告訴丹尼爾，伊朗駭客已經進入包曼水壩（Bowman Dam）的可程式化邏輯控制器內，看來很有可能把水閘打開。

包曼水壩高聳在俄勒岡州彎曲河（Crooked River）水面上，一旦遭到破壞，結果將是一場災難。水壩高二百四十五英尺，長八百英尺，蓄水量達到十五萬英畝英尺，伊朗駭客如果突然把水閘打開，下游派恩維（Pineville）地區的一萬戶居民將被大水淹沒，美國肯定會以牙還牙，採取同樣具破壞性的報復行動。布瑞南平常是個處變不驚的人，丹尼爾從來沒聽過他以這麼激動的語氣講話。

沒想到伊朗駭客擺了烏龍，他們其實不是在俄勒岡州的包曼水壩裡，而是駭進了紐約州西徹斯特郡僅二十英尺高的包曼大道水壩，這座小水壩的作用只是防止一條小溪流造成附近建築物的地下室淹水，完全不是胡佛大壩的等級。而且在駭客入侵那一晚，水閘因為正在進行維護作業，並沒有連線。

「這座水壩實在小得可笑，在整個事件的格局中顯得好微不足道。」事件曝光後，包曼大道水壩所在地萊布魯克市市長保羅．羅森柏（Paul Rosenberg）對我的同事約瑟夫．貝傑（Joseph Berger）說：「它跟國家的關鍵基礎建設根本扯不上邊。」

多年以後，丹尼爾回想起那一夜美國官員幾乎就要採取報復行動，仍然心有餘悸。「這是很重要的教訓，在網路世界，最初的評估通常是錯的。」

話雖如此，伊朗的威脅日益嚴重，花樣也層出不窮。短短幾個月後，伊朗駭客就成功駭入了美國海軍的電腦。同年，在五角大廈以及新墨西哥州和愛達荷弗斯（Idaho Falls）的國家能源實驗室，分析師和工程師開始沙盤推演伊朗真的攻擊美國基礎建設的情形，模擬他們可能對蜂巢式網路、金融系統、供水設施和輸電網路的攻擊。美國官員長久以來擔心的災難如今已迫在眉睫，正如某位美國高級軍官說的：「攻擊美國的基礎建設對他們來說只有好處，沒有壞處。」

包曼事件那一年，在產業安全駭客會議上很難不留意到，年輕的伊朗駭客如雨後春筍般冒出來。就在我和那兩位向錢看的義大利駭客同桌吃飯、而他們死命盯著盤中鮭魚的那次邁阿密資安大會，隔天我就吃驚地看著一位名叫阿里．阿巴斯（Ali Abbasi）的年輕伊朗程式設計師，上台示範駭入控制輸電網路的電腦——只花了短短五秒鐘！比起阿巴斯的示範，他的履歷更驚人，他很早就被伊朗當局挖掘，視為最有前途的年輕駭客之一。阿巴斯本來在伊朗的沙菲爾理工大學進行漏洞分析和網路安全事故應變研究，後來被相中，派去中國深造，就讀工業網路攻擊。目前，他正在研究駭進全球工業系統的方法，經費來自中國高科技研究發展計畫，這項代號八六三的計畫，專門提供經費給中國的大學，這些大學近年來已成為針對美國的網路攻擊的眾多來源之一。我之前就聽說伊朗當局會把國內最優秀、最有才華的程式設計師送去中國學習駭客技術，阿巴斯的履歷證實了這項傳言，而且他的專長讓我覺得特別有問題。阿巴斯告訴台下觀眾，一旦駭入輸電網路，他幾乎可以為所欲為：破壞數據、讓電燈不亮，甚至在壓力計和溫度計上做手腳，造成管線或化工廠爆炸。他若無其事地說明每個步驟，好像只是在告訴我們怎麼換輪胎，而不是美國官員害怕很快就會發生、猶如世界末日般的網路攻擊。

就在幾個月前，潘內塔在停靠紐約港口的無畏號航空母艦（USS Intrepid）上發表演說，警告美國可能遭到網路攻擊，這是美國國防部長第一次對此發出正式警告。潘內塔說，這類攻擊將會跟「九一一恐怖攻擊一樣破壞力強大」，美國已再次處於「九一一前的狀態：侵略國或極端主義組織可以利用這類網路工具控制重要開關，使火車出軌，更可怕的是使載有危險化學品的火車出軌；他們也可能污染大城市的水源，或者讓全國大片地區的輸電網路無法運作」。

在潘內塔和所有關注那年事態發展的人心中，頭號嫌犯就是伊朗。

「就像核武，他們最終會有那種能力。」曾當過政務官的網路安全專家吉姆．路易斯在二〇一四年初這麼對我說。

那時候，絕沒有人會料到，第一個打到美國本土、破壞力強大的網路攻擊，會重創拉斯維加斯的一座賭場和好萊塢的一間電影製片廠。

包曼事件發生兩個月後，伊朗對謝爾登・阿德爾森的金沙博弈帝國發動網路攻擊。二〇一四年二月十日凌晨，金沙賭場的電腦螢幕全部變黑，就像之前的沙烏地阿美，金沙的電腦也全變成了沒用的磚頭，沒辦法收發電郵，沒辦法使用電話，硬碟也被清空。不過，這次的訊息不是起火燃燒的美國國旗，伊朗駭客把金沙網站畫面改為一張世界地圖，地圖上金沙在世界各地賭場的所在位置都有一把火焰，此外還有一張阿德爾森和以色列總理納坦雅胡（Netanyahu）的合照，以及給阿德爾森個人的訊息：「切莫以己之舌割己之喉。」下面的署名是「反大規模殺傷性武器小組」。

伊朗駭客是在報復阿德爾森最近指美國應該用核武對付伊朗的言論，這位腰纏萬貫的賭場大亨是以色列建國事業的最大捐助者之一，他在美國猶太教大學葉史瓦（Yeshiva University）的一場演講中表示，美國應該在伊朗的沙漠中投下一顆原子彈，然後說：「瞧！下一顆就會是在德黑蘭市中心。」伊朗的阿亞圖拉聽了很不開心，最高領袖哈米尼說，阿德爾森「應該被賞一巴掌」。

伊朗網路軍團把這句話當作最高領袖直接下的命令，以之前對付沙烏地阿美的方式向金沙發動網路攻擊，但這次做得更絕，把員工的姓名和社會安全號碼都放上網路。金沙在一份資安檔案中披露，這使賭場損失約四千萬美元。

在華盛頓，美國官員束手無策，他們連如何遏制伊朗日趨頻繁的網路威脅都拿不出明確策略，更遑論美國企業被兩方交火燒到時該怎麼辦。單單是保護政府自己的系統免遭網路攻擊，就已經夠他們焦頭爛額了。

美國官員當時還不知道，就在金沙被駭客入侵的那個月，中國駭客正進入對美國人事管理局發動網路攻擊的準備階段，有兩千一百五十萬筆個資在那次行動中遭竊取，都是曾經申請背景調查的美國人最敏感的資料。

美國正四面受敵，龍捲風不斷升級，正在失控打轉。

六千英里以外，美國的另一個敵人正在密切關注伊朗的駭客行動，同時注意到美國並沒有採取任何嚴厲的報復手段。

二〇一四年十二月，正當美國官員全神貫注應付中國、伊朗，以及俄羅斯對烏克蘭選舉系統和輸電網路日益升級的駭客行動，北韓駭客突然不知從哪冒出來，以類似攻擊沙烏地阿美和金沙的駭客手法駭入索尼影業，摧毀了索尼百分之七十的電腦，索尼員工有好幾個月都只能以紙筆辦公。

北韓駭客之所以鎖定索尼影業，是為了報復一部爛片：詹姆斯．法蘭科和塞斯．羅根主演的《名嘴出任務》。在這部電影中，法蘭科和羅根飾演的名嘴準備刺殺北韓偉大領袖金正恩。跟之前的伊朗駭客一樣，北韓駭客把資料清空，洩漏員工的社會安全號碼，但手法更上一層樓，把高層令人難堪的電郵內容公開在網路上。

攻擊者自稱是駭客組織「和平守護者」（Guardians of Peace），但不消幾天就查出來，背後的主事者就是北韓。駭客在攻擊索尼時使用的資訊基礎設施跟一年前北韓駭客攻擊南韓銀行和廣播公司時使用的相同。

白宮官員把索尼遭駭事件視為言論自由受到侵害，尤其是在幾家連鎖電影院屈服於北韓再三的威脅，決定取消上映《名嘴出任務》之後。但更令美國官員擔憂的是，索尼遭駭跟沙烏地阿美和金沙遭到的強力網路攻擊有太多相似之處，美國的敵人不只是在學美國，彼此也在互相學習。

潘內塔對我說：「危險的警鐘應該要敲響才對。」

事實卻不是這樣，媒體報導焦點集中在外洩的電郵內容，從中可以看到索尼高層大罵亞當．山德勒的電影，還說安潔莉娜．裘莉是「沒什麼才華卻被寵壞的傢伙」，外洩的電郵也揭露了不同種族和性別在薪資上驚人的不平等。索尼影業明明是網路攻擊受害者，輿論的矛頭卻指向它。從索尼聯合董事長艾米．帕斯卡外洩的電郵中，可以看到她嘲笑歐巴馬總統的觀影喜好，她在事件發生後也黯然辭職。外洩的電郵內容已經夠八卦，媒體忍不住在上面大作文章，對於這些電郵是怎麼流出來卻鮮少提及。

「那次攻擊是很嚴重的事情，但我們得不到電影同業的支持，得不到洛杉磯市長的支持，也得不到當時的檢察總長賀錦麗（Kamala Harris）的支持。」索尼前執行長兼董事長麥可．林頓（Michael Lynton）後來告訴我。即使事件已經過去五年，他仍然怨氣難平，這不難理解。「我發現好萊塢這個所謂『電影圈』只是虛有其名，沒有半個人伸出援手。但很奇怪，我其實不怪他們，因為局外人隔著一層，沒有人能真正理解情況有多糟糕、多艱難。」

索尼的電郵外洩，以及美國媒體對相關醜聞的瘋狂追逐，為後來的另一起駭客事件寫好了腳本，至於攻擊對象，則換成美國大選。林頓說：「索尼被駭很快讓事情攤在陽光下，人人都看得出美國本土如果遭到重大網路攻擊，會是什麼樣的情形。」

看著一次次網路攻擊的變化，每一次都從上一次學到一點東西，每一次都比上一次破壞力更強大，著實令人感到不安。索尼遭到的網路攻擊，和之前金沙遭到的攻擊一樣，也是對言論自由的打擊。美國人如果不再能自由放映爛片、開低級玩笑，或說出自己最黑暗的想法，做了或說了就會遭到網路攻擊，賠上幾百萬美元，或者電郵外洩被全天下人看光，言論自由不可避免一定會受到侵蝕，也許不是一下子，但肯定會一點一滴慢慢流失。

白宮內，歐巴馬總統下了結論，美國不能再沒有回應。那年十二月，他宣布美國將對北韓作出「適度反擊」，但不願透露細節，只說美國會「選定時間、地點和方式」發動攻擊。後來，白宮官員告訴我，那天歐巴馬的話不只是講給北韓聽，同時也是講給伊朗聽。三天後，奇怪的事情發生了，北韓跟外界本已薄弱的網路連線中斷了一整天。

二〇一五年，歐巴馬政府談成了兩項協議：一項是跟德黑蘭政府達成限制核計畫協議，另一項是跟北京政府達成停止網路攻擊協議。兩項協議暫時把針對美國的網路攻擊控制下來，只是沒有一項能長久維持下去。

經過幾十年的政變、人質事件、恐怖主義、經濟制裁和網路攻擊，伊朗終於釋出限制核武計畫的談判意願。雖然明知他們另有盤算，白宮相信把德黑蘭政府帶到談判桌上，大概是擋下又一次網路攻擊的唯一辦法。確實，在美國國務院官員跟德黑蘭代表接觸期間，伊朗破壞力強大的網路攻擊停了，但駭客行動從來沒有停止過，只是潛入地下，從高調、破壞力強大的攻擊，轉為暗地偵查美國外交人員。我和大衛．桑格一起挖掘出一項不易察覺的伊朗駭客行動，專門駭進國務院職員的個人電子郵件和臉書帳號。伊朗顯然在密切關注和它談判的外交人員動態，目的當然是想衡量美國是不是認真的。儘管輿論對二〇一五年七月簽署的伊朗核協定有諸多批評——協議不夠全面、解除制裁將導致區域動盪、美國被騙了——美國網路安全界卻終於鬆了口氣。協議簽署後，那些破壞行動也停止了。

「核協定對他們有約束力。」那個月吉姆．路易斯這麼對我說，但他也警告：「一旦協議失效，他們也會無所顧忌。」

那年夏天，國務卿約翰．凱瑞努力替伊朗協議辯護的時候，另一組美國官員代表團正忙著跟北京官員劃清紅線。中國竊取商業機密的行為每年都讓美國公司蒙受鉅額損失，美國官員一再施壓，要求中國停止駭入美國企業，但不管怎麼強烈要求，司法部也起訴了幾名中國軍方人員，事情卻沒有多大進展。時任國土安全部網路政策助理部長的羅布・席瓦斯（Rob Silvers）告訴我：「人事管理局被駭讓風險提高了很多。」該是採取行動的時候了。

剛好習近平定於那年九月第一次以中國國家主席的身分對白宮進行正式訪問。習近平（很真性情地）把他的第一次國事訪問留給莫斯科，無疑是毛澤東以降最專制中國領導人的他，在莫斯科向普丁真情告白：「我和您的性格很相似。」習雖然不會打赤膊騎馬，但不惜代價追求權位的心，跟普丁並無二致。他在第一個任期一開始，就對數以萬計的同胞展開調查，逮捕的中國公民人數是天安門事件過後、一九九〇年代中期以來最多。習近平親自擔任（或為自己創造）的職位不下十個，不只是國家元首和軍事首腦，也是共產黨權力最大的幾個委員會（包括經濟、外交政策、台灣事務）的主席，以及幾個新成立小組（監督網際網路、國家安全、法院、公安和祕密警察）的組長。他嘲笑官僚的老黨員是「蛋頭」，稱許一群狗合力把一隻獅子吃掉的團隊精神。在海外，他絕不許自己被視為軟弱的領導人。

隨著習近平二〇一五年九月對美國進行首次國事訪問的日子逼近，美國官員認為，可以利用中國不願此時出現任何尷尬局面這一點，作為爭取有利條件的策略。那年八月，國家安全顧問蘇珊・萊斯（Susan Rice）帶著強烈而明確的訊息訪問北京：「中國要是不停止竊取我們的東西，我們就會在習主席對美國進行第一次國事訪問前夕，對你們實施制裁。」萊斯不放過任何一個向中國官員重申美國立場的機會，包括對習近平本人，只不過語氣稍微委婉一些。她提醒中國官員，歐巴馬在四個月前簽署了一項行政命令，給予高官權力迅速採取行動，制裁對美國進行網攻的任何外國組織。中國如果不停手，美國就會以制裁迎接習近平訪美。就在萊斯從北京啟程返國之際，有高官走漏風聲，向《華盛頓郵報》匿名透露，美國政府已經準備好對中國實施制裁，走漏風聲的效果當然早在預期之中。

某位美國高官告訴我：「中國慌了。」由於擔心制裁行動會讓習近平的訪美很難看，中國要求立即派一個高階代表團到華府，以阻止任何難堪的意外發生。他們提議由習近平身邊掌管國安的高官孟建柱，率團於九月九日訪美，正是白宮官員準備對外宣布制裁當天。

白宮內部對接下來該怎麼做有兩派意見，一邊是萊斯，她認為應該暫緩宣布實施制裁，先聽聽中國特使團怎麼說，如果無法令人滿意，還來得及在習近平訪美之前宣布實施制裁。其他官員則認為，美國已經試過苦口婆心的外交勸說，現在應該先對中國實施制裁，北京特使如果不答應美方提出的要求，再來加重制裁力道。但還有一個懸而未決的問題：美方到底要提出什麼要求。中國駭客對美國人事管理局的網路攻擊做得太過分了，可是美國情報官員也不想要求禁止所有駭入外國政府機構的活動，這是美國本身不可能遵守的條件。

「這是五十步笑百步的老問題。」歐巴馬身邊的某位資深官員告訴我。國安局的飯碗就是駭入外國機構和官員的電腦，中國駭入美國人事管理局，基本上是以其人之道還治其人之身。「保護民營企業和公民個資，跟情報界的利益之間，本來就很難兩全，我們的情報界也在從事同樣的活動。但最要命的其實是商業間諜活動。」

最後，歐巴馬決定暫緩實施制裁，先好好聽聽中國特使怎麼說。於是，二〇一五年九月上旬，孟建柱在三天內見了國土安全部部長傑伊．強森（Jeh Johnson）、司法部長羅麗泰．林奇（Loretta Lynch）、聯邦調查局局長科米，最後在白宮的羅斯福廳會見萊斯。孟建柱重申中國一貫的說法，否認北京跟中國駭客攻擊事件有關，反而抱怨美國對中國發動網路攻擊。萊斯告訴孟建柱，除非中國答應不再透過網路竊取商業技術，否則美國就會在習近平兩週後的訪美行程前對中國實施制裁，藉此羞辱習。萊斯和特使團另一位代表——中國外交部副部長張業遂私下會談時，重申美國的立場：「現在真的是緊要關頭，我們不是說著玩的，我已經沒有迴旋的餘地了。你們如果不答應我們的請求，接下來大家的日子都會不好過。」

雙方在白宮和中國大使館內，歷經三十六個小時幾乎不間斷的談判，歐巴馬的左右手起草了一份協議，孟建柱說他會把協議帶回去請示習近平。

二〇一五年九月二十五日上午，盛大的歡迎儀式開始了。在歡慶的禮炮背景聲中，軍樂隊演奏中國國歌〈義勇軍進行曲〉和美國國歌〈星條旗之歌〉。習近平和歐巴馬並肩走過白宮南草坪，穿過一排排的軍隊，偶爾停下來向揮舞美、中兩國國旗的小朋友致意。

當天兩個多小時的閉門會議中，歐巴馬語氣強硬，告訴習近平，中國對美國企業的網路攻擊必須停止，否則美國已準備好下一輪司法起訴，更將實施制裁。習近平答應了，但會議室中的每個人都知道，此時中國早已從美國蒐集到大量智慧財產，足夠它在下一個十年好好利用。**中國駭客竊取的東西從下一代F-35戰鬥機的設計、谷歌程式碼、美國智慧輸電網路，到可口可樂和班傑明摩爾油漆（Benjamin Moore）的配方，什麼都有。**

當天下午，在白宮玫瑰園，歐巴馬在聯合記者會上發表談話，習近平就站在他身邊。歐巴馬宣布，他和習已經達成「共識」，不論美國政府還是中國政府，都不會從事或支持竊取對方智慧財產的活動，雙方將共同努力，建立「規範網路行為的國際規則」。兩國也共同承諾建立一條非正式熱線，當各自的電腦網路遭到惡意軟體襲擊，即可透過熱線相互提醒，以便兩國調查人員一起追查來源。兩國也誓言遵守前一年七月在聯合國通過的一項協議，在和平時期絕不以對方的發電廠、行動網路、銀行、管線等關鍵基礎建設為攻擊目標。有待釐清的問題還很多：關鍵基礎建設的定義是什麼？針對航空公司或飯店的網路攻擊能算竊取產業技術嗎？如果駭客的目的是追蹤外國官員的行蹤，要怎麼辦？

不過，白宮官員認為這次協議算是美國的勝利。當天晚上，白宮舉辦豐盛的國宴，蘋果、微軟、臉書、迪士尼和好萊塢的高階主管也受邀參加。第一夫人蜜雪兒身穿華裔美籍設計師王薇薇設計的露肩晚禮服，亞洲元素處處可見，從荔枝冰沙中的梅爾檸檬，到東廳牆上畫著兩朵玫瑰、代表「心有靈犀」的十六英尺長帛畫。歐巴馬舉杯敬酒時說，美、中兩國雖然難免有意見分歧，希望兩國人民能「在友愛與和平中像手足一樣合作」。習近平則形容此次訪美是一次「難忘的旅程」，並盛讚歐巴馬的熱情款待。

從那一刻起，過去十年中針對美國企業猖獗的中國駭客盜竊活動遽減，根據資安公司的報告，來自中國的工業網路攻擊下降了百分之九十。接下來的十八個月，這項全球首創的網路軍備管制協議看來是發揮了作用。

那年九月的夜晚，當芭蕾舞者米斯蒂・科普蘭（Misty Copeland）在中國代表團面前起舞，歌手尼歐（Ne-Yo）引吭高歌〈因為是你〉（Because of You），習近平面露微笑，鼓掌致意，他看起來是真誠的。然而，後來就殺出川普，祭出關稅和貿易戰，翻臉不認帳。一些官員告訴我，要不是這一鬧，來自中國的工業網路攻擊可能已減少到零星案例。不過，憤世嫉俗的人可不這麼認為，他們說，那份協議本來就是騙人的，習近平只是在等候出擊的時機。

兩年後，來自中國的網路攻擊死灰復燃，只不過這次已不再是過去十年那種鬆散的魚叉式網路釣魚，而是更不易發現、更有策略、更高明的手法。而零時差漏洞的市場價格也跟著水漲船高。

第十九章　輸電網路

華盛頓特區，美國

他們說，有人正在繪製我們的輸電網路分布圖，但沒人知道這些人是誰、他們為什麼要這樣做，以及我們該怎麼應對。

我在二〇一二年年底開始接到一系列神祕電話，電話的內容大意如前段所述，來電顯示都是我不認得的號碼，我也完全不認識對方。他們自稱是國土安全部（負責保護美國關鍵基礎建設的政府部門）的分析師，電話中的聲音明顯透露著急切：這些駭客攻擊揭開了網路戰爭新時代的序幕。

一開始，網路上出現一波專門針對美國石油和天然氣公司員工的釣魚活動。不出幾個月，網路釣魚範圍擴大到電力公司，目標是那些有權進入控制電源開關的電腦的員工。

二〇一三年年初，一位惶恐的分析師問我：「國土安全部的網路安全部門在哪裡？到底有誰在當家？」沒人答得上來。二〇一三年年初，恰恰就在這些駭客活動不斷升級之際，短短四個月內，國土安全部的高階網路安全官員紛紛辭職，其中包括國土安全部副部長珍．霍爾．魯特（Jane Holl Lute）、網路安全最高官員馬克．韋瑟福（Mark Weatherford）、網路安全助理部長麥可．洛卡蒂斯（Michael Locatis），以及資訊長理察．史派爾斯（Richard Spires）。不只上面的人要走，下面也招不到工程師人才，那年，國土安全部部長珍妮特・娜波莉塔諾估計，國土安全部需要增加六百名駭客人力，才能應付排山倒海而來的新威脅，但招聘速度遠遠跟不上需求。美國國家科學基金會有一項獎學金計畫，目的是招募優秀的高中生加入聯邦機構，提供他們大學獎學金，條件是畢業後必須進入聯邦機構服務。從統計數字看來，絕大多數獎學金得主都不願進入國土安全部，寧可選擇去國家安全局，因為在那裡可以從事攻擊任務，國土安全部已被當成不重要的官僚機構，少數選擇加入的人也只是為了做好事。而現在，正如電話中分析師告訴我的，事情正往最壞的方向發展，於是，二〇一二年年底，幾位國土安全部的分析師決定向《紐約時報》記者爆料，希望藉此督促他們的老闆（或老闆的老闆）認真面對眼前危機，不管結果如何，這或許是他們最後的希望。

並不是歐巴馬政府輕忽危機，問題出在國會。美國的輸電網路都是由地方配電業者營運，各州政府各自監管，不受任何聯邦安全標準的規範。控制輸電網路的電腦系統，早在駭客攻擊變成常態之前就存在了，系統設計是以使用的便利為考量，沒有考慮到安全性。許多系統還在用過期的舊版軟體，微軟這些軟體公司都已不再推出修補更新，而地方配電業者不像太平洋瓦電公司（PG&E）這些大企業，可以運用的資源十分有限。

多年來，軍方和情報官員不斷警告國會，外國政府或流氓駭客大可利用軟體漏洞或存取點來癱瘓為矽谷、那斯達克或搖擺郡選舉日的投票系統供電的變電站。二〇一〇年，一個由國家安全、情報和能源單位前官員組成的跨黨派十人小組，其中包括前國防部長詹姆斯・史勒辛格（James Schlesinger）和威廉・裴瑞（William Perry）、前中央情報局局長詹姆斯・伍爾西和約翰・多伊奇，以及前白宮國家安全顧問史蒂芬・哈德利（Stephen Hadley）和羅伯特・麥法蘭（Robert McFarlane），致密函給眾議院能源和商業委員會，希望支持一項改善美國關鍵基礎建設網路安全的法案，信中直言不諱：「我國民用關鍵基礎建設，包括電信、用水、衛生、運輸和醫療……基本上全都依賴輸電網路，這些輸電網路極容易遭到網路或其他類型攻擊的破壞。我們的對手已經有能力發動這種攻擊，美國輸電網路如果遭到大規模攻擊，將對國家安全和經濟造成非常嚴重的後果。」密函又指出：「當前條件下，如果有特定設備在精心策畫的攻擊中被摧毀，要在短時間內及時重建輸電網路是不可能的。根據政府專家的意見，大規模停電將持續至少數月，甚至長達兩年或更久，具體情況依攻擊的性質而定。」

眾議院把警告聽了進去，但法案卡在參議院。那是二〇一二年的夏天，率領共和黨反對法案的是國家安全「獨行俠」——參議員約翰．馬侃（John McCain），他本來是把國家安全看得比什麼都重要的參議員，說客卻有辦法讓他相信，任何網路安全法規對管理全國水壩、水源、管線和輸電網路的民營公司都是過於沉重的負擔。部分問題在於，這種威脅肉眼看不見，情報官員如果告訴參議員，某個資金雄厚的國家正準備在美國的電力公司和輸電線路上放置炸彈和地雷，結果應該會很不一樣。實際上，從二〇一二年底開始的一系列駭客攻擊根本就是網路版的炸彈和地雷式攻擊。

「輸電網路的安全性除了某些圈子特別關注之外，沒有人把它當作紅色警戒。」歐巴馬身邊的某位資深官員對我說：「這個問題當然值得擔心，但不要忘記美國當時的處境，需要擔心的事情太多了。」

他說得沒錯，中國正在竊取美國的智慧財產，伊朗剛剛開始加入網路戰局。然而，美國能源產業遭到的駭客攻擊不斷升級，並且在二〇一二年開始激增，對美國構成的威脅其實更大。俄羅斯的嫌疑最大，但駭客隱藏得很好，完全看不出他們使用什麼工具，入侵的軌跡也清理得一乾二淨。國安局特定入侵行動辦公室的駭客也許知道這些駭客的身分，但就算知道，他們也沒有向國土安全部負責防守的同行透露這份情資。國土安全部的分析師告訴我，他們內部沒有人知道這些攻擊背後的主事者是誰，也沒有人能破解駭客的惡意程式。單單這一點就可以看出端倪——伊朗的程式破壞性很強，卻很簡陋，伊朗駭客如果有能力隱藏惡意程式，早就這樣做了。同樣地，中國對美國企業的網路攻擊雖然明目張膽，複雜度卻不值一提。而現在嵌入美國輸電網路系統內的惡意程式，不僅設計精細，偽裝技術也很高明，分析師只看過美國自家的網路攻擊有這種成熟度。這些駭客成功侵入的次數愈來愈頻繁，情況令人擔憂，截至二〇一二年底，國土安全部的分析師已經處理了一百九十八件針對美國關鍵基礎建設電腦系統的攻擊，件數比前一年增加了百分之五十二。

資安公司CrowdStrike的調查人員開始被請到美國的石油和能源公司進行調查。二〇一三年末，調查人員在爬梳程式碼的時候，發現了俄文的痕跡，時間戳記也顯示駭客是按莫斯科時間活動。如果不是俄羅斯發動的網攻，就是有人費盡心思假扮俄羅斯駭客了。CrowdStrike給輸電網路駭客起了個貌似可愛的名字，叫作「活力熊」（Energetic Bear），熊是該公司給俄羅斯政府贊助的團體取的代號。調查人員抽絲剝繭解析攻擊程式，發現最早可以回溯到二〇一〇年，也就是震網在伊朗被發現的那一年。

俄羅斯開始發動網攻的時間點也許是巧合，然而，凡是密切關注莫斯科對震網反應的人，都看得出美國的這件網路武器首次公諸於世，跟俄羅斯網攻的時間點有明顯關聯。美國和以色列在網路領域打下這漂亮一役，令俄羅斯感到相當驚愕；震網被揭露後不久，俄國官員開始鼓吹禁止網路武器的國際條約。隔年，在莫斯科一場會議上，俄國學者、官員和網路安全專家把網路軍備競賽列為當代最嚴重威脅。事實一再證明，俄羅斯的關鍵基礎建設很容易被駭客入侵，俄國網路安全公司卡巴斯基實驗室多年來舉辦駭入輸電網路競賽，每年都有俄羅斯駭客組織不費吹灰之力，就控制住俄國變電站的電腦，讓輸電線的電流短路。俄羅斯的攻擊面很大，而且接下來只會愈來愈大，國營的俄羅斯輸電網路公司（PJSC）管理境內總長兩百三十五萬公里的輸電線，還有全國各地五十萬七千座變電站，並計畫在二〇三〇年完成全部變電站和輸電線的自動化，每新增一個數位節點，就又多一條攻擊路徑。震網被發現後，俄羅斯官員擔心境內輸電網路會成為美國發動網攻的明顯目標，電信部長在二〇一二年的一場演講中，促請各國制定禁止網路戰的國際條約，同時，俄國官員也透過祕密管道，向美國提出簽署雙邊協定。但華府認為這只是莫斯科的外交伎倆，目的在閹割美國在網路戰中的領先實力，因此拒絕了莫斯科的要求。

既然以條約禁止無望，看來俄羅斯轉而把自己的程式植入美國輸電網路，而且速度之快令人憂心。接下來一年半，俄羅斯駭客駭進全球八十四個國家、一千多家公司的電腦，其中絕大部分是美國公司。他們通常對人下手，對象主要是可以直接進入管線、輸電線和電源開關系統的工業控制工程師，此外，也會以惡意軟體感染電力公司、管線和輸電網路業者經常訪問的合法網站，資安專家稱之為「水坑式攻擊」（watering-hole attack），亦即駭客在水井裡下毒，等待獵物來喝水。還有一種手法叫「中間人攻擊」，把受害者的網站流量重新導向到俄羅斯駭客的電腦，藉此竊取美國輸電網路業者的戶名、密碼、藍圖和電子郵件。

這並不是外國駭客第一次以美國的能源產業為攻擊目標，中國早已駭入一家又一家的美國能源公司，美國官員得出結論，中國網攻的目的是竊取美國的再生能源技術，還有開採石油和天然氣的水力壓裂技術。二〇一三年初，當俄羅斯網攻的頻率和強度日益升級，美國官員不禁懷疑他們是不是也在竊取相關技術，以培養自己的競爭優勢。俄國經濟多年來一直過度依賴石油和天然氣，而這兩種輸出品的價格都不是普丁所能控制的。如果以國內生產毛額計算，俄羅斯人口雖然比義大利多一倍，當時表現卻不如義大利。至於其他指標，例如購買力平價[169]，俄羅斯當時在全球排名第七十二，甚至落後歐洲經濟問題最多的希

169 編注：購買力平價（Purchasing power parity, PPP）是一種根據各國不同的價格水準計算出來的貨幣之間的等值係數，使我們合理比較各國的國內生產總值，「購買力平價」計算單位為「國際元」或稱作「國際貨幣單位」。

臘。根據最新統計，俄羅斯平均每年減少一百萬工作年齡人口，在人口急遽萎縮之下，預料經濟成長率將會降到接近零。加上普丁掌權，裙帶資本主義[170]當道，外國投資大量湧進的機率也不高。美國官員開始相信（說「希望」也許更貼切），俄羅斯對美國能源公司的網攻，只不過是莫斯科用比較陰暗的方式來讓經濟多元發展，他們實在想不出莫斯科有什麼理由會想讓美國熄燈。

所有樂觀之情在進入二〇一四年後煙消雲散，因為俄羅斯駭客有了進一步行動。那年一月，CrowdStrike發現俄羅斯駭客已經成功破解工業控制軟體公司的電腦，把特洛伊木馬程式植入軟體更新，並藉此進入全美各地幾百個工業控制系統內。這跟五年前美國和以色列用在惡意程式Flame的手法相同，當時微軟的軟體更新也被植入特洛伊木馬程式，藉此感染伊朗的電腦。但俄羅斯做得更過分，受影響的已不只是美國的石油和天然氣公司，俄羅斯駭客植入病毒的軟體更新也進入水力發電大壩、核電廠、管線和輸電網路的工業控制系統內，現在，他們等於登堂入室，進到控制開關的電腦裡，**隨時可以打開水閘、引發爆炸，或者關閉輸電網路的電源**。

這絕不是中國式的工業間諜活動，莫斯科是在做**戰爭**的準備。頂尖威脅研究人員約翰・霍特奎斯特（John Hultquist）告訴我：「這是為網攻做長期準備的第一步，除此之外沒有別的解釋。這麼說吧，他們進到那些系統的目的，絕不會只是為了蒐集石油和天然氣價格的情報。」

就在俄羅斯入侵美國輸電網路的同時，暱稱「小綠人」的俄羅斯武裝特種部隊（因身穿俄羅斯綠色軍服，卻沒有任何徽章而得名）已開始入侵克里米亞網路。克里姆林宮是在暗示華府，美國要是替盟友烏克蘭報復，或者日後膽敢造成莫斯科停電，俄羅斯也有能力以其人之道還治其人之身。這就是網路時代的相互保證毀滅機制。

俄羅斯如果真的對美國輸電網路發動攻擊，美國就完蛋了。國土安全部備有針對地震、颶風、龍捲風、熱浪等自然災害的應急準備計畫，可以應付長達幾天的大停電，但針對足以使幾百萬人無電可用、不知會持續多久的網攻，卻沒有任何應變措施。情報官員一再警告國會，美國輸電網路若是遭到精心策畫的網攻，將足以造成短則數月、長則數年的大停電。

在資安圈，只要一有人提起輸電網路攻擊的威脅，許多專家和駭客就會嗤之以鼻，認為他們危言聳聽，只是為了讓人買下一堆沒用的資安產品——很多時候，這種指控確實公允。利用恐懼、迷惑、懷疑作為行銷手段，已經成為資安產業無所不在的亂源，以至於駭客給它起了個代號「FUD」——取Fear（恐懼）、Uncertainty（迷惑）、Doubt（懷疑）的字首。多年來，我工作的時候經常得閃躲排山倒海而來的FUD，電腦收件匣裡滿是強調資安重要性的行銷宣傳，言之鑿鑿引爆末日災難的攻擊就要來臨。我每天上下班往返於帕羅奧圖（Palo Alto）和舊金山之間四十英里的高速公路上，兩旁是目不暇給的FUD廣告看板，醒目的文案大意寫著：**有人正在監視你！你知道自己的智慧財產在哪裡嗎？中國駭客可清楚得很！你聽過俄羅斯的網路犯罪分子嗎？他們已經掌握你的社會安全號碼！藏好你的孩子、藏好你的妻子，因為網路即將使你的生活天翻地覆。當然，除非你購買我們賣的這種產品……**不知從何時開始，資安產業的行銷已經變成一種獵殺活動。

二十年來，資安產業一直繪聲繪影網路攻擊將引爆末日災難，但從二〇一二年末至二〇一四年間美國輸電網路遭到攻擊——資安專家早就警告過的攻擊類型——末日攻擊才正式起步。我們不知道該後悔沒有

170　編注：裙帶資本主義，意味著在一個經濟體中，商業上的成功取決於企業、商界人士和政府官員之間關係的密切程度。這種偏袒可能是表現在法律許可的分配、政府補助或特殊的稅收優惠等等。

好好把警告聽進去，還是該氣憤資安產業的行銷手段使美國人太容易把真正的威脅置之腦後。

在國安局內部，分析師看著俄羅斯駭客仔細勘查美國的輸電網路，並循線追蹤到他們是來自俄羅斯的一個情報部門。但到了二〇一四年七月，在民營資安公司 CrowdStrike、火眼（FireEye）和賽門鐵克發表他們的調查結果後，那些駭客把工具收一收，瞬間消失得無影無蹤，令分析師丈二金剛摸不著頭腦。

率先透露出俄羅斯另有盤算的，是一場零時差攻擊。

此時距離沃特斯把他的第一個寶貝 iDefense 賣給威瑞信公司，已經過了九年，他差不多又快要把同樣設在尚蒂伊的第二家威脅情資公司 iSight 賣掉了。過去十年間，網路威脅的生態起了很大變化，企業不再只是要提防網路犯罪分子和腳本小子，還必須抵禦資源無限的先進國家。這次，沃特斯立志建立全球規模最大的民營反情報公司，iSight 旗下雇用兩百四十三名專職威脅研究人員，其中許多是精通俄語、華語、葡萄牙語等二十幾種語言的前情報分析師。沃特斯宣稱，iSight 如果是政府反情報機構，應該可以擠進全球十大之列。可惜這類機構本身就有其機密性，他的說法根本無從查證。

沃特斯告訴我，公司的目標是爭取相關情資以「主動抑制爆炸」（left of boom），這是軍事術語，指力圖在炸彈引爆之前將其瓦解。iSight 的分析師花很多時間深入敵情，在暗網上冒充黑帽，深入駭客頻道挖掘點滴資訊，以了解駭客的意圖、目標和技術，並追蹤惡意軟體、漏洞利用程式等駭客工具的發展，為 iSight 客戶（來自銀行、油氣業和約三百家政府機構）提供另一種預警系統。

我在二〇一五年夏末前往 iSight 拜訪，沃特斯依舊身穿湯米巴哈馬夏威夷襯衫、足蹬鱷魚皮牛仔靴，開口閉口都是軍事比喻。他告訴我：「我們進入伊拉克的時候，最大的傷亡不是來自狙擊手，而是來自隱藏的爆炸裝置。我們最後能主動化解威脅，是因為開始自問：『製造炸彈的人是誰？他們如何獲得材料？

引爆的機制是什麼？我們要怎麼介入這個循環，在有人放置之前先攔截下來？』我們的工作就是追查軍火商和炸彈製造商，這樣才能主動抑制爆炸，徹底避免受到傷害。」

那年夏天，我在iSight的辦公室見到幾張熟悉面孔，恩德勒和詹姆斯早已離開，但紐西蘭駭客葛雷格·麥克曼納斯仍在沒有電子訊號的「黑室」破解程式碼。我也見到一些新面孔，霍特奎斯特是來自田納西州的後備軍人，身材魁梧，九一一事件後在阿富汗服過役，目前掌管iSight的網路諜報部門。他曾密切追蹤「活力熊」的活動，直到前一年「活力熊」突然人間蒸發，正當他還在試圖理解這個駭客組織的動機，就收到iSight基輔辦事處的同事寄來一封有趣的電郵。

電郵夾帶了一份看似無害的微軟PowerPoint附件，內容聲稱是烏克蘭境內擁護克里姆林宮人士的名單。這封電郵利用烏克蘭人心中最深沉的恐懼，過去幾個月來，烏克蘭東部的頓巴斯（Donbass）地區突然出現許多聲稱來「度假」的俄羅斯士兵，普丁雖然裝聾作啞，但俄國士兵被拍到移交火炮、防空系統和裝甲給烏克蘭東部地區的克里姆林宮擁護者。現在，竟然就出現一封宣稱附有內鬼名單的電郵，真是一封很會利用時機點誘人上鉤的釣魚郵件。

霍特奎斯特用iSight虛擬黑實驗室內的電腦打開那份附件，那是麥克曼納斯等研究人員每天埋頭研究最新數位威脅的地方，而那天，iSight研究人員目睹的，或許是他們截至當時所見過最先進的威脅。那份附件把惡意程式卸載到iSight的實驗室電腦上，微軟已完整修補的最新版本軟體竟然被完全控制住，研究人員見證了最初階段的新型零時差攻擊，這種攻擊將從此改變網路戰的本質。駭客利用零時差漏洞，灌入在俄羅斯當地已流竄多年的一種惡意程式，只不過這次是非常先進的版本。這種惡意程式叫作「黑暗能量」（BlackEnergy），七年前第一次在俄羅斯駭客論壇上出現，當時代號「Cr4sh」的俄羅斯駭客德米特羅·奧雷修克（Dmytro Oleksiuk）在論壇上宣傳他的新工具，一則貼文要價四十美元。奧雷修克原本設計的黑暗能量病毒是用來發動阻斷服務攻擊的工具，但流傳出來之後，經過七年不斷演化，許多駭客設計出新變體、加入新功能，主要仍用在阻斷服務攻擊，但有些變體已被用來進行金融詐騙。

然而，這次的黑暗能量病毒變體是全新的東西，惡意程式試圖連接回歐洲某處的命令暨控制伺服器。霍特奎斯特的團隊仔細檢查伺服器，發現駭客竟沒有加裝任何保護措施，這就是數位世界的狗屎運，可以大大縮短調查人員解析攻擊程式的時間，從幾年縮短到幾週。神奇的是，駭客的命令暨控制伺服器裡，竟然羅列了惡意程式的各種命令，看來這個黑暗能量病毒變體的目的並不是要癱瘓網站或竊取銀行憑證，它是先進國家的諜報工具，可以從受害者的電腦提取螢幕截圖、記錄敲鍵、竊取檔案和解密金鑰。背後主事者毫無懸念：黑暗能量病毒的檔案命令全都是用俄語編寫的。

iSight研究人員把黑暗能量病毒樣本上傳到VirusTotal，這是谷歌旗下的惡意軟體搜尋服務，研究人員通常用來檢測某件惡意軟體曾在哪裡出現過。搜尋結果顯示，四個月前，也就是二〇一四年五月，駭客曾用相同的攻擊程式癱瘓一家波蘭能源公司，那次使用的誘餌，是一份宣稱內含歐洲石油和天然氣最新報價的微軟Word檔。接下來幾個星期，iSight還找到其他誘餌，有些顯然是為了感染在威爾斯舉行的烏克蘭問題高峰會與會人士的電腦，有些要釣的是那年稍晚北約針對俄羅斯間諜活動在斯洛伐克舉行的會議出席者，有一封釣魚郵件專門針對某位美籍俄羅斯外交政策專家，還有一封專門寄給烏克蘭鐵路局的工程師。夾帶檔案的製作時間最早可以追溯到二〇一〇年，也就是「活力熊」開始駭入美國能源業者的那年，但這組駭客跟活力熊顯然不是同一群人，他們經常在程式碼中留下法蘭克．赫伯特（Frank Herbert）一九六五年的科幻長篇小說《沙丘》（*Dune*）的哏作為標記，小說背景設定在不久的未來，地球毀於核子戰爭，主人翁逃到沙漠中，幾千英尺長的沙蟲在沙子底下橫行。於是，霍特奎斯特給這組俄羅斯新駭客組織取名「沙蟲」（Sandworm）。

在國安局內部，情報分析師用不同的代號追蹤「沙蟲」，這個駭客組織是俄羅斯總參謀部情報總局（Russian General Staff Main Intelligence Directorate, GRU）七四四五五單位下面的幾個部門之一。分析師看到的情況令他們愈來愈憂心，不過，這些發現當然都是最高機密，無法透露。霍特奎斯特也懷疑「沙蟲」是ＧＲＵ屬下單位，只是沒有掌握到可靠證據，不便這樣宣稱。六星期後，當他的團隊發表關於「沙蟲」的報告，他唯一明確知道的是，俄羅斯這波利用零時差漏洞的間諜活動已經邁入第五個年頭，而背後的真正目的仍然不明，還要再過一年才會揭曉。

那年十月，霍特奎斯特的團隊歡慶「沙蟲」研究成果的發表，地點就在iSight的機密隔間資訊設施中，其實就是一間沒有窗的酒吧，裡面無限供應桶裝米勒淡啤酒。如果世界末日終難避免，沃特斯希望他的手下大將不缺啤酒喝。但這次慶功宴，iSight團隊不喝啤酒，改以伏特加互敬，向「沙蟲」的俄羅斯身分致意。二〇一四年十月，就在他們互碰小酒杯的時候，大約兩千五百英里外，資安公司趨勢科技（Trend Micro）[171]的兩名研究人員仔細挖掘從加州庫比蒂諾一場會議上取得的iSight報告，他們利用自家資料庫和VirusTotal搜尋「沙蟲」每次發動攻擊的ＩＰ位置，終於追蹤到位於斯德哥爾摩的伺服器，並從中找到更多數位足跡。

「沙蟲」的檔案透露一個有力的線索，這群駭客志不在電子郵件或Word檔案，而是工業工程師使用的檔案。趨勢科技的研究人員中，有一位曾經任職於全球最大煤炭商皮博迪能源公司（Peabody Energy），這點背景使他懂得看門道。「沙蟲」的目標是「.cim」和「.bcl」檔，這是奇異公司（General Electric）的

---

171 編注：原文把趨勢科技當作日本資安公司（稱之為a Japanese security firm），但趨勢科技實為台灣人創辦，因在東京掛牌上市而營運總部設在日本。

工業控制軟體Cimplicity使用的兩種檔案類型，皮博迪的工程師也用這套軟體來遙控檢查採礦設備。這套由奇異公司開發的軟體被全球工業工程師廣為採用，是一套人機介面，用於檢查水處理設施、電力公司、運輸公司和油氣管的可程式化邏輯控制器。趨勢科技的研究人員進一步拆解程式碼，發現惡意程式會自行安裝、執行，並在任務完成後馬上自動刪除。各種程式命令中，包含了「死」（die）和「關閉」（turnoff）的字眼，這就是破壞電腦另一端機械的第一步。俄羅斯駭客駭進這些工業系統，不是為了好玩，而是真的要搞破壞。

在iSight的研究成果之上，趨勢科技發表了一份補充報告，兩週後，二〇一四年十月二十九日，國土安全部進一步在一份安全指引文件中警告，沙蟲的目標不只是奇異公司客戶，另外兩家工業控制軟體製造商的客戶也被盯上：在震網事件中被美國和以色列挾持的西門子，以及全球頂尖「物聯網」推手研華科技（Advantech）。研華的軟體被全球醫院、電力設施、油氣管線和運輸系統廣泛使用，國土安全部明確指出，早在二〇一一年，沙蟲就開始把惡意程式嵌入到全球關鍵基礎建設的控制系統中，不只是烏克蘭和波蘭，連美國也遭殃。沙蟲雖然還沒利用這許多路徑來進行破壞，但從那年十月國土安全部的報告看來，事態很清楚，這就是莫斯科的盤算。

幾乎是國土安全部的報告一出來，沙蟲就突然潛形匿跡，駭客工具被卸除，雷達上再也找不到他們。一年後，這些俄羅斯駭客捲土重來，而且是轟然雷動地出現。

「我想你可以說它是深夜裡的大當機。」奧列克西．亞辛斯基（Oleksii Yasinsky）向我形容二〇一五年沙蟲再度鑽出噁心的頭那天。我們坐在亞辛斯基位於基輔工業區內的辦公室，這是基輔少數橫跨兩個行政區的建築之一。兩個行政區各有自己的變電站，只要不是兩個行政區都停電，這裡就還會有電，因此發生這樣的事絕非偶然。

亞辛斯基在烏克蘭電視廣播集團星光媒體（Starlight Media）擔任資安長，二〇一五年十月二十四日，烏克蘭選舉前夕，他的資訊主任半夜打電話叫醒他。公司的兩台主要伺服器掛了，一台當機也就罷了，怎會這麼巧，兩台伺服器同時故障？這個現象令人擔心，甚至應該要感到恐慌，因為過去一段日子裡，俄羅斯駭客不斷對烏克蘭的電腦網路發動攻擊，而且現在正是敏感時機。就在前一年的烏克蘭議會選舉前，俄羅斯駭客攻擊烏克蘭中央選舉委員會的電腦，使他們的系統無法連線。亞辛斯基安慰自己，也許真的就這麼巧，兩台伺服器一起當機，但投票還有幾個小時就要開始，他想還是應該親自檢查一下。於是，在十月凌晨的黑暗中，亞辛斯基換好衣服，躡手躡腳走出公寓，直奔辦公室。抵達辦公室的時候，他的工程師又發現另一個異象：星光對手STB電視台的YouTube頻道，正在給一位極右派候選人造勢。烏克蘭法規嚴禁媒體在選舉日推出跟選舉有關的新聞，如果不是STB突然變得目無法紀，就是有人挾持了STB的YouTube頻道。

亞辛斯基開始一筆筆檢查伺服器紀錄檔，竟和駭客撞個正著，有人看得出亞辛斯基準備採證調查，正在把內有駭客攻擊命令的一台伺服器摧毀，伺服器就在亞辛斯基眼前熄火。「這是第一個跡象，我們真的受到攻擊了，而且攻擊者還在裡面。」他說：「我們就在陰暗的走廊上撞見彼此。」

亞辛斯基加緊檢查，尋找駭客的進出點，從紀錄檔中，可以看出其中一台伺服器不斷向位在荷蘭的一台電腦發送訊號。他再往前追溯，發現荷蘭伺服器的第一個訊息是六個月前傳過來的。有人寄了一封電郵給星光的某位員工，聲稱附有烏克蘭法院某項判決的詳情，那位員工把釣魚郵件轉發給公司的法務部門，就有人把附件打開了。

亞辛斯基說：「這個人就是星光的第零號病人。」

星光的法務人員一點開附件Excel檔，黑暗能量病毒就溜了進來，待到那位法務人員都已經離開公司。後來，亞辛斯基和同事曾經懷疑，那人會不會是俄羅斯派來潛伏的間諜。駭客從那年四月建立灘頭堡後，向星光的電腦網路發出過八十九次請求，這絕不是搶了就跑的任務，而是極其複雜的入侵，策畫周密，執行一絲不苟，最後才在選前之夜讓伺服器掛掉。「這不是什麼搶旗遊戲，」亞辛斯基說：「他們不是想要快進快出。」

駭客卸載黑暗能量病毒的過程非常小心，不是一次卸載完畢，而是花幾個月把惡意程式模組一次一個地搬到不同的電腦上。這個方法很聰明，每個模組看上去都很無害，等到全部模組都各就各位，駭客才開始組裝數位武器。六個月後，到星光的伺服器掛掉那一刻，公司裡已經有兩百台電腦受到感染。亞辛斯基的團隊在受感染電腦中找到的，是相當基本的磁碟清除病毒KillDisk，跟伊朗駭客用來清空沙烏地阿美和金沙電腦的工具沒什麼兩樣，而且同樣也會倒數計時。駭客設定惡意程式引爆的時間是當天晚上九點五十一分，也就是星光準備報導選舉結果的時候。要不是伺服器當機，他們大概就會得逞了。

在基輔的另一角落，另一家烏克蘭電視台TRK就沒這麼幸運。當天晚上，TRK有將近一百台電腦被黑暗能量和磁碟清除病毒清空。亞辛斯基和其他受害同業交流，發現駭客的手法不盡相同，所有受害媒體都在電腦中找到黑暗能量和磁碟清除病毒，但駭客侵入各家電腦網路的技巧和方法稍有出入，就像是在做微調測試。例如針對這家媒體，駭客會花好一段時間分批下載攻擊工具（每天下午一點二十分啟動下載）；針對另一家媒體，又會快速下載完畢。

「他們這裡試一種方法，那裡試另一種方法，」亞辛斯基說：「完全是科學精神的展現。」

亞辛斯基不明白的是，駭客為什麼要這麼大費周章攻擊媒體？媒體公司不會有什麼特別有價值的智慧財產，也沒什麼值得竊取的客戶或財務資料。駭客以各種不同的方式來安裝和隱藏攻擊工具，變化手法是亞辛斯基見過最先進的。花這麼大力氣，難道只為了刪除這一點點資料？怎麼都兜不起來。

亞辛斯基對我說：「想想看電影《瞞天過海》是怎麼演的，他們為什麼要花半年來做這些事……」他指著手中攻擊過程的詳細時間軸，「到頭來就只為了弄掛兩台伺服器、刪除一點資料嗎？這完全沒道理。」

原來，俄羅斯駭客是在進行模擬，磁碟清除病毒只是他們清理犯罪現場的方式。亞辛斯基說：「直到三個月後，駭客正式發動攻擊，我們才知道媒體只是他們的白老鼠。」

亞辛斯基攔下「沙蟲」對星光媒體的攻擊後，又過了幾週，進入十一月，霍特奎斯特受邀到五角大廈做簡報。霍特奎斯特向國防部高層介紹他們對沙蟲的調查結果：令人不易察覺的精心偽裝；黑暗能量如何從供腳本小子使用的簡陋工具，逐漸演變成厲害的監控手段，甚至有可能用來製造破壞。他也指出「沙蟲」獨鍾關鍵基礎建設，受害者已包括美國公司、波蘭公司、烏克蘭鐵路局，現又加上烏克蘭的兩家媒體。在他做簡報的時候，那些官員面無表情地聽著，說不上來調查結果的重量到底有沒有在他們心中留下什麼。然後，一位國防部官員問霍特奎斯特，他認為接下來會發生什麼事。

霍特奎斯特回答：「我認為，他們製造一場大停電的可能性很高。」

一個月後，二〇一五年的平安夜前夕，俄羅斯GRU的駭客真的就這麼幹了。

霍特奎斯特向五角大廈做簡報之後的幾週後，沙蟲入侵烏克蘭一個又一個的基礎建設：國庫、退休基金、財政部、基礎建設部，還有烏克蘭鐵路局和Ukrenegro、Ukrzaliznytsia、Kyivoblenergo、Prykarpattyaoblenergo等向烏克蘭西部地區供電的電力公司。

十二月二十三日下午三點三十分，烏克蘭西部伊瓦諾福蘭基夫斯克（Ivano-Frankivsk）地區的上班族開始收拾東西，準備回家過節，Prykarpattyaoblenergo控制中心內的一位工程師卻注意到，他電腦上的游標正滑過螢幕，彷彿被一隻看不見的手牽引。

游標游移到螢幕上的儀表板，從這裡可以控制該公司在當地變電站的斷路器，只見游標一個一個地，在打開斷路器的格子內按兩下，這樣一來，變電站都成了離線狀態。工程師驚恐萬分地看著螢幕上突然彈出視窗，最後一次確認他真的要對成千上萬的同胞停止供暖和斷電。他拚命想用滑鼠控制游標，但一點用也沒有，潛進他電腦裡的那個人讓他完全使不上力，而且現在正在把他登出。他嘗試重新登入，但那隻看不見的手已經把密碼改了，他再也進不去了。現在，他只能眼巴巴看著某個數位幽靈從一個斷路器移動到下一個斷路器，不厭其煩地一口氣關閉了三十座變電站。同一時間，另外兩家烏克蘭電力供應商也遭到同樣的攻擊，總共有二十三萬烏克蘭人陷入一片漆黑之中。斷電後，看不見的手又把烏克蘭的緊急電話線切斷，故意使情況更加混亂。駭客最後再使出撒手鐧，把配電中心的備用電源也關上，烏克蘭工程師只能在黑暗中進行修復。

這是數位世界前所未見的殘酷行徑，不過，俄羅斯駭客沒打算鬧出人命，六小時後，他們讓烏克蘭重新接上電源，時間剛好夠長，足以向烏克蘭人和他們的美國盟友發出清楚的訊息：「我們可以毀了你。」

此時在華府，美國官員進入高度戒備狀態，聯邦調查局、中央情報局、國家安全局和能源部的代表全部聚集到國土安全部轄下的國家網路安全與通訊整合中心（National Cybersecurity and Communications Integration Center），一起評估烏克蘭的災情，計算美國面臨類似攻擊的風險有多高。烏克蘭大停電活生生體現了許多官員和網路安全專家多年來預測的噩夢，俄羅斯駭客的攻擊離可怕的網路版珍珠港事件就只差那麼一步，想到這類攻擊的殺傷力可能有多大，想到俄羅斯駭客如果對美國也來這一招，美國的災情會多嚴重，官員們嚇得直發抖。

至此，俄羅斯駭客已經深深嵌入美國的輸電網路和關鍵基礎建設中，距離推倒一切只剩一步之遙。這就是普丁警告美國的方式，華府要是敢再干涉烏克蘭，敢對俄羅斯發動像震網那樣的攻擊，他們就會把美國打垮。美國的輸電網路就跟烏克蘭的輸電網路一樣脆弱，唯一的差別是，美國把更多東西連上網路、更依賴電腦，也更不願承認問題。

「我們還停留在傳統諜對諜的冷戰思維，」某位高層對我說：「那些攻擊剛開始出現的時候，我們會說：『俄羅斯就是這樣，美國也這樣啊，這是君子之爭，沒人會越雷池一步。』然後，就發生了烏克蘭還有美國大選那些事，這種說法不攻自破。」

第七部

自食其果

「以牙還牙、以眼還眼」這句古諺讓每個人都瞎了眼。

——馬丁・路德・金恩

第二十章 俄國佬來啦

華盛頓特區，美國

二〇一五年底，正當俄羅斯駭客陸續駭入美國國務院、白宮、參謀長聯席會議的電腦網路，並準備對烏克蘭和二〇一六年美國大選發動網路攻擊，我專程飛到華盛頓，跟歐巴馬的網路安全重要官員麥可・丹尼爾會面。

我來到緊鄰白宮的艾森豪行政辦公大樓（Eisenhower Executive Office Building），這是一幢灰色龐然大物，裡面都是白宮職員的辦公室。從鐵門走進去，經過安檢後，工作人員帶我到一間沒有窗戶的狹小辦公室，等候在大樓西翼的丹尼爾忙完過來。辦公室門上貼著斗大字體印出來的一句話：「我厭倦了總是在緊急關頭拚死拚活收拾別人留下的他X爛攤子。」我認得這句話是湯米・李・瓊斯在一九九二年的電影《魔鬼戰將》中說的，他在劇中飾演滿腔怨憤的前中情局探員，把戰斧巡弋飛彈和核彈頭賣給準備對美國發動攻擊的恐怖分子。

電影台詞下方是一則網路攻擊緊急應變計畫公告，上面寫著：「事發當下：通知白宮安全應變小組（White House Security Response）。一小時內：聯邦調查局和特勤局跟受害者接觸、國家安全局搜索相關情報、國土安全部統籌國家安全對策。一天內：發訊息報告現況，並在適當情況下包含以下說明：『在調查有重要進展前不會再發任何訊息，下次發訊息可能是幾天或幾週後。』」

我經常想像白宮有一套先進的網路攻擊即時示意圖，用紅色閃燈表示駭客正在發動攻擊，當紅色閃燈從全球各地的誘餌伺服器航向白宮，應變小組就會即時攔截並摧毀。完全不是這麼回事。講到防禦，全世界駭客技術最先進的國家原來跟我們普通人的做法一樣，只有一紙電腦列印出來的應變計畫。

一名職員帶我到大廳對面一間氣派的木地板辦公室，叫我在那裡等丹尼爾。這將是我和他在總統大選前最後一次見面，一年後，丹尼爾就會卸下現職，再過幾年，川普索性把白宮網路安全協調官這個職位撤銷了。我採訪過丹尼爾很多次，談伊朗駭客對沙烏地阿美和美國各大銀行的攻擊、中國駭客對美國人事管理局的網路攻擊，還有美國網路防禦的糟糕狀況，但這將是我第一次，可能也是最後一次，有機會問他我一直想知道的、關於美國政府的零時差漏洞儲備問題。

一年前，丹尼爾被捲入一場零時差漏洞的辯論——「被捲入」是關鍵詞，因為某個零時差漏洞的揭露，逼得美國政府不得不表態。二〇一四年愚人節當天，芬蘭和谷歌的資安研究人員幾乎同時在某個應用廣泛的加密協定中，發現了極為嚴重的零時差漏洞，這個漏洞嚴重到資安人員幫它做了完整的品牌宣傳，給它取了個難忘的名字——「心臟出血」（Heartbleed），還設計了標誌，印成T恤。

備受尊崇的資安專家布魯斯·施奈爾（Bruce Schneier）當時寫道：「用一到十來評分的話，這個漏洞是十一分。」

心臟出血漏洞是OpenSSL的典型錯誤，OpenSSL是一款很受歡迎的開放原始碼軟體函式庫，用來加密網路傳輸的套件，從亞馬遜、臉書到聯邦調查局，都用這款免費套件來加密自家系統。它早已嵌入安卓手機、家用Wi-Fi路由器，甚至五角大廈的武器系統中。心臟出血漏洞是典型程式錯誤的結果，這種錯誤屬於緩衝區過讀[172]，導致任何人都可以從本應受到保護的系統讀取資料，包括密碼和解密金鑰。OpenSSL因為是開放原始碼程式，跟一般只由幾名員工開發和維護的專屬軟體不同，理論上可以由全世界的程式設計師審查。

開放原始碼運動的前輩之一艾瑞克．雷蒙（Eric S. Raymond），在他一九九七年發表、闡述開放原始碼理念的著作《大教堂與集市》（*The Cathedral and the Bazaar*）中，曾經寫道：「只要眼球夠多，所有程式錯誤都會無所遁形。」但以心臟出血漏洞的情況來說，雷蒙告訴我：「根本沒人貢獻眼球。」

事件爆發後不久，世人才發現，原來OpenSSL早已變得乏人照料。這款肩負幾百萬個電腦系統的傳輸安全任務的程式，竟然只由一名工程師維護，每年預算僅微薄的兩千美元，只夠支付電費，主要還是來自個人捐款。心臟出血漏洞是在兩年前的一次軟體更新，被加入原始碼庫，竟然一直沒人注意到程式有缺陷。

心臟出血漏洞被發現後沒幾天，彭博社發表了一篇消息來源不明的報導，聲稱國安局早就知道這個漏洞，也一直在暗中利用它。這項指控被美國有線電視新聞網（CNN）、線上媒體德拉吉報導（Drudge Report）、《華爾街日報》、美國公共廣播電台和《政客》（*Politico*）雜誌拿來做文章，逼得國安局不得不出面回應，在推特上發文澄清，國安局在漏洞公開前完全不知情。

然而，此時的國安局已經被史諾登連珠炮揭祕了九個月，根本沒人把它說的話當真。這場爭議最後迫使白宮出來說明，在此之前，從來沒有一個國家需要花這麼大工夫，向公眾交代政府是怎麼處理零時差漏洞。要求匿名的官員向記者透露，歐巴馬總統近月做成決定，國安局如果發現零時差漏洞，在多數情況下必須確保漏洞問題獲得解決。但歐巴馬顯然為「明確的國家安全或執法需要」預留了很大的例外空間，大到評論者認為這個決定形同虛設，於是，丹尼爾只好負責解釋。

在心臟出血漏洞被發現前，美國政府從來不曾公開說過「零時差漏洞」幾個字，但那年四月，丹尼爾不再迴避，直接說明了美國的零時差政策。他在發布到白宮網站的一篇聲明中，詳細介紹所謂的「嚴守紀律、嚴謹縝密的漏洞披露高階決策程序」，決策過程由多個政府機構共同參與，一起權衡不披露零時差漏洞的利弊。丹尼爾列出這些機構在決定要保密還是披露時，一定會考慮的一系列問題，例如「漏洞要是沒有修補，會不會有重大風險」、「敵國或犯罪集團知道漏洞後，會造成多大傷害」、「漏洞被別人發現的機率有多大」等等。

這是破天荒第一次，有政府公開承認向公眾隱瞞資安漏洞，但丹尼爾仍然留下很多未解的問題，而這是我請他說明的最後機會。

下午五點剛過，丹尼爾走進來，一屁股坐進紅木長桌後面的椅子裡。他有一頭棕髮，和一雙疲憊的眼睛，看上去倒真有點像《魔鬼戰將》中的湯米．李．瓊斯，只是頭髮更稀疏一些。我不禁納悶，那間小辦公室門上的電影台詞會不會是丹尼爾的傑作，畢竟，他的工作就是在緊急關頭拚死拚活收拾別人留下的「他X爛攤子」。

丹尼爾不只要收拾心臟出血漏洞風波，他當時還在處理史諾登揭祕引發的效應。北韓對索尼影業發動網路攻擊，同樣發生在他任內。他告訴我：「拜金正恩之賜，我那年沒有和家人一起過聖誕節。」伊朗駭客入侵（搞錯了的）包曼水壩，他的電話在凌晨三點響起來；中國駭客最近駭入美國人事管理局，主導調查的也是他。而此刻，就在我們腳下，由前蘇聯國家安全委員會（KGB）轄下單位演變而來的俄羅斯對

172　編注：緩衝區過讀，程式錯誤的一種，許多程式漏洞都因其而生，還可能被惡意利用以存取特權資訊。

外情報局（SVR）駭客部門，正在美國國務院、白宮、參謀長聯席會議的電腦系統裡曲折前進，甚至開始入侵民主黨全國委員會的電腦，只是我們當時還懵然未察。

丹尼爾對我說：「沒完沒了，我們每天忙得團團轉。我是歷史迷，可是這種事完全沒有先例可循。」

丹尼爾的職責是為白宮制定一套協調一致的網路安全政策（就算確實曾有此政策，結果也是徒勞無功），他也接下一項毫不令人羨慕的職務：主導各政府部門共同決定，哪些零時差漏洞該留作網路軍火，哪些該通報廠商進行修補的行政流程。這個行政流程有個曖昧的官僚名稱：漏洞公正性評估流程（Vulnerabilities Equities Process），簡稱VEP。丹尼爾對這份苦差事厭惡至極，他從前任霍華德．施密特（Howard Schmidt）手中接過主導VEP的任務，施密特是一位慈祥、周到的紳士，曾擔任小布希的網路安全顧問，並在歐巴馬執政時期制定了白宮第一套正式的網路策略。已於二〇一七年辭世的施密特，深知零時差漏洞的情報價值，同時也理解零時差漏洞的存在很容易讓一般民眾受到攻擊。

施密特生前曾告訴我：「政府開始說：『為了把我的國家保護得更好，得找到其他國家的漏洞。』問題是，基本上我們全都變得更不安全。」

震網啟發了數十個國家加入尋找零時差漏洞的行列，曾是漏洞市場霸主的美國正漸漸失去主導權。施密特曾對我說：「假如有人帶著足以影響上百萬台裝置的漏洞來找你，跟你說：『只要付我費用，就可以獨享這個漏洞。』總有人會願意付錢。」他接下來說的話在我心頭縈繞不去：「很遺憾，在網路世界，與魔鬼共舞是很普遍的現象。」

施密特為白宮制定的VEP流程是用國安局原本的流程加以微調。多年來，國安局一直都有決定哪些零時差漏洞該保密、哪些該通報廠商的VEP流程，但由於挖掘零時差漏洞需要投入大量資源，加上漏洞在最重要的任務中發揮很大作用，因此只有在極少數情況下，國安局才會選擇通報廠商，而且就算通報，一定也是在利用完以後。直到二〇一四年，施密特把主導VEP流程的重任交接給丹尼爾，漏洞評估流程仍然不算正式，跟沒完沒了駭入美國電腦網路的駭客攻擊，分量不成正比。

過去十二個月以來，俄羅斯駭客對美國國務院發動猛烈的網路攻擊，以釣魚郵件說服天真的國務院職員點開連結或附件，潛進專攻俄羅斯政策的美國外交官電腦裡。等到麥迪安網路安全公司被請來檢查，俄羅斯駭客早已進入國務院電腦網路的最深處，麥迪安團隊每封鎖一道後門，俄羅斯駭客就從另一道後門進來，這是他們見過最厚顏無恥的入侵。正當麥迪安團隊快要控制住情況，俄羅斯駭客又從一英里以外冒出來，這次目標是白宮。俄羅斯駭客的行動一向神不知鬼不覺，但這次，美國官員完全知道是誰在入侵，因為荷蘭情報機構駭入莫斯科紅場附近的一所大學，俄羅斯對外情報局的駭客——民間資安研究人員暱稱他們「慨意熊」（Cozy Bear）——有時會在這裡運作，荷蘭情報人員進到大學的監視器系統，利用人臉辨識軟體查出駭客的姓名。我們因而可以把美國最厲害的敵人看得一清二楚，白宮當時如果能加緊追查，說不定就能在同一幫駭客一開始破壞美國大選的時候，將他們逮個正著。

但是，在丹尼爾和我坐下來談那天，俄羅斯只不過是我們話題中的配角，被丹尼爾形容為「鬼牌」，結果好壞難以預料。俄羅斯的手已經伸進美國的電腦系統，這是我們都知道的事，它有能力、有管道發動足以釀成災難的攻擊，但至少到目前為止，莫斯科表現得很克制。丹尼爾告訴我，比較令人擔心的是伊朗和北韓，希望核協定能使德黑蘭守規矩些，但他並不樂觀。北韓也在美國門口徘徊，只是仍缺乏實力幹一票大的。至於恐怖組織伊斯蘭國，丹尼爾說，他們正利用社群媒體招募新血，準備發動攻擊，但就網路攻擊能力來說，「伊斯蘭國駭客處」最厲害的一次，是把幾千名美國軍方和政府人員的姓名和地址丟出來，說那是一份「殺戮清單」，並宣稱他們已經駭入這些人員的電腦。實際上，那只是從伊利諾州某線上零售商外洩的資料篩選出來、電郵地址中有「.gov」或「.mil」的客戶名單。目前，竊取資料的駭客已經入獄，在推特上發布「殺戮清單」的駭客也在前一年八月的無人機攻擊行動中被殲滅。這些恐怖分子的網路攻擊能力仍落後美國很多年，但丹尼爾心裡非常清楚，只要有任何一個敵人把美國的網路軍火弄到手，到時就只能靠老天保佑我們了。

現在由丹尼爾負責召集的VEP流程，目的在於權衡為了保護美國人安全而出現的利益衝突。一方面，不披露零時差漏洞會讓美國人全體暴露在資安風險中；另一方面，通報廠商修補漏洞，又會削弱情報機構的數位諜報能力、軍方的網路攻擊能力，以及執法單位調查犯罪的能力。在過去大家都使用不同打字機的年代，利益權衡要簡單得多了。

「每個國家都在做諜報工作，這已經不是什麼祕密。」丹尼爾對我說：「在一九七〇年代和一九八〇年代，俄羅斯用的技術我們沒在用，我們用的技術他們沒在用。只要發現他們的系統有漏洞，我們一定好好利用，就這樣，沒什麼好說的。現在不是這麼直截了當了，大家都在用相同的技術，你在這裡戳一個洞，就會給所有人留下安全漏洞。」

丹尼爾接手VEP後，不負施密特所託，加緊召集相關人等，有的來自國家安全局、中央情報局、聯邦調查局，以及國土安全部，也有來自財政部、商務部、能源部、交通部、衛生及公共服務部等不斷增加的政府機構，再加上其他在美國的零時差漏洞落入危險人物手中時，有可能遭到攻擊的單位。

有評估流程總比沒有好，說句公道話，全球只有兩個國家有類似的流程，美國是其一，另一個是英國。就連在注重隱私的德國，官員也告訴我，要建立德國版的VEP還有很長的路要走；至於伊朗和北韓，要這兩國官員圍著紅木長桌辯論，該不該通報微軟它的Windows系統有某個零時差漏洞，可能性更是微乎其微。

丹尼爾承認，評估的過程其實更多是憑感覺。他雖然不肯說出口，有鑑於美國情報機構正投入大量資源在主動出擊，加上零時差漏洞可以讓情報機構獲得恐怖攻擊即將發生，或北韓即將發射導彈的情報，因此評估流程一定會偏向保密，而不是交由廠商修補。然而，當愈來愈多醫院、核電廠、證券交易所、飛機、汽車和局部輸電網路連上網路，VEP的討論有時變得很殘忍。

丹尼爾告訴我：「過程中會有很多情緒。」

他已經盡量公開，但對討論的內容不露半點口風，甚至不肯證實有哪些單位參與評估，只說：「妳只要靜下來想一想，這些工具如果落入危險人物手中，有哪些系統會受到嚴重影響，其實不難想像這當中有誰。」

衡量的標準理論上相當簡單，實際做起來卻沒那麼容易。丹尼爾告訴我：「我們做評估的時候，會看看這項技術的普及程度，如果已經很普及，就寧可披露。反過來說，如果只有我們的敵人在使用，天平就會往另一邊傾斜，比較偏向保密。如果決定保密，〔情報機構〕必須提出充分的理由，還要說明會保密多久。我們也會定期重審，看看是不是該修補了，如果有證據顯示敵人正在利用這個漏洞，就會決定修補。」

多了評估機制，白宮表面看起來像在當責，實際上，這是一場高風險、大家都在失速往前衝的懦夫賽局。我向丹尼爾指出關於美國帶頭催生零時差漏洞市場，並向全世界展示了七個漏洞結合在一起可以造成的巨大破壞；這種地下經濟的供應面正在其他不受控制的市場紛紛湧現；我提到阿根廷，那裡的駭客告訴我，他們不認為比較有義務賣零時差漏洞給美國，而非賣給伊朗或口袋很深的阿拉伯國王，說不定他們心裡覺得更不該賣給美國呢。

丹尼爾說：「聽著，我不想假裝我們完全知道該怎麼做。」他一臉無奈，接著說：「難免會有濺血的時候。」

丹尼爾堅決不談具體的漏洞利用程式，但國安局有一組代號為「永恆」（Eternal）的漏洞利用程式，他在負責VEP期間肯定經手過。

這個代號是由國安局的電腦演算法產生，沒想到「永恆」名副其實，後來成為困擾丹尼爾、國安局、美國企業和鄉鎮城市多年的一系列零時差漏洞利用程式。這其中有一款叫作「永恆之藍」（EternalBlue）的漏洞利用程式，專門鎖定微軟伺服器訊息塊（SMB）協定中的重大錯誤，伺服器訊息塊協定讓電腦通過網路在伺服器與伺服器之間傳輸訊息，例如檔案或印表機。對國安局來說，找到永恆之藍可以利用的系統內在缺陷，只成功了一半。前特定入侵行動辦公室的駭客告訴我，真正厲害的是，在利用這些漏洞的時候，要想辦法讓目標電腦不當機。特定入侵行動辦公室發現（或買下）奠定永恆之藍駭客工具的漏洞後不久，內部人員把這個漏洞稱為「永恆之藍螢幕」（EternalBluescreen），形容每當電腦當機時出現的詭異死藍螢幕。有一段時間，特定入侵行動辦公室人員被嚴格限制，只有在精準攻擊行動中才能利用永恆之藍，發動漏洞攻擊前也必須獲得上級特別許可，以免危及執行中的任務。國安局動用了局內最優秀的分析師團隊，最後開發出一種演算法，能確保永恆之藍進入目標電腦時，彼端螢幕不會出現當機畫面。弄懂怎麼讓目標電腦不當機之後，特定入侵行動辦公室對自家琢磨出來的神奇間諜工具讚嘆不已，一位前特定入侵行動辦公室的駭客告訴我：「我們因此得到許多很有價值的反恐情報。」

永恆之藍最厲害的一點是不著痕跡，目標系統幾乎不會留下什麼事件紀錄。國安局的駭客因此能在不被察覺的情況下，進入一台又一台伺服器，他們的目標——恐怖分子、俄羅斯、中國、北韓——發現電腦曾遭永恆之藍光顧的機率，基本上是零。國安局利用永恆之藍進行間諜活動，也很清楚這款漏洞利用程式一旦外洩，很可能變成一枚洲際飛彈，伊朗、北韓、中國、俄羅斯或天知道還有哪裡的駭客，要是把關鍵指令置換成足以破壞資料或癱瘓系統的程式，就會造成非常嚴重的後果。

一位前特定入侵行動辦公室的駭客告訴我：「我們知道它可以變成大規模殺傷性武器。」有些官員認為，這個漏洞利用程式實在太危險，應該通報微軟修補系統內的零時差漏洞。但某位前情報分析師告訴我，永恆之藍帶來的情報太寶貴了，以至於從來沒人認真考慮過披露漏洞。國安局就這樣把永恆之藍保密了七年，一面禱告永遠不會有人發現這個漏洞利用程式，而這七年，正是美國遭到駭客空前猛烈攻擊的時期。

丹尼爾從來沒有正面談到過永恆之藍或任何其他漏洞利用程式，但他在幾年後的一次回顧中，承認對某些VEP決定感到後悔。永恆之藍最後被不只一個、而是兩個敵人拿去用，在全球各地造成幾十億美元的破壞，我想應該可以合理推定，把微軟系統的這個零時差漏洞保密了七年，就是丹尼爾後悔的決定之一。

丹尼爾當時還不知道，俄羅斯已經在採取行動，準備干預二〇一六年的美國大選。

早在二〇一四年六月，克里姆林宮就派了兩名俄羅斯特工亞歷珊卓．克利洛瓦（Aleksandra Y. Krylova）和安娜．波嘉切瓦（Anna V. Bogacheva），到美國進行為期三週的勘查行程。兩人買了相機、SIM卡和拋棄式手機，還規畫「撤離備案」，以防美國官員警覺她們此行的真正目的。兩人總共走訪了九個州，計有加州、科羅拉多州、伊利諾州、路易斯安那州、密西根州、內華達州、新墨西哥州、紐約州和德州，蒐集美國政局的「相關情報」。那年夏天，克利洛瓦把兩人對美國選民的黨派意識，以及所謂「紫州」（purple states）等搖擺州調查結果，寄回給她們在聖彼得堡的上級，這份報告就成了俄羅斯干預二

○一六年美國大選的指南。

而在聖彼得堡，普丁的宣傳機器「網際網路研究社」（Internet Research Agency）剛起爐灶，該組織給他們的新任務取名「譯者計畫」（Translator Project），目標是「散播對候選人和整個政治制度的不信任感」。普丁任命曾當過他的大廚的尤金尼．普里格欽（Yevgeny Prigozhin）負責監督這場資訊戰，此人身材高大、頭頂光禿，曾因詐欺罪入獄九年，出獄後從熱狗業務員做起，一路爬到變成普丁的親信。網際網路研究社的基地就在紅場附近一棟不起眼的四層樓建築內，據說有幾百萬美元預算可以運用，他們開始招聘二十幾歲的新聞寫手、美術設計，還有週薪一千四百美元的「搜索引擎最佳化專家」，薪資超過行情的四倍。在建築物的其中一層樓，俄國網軍每天十二小時輪班，在臉書和推特上建立幾百個假帳號，用來打擊任何批評他們主子普丁的人。在另一層樓，網際網路研究社的網軍每天接受任務分派，拿到一份本日美國政治危機清單，上面是俄國網軍可以用來製造分化、猜疑和混亂的議題。

以克利洛瓦的報告為指南，俄國網軍先從德州開始部署，再從那裡擴散出去。二○一四年九月，網際網路研究社成立臉書社團「德州之心」（Heart of Texas），推出大量支持德州獨立的迷因、暗喻德州脫美的「#texit」主題標籤，以及常見的恐嚇手法：希拉蕊．柯林頓就要來沒收德州人的槍械。短短不到一年，德州之心已獲得五百五十萬個按讚。接著，網際網路研究社又反向操作，成立另一個臉書社團「美國團結穆斯林」（United Muslims of America），在休士頓的伊斯蘭宣教中心（Islamic Da'wah Center）外發起示威遊行和反示威集會。俄國網軍就像數位世界裡的操偶師，從五千英里外遙控一場真實世界的對峙，讓德州之心的示威者和支持穆斯林的示威者隔街對罵，人在聖彼得堡的俄國網軍簡直不敢相信，美國人怎麼這麼好騙。

為了增加可信度，俄國網軍用的是資料被竊的真實美國人身分，這些人的社會安全號碼和銀行、電郵登入資料，很容易就能在俄羅斯的暗網平台上找到。在俄羅斯這場資訊戰的高峰，網際網路研究社雇用了八十多人，利用安全的虛擬私人網路登入臉書和推特，使身分更不容易被識破。網軍開始把在德州的好運複製到全美各地，尤其是像科羅拉多州、維吉尼亞州、佛羅里達州這些紫州（聯邦調查局探員後來發現，「紫州」成了那場干預行動中俄羅斯網軍的口頭禪）。從一份外洩的備忘錄可以看到，網際網路研究社的上級對下面的人說：「利用各種機會抨擊希拉蕊和其他人（桑德斯和川普除外，我們支持這兩個人）。」

網軍利用假身分，跟川普的競選活動志工以及支持川普的基層組織互動，他們在臉書投放支持川普、反希拉蕊的廣告，不斷產出煽動種族仇恨和仇外的迷因，目的在於壓制少數族裔選民的投票率，同時引導這些選民投給小黨候選人，例如吉爾．史坦（Jill Stein）。俄國網軍在臉書建立「黑人性命攸關」（Black Lives Matter）粉絲專頁，以「黑人覺醒」（Woke Blacks）之類的名字註冊ＩＧ帳號，用來說服非裔美國人（希拉蕊的重要選票來源）選舉日不要出來投票。「仇恨川普的情緒正在誤導民眾，黑人不得不含淚投給『死拉蕊』。」這些帳號寫道：「我們不能兩害相權取其輕，倒不如一個都不選。」在佛羅里達州，網際網路研究社付錢給某位不知情的川普支持者，要他在一輛平板卡車的後方裝上籠子，再付錢給一位女演員，要她在選舉集會上扮成希拉蕊坐進籠子裡，群眾則在一旁大喊：「把她關起來！」這個形式成功後，網軍又在賓州、紐約州和加州推廣這類集會。幾年後，網際網路研究社的干預行動被全盤揭露，普丁的網軍已經觸及一億兩千六百萬個臉書用戶，獲得兩億八千八百萬個推特印象，這是十分驚人的數字，因為美國總共也就只有兩億登記選民，而二〇一六年的總統大選，只有一億三千九百萬人參與投票。

然而，俄羅斯對二〇一六年美國大選的干預行動中，網際網路研究社只是能見度最高的部分。俄國駭客從二〇一四年就開始探索美國五十個州的選民登記名冊，入侵亞利桑那州的選民登記系統，搜括伊利諾州某個資料庫的選民資料。他們刺探美國的網路防禦措施，在廣大的後端投票設備中找出弱點，如選民登記作業、電子選民登記冊等等讓美國選舉得以運作的設備。他們駭入VR Systems公司，也就是為關鍵搖擺州如佛羅里達州、北卡羅萊納州，以及其他六個州提供電子選民登記冊報到軟體的廠商。一直到二〇一六年六月，駭客入侵民主黨全國委員會的電腦，美國人才終於瞥見俄羅斯干預行動的一點足跡。

那年六月，我在內華達山脈度假，滑手機的時候看到一個警訊。《華盛頓郵報》報導，CrowdStrike在民主黨全委會的電腦網路中，發現不只一個，而是兩個不同的俄羅斯駭客組織。第一個是「愜意熊」，也就是駭入國務院和白宮的俄羅斯對外情報局駭客組織，他們在民主黨全委會的電腦網路已經待了一年多。第二個是「花稍熊」（Fancy Bear），這個駭客組織我太熟悉了，他們之前攻擊過的對象很多，從美國的記者、外交官，到外交官夫人都有，而三個月前，他們利用簡單的釣魚郵件，找到機會進入民主黨全委會的電腦網路。那年三月，花稍熊的駭客假冒谷歌快訊（Google alert），寄了一封通知給希拉蕊的競選主委約翰·波德斯塔（John Podesta），說他的Gmail帳號需要更改密碼。波德斯塔把電郵轉給民主黨全委會的資訊人員檢查真偽，資訊人員回報的時候，犯了美國選舉史上釀成最大悲劇的打字錯誤，他原本要打「這封郵件不是真的（illegitimate）」，卻少打了「不」字，成了「這封郵件是真的（legitimate）」，一字之差，釀成大禍。

當波德斯塔把新密碼輸入到駭客假冒的Gmail登入頁面，門戶就此大開，俄羅斯駭客可以看到波德斯塔過去十年來的六萬封電子郵件，並由此進一步挖掘民主黨全委會和希拉蕊的電子郵件。《華盛頓郵報》的報導很完整，卻沒抓到重點，文中充滿安撫讀者的說法：「看來沒有任何財務、捐款者或個人資料被竊取。」報導的結論是，這是俄羅斯慣常的諜報行動，動機是「了解未來可能當上總統的候選人有什麼政策、強項和弱點，就像美國間諜蒐集外國候選人和元首的類似資訊一樣」。但這也怪不得他們，接下來發生的事讓所有人都猝不及防。

一看到《華盛頓郵報》的報導，我就打電話給人也在佛蒙特州度假的大衛・桑格，他和我一起看著俄羅斯駭客手法不斷升級，充分理解美國正面臨的嚴峻挑戰，我倆一致認為：「這是水門案翻版。」我們打電話給《紐約時報》編輯，但那個六月，美國正處在我們這代人經歷過最誇張的總統競選活動中，其他議題很難獲得關注。網路攻擊成了太老套的新聞，編輯們把報導塞在政治版後面；白宮官員這段時間疲於回應俄羅斯對輸電網路、白宮和國務院不斷升級的猛烈攻擊，也同樣覺得膩煩。調查報告顯示，民主黨全委會不是唯一的受害者，共和黨全委會（RNC）同樣成為駭客目標，於是，官員們把這些駭客攻擊當成俄羅斯一貫的間諜活動，沒有放在心上，直到某位神祕個人駭客突然不知從哪冒了出來。

駭客入侵民主黨全委會的新聞見報第二天，一位自稱「古馳法2.0」（Guccifer 2.0）的神祕人物在推特上出現，貼了一篇冗長網路文章的連結，文章標題是〈民主黨全委會遭網攻是個人駭客所為〉。「全球知名資安公司CrowdStrike宣稱，民主黨全國委員會的伺服器被『手法高明』的駭客組織入侵。」古馳法2.0寫道：「我很高興該公司這麼讚賞我的技術）））但其實很容易，真的太容易了。」

美國官員幾乎馬上意識到，之前嚴重低估了俄羅斯的動機。古馳法2.0的文章附上民主黨全委會被竊電子郵件、政策文件、民主黨捐獻者姓名及住址的示例，還有民主黨全委會對川普所做的對手研究，其中包含諸如〈川普一再顯示出對關鍵外交政策一無所知〉、〈川普只忠於他自己〉這樣的章節標題。古馳法2.0宣稱：「我從民主黨電腦網路下載的檔案，這只是其中一小部分。」其餘「幾千份檔案和郵件」目前已交給維基解密，「很快就會發表。」最後還說：「操他媽光明會（Illuminati）和他們的陰謀！！！！！！！！！」

古馳法2.0這個駭客化名以及對光明會的詛咒，都和俄羅斯精心編造的故事有關。原本的古馳法是真人，真名叫馬塞爾．拉札爾．萊赫（Marcel Lazar Lehel），是羅馬尼亞的網路犯罪分子，曾用「古馳法」的化名駭入布希家族成員的電子郵件信箱，竊取希拉蕊的班加西（Benghazi）事件備忘錄，入侵柯林．鮑爾（Colin Powell）的個人網站。他因為把小布希在浴室裡的自畫像洩漏給媒體而聲名大噪。萊赫對光明會的陰謀論十分著迷，這種陰謀論認為，這世界其實是由光明會這個撲朔迷離的「深層政府」（deep state）掌控。萊赫兩年前在羅馬尼亞落網，被引渡到維吉尼亞州，以駭客罪名起訴，他在等待判決期間受訪，宣稱曾經駭入希拉蕊的專用伺服器。而今，古馳法2.0聲稱自己只是延續萊赫的未竟之功。

但電腦安全專家仔細檢查古馳法2.0公布的民主黨全委會被竊檔案的詮釋資料，發現檔案曾經由系統語言為俄文的電腦存取，其中有些檔案剛剛被人做過標記，留下的用戶名稱露出馬腳，是西里爾字母的「菲力克斯．捷爾任斯基」（Felix E. Dzerzhinsky），也就是人稱「鐵腕菲力克斯」的前蘇聯首任祕密警察首長。網路偵探把這些發現公布在推特上，古馳法2.0堅稱他只是單打獨鬥的羅馬尼亞駭客，跟俄羅斯沒有任何關係。科技新聞網站「主機板」（Motherboard）有一位積極上進的記者透過推特採訪古馳法2.0，這位名叫羅倫佐．法蘭切斯基—比科萊伊（Lorenzo Franceschi-Bicchierai）的記者巧妙地用英語、羅馬尼亞語和俄語提問，古馳法2.0用拙劣的英語和羅馬尼亞語回答，表示看不懂俄語問題。當語言學家抽絲剝繭研究古馳法2.0的回應，結論很明確，他根本不是羅馬尼亞人——他顯然用了谷歌翻譯。這徹頭徹尾就是俄羅斯主導的行動，這類行動一向是俄國當局的拿手絕活，俄文專有名詞叫作kompromat，即「污點材料」之意，透過散播有殺傷力的訊息來抹黑敵人。俄國當局多年來早已把這個手法練得爐火純青，而入侵民主黨全委會的駭客，正是兩年前在烏克蘭關鍵選舉前夕駭入電子計票系統的同一幫俄羅斯駭客組織。

然而，民主黨全委會檔案外洩的起因很快就被接下來的媒體騷亂淹沒。古馳法2.0把大批從民主黨全委會那裡偷來的電子郵件轉給「高客網」（Gawker）和「鐵證網」（The Smoking Gun）的記者，政治光譜兩邊的新聞工作者和名嘴就像蒼蠅一樣緊追那些電子郵件，光是高客的報導就有五十萬次點閱。不久，維基解密也如古馳法2.0所預告，陸續公開幾萬封電子郵件和其他被竊文件，英國《衛報》、「攔截新聞網」（The Intercept）、Buzzfeed、《政客》、《華盛頓郵報》，還有我在《紐約時報》的同事都爭相報導。俄羅斯把最有殺傷力的材料留到民主黨全國代表大會即將召開、黨員將要齊聚一堂那幾天，流出的電子郵件顯示，民主黨全委會高層暗地偏袒希拉蕊，不希望她的頭號對手桑德斯贏得黨內初選，幕僚研商要用什麼辦法來貶損桑德斯，有人質疑他的猶太信仰，認為把他塑造成無神論者，在初選倒數的此刻「可以拉開幾個百分點的差距」；有人建議在據傳桑德斯競選團隊竊取希拉蕊競選活動資料的事件上做文章。但這些都不及民主黨全委會主席黛比·沃瑟曼·舒爾茨（Debbie Wasserman Schultz）的電子郵件有殺傷力，郵件中寫道，桑德斯「不會當上總統的」。這些爆料達到了預期的效果，幾天後，民主黨全國代表大會在費城召開，舒爾茨被黨員報以嘲諷和噓聲，抗議人士（抑或是被網際網路研究社操縱的木偶？）舉起標語，上面寫著「電子郵件」和「黛比，謝謝『幫忙』啊！:)」。一來一往之間，電子郵件外洩的起因已被淹沒。那年七月，民主黨全國代表大會落幕後，我和大衛·桑格合寫了一篇報導，提醒讀者不要忘記：「網路專家、俄羅斯問題專家和費城的民主黨高層都注意到一個不尋常的問題：『難道普丁試圖干涉美國的總統大選？』」希拉蕊的競選總幹事羅比·穆克（Robby Mook）堅信，俄羅斯洩漏民主黨的資料，「目的是為川普助選」，只是拿不出真憑實據，希拉蕊的選情只能危如風中殘燭。

此時在俄羅斯，普丁的駭客和網軍火力全開，維基解密公開民主黨全委會外洩電郵所引起的關注，對他們來說還是不夠，俄國駭客索性用自己的管道披露偷來的電子郵件。不久，民主黨全委會的電郵開始在一個名為「華府解密」（DCLeaks）的新網站出現，網站在六月就已註冊，顯見俄羅斯幾個月前早已準備把民主黨的電郵當作武器。臉書上突然冒出以諸如「凱瑟琳·富爾頓」（Katherine Fulton）、「艾莉絲·

多諾文」（Alice Donovan）等美國名字註冊的用戶，把華府解密網站推薦給追蹤她們的人。選前一個月，維基解密公布了一筆重量級資料：約翰．波德斯塔的個人電郵，內含八十頁希拉蕊向華爾街金融圈所做的幾場充滿爭議的收費演講內容。在一篇曝光的演講稿中，希拉蕊告訴聽眾，政治人物必須要有「公開」和「私下」兩種立場，坐實了外界指她兩面派、不會為公眾利益著想的批評；川普的「築牆」強硬派抓住希拉蕊在一篇演講稿中主張「開放邊界」窮追猛打。每一筆洩漏的資料都被俄羅斯網際網路研究社的網軍散布、中傷、加上#主題標籤，瞄準本來就已憤世嫉俗的美國民眾。在桑德斯結束競選活動，並表態支持希拉蕊幾個月後，負責經營伯尼．桑德斯臉書粉絲頁的幾位社運人士留意到，粉絲頁近期湧進一波對希拉蕊充滿敵意的可疑留言，通常是這樣寫的：「那些把票投給伯尼的人絕不會投給腐敗的希拉蕊！」「革命尚未成功，同志仍需努力！#拒投希拉蕊。」一位臉書管理員告訴我的同事史考特．夏恩，「留言的強度和惡意」顯示背後是某個有特定目的的冷血對手所為，但若要說這是俄羅斯的破壞行動，許多美國人還是覺得這種想法是荒唐的冷戰思維。

俄羅斯干預二〇一六年美國大選的真相，還要再過幾年才會水落石出，但在艾森豪行政辦公大樓西翼的白宮網路安全辦公室，官員們已經相當清楚敗壞希拉蕊競選團隊名聲的幕後黑手是誰。問題是，接下來該怎麼做？

民主黨全委會要求白宮公開他們掌握到的情況，中情局已經可以「很有把握」地做出結論，民主黨全委會遭駭的幕後黑手就是俄羅斯政府，但白宮在這件事情上顯得格外沉默。在政府內部，一場鬥爭正在醞釀。國安局表示，它頂多只有「中等把握」敢說民主黨全委會遭駭是俄羅斯搞的鬼，局裡的分析師還在仔細研究訊號情報，希望百分之百確定了，才破例發布公開聲明。在中情局內部，官員們百分之百確定這就是克里姆林宮的卑鄙勾當，但他們的情報有賴普丁周圍高度敏感的美國間諜提供，中情局擔心公開任何訊息，都會陷中情局的消息來源於險境。歐巴馬則擔心，把駭客攻擊活動明確定調為俄羅斯政府所為，他自己也會被人說是在干涉選舉。

平常溫和的丹尼爾這時竭力爭取做出對等回應——我們能不能用什麼辦法控制住俄羅斯總參謀部情報總局的命令暨控制伺服器？或者把華府解密和古馳法2.0踢下線？還有維基解密，我們能把他們也踢下線嗎？官員們還考慮過以資訊戰回敬普丁，不如把普丁和親信以權謀私的金融交易爆出來？或者打擊他們的要害，切斷他們跟全球銀行體系的聯繫？但網路安全官員告訴我，這些可能性到頭來都沒有呈到總統的辦公桌面，也沒有人認真予以考慮過。

對歐巴馬和他身邊的情報首腦來說，民主黨全委會敏感資料連環爆，不斷登上頭條新聞，只不過是花邊枝節而已，嚴重性根本不能和俄羅斯正全面駭入美國各州的選民登記資料庫相比。在亞利桑那州，官員發現某位選務人員的密碼被竊，駭客可以竄改選民登記資料。在伊利諾州，俄國駭客利用選民資料駭入州政府的電腦網路，政府官員才剛開始評估破壞程度有多大。國土安全部分析師在全國各地的選民登記系統都偵察到俄國駭客瀏覽系統資料的痕跡，駭客既然進得了選民登記名冊，就可以把選民的登記狀態從已登記改成未登記，可以竄改資料，讓還沒投票的人變成已投完票，或者索性把選民從名冊中刪除。俄國駭客根本不必花工夫破壞計票機，只要以數位手法剝奪搖擺州內傳統偏藍郡成千上萬選民的資格，不但簡單得多，也更不易察覺。即使俄國駭客只稍動一點手腳，美國人也會因為選舉被人為操縱而感到恐慌，使大選乃至全國陷入混亂，而根據俄羅斯問題專家的看法，俄國當局的行動重點一直就是製造混亂。

那年秋天，隨著威脅像雪球愈滾愈大，白宮知道不能坐以待斃。歐巴馬認為比較好的做法是對外界釋出兩黨團結的訊息，於是派了他的國土安全部和聯邦調查局愛將前往國會彙報，要求國會議員同聲譴責俄羅斯。那年九月，麗莎．摩納哥（Lisa Monaco）、傑伊．強森和詹姆斯．科米的黑色休旅車隊抵達國會山莊，豈料，會議最後演變成兩黨混戰，在參議院占多數的共和黨黨團領袖米奇．麥康奈（Mitch McConnell）明確表示，他不會簽署任何譴責俄羅斯的共同聲明，認為那些情報毫無參考價值，還訓斥政務官跟著民主黨編造的謊言起舞，總而言之，他拒絕警告美國民眾，有人正試圖破壞二〇一六年的總統大選。

就這樣，總統候選人川普趁虛而入，他在某次競選集會上說：「我愛死維基解密了！」川普從不放過任何宣傳俄羅斯駭客行動的機會，他有一則推文這麼寫道：「民主黨全委會外洩的電子郵件顯示，他們有計畫要毀了伯尼．桑德斯……好惡毒，作弊喔。」在另一則推文中，他開玩笑說，真希望駭客也入侵希拉蕊個人電子郵件的伺服器。川普從頭到尾不肯指出那是俄羅斯所為，在一次又一次的競選集會上表示，不大相信幕後黑手是俄羅斯，並在九月接受俄羅斯RT電視台採訪時說，民主黨全委會遭駭客入侵「應該不可能」是普丁下的令，「這可能是民主黨編出來的，誰知道？我個人是認為不大可能。」在總統大選的第一場辯論中，川普說駭客可能是個「坐在床上的四百磅重大胖子」。

隨著選舉接近，白宮向普丁發出兩次警告，一次來自歐巴馬本人，他那年九月在杭州參加一場峰會，並當面警告普丁，俄羅斯如果不停手，美國有能力摧毀俄國經濟。另一次警告來自中情局局長布瑞南，他警告俄羅斯聯邦安全局（FSB），他們若再不收手，就會「玩火自焚」。

俄羅斯果真收手了，也可能任務已經達成，干預行動已令希拉蕊元氣大傷，她即使勝選，也會是跛腳總統，他們大概這麼想。根據一些情報，俄羅斯也沒想到川普真的會贏，他們的主要目的是打擊希拉蕊，讓她即使勝選也失去選民的信任。那年十一月，當川普贏得總統大選，我們很難具體說出有多大成分是受俄羅斯的影響。假訊息專家的報告認為，俄羅斯污點材料的影響不大，但我可不敢這麼確定。從票數來看，川普在普選票上不僅大輸三百萬票，得票率甚至比艾爾．高爾（Al Gore）、約翰．凱瑞和米特．羅姆尼（Mitt Romney）敗選時還低，與其說川普贏了，不如說希拉蕊輸了二〇一六年的總統大選。許多長期投票趨勢都在二〇一六年出現逆轉或停滯，黑人選民（俄羅斯網軍積極鎖定的對象）的投票率在二〇一六年急遽下降，是二十年來首見。川普在搖擺州領先的票數比俄羅斯網軍支持的綠黨候選人史坦的得票數還少，在威斯康辛州，希拉蕊輸了兩萬三千票，史坦獲得三萬一千票；在密西根州，希拉蕊落後一萬零七百零四票，史坦贏得五萬票。保守派政治策士認為，民主黨從一開始就大大低估了選民對希拉蕊的厭惡程度，這當然也是原因之一，但我們大概永遠無法知道，來自俄羅斯天天連珠炮似的反希拉蕊迷因、偽裝集會和殭屍程式，究竟使多少本來可能投給希拉蕊的選民不去投票，或者對她代表民主黨參選的正當性產生懷疑，乾脆把票投給兩黨以外的候選人。

歐巴馬政府原本打算在大選結束、希拉蕊獲勝後著手解決俄羅斯問題，但二〇一六年十一月川普當選，讓一切都變得很不確定。那年十二月，歐巴馬政府還是對俄羅斯實施了懲罰性制裁，下令驅逐三十五名俄羅斯「外交人員」——當中有許多人其實是間諜，同時沒收俄羅斯辦事處的兩處祕密房地產，一處是位在長島、占地十四英畝、室內有四十九個房間的豪宅，另一處是位在馬里蘭州的臨海間諜窩，附近居民面帶驚恐地指出，隔壁俄羅斯鄰居煮螃蟹的方式跟本地人很不同，一位居民告訴美聯社記者：「他們拿螺絲起子刺螃蟹，先把背上的殼剝下來，清洗乾淨才放進水裡煮。」

綜觀整個事件，就像以打一頓屁股來懲罰放火燒房子的人。說到燒房子，九個月後，當川普政府終於下令關閉俄羅斯駐舊金山領事館，撤離當天，領事館大樓煙囪冒出大量黑煙，天曉得俄國官員在裡面燒什麼。附近居民聚集在人行道上看得瞠目結舌，有人打電話叫了消防隊，當地環境部門也派員調查。當一男一女兩名俄羅斯外交人員從領事館大樓走出來，一名當地新聞記者趨前問在燒什麼東西，在周圍刺鼻的滾滾黑煙中，女外交人員回答：「沒有在燒東西啊。」

第二十一章　影子仲介商

位置不明

一開始，讓人懷疑美國國安局的網路武器儲備可能已經洩漏的，是來自推特帳號@shadowbrokerss（影子仲介商之意）一系列條理不清的推文。

二〇一六年八月，民主黨全委會資料外洩事件爆發已兩個星期，俄國網軍正在社群媒體上對希拉蕊窮追猛打，俄國駭客正一個州一個州地刺探美國的選舉系統，此時在推特上，突然出現了「影子仲介商」這個新帳號。不管這個組織是些什麼人，總之他們宣稱駭入了美國國安局的電腦，現在要在網上拍賣國安局的網路武器。

「！！！資助網路戰的政府和靠網路戰發財的人請注意！！！」推文開宗明義這麼寫道，語氣很像俄羅斯人講的蹩腳英語：「你付多少錢買敵人的網路武器？」

影子仲介商聲稱，已經成功攔截到「方程組」（The Equation Group）的網路武器，方程組是俄羅斯資安公司卡巴斯基給國安局菁英駭客小組——特定入侵行動辦公室取的名字，就像CrowdStrike給俄國政府的駭客部門取「愜意熊」和「花稍熊」這樣的蠢名字一樣。

我們追蹤方程組的訊務，找到方程組的源範圍，駭入方程組的系統，找到很多、很多網路武器，你會看到圖片，我們會給你看一點方程組的檔案，免費。這是最好的證明不是？你盡情享用！！！你破解很多東西、找到很多入侵、寫了很多，可是還有很多，我們拍賣最好的檔案。

一開始，這些偏激的推文看起來很像精心設計的騙局，畢竟在螢幕上隨時都有各種消息干預選舉，大概是又是一個想出鋒頭或分散民眾注意力的古馳法。但從影子仲介商在網路上公布的駭客工具快取看來，這些程式是真的，推文附上的連結內含三百MB的資料，資料量相當於三百本小說，只不過這裡的資料是駭客工具，代號都是像Epicbanana、Buzzdirection、Egregiousblunder、Eligiblebombshell這樣的名稱，跟史諾登披露的駭客工具名稱很類似。有人就認為，不知是哪個白癡吃飽太閒，把幾年前史諾登公布的文件和《明鏡週刊》披露的特定入侵行動辦公室ANT目錄從頭到尾看過一遍，依樣葫蘆想了幾個蠢代號，再安到從暗網找來的駭客工具上。

然而，國安局人員、資安研究人員，以及世界各地的駭客仔細研究那些程式後，卻發現影子仲介商所言不虛，他們公布的檔案確實是厲害的零時差漏洞利用程式，可以神不知、鬼不覺地突破思科和Fortinet公司所銷售的防火牆，中國最廣泛使用的幾種防火牆也攔不住。我馬上打電話給每一位前特定入侵行動辦公室人員，只要對方接起電話，劈頭就問：「這是怎麼回事？」

其中一人直言不諱地說：「那是進入天國的鑰匙。」他仔細爬梳貼出來當示例的程式快取，認出那些就是特定入侵行動辦公室的工具。網路恐怖分子只要有這些工具，就能長驅直入全球政府機構、實驗室和企業的電腦網路。如果說史諾登的洩密，是把國安局的駭客計畫和能耐描述出來，那麼影子仲介商所做的，就是公布這種能耐的武功祕笈。現在，具有大規模殺傷力的攻擊程式和演算法就放在網路上，任何別有居心或想要竊取資料的人都能免費取用，這簡直是國安局的噩夢成真。VEP流程想要阻止的，正是這種情況。

但那些快取只是前奏，在幫背後更大量的國安局駭客工具打廣告，好賣給出價最高的買家。影子仲介商接著又貼出一份加密檔案，並寫道：「比震網還厲害！」誰出的比特幣最多，就能獲得解密金鑰，但影子仲介商這次加入了一個驚人賣點：只要出價達到一百萬比特幣（在當時折合超過五億美元），就把從國安局竊取的全部檔案公開在網路上。製造混亂竟然成了可待天價而沽的東西。

影子仲介商在文章的結尾，對「菁英人士」說了一席怪話。

「讓我們來為菁英人士詳加說明，你的財富和權力都要靠電子資料，電子資料如果說掰掰，有錢的菁英會怎麼樣？可能只剩下笨笨的牛羊？『你覺得自己是老大嗎？』有錢的菁英人士，你要發送比特幣，你要參加競標，對你來說也許大有好處？」

在我和其他跑相關新聞的同行，還有世界各地的俄羅斯專家看來，影子仲介商的俄羅斯腔、蹩腳英語，感覺比較像以英語為母語的人假裝俄羅斯人，只是個幌子，並不像大家都已經很熟悉的俄羅斯駭客國家隊。但那年八月，民主黨全委會剛剛遭到俄國駭客攻擊之後，誰也不敢排除這個可能性。

三十九歲的傑克．威廉斯（Jake Williams）坐在俄亥俄州某家公司臨時設置的網路作戰室，又一次出差到外地幫客戶清理遭到惡意攻擊的電腦網路。他和同事每天瘋狂加班，努力把網路犯罪分子趕出客戶的電腦網路，就在此時，他看到影子仲介商的推文。

他下載了影子仲介商放到網路上的快取示例，立刻認出程式的來源。威廉斯不大講自己的資歷，其實他四年前才離開特定入侵行動辦公室，最早是軍方情報部門的醫療人員，二〇〇八年加入國安局，在特定入侵行動辦公室擔任漏洞利用專家，直到二〇一三年才離開，比現在大多數的特定入侵行動辦公室人員都待得久。他沒辦法告訴我，影子仲介商放上網路的工具裡有沒有他的傑作，但他可以保證，那些真的就是國安局的駭客工具。

威廉斯和同事互望一眼，那位同事也是前特定入侵行動辦公室分析師，也認出了那些駭客工具。**這是什麼鬼，這不是真的吧！**

在《紐時》新聞編輯室，我心裡也有同樣的獨白。至此，我已經把美國政府的零時差漏洞儲備相關問題從頭到尾追查過一遍：從槍手計畫、戈斯勒、情報機關、駭客、仲介商、間諜、市場、工廠。一個始終存在的兩難情況是：我們的敵人或網路犯罪分子要是也發現這些漏洞，該怎麼辦？幾乎從來沒有人好好想過，政府的漏洞儲備要是被竊，會是什麼狀況。如今這個狀況就在眼前活生生上演，我簡直不敢相信自己所看到的。史諾登的洩密是一場外交災難，特定入侵行動辦公室的ＡＮＴ目錄被公布出來，國安局更不得不停止在全球各地的活動，但現在曝光的，可是**如假包換的漏洞利用程式碼啊！**快取中包含的漏洞利用程式是經過美國最優秀的駭客和密碼學家耗時幾個月，甚至幾年的琢磨，才編寫得恰到好處。這些特定入侵行動辦公室所使用的程式，毫無疑問曾被用來駭入美國敵人，甚至某些美國盟友的電腦。史諾登洩密案已經夠瞧的了，這要比史諾登洩密案還要糟糕上百倍。

威廉斯仔細檢閱那些程式檔，他和同事本來已經快要把駭客徹底趕出客戶的網路，準備好要回喬治亞州的家了，這時卻發現，客戶的防火牆會受到影子仲介商剛放上網路的零時差漏洞利用程式的攻擊。這下，想要回家，還早得很。

接下來幾個小時，威廉斯和同事埋頭修改客戶的電腦網路設定，以免客戶又受下一波駭客攻擊。等到他們把緩衝區差不多架設好，時間已經很晚了，辦公大樓早已空蕩蕩。威廉斯回到下榻的飯店，就著幾杯超烈長島冰茶，把影子仲介商的推文和檔案看了一遍，仔細分析推文的俄羅斯腔英語，還有嘲諷的語調，不斷推敲到底誰會想要這樣做。他知道美國的死敵和親密盟友很快就會掃描自己的電腦網路，看看找不找得到這些國安局程式碼的影子。要是真找到了，後果不堪設想，接下來的日子一定會苦不堪言。

從外交角度來看，史諾登洩密案中最有破壞力的部分，就是揭露了國安局曾駭入德國總理安格拉·梅克爾的手機，事隔三年，美國外交官仍在努力修補和柏林的關係。這下，美國的盟友又會發現哪些國安局的行動？威廉斯繼續猛灌長島冰茶，把會這樣做的美國對手在腦海裡想過一遍，再思索誰能從中受益最大。多年來，伊朗和北韓不斷表現出傷害美國的意圖，兩國對美國的網路攻擊雖然很有破壞力，在短時間內證明了他們是不容小覷的網路敵人，但美國的網路戰力仍然比兩國領先好幾光年。現在，有人要把美國的網路武器交到兩國手上，使這個差距大幅縮小，**到底會是誰？**

威廉斯想到那些工具可能造成的巨大破壞，就害怕得發抖。他的客戶得面對接下來的驚濤駭浪，全世界的網路犯罪分子肯定會利用那些工具大賺一波，但各國政府一樣可以輕輕鬆鬆把數位炸彈和資料清除器附加到那些工具上，駭入美國政府機構、企業和關鍵基礎建設，摧毀資料、癱瘓網路。

第二天早上，威廉斯醒來後猛灌宿醉解藥：「怪獸康復」（Monster Rehab）能量飲料。前往客戶辦公室的路上，那個問題還在他腦際揮之不去：到底誰會這樣做？

這個時間點絕非巧合，俄國駭客剛剛入侵民主黨全委會的網路，正在四處散布污點材料，五角大廈肯定正在考慮有哪些報復選項。威廉斯猜想影子仲介商釋出國安局的駭客工具，會不會是想先發制人？克里姆林宮也許想要提醒全世界，玩這種遊戲的不是只有俄羅斯；又或者俄國想要警告美國，如果敢採取報復性網路攻擊，克里姆林宮早已掌握了美國那一套。

持這種觀點的人還有史諾登，人在莫斯科的他發推文說：「從間接證據和主流意見看來，責任在俄羅斯……」影子仲介商的洩密「應該是一種警告，有人可以證明，這台惡意程式伺服器所發出的任何攻擊，美國都要負責，這將會對外交政策造成重大影響」。他在另一條推文中補充：「尤其這些行動如果曾以美國盟友（或他們的選舉）為目標，影響會更嚴重。」他又說：「由此看來，此舉目的可能是為了影響那些還在猶豫該對民主黨全委會被駭事件做出多大反應的決策者。」

換句話說，史諾登認為，「有人在發出訊號」，美國如果對俄羅斯干預大選採取報復行動，「情況會很快一發不可收拾。」

在思科的矽谷總部，以及位於馬里蘭州、距離米德堡僅十英里的思科衛星辦公室，威脅分析師和資安工程師開始拆解國安局的程式碼。此刻正是軟體商發現零時差漏洞的第零時，影子仲介商揭露的思科防火牆漏洞是許多人心中的噩夢——不只思科，思科在全球的數百萬客戶也一樣。現在，思科工程師必須跟時間賽跑，盡快修補漏洞或找到迴避方法。在此之前，任何掌握了必要數位工具的人都可以毫不受限地偷偷駭入思科客戶的電腦網路。

消息來源告訴我，思科的零時差漏洞利用程式在漏洞地下市場每款可以賣到美元五位數的價錢，而影子仲介商公開這些程式所造成的損失，輕易就超過幾億美元。影子仲介商公布的示例檔案最早建立時間是二〇一三年，但其中有些程式碼更早在二〇一〇年就已建立。**國安局竟然把這些漏洞保密了這麼久？**這些漏洞利用程式不只破解一種防火牆，而是使十一種不同的資安產品形同虛設。沿一〇一號公路再往北，就是另一家資安公司 Fortinet，同樣的噩夢也在這裡延燒。Fortinet 正在穩步提升海外市場占有率，現在，高層擔心海外客戶會以為那些漏洞是公司和美國政府串通好的，工程師忍不住罵起自己的政府。

美國官員近年大談 VEP 和「NOBUS」——即「除了我們沒有別人」，是一種國安局用來評估是否通報廠商修補零時差漏洞的機制——影子仲介商的洩密形同打臉美國官員，他們公布的漏洞程式根本不是NOBUS等級，他們利用的漏洞是人人（美國的對手、網路犯罪分子、業餘駭客）都有可能自行發現並開發利用的程式。那些有漏洞的防火牆都是用來保護美國的電腦網路，而國安局竟把這些漏洞保密多年，VEP的運作如果真像丹尼爾和其他官員所說的那樣，這些漏洞早就通報廠商修補了。

多年來，美國官員一直很苦惱，擔心美國的網路攻擊行動（即震網行動）會刺激敵人發展自己的網路戰力，害怕有朝一日，在充足的資金和訓練之下，敵人會迎頭趕上。現在，美國自己的駭客工具就這樣公布在開放網路上，任何人都可以免費取得，回過頭來向美國開火。此刻，在米德堡，間諜們開始冒冷汗了。

儘管那些零時差漏洞可以在地下市場賣得好價錢，影子仲介商在網路上進行的公開拍賣，反應卻不怎麼樣。也許本來有意競標的人害怕一出價，就會被全球最厲害的間諜機構鎖定，這是絕對合理的憂慮。拍賣開始二十四小時後，總共只有一人出價，金額是少得可憐的九百美元。

然而，聯邦調查局和國安局反情報部門Q小組（Q Group）內部，沒有人相信影子仲介商是為了牟利，不管主事者是誰，這麼做等於把國安局、美國、全球每個受影響的電腦網路，還有主事者自己（如果被捉到的話），都置於極險之境。調查人員漸漸相信，這是某種恐怖陰謀，正以慢動作緩緩展開。

對於影子仲介商公布的檔案，媒體並沒有像史諾登洩密案或民主黨全委會資料外洩事件那樣蜂擁而上。在《紐約時報》，我和同事大衛．桑格、史考特．夏恩做了一篇又一篇的報導，有些還上了頭版，但由於涉及技術面較多，這些報導不像先前的洩密案般受到關注。其實，國安局在這次事件中受到的影響比之前大得多。

在國安局的米德堡總部和全美各地分部，工作人員十萬火急地關閉了受外洩程式碼影響的所有行動、調換駭客工具，一邊預測影子仲介商接下來還會披露什麼。另一方面，曾經瞥見過外洩程式碼的人，都被叫去訊問，為了找出私通影子仲介商的叛徒，有人被要求測謊，還有一些人被無限期停職。國安局的士氣在史諾登洩密案後，本來就已嚴重受挫，至此更空前低落。局裡的一些專家開始往民營企業找工作，連職業生涯從頭到尾都待在國安局的老人也不例外，民營企業給的薪水更高，又沒有這麼官僚，還不必面對測謊儀。

那年夏天，國安局在努力追查檔案外洩的源頭時，向聯邦調查局通報了一則國安局承包商哈羅德．馬丁三世（Harold "Hal" Martin III）在推特上貼出的推文，馬丁曾透過推特跟卡巴斯基實驗室聯絡，卡巴斯基則向國安局通報此人。聯邦調查局以此為由，拿到馬丁住處的搜查令，並在那裡搜出五十ＴＢ的資料——總共六大箱的機密程式碼和文件，其中還有祕密情報人員的名字——這些資料散落在馬丁的車內、後車廂、屋裡、院子和車棚各處。但經過調查，原來馬丁只是有囤積癖，不是洩密者，沒有任何證據顯示他曾打開或傳送過那些偷來的檔案。而且，國安局如果以為捉到了他們想找的人，很快就會發現搞錯了。

那年十月，馬丁已被羈押，影子仲介商在萬聖節前一天再度出現，發了一篇題為〈不給糖，就搗蛋〉（Trick or Treat?）的部落格文章。這次，影子仲介商沒有洩漏什麼程式碼，而是公布國安局在世界各地的誘餌伺服器網址，讓美國的盟友和敵人得以一窺國安局的祕密駭客行動全球分布圖，涉及地區包括北韓、中國、印度、墨西哥、埃及、俄羅斯、委內瑞拉、英國、台灣和德國。文中也對時任副總統的喬．拜登極盡嘲諷，幾天前拜登在美國國家廣播公司（ＮＢＣ）的《會晤新聞界》（*Meet the Press*）節目中表示，俄羅斯要對民主黨全委會被駭事件負責，美國情報機構決定採取報復行動，他說：「我們正在釋放訊息，美國將會擇時報復，而且一定是在能造成最大衝擊的情況下出手。」

影子仲介商聽了很不開心，在文中寫道：「下流阿公為什麼威脅跟俄羅斯打中情局網路戰？書本最古老的控制手腕對吧？搖旗吶喊、把問題怪給外部因素、不肯為失敗負起責任。但不要緊，民主黨全委會駭客入侵比『方程組』愈來愈無能重要多多。美國佬不知道自己國家的網路戰力愈來愈不行了嗎？什麼『新聞自由』哪去了？」推文最後以更加令人不安的威脅作結：「十一月八日，與其不投票，也許讓投票整個廢掉？也許學偷走聖誕節的鬼靈精（Grinch），偷走選舉？也許最好的辦法就是駭入選舉？#hackelection2016。」文中也附上可讀取影子仲介商所公布檔案的密碼，提醒欲參加競標者，這場國安局駭客工具的線上拍賣可能很快就會結束，而密碼就是：payus（付錢給我們之意）。

六星期後，影子仲介商再現蹤影，這次採取不同方針，比較像Netragard、Vupen和NSO等公司的做法：「影子仲介商試過拍賣，大家沒有喜歡；影子仲介商試過群眾募資，大家還是沒有喜歡。現在，影子仲介商要直銷。」在怪腔怪調的牢騷怨言旁邊，是一張程式檔的螢幕截圖，影子仲介商說，每份檔案要價一到一百比特幣不等（相當於七百八十至七萬八千美元），買家如果想單獨買個別國安局駭客工具，可以直接下標。不知是否有興趣的買家覺得成為國安局鎖定目標的風險太大，還是整場拍賣根本是一場鬧劇，總之沒人出價。到了一月，影子仲介商宣布退出江湖，不再涉足網路武器市場。

「再會了，大家。影子仲介商要隱入黑暗，準備退出江湖了。再繼續下去只有很大的風險和屁話，沒有很多的比特幣。跟一般看法相反，影子仲介商一直都是為了比特幣啊，免費檔案大方送和政治屁話都只是宣傳，吸引注意而已。」

然後，影子仲介商消失了三個月。在這段期間，又發生了另一起洩密案，這次失竊的是中情局的軍火庫，洩密者把那批資料叫作「七號軍火庫」（Vault7），中情局從二〇一三年至二〇一六年間的駭客工具都被發布到網路上。七號軍火庫的文件詳細介紹了中情局如何駭入汽車、智慧電視、網頁瀏覽器、蘋果和安卓手機作業系統，以及Windows、Mac和Linux電腦作業系統，基本上都是藏金量很高的地方。影子仲介商這次沒有出來居功，而從被洩漏的駭客工具看來，七號軍火庫應該是不同洩密者的作為。兩年後，中情局鎖定洩密者是該局前菁英程式設計師舒爾特（John Schulte），但舒爾特不承認犯案，陪審團裁定舒爾特對調查人員做出不實陳述，至於是否就是洩密案主事者，陪審團陷入僵局，法官只好宣布審判無效。

隨著國安局和聯邦調查局全力追查影子仲介商洩密案的幕後黑手，主流看法認為，事件起因是某位國安局駭客不小心把武器庫留在已遭俄羅斯駭客入侵的電腦或伺服器上。但一些國安局內部人士無法苟同，因為影子仲介商洩漏的檔案大部分是特定入侵行動辦公室的零時差漏洞利用程式，其中有些程式只會存在實體磁碟上。調查人員懷疑，有國安局人員把隨身碟放進口袋，再帶到外面去，但這種說法還是無法解釋為什麼影子仲介商取得的檔案有部分並不在磁碟上，而且看來是在不同時間、從不同系統竊取的。這些檔案當中還有PowerPoint簡報檔和其他類型的檔案，看來更不像是某個粗心大意的特定入侵行動辦公室人員把駭客工具留在網路上，讓影子仲介商輕鬆得手。

來自以色列的一條線索，把調查人員引導到某國安局員工的家用電腦上，因為該員工安裝了俄羅斯資安公司卡巴斯基的防毒軟體。有消息來源告訴我，以色列情報人員駭入卡巴斯基的系統，發現卡巴斯基利用防毒軟體進入世界各地的電腦，搜尋和擷取「最高機密」文件。以色列情報人員把從卡巴斯基系統內拍下的螢幕截圖傳給美國伙伴，以證明卡巴斯基在蒐集情報。這下看來，卡巴斯基的軟體很有可能從國安局員工的家用電腦偷走了該局的「最高機密」文件，這真是令人頭暈目眩的間諜連環駭，但到這時，已經沒有什麼可以令我訝異的了。我們的報導刊登在《紐時》後，卡巴斯基聲稱他們展開內部調查，發現該公司的防毒軟體只是在照章辦事，搜尋程式碼中包含「機密」（secret）字樣的某一款惡意軟體。這等於承認卡巴斯基防毒軟體確實從國安局員工的電腦擷取了「最高機密」資料，但卡巴斯基強調，一發現防毒網撈到的是美國國安局的資料，他們就把資料銷毀了。有些人認為卡巴斯基的解釋說得通，有些人則覺得荒唐可笑。多年來，美國官員一直懷疑卡巴斯基是俄國情報部門的掩護，如今，這起事件使該公司蒙上一層不單純的陰影，也讓更多人相信俄羅斯多多少少和國安局駭客工具遭竊有關。

根據一些資安界人士的看法，影子仲介商如果是俄國特工，隨著那年十一月川普當選，他們的任務已經完成。有三個月的時間，影子仲介商杳無聲息，但如果以為噩夢已經解除，那就高興得太早了。二〇一七年四月，影子仲介商再度出現，把八個月前最早貼出、宣稱「比震網還厲害」的加密檔案的密碼公布出來。結果，影子仲介商有廣告不實之嫌，解密後的檔案僅是針對舊版Linux、Unix和Solaris的漏洞利用程式，跟他們宣稱的大規模殺傷力網路武器差了十萬八千里。

影子仲介商的目的如果就是幫助川普當選，這時大概對川普幻滅了，公布密碼之餘，文章列出一長串對政治的不滿。影子仲介商像老練的美國名嘴那樣直呼川普的名字，要總統知道許多事情都讓他們很火大，包括最近史蒂夫．班農（Steve Bannon）在國家安全會議的職位遭撤換、美軍前一天轟炸敘利亞、「深層政府」、國會的自由黨團（Freedom Caucus），以及白人的特權等。

影子仲介商向川普喊話：「影子仲介商想要看到你成功，影子仲介商想要美國再次偉大。」

威廉斯懷著既驚且憂的心情追蹤影子仲介商洩密案，他有自己的一套看法，堅信洩密案是俄羅斯一手造成，時間點安排得恰到好處，既把美國羞辱一番，又轉移了媒體對俄羅斯干預大選的注意力，後來則是為了抗議美國對敘利亞的侵襲。威廉斯因為主持一場全天的資安培訓課程，提前一天到奧蘭多，晚上坐在飯店房間裡，決定把自己的看法寫出來。他在部落格文章中指出，影子仲介商是典型由克里姆林宮主導的行動，他們貼出最新文章的時間點，正是美國向敘利亞空軍基地發射五十九枚戰斧巡弋飛彈後第二天，俄羅斯顯然為此想要羞辱美國。

「這是影響重大的事件，俄羅斯正在利用網路操作（可能透過駭客行動竊取的數位資料）來影響現實世界的政治。」威廉斯寫道：「俄羅斯對（美國）轟炸敘利亞迅速做出反應，把先前沒有提供的加密檔案密碼很快公布出來，這對影子仲介商來說是個極端的選擇。」

威廉斯按下發布鍵，就上床睡覺了。第二天早上，他七點半醒來，翻身拿起手機查看。他那篇文章已被留言和推特提及灌爆，影子仲介商直接回應了他的部落格文章，他最害怕的噩夢成真，影子仲介商揭了威廉斯的底牌，無誤地指出他曾是特定入侵行動辦公室的成員。威廉斯從來沒有公開過這個身分，每當客戶或同事問起，他只說自己在國防部工作過。他在國安局所做的工作，能透露的實在不多，而且他擔心萬一傳出去，很多地方再也不方便去。美國已經開始起訴中國、俄羅斯和伊朗的國家級駭客，他擔心自己以前的工作如果成了公開資訊，到國外出差或旅行時會被盯上，惹上官司，或被迫透露諜報技術。

那天早上，他盯著自己的手機，「感覺肚子像被人重重踹了一腳。」他這麼說。

影子仲介商回應威廉斯的文字中，不斷出現「OddJob」、「CCI」、「Windows BITS持續」，還有「Q小組」參與調查等奇怪的字眼，這跟影子仲介商平常那些胡言亂語不同，是國安局的暗碼。不管影子仲介商是誰，這個組織對特定入侵行動辦公室的掌握顯然比威廉斯以為的深入許多，肯定是內部的人。「他們很清楚特定入侵行動辦公室的運作，連我在那個小組的多數同事都沒有他們知道的多。」威廉斯說：「寫這些東西的人如果不是在裡面的要人，就是偷了大把作業資料。」

影子仲介商的回應給威廉斯帶來極大震撼，生活也因此發生變化，他把前往新加坡、香港，甚至捷克的出差計畫都取消了。以往，他一直以為當有人像這樣揭露他的身分，國安局會支援他，但從影子仲介商發布回應文章以來，他連一通電話都沒接到過。

「有一種被出賣的感覺。」他說：「我因為這份工作成了影子仲介商的靶子，卻感受不到政府對我的支持。」

另一方面，國安局徹徹底底受到撼動了，這個一向精於駭入外國電腦網路的全球頂尖情報機構，竟然也自身難保。而就在它以為事情已經壞到不可能再壞的時候，卻發現影子仲介商把最厲害的工具留在後頭。

幾天後，也就是二〇一七年四月十四日，影子仲介商洩漏了迄今為止最有破壞力的機密，對國安局、科技公司及其客戶造成的損失，估計達到幾百萬至幾百億美元，而且數字還在持續增加當中。

影子仲介商的貼文這麼寫道：「上週，影子仲介商想要幫人；這週，影子仲介商想要整人。」隨文附上的，就是國安局的鎮局之寶：二十款駭客夢寐以求的零時差漏洞利用程式，都是國安局人員花了很多時間編寫琢磨、曾為國安局捕獲最有用反情報資訊的駭客工具。但這些工具不是只能用來從事諜報工作，還足以造成難以估計的破壞，其中有些漏洞利用程式會「像蠕蟲般自我複製」（wormable），也就是任何人都可以在這些程式中加入會自我複製的惡意軟體程式碼，只要駭入一台電腦，就可以把惡意程式散布到世界各地的電腦，是不折不扣的大規模殺傷力網路武器。

前國安局局長邁克爾．海登在史諾登洩密案後，多年來經常為國安局辯護，這次卻異常沉默。他對我的同事史考特．夏恩表示：「我沒辦法幫擁有強大工具、卻無力保護這些工具不外流的機構說話。」海登說，這些駭客工具的外洩，以及因此造成的傷害，「已對國安局的前途構成嚴重威脅。」

當駭客和資安專家仔細拆解這最新一批的機密檔案，有一款特定入侵行動辦公室的漏洞利用程式在眾多程式中一枝獨秀：可以神不知、鬼不覺地滲透到數不清的Windows電腦而不留下數位痕跡的「永恆之藍」。

一位前特定入侵行動辦公室人員告訴我：「易於使用又難以偵測，幾乎就像傻瓜相機一樣。」就是這款駭客工具，讓一些VEP代表提出，萬一流出去就太危險了，卻還是由於對蒐集情報的價值難以取代而被保密多年。

但到頭來，永恆之藍利用的零時差漏洞已經不再「零時差」了。一個月前，微軟悄悄修補其系統內的這個漏洞。微軟通常會注明向該公司通報系統漏洞的人，這次通報人欄位卻是空的，原來國安局在影子仲介商有機會昭告天下之前，已搶先一步向微軟通報漏洞。當研究人員想要了解永恆之藍曾被用在哪些範圍，才發現這款駭客工具有多麼隱晦，唯一能看出它曾被用過的痕跡，是國安局另一款代號為「雙脈衝星」（DoublePulsar）的輔助漏洞利用程式，因為通常會用來把永恆之藍植入電腦中。

當研究人員掃描網路，搜尋受感染的電腦，全世界成千上萬台機器紛紛回應。而現在，隨著國安局的駭客工具公諸於世，受感染的系統肯定暴增。一星期後，受感染的機器突破十萬台；兩星期後，有四十萬台電腦受感染。

在米德堡，國安局為即將來臨的風暴繃緊了神經。

第二十二章 病毒大出動

倫敦，英國

美國網路武器正像回力鏢一樣飛回來的第一個跡象，在二〇一七年五月十二日出現，倫敦多家醫院外面一片鬧烘烘，救護車被要求掉頭，急診室不接收患者，病人被推出手術室，原本排定的手術必須延後。在這波網路攻擊中，英國計有近五十家醫院遭到史上最惡毒的勒索軟體挾持。

深夜，我的手機通知鈴聲大作，收到的訊息大意是：「你看到了嗎？！」「英國的醫療系統癱瘓了！！」等到我翻身下床，勒索軟體已經在全球引爆：俄羅斯鐵路和多家銀行、德國鐵路、法國汽車製造商雷諾、印度多家航空公司、中國境內四千所大學、西班牙最大電信公司西班牙電信（Telefonica）、日本的日立家電、日產汽車和警察廳、台灣的一家醫院、韓國的連鎖電影院、中國國營石油公司「中國石油」旗下幾乎所有加油站、美國的聯邦快遞公司和全國各地的小型電力公司，全都被電腦跳出的紅色視窗挾持，視窗內有一個正在倒數計時的鐘，勒索訊息要求三百美元贖金，作為解鎖檔案的代價，三天內要是不付款，贖金將會加倍，如果超過七天，受害者的檔案就會永久刪除。勒索訊息這麼寫著：「您的一些重要文件被我加密保存了……您大可在網上找找恢復文件的方法，我敢保證，沒有我們的解密服務，就算老天爺來了也不能恢復這些文檔。」

全球各地的電腦用戶急忙把插進電腦線路拔下來，但通常為時已晚，勒索軟體傳播的速度是資安研究人員從未見過的。有人開始製作即時災情地圖，短短二十四小時內，全球有一百五十個國家、二十萬個團體受到感染，幸免的只有南極、阿拉斯加、西伯利亞、非洲中部、加拿大、紐西蘭、北韓，以及美國西部大片地區。中國和俄羅斯的災情最嚴重，兩國素以愛用盜版軟體著稱，中國有四萬間機構受害，至於俄羅斯，掌權的內政部官員起初不承認，但最後證實該部門有一千多台電腦受感染。

研究人員剖析勒索軟體的程式碼，給病毒軟體取名「想哭」（WannaCry），不是為了精準形容多數受害者的感受，而是程式碼中有「.wncry」這個副檔名。研究人員進一步拆解程式碼後，找到病毒軟體快速傳播的原因：駭客在其中用了一組強大的引爆程式碼，也就是國安局被竊的漏洞利用程式——永恆之藍。

接下來幾天，災情損失數字不斷攀升，川普的官員小心翼翼地避談這個令人尷尬的事情。這起網路史上最大規模的攻擊事件發生後第三天，川普的國土安全顧問湯姆．博塞特（Tom Bossert）上《早安美國》（*Good Morning America*）節目時表示，這波攻擊是一種警訊，情勢「急需〔全球政府〕聯手採取行動」。同一天的記者會上，博塞特被問到「想哭病毒」程式碼的來源，是否就是國安局的駭客工具，他很巧妙地轉移焦點說：「這不是國安局開發來承載勒索程式的工具，開發這個工具來進行破壞的組織有可能是犯罪分子，也可能是外國政府。」**沒錯，工具是我們的，但別人怎麼用不關我們的事**——這已成了美國政府的官方立場。

說到全球聯手，幸好攻擊者看來是最不受歡迎的敵人：北韓。「想哭病毒」軟體雖然以迅雷速度傳播，讓人措手不及，但程式設計者犯了一些粗心的錯誤。首先，他們重複使用舊工具，研究人員很快追查到，發出「想哭病毒」攻擊的命令暨控制伺服器就是二〇一四年北韓駭客攻擊索尼影業所用的伺服器。其他跟北韓的明確關聯也陸續浮現，攻擊者連只有北韓駭客才會使用的後門程式和資料清除工具都懶得調整，有人猜測，這樣明目張膽重複使用北韓工具，顯然是轉移焦點的策略，目的在誤導調查人員的追查方向。

不過，事發不到幾小時，我和賽門鐵克的研究人員通過電話，他們的結論是，「想哭病毒」攻擊確實是臭名昭彰的北韓官方駭客部門所為，資安界稱此組織為「拉撒路」（Lazarus）。這些北韓駭客不只曾用同一套工具攻擊索尼，過去一年半中，也用同樣的工具犯下一長串的銀行洗劫案。平壤了解，比起過去的仿製品和非法走私野生動物等生財之道，網路攻擊更能輕鬆躲過經濟制裁。北韓駭客曾被逮到犯下多起重大網路洗劫案（卻從未受到懲罰），受害者包括菲律賓和越南的銀行，還有孟加拉中央銀行，駭客利用孟加拉央行在紐約聯邦儲備銀行的帳戶，發出十億美元的匯款要求，要不是駭客拼錯字，把「foundation」（基金會）拼成「fandation」，十億美元就會不翼而飛，但駭客還是成功拿走了八千一百萬美元，堪稱史上最重大的銀行洗劫案之一。北韓正想盡辦法賺外快，而「想哭病毒」攻擊正是他們賺外快方式的升級版。

「網路是為他們量身訂做的權力工具。」國安局前副局長克里斯．英格利斯確認北韓就是「想哭病毒」攻擊的幕後黑手後說：「成本低，基本上不成比例，網路上又有一定的匿名性和隱祕性。這種做法可以把一大堆國家和民營企業的基礎設施掐在手上，是不錯的收入來源。」事實上，英格利斯認為：「你可以說他們有全球最成功的網路計畫，不是因為技術先進，而是用很低、很低的成本達成所有目標。」

然而，就像之前的拼字錯誤，北韓駭客這次一樣草率。他們沒有事先想好，當受害者真的支付贖金，解密金鑰要怎麼提供，因此就算付了贖金，檔案還是沒辦法復原，一旦大家發現是這種情況，再也沒人付贖金了。「想哭病毒」攻擊賺進不到二十萬美元贖金，跟使用勒索軟體的專業網路犯罪分子月入幾百萬美元相比，簡直微不足道。其次，受害者可以說很幸運，攻擊者不小心在程式碼中埋下一個阻斷機制，攻擊引爆後不到幾小時，一位名叫馬庫斯．哈欽斯（Marcus Hutchins）的二十二歲英國大學肄業生發現，只要把受害者的伺服器從攻擊者的命令暨控制伺服器，重新導向到他用不到十一美元註冊的網址，攻擊就會失效。哈欽斯把「想哭病毒」受害者重新導向到自己的無害網站，徹底阻斷了病毒的攻擊，原本可以繼續挾持無數電腦的攻擊瞬間失效，不是被什麼重大情報攔截，僅是一名駭客敢於在全球大亂之際找到解方。哈欽斯轉眼間成了英雄，卻也因此被美國聯邦探員盯上，幾個月後，他前往美國參加Def Con駭客會議，回程在拉斯維加斯機場被逮個正著，以早年所寫的惡意軟體遭到起訴。這個案子是要提醒世界各地的駭客：好心絕對沒好報。

「想哭病毒」攻擊顯然策畫得十分倉卒，有人不免懷疑，北韓駭客是不是還沒準備好，攻擊程式就不慎外流。還有一種可能：他們只是在測試工具，完全沒料到新到手的國安局武器這麼厲害。不管原因為何，總之他們既暴露了身分，又沒能創造大筆收入，還把最支持他們的靠山兼金主中國惹惱了──中國由於愛用盜版軟體，受影響程度也最深。

白宮對「想哭病毒」攻擊的反應之所以令人矚目，不只在於把美國網路武器外流的責任推得一乾二淨，還在於點名北韓的速度之快。相較之下，即使情報官員已經確認俄羅斯曾積極干預二〇一六年的美國大選，一年多後，川普仍然不願點名批評俄羅斯，他在那年和普丁舉行一對一會談時告訴記者，普丁說俄羅斯沒有干預美國大選，而他相信普丁所說的話。川普在空軍一號上表示：「他沒有做他們說他做的那些事情，整件事都是民主黨捏造出來的。」

就在川普和普丁兩人密談過後一個月，白宮迫不及待抓住機會譴責北韓發動「想哭病毒」攻擊，國土安全顧問博塞特在《華爾街日報》一篇題為〈蓋章確認：北韓就是「想哭」攻擊的幕後黑手〉的評論中寫道：「過去十多年來，北韓表現特別惡劣，基本上不受約束，惡意行徑愈來愈誇張。『想哭』病毒攻擊毫不留情、完全不顧後果……（北韓）愈來愈常以網路攻擊資助其荒唐行徑，在全球各地大肆破壞。」

在這篇評論中，博塞特隻字不提國安局的駭客工具是怎麼促成這次的病毒攻擊。

在雷德蒙德的微軟總部，微軟總裁布拉德．史密斯憋著一肚子氣。永恆之藍利用的是微軟Windows作業系統的漏洞，該公司比任何人都清楚病毒攻擊的後果，而現在，微軟親眼見證了國安局零時差漏洞利用程式對其軟體的強大破壞力。

微軟的資安工程師和業務主管集合到公司的戰情室開會。在影子仲介商把微軟軟體的漏洞公開在網路上之前，國安局只給了微軟幾個星期修補漏洞，跟Flame病毒比起來，這次需要修補的地方其實不多，不像之前國安局利用微軟的軟體更新機制，使伊朗全國各地的電腦都感染了Flame病毒，微軟必須把正在休假的工程師徵召回來。但在實際使用端，微軟用戶通常得花幾個月，甚至好幾年，才能把修補程式安裝完畢——這種情況現在凸顯無遺，北韓把國安局的網路武器改寫成勒索軟體，幾十萬套還沒安裝修補程式的系統馬上遭到挾持。由於受影響的系統多數使用微軟過期的舊版Windows XP軟體，微軟主管決定，不能再放著舊版軟體不管。雖然微軟早在二〇一四年就已不再對Windows XP進行修補，全球各地仍有無數控制關鍵基礎設施（如醫院、病歷、公用事業等）的電腦使用Windows XP。有人也許會怪業者沒有及時安裝新版軟體，但說得容易，要為操作大型工業機械或管理輸電網路的系統安裝修補和更新是很困難的事，自動更新的設定對控管關鍵基礎設施的系統仍是大忌，軟體要進行任何更新，通常也需要高層批准，而且往往只能在短促的停機保養或系統可以安全離線的時候進行，也就是每年很可能只有一、兩次機會。就算是重大修補，像微軟那年三月針對永恆之藍漏洞所推出的那樣，只要稍微有一點造成運作中斷的可能性，這些系統就暫時不會安裝修補或更新。現在，微軟工程師正沒日沒夜趕工，想辦法修補這些容易受到攻擊的舊系統——又一次，微軟得加班收拾美國政府留下的爛攤子。

從許多方面來說，美國都算躲過一劫。美國跟俄羅斯和中國不同，企業至少知道潛在風險，不敢用盜版軟體。除了聯邦快遞、規模較小的電力公司和全國各地製造廠之外，美國大多數電腦網路都沒有遭受損失。但史密斯已經在為下一次攻擊做準備，每一次的新病毒攻擊多少都吸收了前一次病毒攻擊的經驗，因此下一次攻擊恐怕不會這麼魯莽，不可能再埋藏阻斷機制，也不可能再出現一個二十二歲的救星駭客。

在國安局把微軟軟體當武器，用來刺探、而後摧毀伊朗境內目標的多年裡，史密斯一直默不作聲，而史諾登事件是個引爆點。史諾登揭露的機密顯示，國安局可以直通微軟的系統，史密斯這時才開始發聲，抨擊美國祕密監聽法庭（Secret Surveillance Courts）禁止業者披露政府的請求，而當網路業者和美國政府的協商陷入僵局，他率領微軟律師團親上法庭，成功讓法官裁定，微軟和其他業者可以公布收到世界各國政府請求資料的數量。允許公布的資訊仍然有限，但至少有助於微軟證明，它並沒有把調閱用戶資料的權限直接給了國安局。然而，「想哭病毒」攻擊又是另一回事，國安局把微軟的系統漏洞保密多年，放任微軟用戶遭駭客入侵，然後再一次把爛攤子留給微軟收拾。史密斯簡直氣炸了，國安局也該負點責任了吧。

於是，他在一則宣言中直接點名國安局。

「這次攻擊再次讓我們看到，政府儲備漏洞為什麼是很大的問題。」史密斯寫道：「這是二〇一七年新興的趨勢，我們看到中情局儲備的漏洞在維基解密出現，現在，國安局被竊的漏洞影響了全球用戶。」他還說：「世界各國政府應當把這次攻擊視為一記警鐘……各國政府必須考慮儲備漏洞和利用漏洞會對平民百姓造成什麼傷害。」

在米德堡，國安局連回應都懶。該局仍未曾就影子仲介商發表過任何公開評論，甚至也不願證實外洩的究竟是不是國安局的網路武器。私底下，被逼急了，情報高層要我別再追究工具本身，而應該關注敵人是怎麼利用這些工具，對於網路軍火被竊造成的影響，看不到一絲一毫歉意和責任感。

此時，在莫斯科，俄羅斯總參謀部情報總局的駭客懷著鄙夷和不解，旁觀「想哭病毒」攻擊的發展。等到一切準備就緒，輪到他們上場攻擊的時候，俄國駭客格外小心地避免重蹈北韓駭客的覆轍。

兩個月後，四十一歲的烏克蘭科技人德米特羅・申基夫（Dymtro Shymkiv）正在紐約州的卡茨基爾山脈（Catskills）跑步，手機突然不停響起訊息通知。申基夫每年都會把孩子送到紐約州北部參加法語夏令營，這已成為他和家人暫時逃離基輔天天發生的網路交鋒的年度休假行程。三年前，申基夫放棄了管理烏克蘭微軟分公司的肥缺，走到基輔獨立廣場，加入同胞的反政府示威。這是第一次有重要企業領袖公開參加二〇一四年的烏克蘭革命，媒體大肆報導，說微軟高階主管辭去工作，在示威現場幫忙鏟雪。

三年後的今天，申基夫在民選政府內擔任要職，烏克蘭新任總統彼得・波洛申科（Petro Poroshenko）親自邀請他擔任副手，幫助烏克蘭抵禦俄羅斯未曾間斷的網路攻擊。

隨著那年六月烏克蘭的獨立日假期將至，他以為基輔應該會太平無事。從卡茨基爾山脈跑步回來，他看了一下手機訊息。

其中一條寫著：「電腦都掛了。」

整個烏克蘭都遭到入侵，這次雖然不是攻擊輸電網路，但同樣險惡。基輔兩座主要機場的電腦當機，烏克蘭的運輸和物流系統被鎖死，沒辦法從自動提款機提款，加油也不能付錢，因為付款機無法運作，在之前的大停電中被攻擊的烏克蘭能源公司再度陷入癱瘓，公車站、銀行、鐵路、郵政服務和媒體業者的電腦全都出現熟悉的勒索訊息。

在這波攻擊剛開始的幾個小時，研究人員認為攻擊是來自代號Petya的勒索軟體，這個代號的由來是龐德電影《黃金眼》，影片中，蘇聯給兩顆機密衛星裝上核彈頭，一顆代號Petya，一顆代號「米夏」

（Mischa），準備引發核電磁脈衝，促使全球停電。但不久之後，研究人員就發現，這款攻擊軟體比Petya厲害得多，用了不只一支，而是兩支國安局被竊工具來傳播，一支就是永恆之藍，還有一支叫作「永恆浪漫」（EternalRomance）。這款軟體還加入另一支強大的漏洞利用程式，叫作「米米卡茨」（MimiKatz），這是五年前一名法國研究人員為了驗證概念而開發出來的密碼竊取工具，可以鑽進受害者電腦網路的極深處。

倉卒間，研究人員給攻擊軟體取名NotPetya（不是Petya）。這款軟體表面看來很像勒索軟體，但其實根本不是，因為軟體中的加密功能是無法逆轉的，這波攻擊不是為了牟利，而是要造成最大規模的破壞。選在烏克蘭的獨立紀念日（相當於美國的七月四日）發動攻擊也絕非巧合，中基夫心知這是莫斯科在暗示基輔，別忘了母國俄羅斯才是老大。

孩子的夏令營所在地成了中基夫的臨時辦事處，他做的第一件事就是到政府的臉書粉絲頁發文：「我們受到攻擊了，但總統府沒有被打倒。」

「要讓全國人民知道有人還活著，這很重要。」中基夫告訴我：「遇到網路攻擊的時候，你的敘事絕對不能停。」

他在基輔的團隊把微軟的修補程式分享出去，也發布了復原計畫。他打電話給烏克蘭基礎設施部的伙伴，還有微軟的前同事，同時和臉書上的聯絡人互通訊息，烏克蘭的民營企業或政府機構無不受到嚴重影響。他當時還不知道，這個電腦病毒還會傳播到烏克蘭以外，影響既深且廣。

製藥大廠默克的工廠生產線完全停擺，跨國法律事務所歐華律師事務所（DLA Piper）一封電子郵件都打不開，英國消費品公司利潔時（Reckitt Benckiser）斷線了幾個星期，聯邦快遞的子公司處境也相同，全球最大貨櫃海運公司馬士基的系統癱瘓，損失高達幾億美元，印度最大貨櫃港口拒絕接收到港的貨物。

在美國維吉尼亞州鄉村地區和賓州各地的醫院，醫生進不了病歷和處方系統。NotPetya甚至傳播到偏遠的塔斯馬尼亞，在荷巴特市，吉百利巧克力工廠的工人驚恐地看著機器停頓下來，螢幕上跳出和全球各地電腦上一樣的勒索訊息。這波攻擊甚至燒到莫斯科自己，石油巨頭俄羅斯石油公司的電腦也都中鏢。

接下來幾天，研究人員發現這次攻擊策畫得非常細膩。六星期前，俄羅斯駭客入侵基輔郊區一間家族經營的小軟體公司Linkos，這家公司販售烏克蘭報稅軟體「M.E. Doc」，國內多數政府機構和大公司都會使用。Linkos成了俄羅斯這次網攻的最佳陪襯，駭客巧妙地在M.E. Doc軟體更新中植入木馬程式，藉此感染全烏克蘭的電腦。調查人員一追查到感染源是Linkos的軟體，荷槍實彈的烏克蘭士兵馬上趕到該公司，公司外面圍了幾百個媒體記者，爭相詢問這家專賣報稅軟體的小店是不是俄國特務。但Linkos其實毫不知情，並沒有比全球數以十萬計任由自己的電腦門戶大開、讓國安局的武器有機可趁的受害者更應當受到譴責。

Linkos就是「零號病人」，俄羅斯駭客顯然以為，透過感染M.E. Doc軟體，爆炸半徑就可以限制在烏克蘭。事實證明這是一廂情願，網路無國界，網路攻擊已經不可能只影響某一國的公民了，震網病毒的流竄即是一例，只可惜我們把教訓忘得太快。電腦病毒會跨越國界，凡是在烏克蘭開展業務的公司，就算只有一名員工在烏克蘭遠距工作也好，都受到了攻擊，只要那名員工被感染，永恆之藍和米米卡茨就會自動完成接下來的工作，入侵同一個網域內的其他電腦，所經之處檔案被加密鎖上。NotPetya從烏克蘭衛生部傳到車諾比的輻射檢測儀，再到俄羅斯、哥本哈根、美國、中國和塔斯馬尼亞，速度非常驚人。而這一次，美國官員同樣迫不及待點名俄羅斯要為事件負責，白宮顧問博塞特又為《華爾街日報》寫了一篇評論，炮火猛烈地抨擊俄羅斯發動網攻，同時提出美國的新網路嚇阻策略。不過，博塞特這篇文章並沒有見報，最後被總統打槍，因為擔心會激怒川普的好朋友普丁。

俄羅斯這波網攻已成了史上最嚴重，美國的態度竟是如此。幾個月後，博塞特統計NotPetya病毒造成的損失，指出在一百億美元之譜，但有人認為這個數字嚴重低估。我們只能統計上市公司和政府機構所報的損失，許多中小企業都是默默盤點，檯面上否認受到感染。申基大想起他接到全國各地的資訊主管打來的電話，不禁覺得好笑，這些人多數公開宣稱躲過這波攻擊，可是，「他們會打來問：『呃，你知道要怎麼安裝六千台個人電腦嗎？』」

光是默克藥廠和億滋國際（Mondelez）食品公司的損失，就高達十億美元。兩家公司的保險業者後來引用保單中很常見卻極少派上用場的「戰爭排除」條款，拒絕理賠跟NotPetya有關的損失。保險公司認為，俄羅斯的攻擊符合戰爭行為的條件。儘管那年六月並沒有直接的人命傷亡，事件卻充分顯示，國安局的被竊武器加上一些寫得很到位的攻擊程式，造成的傷害絲毫不亞於敵人出兵。

我在二〇一九年飛到烏克蘭親訪攻擊原爆點的時候，烏克蘭還沒有完全站穩腳步。申基夫來我的飯店和我共進早餐，他有一頭金髮、炯炯有神的藍眼睛，一身打扮看起來像個水手：藍色西裝外套、翻領襯衫，晒成古銅色的皮膚在嚴冬裡顯得有點突兀。他剛從世界的盡頭回來，稍早前辭去政府職務，報名參加了為期一週、從阿根廷到南極洲的帆船出海行程，就像我在還沒開始這趟旅程之前，穿越馬賽馬拉保護區的行程一樣，唯有這樣，他才能遠離無所不在的數位地獄。跟他同船的航員有以色列人、德國人，甚至俄羅斯人，一群人一起穿越南冰洋，到達南極洲的研究站。

「我們避談政治。」他輕笑著說。

返航時，他們的船經過德雷克海峽（Drake's Passage），也就是大西洋、太平洋和南冰洋的交會處，巨浪從四面八方拍打他們的船身。申基夫告訴我，當船上航員們拚命穩住船身，他抬頭仰望南半球的上空，看見有生以來最清澈沉靜的天空。他說：「我這輩子沒見過這樣的藍天。」那一瞬間，他恍如靈魂出竅，可以看穿周遭的紛紛擾擾。

五年來，他跟一波接一波的俄國網攻搏鬥，心知俄羅斯會以各種方式持續干預烏克蘭，也明白烏克蘭只不過是俄羅斯的數位試驗場，並不是終極目標。

他邊吃培根蛋邊對我說：「他們拿我們來做各種測試，根本沒想過NotPetya會造成什麼樣的連帶影響。俄羅斯有人因為這次任務，肩上多了一顆星。」

事隔兩年，烏克蘭還在收拾殘局。

他接著又說：「我們都應該好好想一想，他們的下一步是什麼。」

NotPetya攻擊五個月後，布拉德．史密斯在日內瓦的聯合國總部上台發言。他提醒台下代表，上世紀中葉，一九四九年，十幾個國家一起協議訂立戰爭的基本規範，同意禁止以醫院和醫護人員為攻擊目標。接下來十幾年，聯合國又召開過三次外交領袖會議，最後才由一百六十九國共同簽署了《日內瓦第四公約》，同意在戰時為受傷或俘虜的軍人、醫護人員和平民提供基本保護，這些約定至今依然有效。

「一九四九年，就在日內瓦這裡，各國政府齊聚一堂，承諾即使在戰時也要保護平民。」史密斯對來自全球的政府官員說：「可是，看看現在發生什麼事，即使在和平時期，國家也會攻擊平民。」

史密斯提到從沒間斷過的網路攻擊，資料被竊已司空見慣，我們接受這是現代生活的常態，往往還沒等到新聞週期結束，另一波駭客攻擊又接踵而來。資料外洩過後會發生的事，我們也習以為常：企業提供一年等值的免費信用監測服務，執行長出來弱弱地道歉，假如外洩情況非常嚴重，執行長可能得因此下台，但通常，股價短暫下跌一陣之後，我們又繼續如常過日子。

但最近這兩波攻擊不大一樣，二〇一七年接連重創全球、破壞強大的網路攻擊（先是「想哭」，然後是NotPetya），確認了後震網時代的來臨。在國際間沒有普遍遵循的網路規範之下，美國自己訂立規則，和平時期攻擊別國關鍵基礎設施成了被允許的行為。現在，北韓和俄羅斯用美國的網路武器來發動攻擊，我們看到全球的基礎設施變得多麼脆弱：醫院拒收病患；默克藥廠生產重要疫苗的製程中斷，必須動用疾病管制與預防中心的緊急儲備來滿足需求；馬士基在十萬火急盡力恢復庫存系統、重新上線之際，全球貨運只能停擺；食品集團億滋國際盤點奧利奧餅乾和其他餅乾生產線的損失，加上遭殃的筆記型電腦和消失的發票，業務受到的影響超過一億美元；在車諾比，輻射檢測系統癱瘓後，工程師只能穿著危險物品防護衣，用手持偵測器監測舊核爆地點的輻射劑量。要是北韓發動攻擊前曾仔細檢查程式碼，要是俄羅斯拖更久才恢復烏克蘭的電力，要是俄羅斯把NotPetya病毒攻擊更升一級，生命與財產的損失恐怕不堪設想。

史密斯對各國代表說：「未來的趨勢很清楚，我們即將步入的世界，是每台恆溫器、每台電暖器、每台空調、每間發電廠、每具醫療器材、每家醫院、每座交通號誌、每輛汽車都連上網路的世界。想想看，如果這些裝置都成了攻擊目標，世界會變成什麼樣子。」

史密斯雖然沒有說出名字，但炮口對準了國安局，還有美國所創造的網路武器市場：「政府投入愈來愈多資源，網路武器愈來愈厲害，國家級網攻也不斷增加。如果不訂立新的規範，我們根本不可能有安全的環境、安穩的生活。」史密斯提議，二十一世紀需要新的戰時與和平時期規範：「世界需要新的數位版日內瓦公約……必須有一種做法，讓各國政府都能採納，彼此約定不會在和平時期攻擊平民，不會攻擊醫院，不會攻擊輸電網路，不會攻擊其他國家的政治程序，不會用網路武器竊取私人企業的智慧財產。而且，一旦發生網路攻擊，各國政府能攜手合作，幫助受害國和民營部門應對。事實上，我們不只需要明白規範的必要，還需要知道是誰不遵守規範。」

訂立國際網路公約的想法，歐盟和俄羅斯都曾提過，尤其是震網病毒攻擊過後那陣子。少數幾個知道內情，對網路攻擊的速度、規模和破壞力有深刻理解的前美國官員也提過類似意見。二〇一〇年，也就是震網病毒被發現那年，歷任雷根、柯林頓和小布希政府的反恐大將理查・克拉克提議推行一項政策，以促成各國政府承諾不攻擊民用基礎設施。多年來，美國始終沒能開展這方面的討論，原因主要是：美國身為全球頂尖的網路強權，自認為擁有強大的攻擊能力，敵人要花幾年，甚至幾十年，才有可能追趕得上。但從美國駭客工具被竊，到「想哭病毒」和NotPetya病毒的出現，差距顯然正在縮小，許多新興國家也紛紛加入這個隱形戰場。美國在過去二十年打下網路戰爭的基礎，現在，隨著戰事不斷升級，各國又集體不作為，首當其衝的卻是美國企業、平民和基礎設施。

然而，美國不但沒有協商多邊條約，或至少雙邊條約，反而逆向操作。二〇一七年十一月九日，當史密斯還在日內瓦總結發言，五角大廈的駭客在最高統帥並不知情的情況下，正忙著在俄羅斯的輸電網路中設置暗門和邏輯炸彈。

第二十三章 後花園

巴爾的摩，馬里蘭州

當國安局的漏洞利用程式終於回頭攻擊美國的鄉鎮、城市、醫院和大學，沒人引導美國人走出困境，或者給他們建議，或至少告訴他們，這是遲早會發生的事。

幾十年來，美國暗地進行網路戰，從沒認真考慮過當同樣的攻擊、零時差漏洞利用程式和監視行動反過來威脅自己國人，會是什麼情況。而震網攻擊過後的十年，肉眼看不到的軍隊已在美國大門外整裝列隊，甚至已經滲入美國的電腦、政治程序和輸電網路，等待有利時機再扣動扳機。網路許給我們更有效率、人際連接更暢通的未來，現在卻成了定時炸彈。

在川普執政時期，情況更加失速發展，影響所及，遠非多數美國人所能想像。歐巴馬跟習近平就停止工業間諜活動達成的協議，從川普跟中國打貿易戰那一刻起，即宣告無疾而終。

伊朗核協定是讓伊朗駭客不敢亂來的唯一約束，川普宣布退出協議後，伊朗對美國利益的網路攻擊也達到空前高峰。

克里姆林宮從未停過對美國選舉系統、言論空間和基礎設施的駭客行動，他們至今還沒因干預二〇一六年美國大選、攻擊烏克蘭和美國的輸電網路而付出任何代價。

美國陰晴不定的波灣盟友沙烏地阿拉伯和阿拉伯聯合大公國變得更膽大妄為，打壓異己毫不手軟。沙烏地當局以殘忍手段殺害該國記者賈邁勒・卡舒吉，卻一點懲戒也不必面對，掌權者拍拍衣袖，繼續他們的監控行動。

網路犯罪分子繼續對美國城鎮發動炮火猛烈的網路攻擊，勒索贖金也從幾百美元逐步提高到一千四百萬美元，情急無奈的地方官員只好付錢了事。

實際上，在川普執政期間，唯一收手的敵人看來就是北韓，但也只是因為北韓駭客忙著入侵加密貨幣交易所。北韓政府發現，只要攻擊把比特幣兌換成現金的交易所，就可以帶來幾億美元的收入，藉此減輕國際制裁壓力，繼續它的核武計畫。

事實上，對美國公共論述、對真相和事實造成最大破壞的威脅，通常來自白宮本身。

到了二〇二〇年，美國在網路世界的處境已變得前所未有的危險。

國安局的駭客工具外流三年後，到處都可看到永恆之藍的長尾效應。儘管利用的漏洞不再是零時差，微軟推出修補已有兩年，永恆之藍仍然成了攻擊美國城鎮和大學網路的常見工具，因為這些地方的資訊管理人員總會疏忽，盤根錯節的網路裡仍有過期很久、軟體商早已不再推出修補的舊版軟體。微軟的資安工程師告訴我，二〇一九年一整年，他們沒有一天不在新的駭客攻擊中找到國安局的網路武器。

威脅研究人員珍・米勒—奧斯本（Jen Miller-Osborn）曾在二〇一九年年初告訴我：「永恆這個名字取得很貼切，這麼好用的武器，要它消失也難。」

在賓州的阿倫敦（Allentown），電腦病毒像野火一樣在市政府的網路中散播，造成市政服務停擺長達幾個星期。惡意軟體竊取密碼、刪除警方資料庫和案件檔案，還把該市連接一百八十五架攝影機的監視系統也鎖死。

阿倫敦市長對當地記者說：「這次的病毒真的很不一樣，裡面內建了情報功能。」竟然沒人告訴市長，攻擊阿倫敦的病毒正是乘著美國首要情報機構設計的數位飛彈，才能暢行無阻。

阿倫敦發生網路攻擊幾個月後，某天深夜，聯邦探員衝進德州聖安東尼奧的一所監獄，惡意軟體正從監獄的一台電腦傳播開來，速度之快前所未見——又是拜永恆之藍所賜，美國官員擔心這次攻擊很可能企圖挾持即將到來的選舉。

貝克薩郡（Bexar）警長對當地媒體表示：「任何組織都有可能，某個恐怖組織、某個敵對的外國政府。」

到了二〇一九年五月，國安局的漏洞利用程式甚至從自己的後花園冒出來。從米德堡沿巴華林蔭大道（Baltimore-Washington Parkway）開一小段路就能抵達巴爾的摩，那裡的居民某天早上醒來發現，他們沒辦法繳水費、房地產稅和停車罰單，許多房屋因為屋主無法登入系統繳貸款而列入徵收，流行病學家無法通知該市衛生官員疾病傳播的消息，連追蹤市售藥品不良批次的資料庫也被斷網。巴爾的摩的電腦資料被一封勒索訊息取代，此時全美各地城鎮對這封訊息已經相當熟悉，駭客要求以比特幣支付贖金，作為恢復資料的代價。巴爾的摩市府決定不付贖金，接下來幾個星期，前一年經歷過暴跌的比特幣幣值上漲了一半，贖金也跟著增加到十萬美元以上。不過，跟巴爾的摩市府最後支付的一千八百萬美元清理費用比起來，這實在是九牛一毛。

巴爾的摩市府找來幾組緊急應變專家團隊，幫忙恢復電腦資料，其中包括微軟的資安工程師。不出所料，微軟工程師又在電腦中發現了永恆之藍。

我和同事史考特・夏恩在《紐約時報》報導了巴爾的摩的駭客勒索事件，但國安局撇得一乾二淨，我們的報導見報幾天後，負責國安局駭客計畫的羅布・喬伊斯（Rob Joyce）在某個場合表示：「對惡意網路犯罪活動所構成的威脅，國安局和全球守法公民一樣憂心，但把整件事描述成有某個所向無敵的國家級駭客工具正在散播勒索軟體，這根本不符事實。」

喬伊斯是在玩文字遊戲。調查人員不久後發現，巴爾的摩其實受到了多重攻擊，第一重是駭客用勒索軟體把系統鎖死，另外又有人用永恆之藍入侵系統竊取資料。喬伊斯和一些漏洞市場人士把責任歸咎於巴爾的摩市府沒有為系統安裝修補程式，同時緊咬「這次的勒索軟體不是由永恆之藍散播」這一點，他們隻字不提駭客用了永恆之藍來達到其他目的，也沒提全球最先進的駭客工具落入敵人手中，國安局是不是也有責任。在微軟內部，工程師和業務主管火冒三丈，國安局竟然抓住這麼一個技術枝節來逃避責任，與此同時，微軟正辛苦收拾永恆之藍席捲全美城鎮後所留下的殘局。

至此，我早已習慣國安局的詭辯。幾個星期前，我跟板著一張臉的前國安局局長麥可・羅傑斯（Michael Rogers）將軍坐下來談，影子仲介商洩密和隨之而來的凌厲網路攻擊都發生在他任內。也是在羅傑斯任期內，國安局公開承認了一件事，當時令人覺得很了不起，現在想來值得商榷。為了反駁輿論指國安局儲備零時差漏洞，該局在二〇一六年十一月發布了一份由羅傑斯簽署的罕見公開聲明，宣稱國安局發現的零時差漏洞有百分之九十一會通報軟體商，其餘百分之九之所以沒有通報，有的是軟體商早已把漏洞修補，有的則基於「國家安全理由」。我突然意識到，國安局公布的百分比是多麼具體，又多麼沒意義，沒有通報的那百分之九可能代表十個零時差漏洞，也可能代表一萬個——但即使知道確切數字也不代表什麼，因為只要一個零時差漏洞，比如心臟出血，就足以對幾百萬個電腦系統造成嚴重影響。

花時間分析國安局這份聲明的遣詞立意，簡直是浪費生命。影子仲介商的洩密、國安局儲備的零時差漏洞、這些漏洞保密之久、造成影響之嚴重、被攻擊系統之多，還有「想哭病毒」和NotPetya所造成的破壞，在在證明羅傑斯領導的國安局一直在誤導民眾。

二〇一九年年初，我和羅傑斯在舊金山一家飯店面對面坐下來談那天，這一切似乎沒有讓他覺得困擾。羅傑斯才剛從國安局退下來九個月，卸下制服，換上毛衣，加上一把白鬍子，感覺柔和得多，但張揚的氣勢仍在。我問羅傑斯，當他知道北韓和俄羅斯利用國安局被竊的漏洞利用程式挾持了全球電腦，第一時間的反應是什麼，他告訴我：「我當下的反應是：『發生這種事，我們的律師絕不會放過國安局。』」

我不知道自己原本期待什麼，只知道羅傑斯的務實政治完全出乎我的意料之外。

我結結巴巴問：「那些攻擊不會讓你睡不著嗎？」

「不會，我睡得很安穩。」他說，神情看不出一絲遺憾或自我懷疑。

於是，我直截了當問他，國安局對「想哭病毒」、NotPetya，以及正在席捲美國城鎮的網路攻擊，是不是該負什麼責任？

這位將軍往後一靠，兩手交叉在胸前說：「假設豐田生產小貨車，有人在小貨車前面裝上爆炸裝置，再開到人多的地方，衝進人群裡，豐田需要負責嗎？」

我不確定他是在賣弄，還是真的要我回答，但他接著就自己給了答案：「國安局設計的漏洞利用程式從來就不是要用來做這些事。」

這是國安局第一次有人起碼承認，那些被竊工具確實就是該局所設計。這個比喻也很沒有意義，只讓我們看清楚一件事，國安局一點都不認為自己要為誤導美國民眾，為造成美國電腦網路一而再、再而三遭到駭客攻擊負責。

幾個星期後，我把羅傑斯的比喻轉述給微軟主管聽，他們快氣瘋了。負責微軟客戶安全部門的湯姆．

柏特（Tom Burt）是業餘賽車手，他對我說：「這種比喻的前提是，漏洞利用程式對社會是有益的，但漏洞利用程式由政府祕密開發，目的很明確，就是要當作武器或諜報工具使用，本來就是很危險的東西。當落入別人手裡，根本不需要裝上什麼炸彈，它本身就是炸彈了。」

我和柏特在聊的時候，他手下的工程師正在全美各地默默拆除這些炸彈。

沒想到的是，國安局被竊工具的影子比任何人以為的都還要長、還要離奇。原來，早在二〇一六年影子仲介商第一次披露國安局工具的幾個月前（比北韓和俄羅斯利用這些工具在全球造成大亂早了一年以上），中國就已經在自己的系統裡發現這些工具，並納為己用，神不知、鬼不覺地入侵別人的系統。這件事過了三年才因網路安全巨頭賽門鐵克發現而曝光。如果說國安局其實早就知道中國利用這些工具來入侵美國盟友的系統，那麼這點情報也從未送達漏洞公正性評估流程的神聖大廳，否則負責審核的官員就會決議趁早修補漏洞，影子仲介商、北韓和俄羅斯也不會有機會用來作亂。

賽門鐵克的發現充分證明了一件事，就算國安局是以不留痕跡的方式使用工具，也不能保證敵人不會發現，並在發現後回過頭用來對付美國，就像搶到敵人槍械的神槍手拚命開槍一樣。這也再一次顯示，NOBUS假設「除了我們沒有別人有這麼高明的技術」，能發現和利用零時差漏洞，這種想法是多麼自以為是。不但自以為是，簡直過時，美國國安局的優勢在過去十年如江河日下，不只因為史諾登和影子仲介商揭密，也不只因為大家從震網攻擊中學到的事情，還因為美國嚴重低估了敵人。

更令人不安的是把國安局漏洞工具納為己用的中國駭客組織，這個組織的代號叫「琥珀軍團」（Legion Amber），總部設在中國南方古城廣州，但就連國安局也無法判斷琥珀軍團和中國政府的關係。根據國安局的一份機密評估文件，琥珀軍團的成員「似乎是私人或約聘駭客，目前對他們的隸屬單位所知不多。不過，該組織的攻擊火力集中在五眼聯盟、全球政府和全球工業實體，由此可見，應是替中國政府轄下單位工作」。

國安局分析人員最後認為，琥珀軍團應該是中國的數位後備軍，由中國頂尖資安工程師組成，這些工程師白天在民營網路公司上班，晚上為中國主要間諜機構中華人民共和國國家安全部徵用，執行敏感計畫。琥珀軍團早期的入侵目標有美國國防承包商，多年下來入侵名單不斷擴大，漸漸包括美國武器開發商和科學研究實驗室，盜走了航太技術、衛星技術，還有最令人擔憂的核推進技術。賽門鐵克不能或是不願具體說出，中國用美國國安局的漏洞工具到底偷了些什麼，但從琥珀軍團的犯罪紀錄看來，絕不會是油漆配方之類的東西。

過去半個世紀以來，中國的核武政策奉行「不首先使用原則」[173]，但習近平二〇一二年上台後，收回了這項承諾。他在就任後第一次向第二炮兵（中國負責核武裝備的部隊）致訓詞時強調，「核武器是中國在全球取得大國地位的戰略支撐」，訓詞中沒有提及不首先使用原則。

中國的核武發展落後美國幾十年，但琥珀軍團竊取的技術已足夠中國迎頭趕上。二〇一八年，美國官員驚恐地看著北京成功試射新型潛射彈道飛彈，並開始著手打造一種可配備核武的新型潛艇。與此同時，美、中兩國的戰機和軍艦在南海對峙，彼此不斷測試底線，已瀕臨引發更大規模衝突的危險邊緣。兩國都放棄了存在已久的溝通管道——恰恰是防止小事件升級成戰爭的必要措施。到了二〇一九年，兩國軍艦和戰機發生十八次近接碰撞；二〇二〇年，美國官員指責中國違反由來已久的核不擴散協議，正祕密進行核武器試驗。

173 編注：不首先使用原則，指有核國家除非先遭受核武攻擊，否則不會將核武用於戰爭中。

再加上川普的貿易戰，我們應該可以合理認定，習近平和歐巴馬在二〇一五年達成的停止商業性網路攻擊協議已經失效。川普一進駐白宮，中國駭客就重燃攻擊美國企業的熱情。二〇一九年年初，波音公司、奇異航空（General Electric Aviation）和行動網路商T-Mobile都遭到入侵。不到一年，中國的攻擊名單已經擴大到電信商、製造商、醫療機構、石油和天然氣業者、藥廠、高科技公司、交通業者、營建商、石化公司、旅行社、公用事業和大學，能駭的就駭。只不過現在，中國駭客不再硬闖，而是利用側門，從遠距工作員工使用的軟體入侵企業。他們不再使用以往那些來自中國的惡意軟體，而且開始加密通訊，清理犯罪現場，刪除伺服器的紀錄，並把檔案移至Dropbox，而不是直接傳回中國的命令暨控制伺服器。

二〇一九年年初，曾在國安局負責太平洋地區網路任務的普莉西拉．莫里烏奇（Priscilla Moriuchi）告訴我：「中國駭客行動的模式現在變得很不一樣。」莫里烏奇當年的職責包括評估北京是否確實遵守二〇一五年的協議，一開始的幾年，她的結論是，協議竟真的有效，但川普上台後，美中關係迅速惡化。比起之前用硬闖或魚叉式網路釣魚手法一次攻擊一個受害者，中國駭客現在學會發動類似美國國安局駭入華為那樣的攻擊，他們駭入思科的路由器、思傑（Citrix）的應用程式，以及電信公司的系統，藉此入侵幾十萬、甚至幾百萬受害者的網路。莫里烏奇的團隊眼睜睜看著中國駭客把價值連城的美國智慧財產大批大批搬回中國，供北京的國有企業盡情享用。

持懷疑態度的人認為，習近平從一開始就沒有打算遵守二〇一五年的協議，前歐巴馬官員則堅稱，習近平是有誠意的，要不是川普翻臉不認帳，協議就會繼續走下去。我們確實知道的是，習近平在簽署協議後的三年裡，把解放軍轄下的駭客單位整合到一個新的戰略支援部隊下面，相當於五角大廈的網路司令部，並把大部分間諜任務從解放軍下面原本分散的駭客單位，轉移到更隱祕、更具戰略意義的國家安全部。

北京開始儲備自己的零時差漏洞，同時剷除中國境內所有檯面上或檯面下的漏洞市場，當局無預警關閉中國最知名的私營零時差漏洞通報平台，還把創辦人關起來。公安部門宣布將開始執法，嚴禁任何人未經許可披露漏洞，中國駭客被強制要求，在披露零時差漏洞前，必須優先提報當局考慮是否徵收。過去五年在各種大型國際駭客競賽中搶盡鋒頭的中國駭客隊伍，在政府命令下不再出席。山姆大叔可不敢奢望這種特權，美國政府不能強制徵用美國駭客，想要獨家取得美國駭客發現的零時差漏洞，政府機構（其實是美國納稅人）就得花錢購買，而行情一直在往上漲、漲、漲。

二〇一九年八月，我第一次窺見中國駭客的零時差漏洞都去了哪裡，當時，谷歌零計畫的資安研究人員發現，一些專門服務中國維吾爾族穆斯林少數民族的網站正利用一系列iOS零時差漏洞，偷偷在訪問網站的iPhone內植入間諜軟體。這是谷歌零計畫見過最狡猾的監控行動，任何人只要訪問那些網站，不需要人在中國，即使天涯海角，都會無意間把中國間諜請進他們的數位生活當中。幾個星期後，另一組研究人員發現，針對維吾爾人的安卓手機也有相同的挾持行動。過沒多久，公民實驗室也發現針對藏人的類似行動。

這些挾持目標一點都不令人意外，在習近平統治下，中國以空前力道打擊所謂的五毒，即維吾爾人、藏人、台獨支持者、法輪功修鍊者和中國民運人士。在中國最西邊、跟印度和中亞接壤的新疆，維吾爾穆斯林如今生活在虛擬的籠子裡，正如烏克蘭之於俄羅斯，新疆成了中國新開發監控技術的孵化器。維吾爾人被強制要求下載間諜軟體，好監控他們的電話和訊息；新疆的每道門口、每條街道、每間商店和清真寺都裝了監視器，人臉辨識演算法用以辨認所有維吾爾人的臉部特徵。每當抓到一個維吾爾人，當局就會檢查所有監視器錄影畫面，找出任何反對政府的跡象。只要嗅到一點點可疑之處，維吾爾人就會被送進「職業技能教育培訓中心」，實際上就是刑訊室。

現在，中國把監控網撒到海外，谷歌研究人員判斷，過去兩年，每週都有成千上萬來自世界各地的維吾爾人、記者，甚至關心維吾爾人困境的美國高中生（老天！）訪問這些受感染的中國網站，手機因而被植入北京的監控軟體。

這是一種水坑式攻擊，顛覆了我們自以為對行動監控的理解。舉個例子，要找到iOS和安卓系統的零時差漏洞是非常困難的事，聯邦調查局願意付一百三十萬美元買一支iPhone越獄程式，並不是沒有理由，具有這類功能的程式在地下市場已經賣到兩百萬美元。由於成本高昂，政府想當然耳會謹慎使用，以免監控管道被發現，但中國當局竟然能在光天化日下，使用一系列十四款零時差漏洞利用程式整整兩年。再者，中國不是用這些功能來追殺下一個賓拉登，而是鎖定維吾爾人和他們在世界各地的同情者。很多人不意外中國會先在自己的人民身上測試這些工具，問題是：北京還有多久就會把這些功能直接用在美國人身上？

專門追蹤網路威脅的前政府官員吉姆．路易斯告訴我：「中國當局會把最厲害的工具先用來對付自己的人民，因為他們最害怕的就是自己的人民。接下來，他們就會用這些工具來對付我們了。」

就在中國重操智慧財產竊盜舊業，而且還變成世界級偷窺狂的同時，五角大廈和國土安全部官員也忙著應付美國的另一個宿敵。

川普一宣布退出伊朗核協定，全球各地幾乎馬上就亮起伊朗網路攻擊的紅燈，最初還只是針對歐洲外交官的釣魚攻擊，顯然是想看看美國的盟友會不會追隨川普的腳步。但到了二〇一八年年底，伊朗駭客開始前所未有地頻繁攻擊美國政府機構、電信公司和關鍵基礎設施，成為美國數位疆界裡最活躍的國家級駭客，甚至比中國駭客還勤勞。

就連當年震網行動的策畫人奇斯．亞歷山大將軍也繃緊了神經，他在川普退出核協定的那個星期告訴我：「美國大概是全世界使用最多自動化技術的國家之一，我們的進攻很強，但他們一樣強，而很遺憾，我們能損失的東西比他們多。」

二〇一九年上半年，伊朗的網路攻擊不斷升級，曾經把沙烏地阿美的資料刪光光的同一批伊朗駭客，現在瞄準美國能源部、石油和天然氣公司，以及國家能源實驗室。這些攻擊表面看來就是一般的情報蒐集，但隨著那年夏天華府和德黑蘭的敵對態勢升溫，知情人士懷疑伊朗駭客是在為更有殺傷性的行動做「戰場情報準備」。

說句公道話，美國對伊朗何嘗不是這樣？而且多年來一直都這樣。美國有一項代號「氮氣宙斯」（Nitro Zeus）的高度機密計畫，是在小布希時期發想，歐巴馬時期加速執行。在這項計畫下，美國網路司令部在伊朗的通訊系統、防空系統和輸電網路的關鍵部位植入定時炸彈。到二〇一九年六月，我們應該可以合理認定，伊朗對美國關鍵基礎設施的攻擊只是對等反擊。那年夏天，資安界共同目睹的，其實是一場即時上演的相互保證毀滅對峙。

那是個衝突火花不斷的夏天，一連串不斷升級的軍事摩擦逐漸蔓延到網路領域。那年五、六月間，美國指責伊朗趁幾艘油輪過境阿曼灣（全球三分之一石油的重要航道），以水雷吸附船殼，然後幾乎同時全部引爆。德黑蘭稱這次爆炸是美國的「偽旗行動」，美方於是公布一段影片，顯示第一起爆炸發生幾小時後，伊朗巡邏艇靠近其中一艘遇襲油輪，從船殼上取回一枚未爆水雷。一星期後，伊朗擊落一架美國無人偵察機，川普隨即下令射擊伊朗的雷達和飛彈基地，但距離飛彈發射還剩十分鐘時，卻突然改變心意，轉而下令網路司令部攻擊用以策畫油輪襲擊的伊朗電腦。德黑蘭再一次對等反擊，入侵兩百多家總部設在中東或美國的石油天然氣和重機械公司，竊取商業機密、刪除電腦資料，造成幾億美元的損失。

川普在飛彈發射前急踩剎車，可見這位一向予人衝動印象、經常以滿腔「烈焰與怒火」[174]揚言要「徹底摧毀」敵人的總統，在擔任三軍統帥時，比評論以為的要謹慎得多。美國已經透過制裁對伊朗施加最大壓力，在不願發射飛彈的情況下，川普選擇了第三條路：網路攻擊。網攻有網攻的好處，但正如奇斯・亞歷山大所說：「我們能損失的東西比他們多。」

幸好，伊朗的網路攻擊並沒有變得更具殺傷性，那年夏天，我訪問的官員聽起來都鬆了一口氣。在美國日益數位化，也更容易受到攻擊的情況下，伊朗的網攻沒有造成更大破壞，應該不是美國防守得好，官員們推測，德黑蘭可能寄望美國人會在二〇二〇年用選票趕川普下台，繼任的美國總統也許會改弦易轍。為了促成這個可能性，伊朗駭客瞄準川普二〇二〇年的連任競選，在二〇一九年八、九月間的三十天內，對川普的競選陣營和所有相關人事物發動不下兩千七百次攻擊。儘管俄羅斯搶走了干預選舉的大部分鎂光燈，這是首度有徵象顯示其他國家也曾干預二〇二〇年的美國大選，只是原因很不一樣。

伊朗網路威脅所帶來的危急情勢，正是二〇二〇年一月二日川普下令以無人機空襲殺死伊朗將軍卡山・蘇雷曼尼（Qassim Suleimani）的背景。在此之前，美國有一千次機會狙殺蘇雷曼尼，但之前的政府一直不敢下達追殺令，擔心他的死會引起大規模報復，最後演變成戰爭。蘇雷曼尼是伊朗大權在握的安全和情報指揮官，地位就像伊朗最高領袖哈米尼的兒子，他領導伊斯蘭革命衛隊的精銳聖城部隊（Quds Force），多年來讓美國在伊拉克折損了至少上百名軍人，要不是遇害，肯定還會策畫更多針對美軍的襲擊，然而在伊朗人心中，他就是英雄。

在蘇雷曼尼被炸得粉身碎骨當晚，某位美國資深官員傳訊息給我：「安全帶扣好了。」緊接著，臉書、推特、ＩＧ上出現波斯語主題標籤「#血債血償行動」，明尼亞波利斯（Minneapolis）和土爾沙（Tulsa）的一些網站被駭客置換成悼念蘇雷曼尼的圖片。有個星期六的一小段時間，美國高中生為了歷史課上聯邦圖書館網站找注釋版美國憲法的時候，會看到一張川普被打得滿臉是血的圖像。某伊朗官員把各地川普飯店的地址公布在推特上，聲稱可以作為攻擊目標。

一位伊朗官員在推特上寫道：「你們把卡山·蘇雷曼尼的手炸掉，我們也會把你們的腳從這個區域炸掉。」會這樣說，是因為美軍的空襲把蘇雷曼尼炸得身「手」異處。

幾天後，伊朗兌現復仇誓言，向多個美國和伊拉克聯合軍事基地發射了二十二枚飛彈。不知是運氣還是刻意迴避，飛彈只摧毀了基礎設施，美方沒有人員傷亡。事發幾小時後，伊朗宣布復仇行動已功德圓滿。

川普認為這件事應該就此畫下句點，在推特上寫道：「天下太平了。」

在國土安全部，官員可不敢像他這麼寬心。國土安全部最高網路安全官員克里斯·克瑞布斯（Chris Krebs）警告，伊朗的軍事行動也許已經結束，網路戰的威脅卻才剛開始，並指出伊朗有能力「摧毀整個系統」。

伊朗發射飛彈當天，克瑞布斯呼籲美國一千七百家民營企業、聯邦及地方政府機構，務必把系統上鎖、執行軟體升級和資料備份，還要把所有重要檔案移到線下，他說：「你必須有這種心理準備，下次駭客入侵，你的電腦就救不回來了。」

在撰寫本文的當下，伊朗駭客仍然持續入侵美國關鍵基礎設施和管理美國書店網路的業者，而且愈鑽愈深，完全沒有要離開的意思。前國土安全部網路安全與關鍵基礎設施次長蘇珊·史波丁（Suzanne

---

174 美國記者麥可·沃爾夫（Michael Wolff）揭露川普執政內幕的著作，書名即《烈焰與怒火：川普白宮內幕》（*Fire and Fury: Inside the Trump White House*），出版時在美國造成轟動。

Spaulding）形容，伊朗其實是在對美國說：「我們就坐鎮在這裡，用槍指著你的頭。」

在此期間，網路上悄悄冒出新的零時差漏洞仲介商，出價打敗漏洞市場上其他人。仲介商給自己的公司取名Crowdfense，我得知他們專為阿拉伯聯合大公國和沙烏地阿拉伯這兩個親密盟友服務，市場上其他人頂多出價兩百萬美元的iPhone漏洞利用程式，Crowdfense可以出到三百萬美元。

波灣專制統治者正極力跳過中間人。推特在二〇一九年發現，公司內部有兩名行事低調的工程師竟然是沙烏地的間諜，兩人為沙烏地王儲穆罕默德·賓·沙爾曼的幕僚長巴德爾·阿薩克（Bader al-Asaker）工作，竊取六千多個帳號的資料，大部分是沙烏地的異議人士，但也有一些美國人的帳號。假如波灣專制統治者可以花這麼大力氣監控、剷除批評他們的人，矽谷的科技公司根本無從阻止。

我不需要再猜那些推特資料被拿去做何用途，在阿聯，艾哈邁德·曼蘇爾至今仍被單獨監禁，罪名是在推特「誹謗」統治者。到這時，中情局已對《華盛頓郵報》記者賈邁勒·卡舒吉遭殺害做出結論：是穆罕默德·賓·沙爾曼親自下的令。這些都不令人意外，只是白宮的反應很陌生，川普和他的女婿賈德·庫許納（Jared Kushner）替他們的石油富豪盟友的暴行開脫，即使在穆罕默德·賓·沙爾曼手下凶徒肢解卡舒吉屍體的恐怖錄音曝光後，庫許納和穆罕默德·賓·沙爾曼仍然在WhatsApp上保持聯絡。

但新聞界不肯善罷干休，尤其是卡舒吉在《華盛頓郵報》的同事。川普早就因為《華盛頓郵報》對白宮的報導，把矛頭對準了《華盛頓郵報》和該報老闆——亞馬遜創辦人傑夫·貝佐斯（Jeff Bezos），他在推特上以「#亞馬遜華盛頓郵報」（#AmazonWashingtonPost）的主題標籤發文，譴責該報是「說客的武器」，也是亞馬遜和其總裁「笨佐斯」的「避稅幌子」。因此，當沙烏地直接向貝佐斯本人開戰，白宮上下根本沒人理會。

由於《華盛頓郵報》鍥而不捨地報導卡舒吉的命案，沙烏地要貝佐斯為此付出代價。該報連續報導卡舒吉命案三個月後，《國家詢問報》（*National Enquirer*）刊出十一頁顯示貝佐斯有婚外情的照片和私密簡訊——《國家詢問報》是川普多年好友兼圍事人大衛．佩克（David Pecker）名下的八卦小報，該報不知怎麼取得了進入貝佐斯手機的權限。

在一篇部落格文章中，貝佐斯暗示他的手機遭到沙烏地當局駭入，他已聘請私人保全團隊展開調查。但最後查出，向《國家詢問報》爆料的，竟是貝佐斯情婦的哥哥，那些私密簡訊和照片是他以二十萬美元的爆料費賣給《國家詢問報》。不過調查過程中，貝佐斯的保全團隊發現，沙烏地確實也用WhatsApp零時差漏洞利用程式進入貝佐斯的手機，要查出攻擊源頭並不難，因為有問題的WhatsApp影片就是穆罕默德．賓．沙爾曼本人傳來的，貝佐斯開啟影片之後，手機內的資料很快透過錯綜複雜的伺服器傳到波灣，手機對外傳輸流量暴增到平常的三百倍。

幾個星期後，我接到一位消息人士的電話。那個讓沙烏地王儲有權進入貝佐斯手機的WhatsApp漏洞利用程式，嘿，就是這位消息人士的哥兒們賣給沙烏地和阿聯的幌子公司Crowdfense的漏洞利用程式。

我問：「你怎麼有辦法確定？」

「如果不是同一支漏洞利用程式，就是還有一支效果一模一樣的WhatsApp漏洞利用程式。」

「你這位朋友願意聊嗎？私下聊就好，不發表，我了解一下背景？」

他回我：「絕無可能。」

臭鮭魚。

也怪不得他，我聽過一些說法，那些回到美國的雇傭駭客告訴我，他們接到前雇主的恐嚇電話，警告說要是敢跟任何人談論他們在阿布達比的工作，「後果自負」。

雇傭駭客深知這些政府為了壓制煽動政治變革的人，會做得多絕，而在川普純商業利益考量的中東外交政策之下，這些政府更肆無忌憚。川普上台對波灣專制統治者來說，簡直是撿到寶，川普願意對他們侵犯人權的作為視而不見，眼中只有經濟利益，同時一心希望他的女婿賈德．庫許納有朝一日促成阿聯和以色列之間的和平協議，能因此居功。有官員告訴我，庫許納很喜歡吹噓他跟穆罕默德．賓．沙爾曼和阿聯王儲穆罕默德．賓．札耶德之間經常聯絡，而他們最常用的溝通管道就是WhatsApp。

看到波灣專制統治者在川普上台後為所欲為，有人就開始懷疑，他們可能也會在下屆美國大選時來湊熱鬧。

「你想想看，他們不會讓這位王子就這樣杳無消息吧？」某前白宮官員在二〇一八年年底這樣問我。我愣了一下才會過意來，這裡說的「王子」，不是穆罕默德．賓．沙爾曼，也不是穆罕默德．賓．札耶德，而是他們兩位的WhatsApp好友兼最佳白宮資產：庫許納。

與此同時，波灣統治者為了監視敵人，願意付給駭客的價碼節節攀升。

川普的第一任國土安全顧問博塞特在離開白宮後對我說：「這種網路遊戲就是價高者得。」如果說這個市場總有需要道德指標的時候，那就是現在了，也許當濫用的情形愈來愈普遍，會有更多人拒絕賣零時差漏洞利用程式給獨裁者。然而，別自欺欺人了，以統治者現在願意出的天價，永遠不缺搶著賣的駭客和仲介商。

從我上次去布宜諾斯艾利斯之後，這幾年阿根廷的經濟愈來愈糟，失業率來到十三年新高，披索再一次劇烈震盪。阿根廷剛嶄露頭角的年輕駭客比以往更有誘因隱身於不受通膨限制的檯面下網路武器交易，如果想買程式的人剛好是獨裁者或暴君，那又如何？

這一切都發生在美國由一位主張「美國優先」的總統掌權期間，這位總統生性不喜歡複雜事物，對威權主義有浪漫想像，把任何有關俄羅斯干預美國大選的言論斥為精心設計的「騙局」。他和中國打貿易戰、撤出伊朗核協定、不願直接和普丁對抗，這些都可能帶來意想不到的危險後果，但在川普給自己設定的舊西部角色中，這似乎一點都不重要。在他的敘事裡，自己就像十九世紀晚期的執法悍將懷特．厄普（Wyatt Earp），是在端正法紀、保衛邊界、為未來的榮耀開路。

川普上任後沒多久，對每天例行的情報簡報感到很不耐煩，不但取消了簡報，還把幾位最高網路安全官員攆走。到了不能不處理俄羅斯干預美國大選的時候，他心不甘、情不願地說：哪有什麼干預？誰只要提這件事，就是在質疑他當選的正當性。到二〇一八年年底，川普政府已經放寬之前對俄羅斯寡頭財團實施的部分制裁。接下來幾個月，任何想要向白宮提出選舉資安問題的高層，套用某位官員的說法，都「吃了閉門羹」；網路安全協調官這個負責協調美國網路政策、監督政府機構執行VEP（決定哪些零時差漏洞該保密、哪些該通報廠商修補的流程）的職務，被徹底取消。時任國土安全部部長的克絲珍．尼爾森（Kirstjen Nielsen）一再試圖推動白宮謹慎預防二〇一六年大選的歷史重演，川普當時的幕僚長米克．穆瓦尼（Mick Mulvaney）勸告尼爾森，切勿再在總統面前提有人干預選舉的事，幾個月後，尼爾森也被攆走了。

事實上，川普曾表示他歡迎干預。二〇一九年六月，當被問到如果未來有外國政府提供對手的負面消息，他會不會接受，川普回答：「我想會吧。」幾個星期後，川普和普丁被問到相關議題，態度吊兒郎當，有記者問川普，是否要叫普丁別干預二〇二〇年的美國大選，川普手指了指，面帶笑意地假裝罵他的好朋友：「總統，不要干預大選啊。」談到當天採訪的一眾記者時，川普對任內已有幾十名俄國記者遭到謀害的普丁說：「把他們弄走。」又說：「假新聞這個詞取得真好，你說是不是？你們俄羅斯沒有這個問題，不像我們。」

其實，普丁的干預從來沒停過，二〇一六年大選的干預只不過是排練。誠如某位專家告知參議院情報委員會（Senate Intelligence Committee），二〇一六年俄羅斯駭入州選民資料庫和後端選舉系統，只是「測繪網路地圖和布局資訊圖的偵察行動，這樣才能真正摸清這個網路，建立據點，日後回來執行真正的任務」。那又是什麼讓他們沒有進一步行動？也許是歐巴馬對普丁的當面警告奏效，也許是布瑞南給俄羅斯聯邦安全局局長打的電話有用，但隨著二〇二〇年大選近在眼前，有愈來愈多跡象顯示，克里姆林宮又故態復萌，而這次，真不知道白宮裡面還會有誰出來和普丁對抗。

在這四年中，克里姆林宮變得更膽大妄為，行動卻更隱祕。二〇一六年時，俄羅斯的影響戰打得明目張膽，社群媒體貼文用蹩腳的英文寫成，臉書廣告以盧布支付，自稱德州分離主義組織和「黑人性命攸關」抗議者的用戶從莫斯科紅場登入伺服器。現在，俄羅斯網軍懂得建立海外銀行帳戶，向真實臉書用戶租用帳號，並以匿名軟體「洋蔥路由器」（Tor）隱藏所在位置。

在聖彼得堡的網路研究社，俄羅斯網軍已更能掌握美國的政治，他們把容易露出馬腳的俄羅斯機器人換成使用人工撰寫腳本的聊天機器人，搜尋網路上相關討論的關鍵字，丟出預先寫好的煽動性回應。他們不放過任何在美國文化論戰中火上添油的機會，積極參與槍枝、移民、女權、種族等議題的討論，就連美式足球聯盟（NFL）球員在演奏國歌時單膝跪地也要發表意見。俄國網軍開始留意時差問題，在俄國的清晨時分發布自由派看了會熱血沸騰的東西，讓他們徹夜難眠，接著又在保守派晨起坐下來看新聞談話節目《福斯與朋友們》（*Fox & Friends*）的時候，發布針對他們的內容。網路研究社繼續以「貝塔·馬隆」（Bertha Malone）、「瑞秋·愛迪生」（Rachell Edison）等名字在臉書上建立假帳號，散播歐巴馬和穆斯林兄弟會有關聯的不實謠言，附和美國全國步槍協會（NRA）的說法，指民主黨就是想奪走美國人的槍枝。網路研究社針對二〇一八年美國期中選舉的干預行動有個代號，叫作「拉赫塔計畫」（Project Lakhta），在期中選舉前的六個月，總共投入一千萬美元。依舊很難衡量美國人的心理究竟受到多大影響。

但這一次，美國官員設法繞過川普，做出果斷回應。

二〇一八年九月，川普把美國進攻性網路攻擊的決策權讓給五角大廈，也即將決定權交到國安局新任局長保羅·仲宗根（Paul M. Nakasone）將軍手中，他同時也是網路司令部的指揮官。一個月前，川普的鷹派國家安全顧問約翰·波頓（John Bolton）擬定一項新網路策略，擴大網路司令部在發動進攻性網路攻擊的空間，不像歐巴馬時期，每次攻擊都要總統明文批准。川普在九月簽署了這項仍屬機密的行政命令，稱為「國家安全總統備忘錄十三」（National Security Presidential Memorandum 13）。在網路司令部的韁繩鬆開、川普基本上放手的情況下，美國的菁英戰士開始對俄羅斯伺服器發動攻勢。

那年十月，也就是期中選舉前一個月，網路司令部向克里姆林宮發出訊息，直接張貼在網路研究社的電腦螢幕上，警告俄國網軍要是敢干預美國選舉，就會受到起訴和制裁。這就像一九四五年美國空軍從日本上空投下傳單，在轟炸前勸告對方撤離。到了選舉日，網路司令部讓網路研究社伺服器連不上網，在美國選務人員計票的那幾天也維持斷線。我們大概永遠無法知道，俄羅斯原本在當天是不是有什麼計畫，但二〇一八年的期中選舉總算可以說平安無事。

網路司令部的勝利終究只是泡影，幾個星期後，曾經在二〇一六年入侵民主黨全委會的俄羅斯駭客組織愜意熊，在冬眠一整年後重出江湖。連續好幾個星期，他們以網路釣魚猛烈攻擊民主黨、新聞工作者、執法部門、國防承包商，甚至五角大廈，但到了二〇一九年年初，突然又詭異地安靜下來。愜意熊如果不是停止了攻擊（不大可能），就是隱藏術更高明了。

接下來幾個月，美國國安局和英國情報機構政府通信總部發現，俄羅斯情報單位駭進某個伊朗菁英駭客單位的網路，搭伊朗系統的便車入侵全球各地政府和民營企業。英、美兩家情報機構罕見地聯合發表公開資訊，揭露俄羅斯的陰謀。隨著二〇二〇年美國大選臨近，這是一個警訊，俄羅斯的威脅正快速變化，我們已經沒辦法相信表面看到的事物了。

在華府，國土安全部旗下新成立了一個網路安全機構，負責華府內部最吃力不討好的工作：保護二〇二〇年美國大選。二〇一八年期中選舉過後，川普簽署了《網路及基礎設施安全機構法案》（Cybersecurity and Infrastructure Security Agency Act），把國土安全部旗下專門負責網路安全的單位提升為現在的「網路及基礎設施安全局」（Cybersecurity and Infrastructure Security Agency, CISA）。四十幾歲卻仍略帶大男孩氣息的前微軟高階主管克里斯・克瑞布斯臨危受命，領導網路及基礎設施安全局捍衛一場總統根本不想捍衛的選舉，幫助那些絲毫不想他幫忙的州政府。美國的選舉工作畢竟是由州政府主導，聯邦機構如果希望向各州提供選舉安全方面的協助，即使只是掃描系統安全漏洞這麼簡單的事，也必須由州政府發出邀請；而長久以來，州政府（尤其紅州）一向把聯邦政府對選舉的協助視為干預。不過在二〇一九年，美國遭到數量破紀錄的勒索軟體攻擊，州政府只要看看全美各地城鎮受到的重創，就不難明白自己有多危險。

二〇一九年至二〇二〇年期間，美國有六百多個鄉鎮、城市和郡被勒索軟體挾持。網路犯罪分子不只攻擊奧巴尼、紐奧良這些大城市，也挾持密西根州、賓州、俄亥俄州等搖擺州的小地方；德州儼然成了新戰場，有二十三個城鎮同時遭到攻擊；喬治亞州的受害名單也很驚人：亞特蘭大市、州公共安全部、州級地方法院系統、一間大型醫院、某郡政府、擁有三萬人口的某市市警局。一旦遭到攻擊，網路癱瘓，公共紀錄消失，電子郵件無法收發，筆電就得接受掃毒鑑識、重組、扔掉，警察部門只能暫時以紙筆辦公。

萬一有勒索軟體鎖定於十一月三日選舉日當天引爆，對選民名單、選民登記資料庫或州務卿進行攻擊，影響不知會有多嚴重，官員和安全專家一想到就頭皮發麻。

威脅分析師布瑞特．卡洛（Brett Callow）警告說：「地方政府都忙著處理已經亂得一團糟的選務，這時候不受到攻擊的機率看來非常低。」

美國一向選舉問題最多的佛羅里達州似乎首當其衝，原來棕櫚灘郡（在二〇〇〇年大選中最後決定勝負的郡）有所隱瞞，早在二〇一六年大選前的幾個星期，該郡選舉辦公室曾遭勒索軟體攻擊，地方官員竟然沒有向聯邦政府通報，直到二〇一九年，該郡的兩個鎮再度遭到駭客挾持，聯邦官員才知道此事。在里維拉海灘（Riviera Beach），惡意軟體癱瘓了電子郵件、供水設施和加壓站，地方官員不得不支付六十萬美元的贖金。再往南一點的棕櫚泉（Palm Springs）也遭到攻擊，鄉政府支付了數目不明的贖金，駭客卻再也沒有恢復電腦資料。

乍看之下，挾持美國城鎮的只是普通勒索軟體，但進入二〇一九年秋天，許多攻擊顯然是多重的，駭客不只把受害者的系統鎖住，還竊取資料，有時把資料公開在網路上，有時在暗網上兜售受害者的系統權限，還有一個案例特別令人不安，駭客被抓到把權限賣給北韓。就像烏克蘭調查人員查出NotPetya勒索病毒攻擊是政治打擊行動，網路及基礎設施安全局、聯邦調查局和情報機構的官員也擔心，針對美國腹地的勒索軟體攻擊也不只是為了牟利，背後實有政治動機。

多數攻擊的源頭其實相當清楚，發生時間絕大多數是在莫斯科時間上午九點至下午五點，通常透過大量受感染電腦所組成的殭屍網路發動，惡意軟體名稱叫作TrickBot，開發者來自莫斯科和聖彼得堡。TrickBot背後的操作者通常把受感染電腦的權限賣給東歐網路犯罪分子和勒索病毒組織，但利用TrickBot來挾持美國目標的勒索病毒組織露了馬腳，駭客的程式碼中遍布俄語痕跡，而最明顯的線索莫過於勒索軟體經過特別設計，能避免感染俄羅斯的電腦，程式碼會搜尋西里爾字母的鍵盤設定，如果找到，就會放過那台電腦，證明駭客是在遵守普丁的首要規則：禁止在祖國境內發動網路攻擊。

到了二〇一九年，勒索病毒攻擊給俄國網路犯罪分子帶來幾十億美元的收入，而且愈來愈好賺，恢復資料的贖金從幾百美元提高到幾十萬，甚至幾百萬美元。儘管如此，美國地方政府和他們的保險公司算盤一敲，付贖金還是比從零開始重建系統和資料便宜。勒索攻擊的戰利品大量湧入俄羅斯，勒索軟體產業也蓬勃發展，美國情報人員無法想像克里姆林宮會不知情，或不利用犯罪分子手中的權限來達到自己的政治目的。

這樣的推測當然大膽，但隨著二〇二〇年大選逼近，美國官員不能不正視俄羅斯網路犯罪分子和克里姆林宮長久以來的合作關係。五年前，俄羅斯駭客對雅虎約五億個電子郵件帳號的攻擊令人記憶猶新，調查人員花了幾年才解開那次攻擊之謎，最後查出是兩名網路犯罪分子和兩名俄羅斯聯邦安全局的特務攜手合作，特務讓網路犯罪分子竊取個人資料牟利，他們則趁機利用偷來的權限，監視美國官員、異議人士和記者的個人電子郵件。較近期則有情報分析人員發現，俄羅斯某知名網路犯罪分子——菁英網路犯罪組織「邪惡企業」（Evil Corp）的頭子——不只是跟俄羅斯聯邦安全局密切合作，他根本就是俄羅斯聯邦安全局的人。

二〇二〇年大選即將來臨之際，俄羅斯網路犯罪專家湯姆．凱勒曼（Tom Kellermann）向我形容道：「俄羅斯政府和俄國網路犯罪集團之間，是一種『黑幫和平』的狀態。網路犯罪分子被當作國家資產，免費提供政府勒索病毒和金融犯罪的管道，而政府給他們的回饋就是不可動搖的地位，像收保護費一樣，雙方都有好處。」

美國官員拿不出證據，但那年秋天，眼看著勒索病毒攻陷一個又一個美國城鎮，他們不禁擔心勒索只是煙幕彈，背後目的其實是刺探哪些地方最適合作為二〇二〇年大選前的攻擊目標。那年十一月，官員心中最可怕的噩夢差點成真，路易斯安那州州長選舉那個星期，網路犯罪分子以勒索病毒挾持路易斯安那州州務卿辦公室，要不是當地官員有先見之明，把選民登記名冊和州政府的網路分開，選舉就會大亂。路易斯安那州選舉最後如常舉行，但數位鑑識發現駭客部署得非常早，時戳顯示攻擊者早在三個月前就駭進系統，耐心地等待時機攻擊選舉。聯邦調查局擔心這就是二〇二〇年大選的預演。

接下來幾個月，聯邦調查局向全美各地的外勤特務發出機密公文，警告勒索病毒「很有可能」破壞美國的選舉基礎設施。至於這些攻擊究竟是出自想趁機發選舉財的駭客、更有心機的國家級對手，還是兩者聯手，政府仍然沒有明確的答案。

在華府，選舉變得愈來愈像駭客的狩獵開放季。一大堆選舉安全法案卡在一個人那裡：參議院多數黨領袖米奇·麥康奈，他明確表示，不會放行任何選舉安全法案，不管兩黨多有共識都沒用。即使選舉專家認為至關重要的措施，例如每張選票的書面紀錄、選後的嚴謹驗票程序、禁止投票機與網路連線，以及要求候選人通報涉及境外勢力的競選活動等，都在麥康奈的辦公桌上無疾而終。一直要到批評者稱他「莫斯科米奇」，他才不得不批准了供各州防範選舉干預的兩億五千萬美元預算案，即使這樣，他還是拒絕通過專家認為很重要的紙本備份和驗票程序這兩項聯邦要求。檯面上，麥康奈這樣做是出於意識型態的潔癖，他一向公開反對所謂的華府「接管」州選舉；私底下，同僚懷疑他對選舉法案的敵意來自害怕總統受到刺激。

這位總統確實很容易受刺激。川普很想給所謂的「俄羅斯騙局」找到另一種解釋，於是熱切地接受克里姆林宮的陰謀論，認為烏克蘭才是干預二〇一六年美國大選的主謀，沒想到這成了他的彈劾案導火線。在克里姆林宮的（現在也成了川普的）論述中，民主黨全委會不是被俄羅斯駭了，而是被烏克蘭駭了，民主黨全委會請來調查被駭事件的公司CrowdStrike，負責人是個有錢的烏克蘭人，CrowdStrike把民主黨全委會被駭的伺服器藏在烏克蘭，讓聯邦調查局無從查起，以隱匿烏克蘭主導這起駭客攻擊的事實——以上沒有半點是真的，美國十七間情報機構皆早就做出結論，民主黨全委會被駭的幕後黑手就是俄羅斯。有關CrowdStrike的理論也毫無根據，該公司有兩位創辦人，一位是美國人，另一位是小時候跟隨家人從俄羅斯逃到美國的流亡人士。CrowdStrike從來不曾實際持有民主黨全委會的伺服器，而是跟美國其他資安公司處理被駭事件一樣，透過稱為「成像」的方式複製被駭電腦的硬碟和記憶體，再以複製品著手調查。CrowdStrike的調查結果都向聯邦調查局通報，聯邦調查局手上也有民主黨全委會硬碟的成像複製品，經過分析，他們也同意CrowdStrike的結論：發動攻擊的是俄羅斯駭客單位愜意熊和花稍熊。

在任何政治環境底下，炒作這種偏激理論大概都會被蓋章認證為腦袋有問題，只有川普時代不是這樣。這是克里姆林宮和川普一箭雙鵰、同時污蔑烏克蘭和民主黨的最後一招，跟之前的「出生地懷疑論」[175]一樣，川普不肯示弱，凍結國會已經批准撥給烏克蘭的四億美元軍事援助。二〇一九年七月，烏克蘭新任總統佛拉迪米爾．澤倫斯基（Volodymyr Zelensky）和川普通電話，想要討好川普，讓他把援助款撥下來，川普在這後來演變成「電話門」、「通烏門」醜聞的通話中告訴澤倫斯基：「我倒是想請你幫我們一個忙，那個伺服器，他們說在烏克蘭那裡。」

那通電話還牽扯出另一樁陰謀論，涉及烏克蘭天然氣公司布利斯瑪（Burisma），拜登的兒子韓特．拜登（Hunter Biden）是這家公司的董事。布利斯瑪在拜登擔任副總統、負責領導歐巴馬的烏克蘭政策期間，選上韓特．拜登擔任董事。當時，拜登在歐洲盟友支持下，施壓要求烏克蘭開除未能追究貪瀆案件的檢察總長。但二〇一九年夏天，當拜登在和川普的一對一民調中急起直追，成為最有可能在二〇二〇年大選中迎戰川普的對手，川普就把整件事顛倒過來，指拜登干預烏克蘭的刑事司法，只因為布利斯瑪正在接受司法調查，而他的兒子有可能受到牽連。川普的私人律師魯迪．朱利安尼（Rudy Giuliani）把炒作這個理論視為己任，親自前往烏克蘭，定期打電話回來報告，聲稱已經掌握到不當行為的證據（一年後，美國財政部把朱利安尼的烏克蘭消息來源列為「活躍的俄國特務」，並以暗中影響選情、干預二〇二〇年美國大選為由加以制裁）。

在和澤倫斯基那通臭名昭彰的電話中，川普提出了第二個要求，說是「有另一件事」，要烏克蘭總統宣布對布利斯瑪公司和拜登父子展開公開調查。要不是白宮吹哨者（依法在旁監聽電話的官員），烏克蘭大概就會照川普的話去做，以換取幾百萬美元的援助。檢舉人的報告引發川普彈劾調查，澤倫斯基因此無須受到川普箝制，騙人的布利斯瑪調查也就此打住。

實際上，川普施壓的未竟之功由俄羅斯駭客幫他完成。美國國會對川普通烏門的彈劾調查，閉門取證於二〇一九年十一月結束，接下來就是公開聽證，就在這時，我獲悉曾經在二〇一六年入侵民主黨全委會的俄國駭客單位花稍熊，開始以出奇相似的釣魚手法駭入布利斯瑪的網路。跟民主黨全委會被駭一樣，這次花稍熊也成功釣到能自由出入布利斯瑪電子郵件信箱的權限，看來是為了尋找任何有可能支持川普編造的陰謀論的郵件內容，藉此在過程中抹黑拜登父子。我在二〇二〇年一月搶先報導了俄羅斯駭客入侵布利斯瑪的新聞，隨著二〇二〇年大選進入倒數最後幾個月，駭客從布利斯瑪的郵件挖出一些材料恐怕在所難免，而結果確實如此，《紐約郵報》（*New York Post*）後來接棒追蹤報導。這些材料是不是真能支持川普和朱利安尼指拜登父子「腐敗」的無稽之談，似乎已不重要，壓垮希拉蕊選情的從來不是真相，而是不實調查和影射。川普似乎認為，只要再來這一招，他就能再勝選一次，而俄羅斯也很願意再幫他一把。

175 主張歐巴馬不是在美國出生，因此沒有資格競選美國總統的論調。

一個月後，美國情報官員警告國會和白宮，俄羅斯的駭客和網軍再次出動，正夜以繼日操作，協助川普當選。川普在簡報會上大動肝火，不是因為俄羅斯干預美國的民主，而是情報官員讓民主黨籍議員也得知調查結果。川普憤而撤換國家情報總監，由高調支持他的人接任，並在推特上抨擊這項情報是「假資訊」。共和黨人士也不認同調查結果，猶他州共和黨籍議員克里斯·史都華（Chris Stewart）告訴《紐約時報》，莫斯科沒有理由在二〇二〇年支持川普。

「有沒有人可以給我一個現實中說得通的理由，為什麼普丁寧願選川普總統，而不選桑德斯。」

其實俄羅斯也支持桑德斯，在另一場簡報中，情報官員告訴桑德斯，俄羅斯正設法提高他在民主黨初選中打敗拜登的機會，顯然是押注桑德斯會是川普最弱的對手。

「桑德斯如果贏得民主黨提名，川普就會贏得白宮。」一位前克里姆林宮顧問告訴記者：「最理想的狀況就是美國持續分裂和充滿不確定因素，我們的人選就是『混亂』。」

接下來幾個月，我追蹤一波波的俄羅斯干預行動，但二〇一六年的劇本既然已經曝光，克里姆林宮就改變策略。俄國駭客仍然鎖定競選陣營的電子郵件，但不再是透過簡陋的網路釣魚取得權限。國安局分析人員發現，曾經造成烏克蘭大停電、散播NotPetya病毒，並在二〇一六年駭入全美五十個州的選民登記系統探索一番的俄羅斯駭客組織沙蟲，正在利用電子郵件程式的一個漏洞，國安局在一份公告中警告，如果成功，俄羅斯將獲得「夢寐以求的權限」。

花稍熊被發現駭入布利斯瑪後，更加小心掩蓋痕跡，把作業轉移到可隱藏真實位置的匿名軟體洋蔥路由器。微軟透露，在短短兩個星期內，花稍熊鎖定六千九百多個個人電子郵件帳號，全都是美國競選工作人員、顧問和政治人物，兩黨都有。

雖然我們仍無法確定克里姆林宮和勒索軟體攻擊的關係，這類攻擊確實愈來愈嚴重了。TrickBot開發人員手上有全美各地市政當局的系統權限，多到他們編成商品目錄，好賣給只想以現成方式駭進美國選舉系統的人。

至於散播不實訊息，俄羅斯的目的始終如一：各個擊破。不過這次，俄國網軍不必再自己捏造「假新聞」，美國人每天都在產出大量不實、誤導和製造分化的內容，總統本人產出的可能比任何人都多。俄國網軍曾在二〇一六年編出民主黨會施巫術的鬼扯淡，但眼前美國人的分裂是近代史上之最，俄國網軍和官媒發現，放大美國人製造的不實訊息，比自己編故事效果好得多。這一次，他們不再稀罕創造網路瘋傳現象，那會太引人注目，只要尋找四濺的火花，抓住機會提供一點火種就行了。

民主黨二月在愛荷華州的黨內初選當天，用來統計開票結果的手機應用程式在眾目睽睽下大當機，推特上出現美國人亂指控該應用程式是希拉蕊核心圈子的陰謀，意圖使伯尼．桑德斯選不上，俄國網軍轉推這些推文，極力搧風點火。當新型冠狀病毒疫情蔓延，同樣的俄羅斯帳號轉推部分美國人的臆測，說新冠病毒是美國製造的生化武器，也有說是比爾．蓋茲為了後續生產疫苗獲利而策畫的陰謀詭計。正當全世界引頸盼望疫苗趕快出來，俄國網軍不眠不休，積極合理化反對疫苗接種的言論，做法和一年前烏克蘭爆發有史以來最嚴重的麻疹疫情時如出一轍。只要美國人在推特上質疑官方的新冠肺炎統計數字、抗議封城措施、質疑佩戴口罩的好處，他們就轉推。當成千上萬美國人走上街頭，抗議警察殺害非裔美國人，同樣的俄羅斯帳號轉推光譜另一端的美國人（包括總統）的推文，指「黑人性命攸關」運動是左派激進分子包藏暴力的特洛伊木馬。在一波接一波散布不實訊息的行動中，已經很難分清美國人造謠和俄羅斯網軍散播謠言的界線，美國人成了被普丁利用的「有用的白癡」，而只要美國人繼續陷在內訌中，普丁就可以肆無忌憚地操縱國際政治。

「俄羅斯積極操作的行動可以用一句口號來概括：『以政治力量取勝，不以武力政治取勝。』」專門研究俄羅斯假資訊伎倆的前聯邦調查局特務克林．瓦茨（Clint Watts）解釋給我聽：「意思是走進你的敵對陣營中，利用政治糾紛讓他們不斷內耗，直到亂得自顧不暇，你就可以為所欲為。」

有時候，美國官員似乎就是要幫普丁清除障礙，「莫斯科米奇」不願意通過任何選舉安全法案，還只是其中一例而已。那年八月，新上任的國家情報總監約翰．雷克里夫（John Ratcliffe）取消了情報機構就選舉干預活動向國會做的面對面簡報，雷克里夫怪罪有太多機密外流，但改成書面報告其實是讓這位情報首腦有機會扭曲情報的意義，原本有問有答的國會面對面簡報就沒辦法這樣做。接下來幾個月，情報分析人員和官員驚恐地看著雷克里夫把情報扭曲成符合川普的口味，嚴禁報告人提到禁忌話題，並選擇性解密能替政治加分的情報，他把高階職位留給川普的支持者，還扭曲事實，宣稱對美國大選構成最嚴重威脅的是中國和伊朗，不是普丁。

這是專為一個人打造的夢幻宣傳，跟真相幾乎脫節，中國和伊朗也在干預，但絕非川普和他的追隨者想要美國人相信的那樣。伊朗的網路部隊比以往更積極發動攻擊，卻不怎麼成功，他們以網路釣魚猛攻川普的競選陣營，但從來沒有成功入侵。臨近大選的時候，他們佯裝極右白人至上主義組織「驕傲男孩」（Proud Boys）發出電子郵件，警告美國選民把票投給共和黨，否則「我們絕不會放過你」。有人因此懷疑有選民資料遭竊，但伊朗駭客使用的其實是公開資料，而且由於一個疏失，美國調查人員立即追查到電子郵件發自伊朗，破案速度史上最快，單單這點也許就應該感到慶幸。但雷克里夫反而抓住機會，把事件扭曲成對川普有利的解讀，他在記者會上表示，伊朗的雕蟲小技不只是要恐嚇選民，製造社會不安，還意圖「傷害川普」。

川普和他的顧問繼續渲染伊朗和中國的陰謀，藉此淡化俄羅斯的威脅。九月的某場造勢活動上，川普再度宣稱俄羅斯干預大選是一場騙局：「老是俄羅斯、俄羅斯、俄羅斯，又來了，中國呢？其他國家呢？」川普的副手都樂得乖乖附和，國家安全顧問羅伯特．歐布萊恩（Robert O'Brien）和好鬥的司法部長比爾．巴爾（Bill Barr）接受電視台訪問，被問到哪個國家對即將到來的選舉構成最大威脅，兩人不約而同都說是中國，不是俄羅斯。

讓這種說法變得有點複雜的是，就在當時，中國駭客積極攻擊的對象是拜登，不是川普。情報官員不願公開說，但谷歌和微軟的資安團隊都發現，中國駭客的攻勢完全是衝著拜登陣營而來，而且看起來不像是要學俄羅斯駭入電腦找黑材料再藉機散播，而是標準的間諜活動，跟二〇〇八年美國大選期間，中國間諜駭入馬侃和歐巴馬競選團隊的電腦情況差不多，只是為了取得政策文件和高級政策顧問的電子郵件。這一次，安全研究人員和情報分析人員同樣認為，中國是在判讀未來趨勢，想要看看拜登的北京政策。

情報人員的任務一向超越黨派，但隨著選舉接近，總統和他任命的官員每天以大大小小的方式扭曲情報，以達到總統的政治目的。在川普政府的高層之中，只有聯邦調查局局長克里斯特福．瑞伊（Christopher Wray）願意在公開談話中打破白宮的另類現實。就在巴爾和歐布萊恩上電視指中國構成最大威脅的同一個月，瑞伊在國會作證，指俄羅斯正以「傷害拜登選情的惡意外國勢力」干預美國大選。他就事論事的說法，在真相付之闕如的環境下，聽在有心人耳中就像變節士兵的話一樣刺耳，結果遭到川普和他的寵臣懲罰。

「克里斯，中國的威脅比俄羅斯、俄羅斯、俄羅斯大得多，你竟然都看不見。兩國還有其他國家都有能力干預我們的二〇二〇年大選，因為不需要選民索取自動寄發（偽造？）選票的措施充滿了漏洞，根本是騙局一場。」川普在推特上這麼寫道。

川普的極右派得力助手史蒂夫．班農後來揚言，應該把瑞伊和防疫專家安東尼．佛奇（Anthony Fauci）斬首示眾，警告膽敢質疑總統言論的聯邦政務官。

美國人過去四年一直擔心外國勢力不知有何謀算，隨著選舉接近，真正的干預顯然來自內部。二〇二〇年大選，一張票都還沒投下，川普已經在恣意打擊選舉的正當性，也等於打擊美國的民主制度，說什麼「被操縱」、「欺詐和騙局」。民意調查也開始顯示，有過半美國人（約百分之五十五）同意這種看法。「我沒辦法認同總統做的很多事，但這件是最糟糕的。」選舉前幾天，緬因州的無黨籍參議員安格斯．金（Angus King）這麼對我說：「打擊美國民眾對自己國家民主制度的信心，是很危險的一件事，而且剛好跟俄羅斯和其他國家的盤算不謀而合。」

這就是二〇二〇年十一月總統大選將屆，美國官員做最後努力加強各州郡的選舉防禦措施時，必須小心繞過的政治地雷。由於麥康奈執意不通過任何一項選舉安全法案，參議院情報委員會的民主黨領袖、維吉尼亞州參議員馬克．華納（Mark Warner）立志說服全國州務卿，即使極右派的州務卿也是，要讓他們相信，外國勢力的干預是千真萬確的事，務必接受網路及基礎設施安全局的協助。

網路及基礎設施安全局，克瑞布斯派副手、前選舉協助委員會（Election Assistance Commission）委員麥特．馬斯特森（Matt Masterson）逐州拜訪，懇求各州郡政府掃描和修補系統漏洞、鎖上選民登記資料庫和名冊、更改密碼、封鎖惡意ＩＰ位址、啟用雙重認證，以及列印紙本備份……結果疫情打亂了選舉，投票站被迫關閉，郵寄投票的選民比往年多出幾百萬人。從某方面來說，這使選舉更加安全，因為郵寄投票自然會留下書面紀錄，但選民登記資料庫也因而更加珍貴，駭客可以破壞選民登記資料，不管是更改選民地址、把已登記選民改成未登記，還是把選民從名冊中整個刪除，只要數量夠大，少至數千、多至數百萬選民的投票權利就會因此被剝奪。多數選民改為郵寄投票也意味著，除非出現壓倒性勝利，否則開票不可能只花一個晚上，而會拖上幾天，甚至幾個星期，攻擊面也跟著不斷擴大。此外，選民登記系統、郵局、選民簽名驗證、製表與報告系統等要是遭到勒索軟體攻擊，後果更加不堪設想。

那年九月，在雷德蒙德的微軟總部，湯姆・柏特因為攻擊全美城鎮的勒索軟體心焦如焚。就在那個月，德州專門販售開票結果顯示軟體的泰勒科技公司（Tyler Technologies）遭到勒索軟體攻擊，泰勒科技的軟體並不負責統計票數，但全美至少有二十個地方用它來彙總和報告開票結果，正是選舉時會被有心人用來散播混亂和不安的軟目標。這次攻擊只是全美城鎮過去一年來遭到一千多次勒索軟體攻擊的滄海一粟，但這也正是俄羅斯駭客在二〇一四年烏克蘭大選中利用的最有效打擊點，當時要不是烏克蘭當局及時抓出問題，駭客安裝的惡意軟體就會宣布某位極右派候選人當選。這次攻擊還有一個令人不安之處：接下來幾天，泰勒科技的客戶（該公司不願透露是哪些地方政府）發現有外人試圖進入他們的系統，令人擔心攻擊者圖的不只是贖金而已。

柏特看著那些勒索軟體攻擊，內心愈來愈不安，最後促使他採取行動的，是看到TrickBot操作者在惡意程式中加入監視功能，使他們得以監視電腦受感染的官員，並標示哪些是選務官。有了這個功能，網路犯罪分子或國家行為者[176]要在選舉前後癱瘓選舉系統，簡直不費吹灰之力。

柏特告訴我：「我們不知道背後到底是不是俄羅斯的情報機構，只知道以數量來說，TrickBot是勒索軟體最主要的散布管道，想攻擊選舉系統的國家行為者很容易把散布勒索軟體的任務發包給TrickBot。這是很真實的風險，特別是已經有這麼多勒索軟體都是針對市政當局。想想看，假如選舉日當天有四、五個選區遭到勒索軟體攻擊，等於是火上澆油，本來就有關於這次選舉結果到底有沒有效的瘋狂討論，這下一

176　編注：國家行為者（state actors），具備一定領土、人口、資源以及主權的國家，能獨立參與國際事務，相對於「非國家行為者」，後者是國家以外、能夠獨立地參與國際事務的實體，且仍是以國家為中心的國際關係基礎上而產生。

定會變成大新聞，牽扯不清，沒完沒了。而最大贏家就是俄羅斯，他們可以狂乾伏特加慶祝到明年了。」

他告訴底下的人：「這就是我要排除的風險。」

最直接的做法是從TrickBot著手，這支殭屍網路程式是多起勒索軟體攻擊的傳送管道，受害者包括佛羅里達州、紐奧良市、路易斯安那州等地的政府機構，還有喬治亞州法院和《洛杉磯時報》（*Los Angeles Times*）等。就在同一個月，透過TrickBot傳送的勒索軟體也在疫情延燒之際，挾持了四百多家醫院，堪稱史上針對醫療體系最大規模的網路攻擊之一。

柏特召集了一支由資安主管和律師組成的團隊，討論如何阻止TrickBot，最後一致決定最好的做法是採取法律行動。只要向聯邦法院提起訴訟，主張網路犯罪分子利用微軟的程式碼來達到有惡意的目的，已經違反了美國的著作權法，微軟就可以強制要求網站代管服務商把TrickBot的操作者趕下線。他們花了很多時間討論訴訟策略，但最後決定等到十月再行動，以防太早出手，讓俄羅斯駭客有時間在十一月的選舉前重新部署。

到了十月預計該行動的時候，微軟發現已經有人搶先一步出手。原來，美國網路司令部從九月下旬開始駭入TrickBot的命令暨控制伺服器，向受感染的殭屍電腦發出一組指令，使殭屍電腦進入無限迴圈的循環，相當於一具電話不停撥打自己的號碼，使電話永遠占線、別人打不進來。TrickBot的操作者花了半天，就奪回殭屍電腦的控制權，但過了一星期左右，網路司令部再度出擊，用相同方式癱瘓TrickBot的系統。這次破壞也是暫時性，但要傳達的訊息已經傳達，就像仲宗根將軍的網路部隊在期中選舉前幾天向網路研究社發出的訊息：我們已經在裡面盯著，敢動我們的選舉，就把你們趕出去（選舉臨近時，我們獲悉網路司令部也以同樣方式癱瘓「驕傲男孩」行動背後的伊朗駭客，阻斷他們再發動攻擊的能力）。

在記者會中，仲宗根拒絕討論針對伊朗和TrickBot的攻擊，但明確表示網路司令部隨時準備採取進一步行動。「我們已經準備好應對打擊美國敵人的行動，只要獲得授權，隨時可以發動。」至於接下來幾個星期的情勢，仲宗根認為：「過去幾個星期、幾個月以來，我們已經採取行動，確保敵人不會干預我們的選舉，我對這些行動的效果有信心。」

網路司令部出手幾個星期後，微軟也向聯邦法院訴請取締TrickBot，一位資安主管在十月底形容，這兩記重拳把TrickBot操作者打成了「受傷的動物」。TrickBot有超過百分之九十的基礎設施被切斷，它的俄羅斯操作者憤而反擊，改用新的工具，對美國醫院展開報復；他們互相交換美國醫院名單，準備對四百家醫院發動勒索軟體攻擊。當他們開始慢慢一家接一家地挾持這些醫院，距離總統大選只剩下不到一星期，而且醫院每天都湧進創新高的新冠肺炎病患。

威脅研究人員攔截到一名俄羅斯駭客在和同夥的私訊中說：「我們預計會出現恐慌。」聯邦調查局協同網路及基礎設施安全局和衛生及公共服務部，安排了緊急電話會議，向醫院管理人員和資安研究人員彙報緊急的「可信威脅」。加州、俄勒岡州和紐約州的醫院已經通報遭到網路攻擊，雖然沒有危及生命，但院方被迫以紙筆辦公，化療被迫中斷，醫療量能本就極度緊迫的醫院不得已，只好請病患轉院。官員們很擔心會發生混亂，但還有一星期就是大選，也只能凝神應對。

網路司令部、網路及基礎設施安全局、聯邦調查局、國安局等機構的官員全都進入高度警戒。投票作業早已開始，駭客攻擊也浮現：在喬治亞州，用來驗證郵寄選票上選民簽名的資料庫被俄羅斯駭客用勒索軟體鎖死，駭客還把選民登記資料公開在網路上；在路易斯安那州，國民兵被調到規模較小的政府辦公室協助阻止駭客攻擊，這些駭客使用的工具以前只在北韓見過；俄羅斯的精選駭客部隊被逮到正在查探印第安那州和加州的系統；有人短暫駭進川普的競選官網，把網頁置換成蹩腳英語寫成的威脅訊息，警告大家，好戲還在後頭。

這些攻擊單獨來看都沒什麼，但結合起來，就形成網路及基礎設施安全局的克瑞布斯和矽谷那些資安主管所說的「觀感攻擊」（perception hack），即規模較小、也許集中在僵持不下的州郡，但很容易被放大解讀，最後可能就被當作整個選舉是「被操縱」的證據，正如總統一直不厭其煩地宣稱那樣。在網路及基礎設施安全局，克瑞布斯的團隊架設了「控制謠言」（rumor control）網站，揭穿各種陰謀論和指選舉舞弊的誇大說法。這等於直接踩到總統的紅線，克瑞布斯和他的副手已做好心理準備，選舉一結束大概就會被開除。

在矽谷，臉書、推特和谷歌的資安主管過去幾個月來埋頭鞏固自家系統安全，彼此頻繁交換情報，一位推特主管告訴我，他們跟配偶都沒花這麼多時間相處。此次行動主要是為了抵禦外國勢力干預——不管是網路攻擊，還是影響戰——隨時準備對破壞選舉正當性的不實或誤導性貼文發出警告和貼上標籤。他們心裡同樣知道，這些作為肯定會把總統惹毛。

當選舉日終於到來，全美各地都有預料中的小狀況。在喬治亞州，福頓郡（Fulton County）的總水管破裂，造成亞特蘭大的開票延遲幾個小時，接著又拖上好幾天。在喬治亞州的另外兩個郡，投票站工作人員替選民辦理簽到手續時發生各種軟體問題，造成延誤。還有第三起跟軟體問題有關的事件，拖慢了選務人員通報開票數字的進度，但沒有影響到最終開票數。在密西根州，有一個郡的選務人員誤把某個城市的選票算了兩次，但很快就糾正過來。還有一起計票失誤發生在共和黨的票倉安特令郡（Antrim County），非正式開票結果起初顯示，拜登以約三千票之差擊敗川普，跟川普二〇一六年在當地的表現大相逕庭，原來有選務人員誤把選票掃描機和報告系統設定成版本略有不同的選票格式，導致一開始開出來的票和實際得票的候選人不符，但這個人為錯誤很快就被發現，並及時更正。

也許最奇蹟的就是，當天沒有任何跡象顯示有外部勢力干預，沒有假資訊，甚至連一起勒索軟體攻擊都沒有。網路及基礎設施安全局官員每三小時向記者彙報他們所看到的情況，儘管仍強調「我們還沒脫離險境」，但許多人一直擔心來自俄羅斯、伊朗和中國網路犯罪分子的網路攻擊，最終並未發生。克里斯・克瑞布斯形容，這天「就只是網路上又一個平凡的星期二」。

我們也許永遠不會知道美國的敵人在選舉日當天原本有什麼計畫，也不會知道是什麼原因使他們在接下來的開票過程中沒有動靜，那幾天，川普獲得較多親自投票票數的「紅色幻象」，隨著郵寄投票的開票漸漸轉藍，創下歷年新高的郵寄投票數讓拜登贏了大選，成為美國的下一任總統。

我很想相信這是因為網路司令部的協同攻擊，是因為網路及基礎設施安全局那些努力防護州郡系統的無名英雄，是因為TrickBot遭到取締，是來自伊朗的駭客攻擊很快找到原因，是聯邦檢察官的點名羞辱——他們在選舉前幾個星期起訴發動NotPetya病毒攻擊、烏克蘭輸電網路攻擊，並曾經攻擊二〇一八年奧運會、法國大選，以及在二〇一六年駭進美國選民登記資料庫的俄羅斯軍事情報官員。我很想相信這所有的努力集合起來，成功嚇阻了敵人，美國可以好好提升這種嚇阻力，將來隨時拿出來運用。

在選舉前幾個星期，有那麼一會，普丁似乎一改平常的撲克臉，態度暫時軟化。他在克里姆林宮的一則聲明中呼籲美國一起「重修」網路對峙關係：「（我提議）……彼此做出不干涉對方內政的保證，包括選舉程序。我們這個時代有一項重大戰略挑戰，就是在數位領域發生大規模對峙的風險。我們想再一次呼籲美國，在資訊和通訊技術的利用上，重修彼此的關係。」

普丁的提議也許是真誠的，但美國官員直接拒絕了他。司法部最高國家安全官員把普丁重修關係的呼籲斥為「奸巧辭令、煽惑人心的廉價宣傳」。

然而，我心裡不禁有一個感覺，俄羅斯在二〇二〇年大選中沒有更進一步干預，不是因為普丁受到嚇阻，而是他發現對美國的工作已經圓滿達成。這些日子以來，俄國網軍連動一下手指頭都不必，美國人自己和即將卸任的總統就會幫他們完成製造分歧和混亂的任務。撰寫本文的當下，十一月三日已過了一個星期，川普仍不肯承認敗選，反而炮火更猛烈地指控選舉「被操縱」，充斥「假選票」和可疑的「小失誤」。儘管他的推文已被推特貼上警語，但在布萊巴特新聞網（Breitbart）、聯邦黨人（Federalist）等保守派網站，以及Parler等較新的親保守派社群平台上，他的聲量仍然很大，對不少人造成影響。在亞利桑那州的一座投票中心外，幾百名川普支持者排成一排大喊：「重新計票！」在密西根州，沒戴口罩的抗議者卻高喊：「停止計票！」在亞特蘭大，川普的兒子號召支持者奮戰「至死方休」；而在美國民主重鎮費城，負責計票的投票站工作人員收到死亡威脅。假資訊狂潮席捲美國，比過去四年來更加洶湧，美國官員一直在擔心的「觀感攻擊」，顯然是來自白宮內部。

也許過不了多久，我們就會看到伊朗和俄羅斯網軍在社群媒體這個回音室裡不斷轉發川普的訊息，但即使是這樣，他們的聲音也逐漸被真正的美國人淹沒。如果說普丁干預二〇一六年美國大選的目的是製造混亂和破壞民主，那麼眼前正在發生的一切不啻是他的美夢成真。

一直有人這麼警告我：美國終將招致核爆蘑菇雲的洗禮。事實上，我追蹤報導過眾多迅速開展的大事件：外國勢力干預美國大選、散播不實訊息、中國竊取商業機密和暗中監視行動、伊朗即將在美國主導一場火車事故……在這些報導背後，有個事件似乎在預告一種最糟糕的結果。

記得幾年前我不斷接到從國土安全部打來的電話嗎？就是那些警告，俄羅斯駭客已經駭入美國的能源系統和輸電網路裡的神祕電話——正當美國人還在為所謂的「俄羅斯騙局」來來回回吵個不休，真相是：俄羅斯駭客已在暗中進行後果嚴重得多的勾當。

我會在七月四日美國獨立紀念日當天接到那通電話，不是沒有原因。那是二〇一七年的獨立紀念日連假，我和先生帶著我們的狗，前往科羅拉多段的落磯山脈，車子正在山裡穿行，這時我的手機響了起來。

電話那頭的聲音說：「他們進來了，他媽的進來了。」

我叫先生在路邊停車，讓我下去接電話。我的消息來源拿到國土安全部和聯邦調查局聯合發出的警戒報告，接收對象限於公用事業單位、供水單位以及核電廠，正值連假期間，官僚想要大事化小。我一看那份報告，就明白是怎麼回事：俄羅斯駭客已經進到我們的核電廠裡。

報告沒有明講，但分析人員在密密麻麻的技術指標中，加入其中一次攻擊的一小段程式碼，從程式碼可以明顯看出，俄羅斯駭客已經駭入最令人憂心的目標：位於堪薩斯州柏林頓市（Burlington）附近、一百二十萬瓩的狼溪（Wolf Creek）核能發電廠。這絕不只是諜報攻擊，俄國駭客在測繪核電廠的網路資訊圖，作為未來攻擊之用，他們也奪走工業工程師的權限，可以直接進入反應爐控制系統與輻射監測系統，觸發足以造成目前為止只在車諾比、三哩島和福島發生過的核熔毀。這次攻擊就像震網行動，只不過發動攻擊的不是美國，而是俄羅斯，而且目的不是為了阻止核爆，而是要引起核爆。

俄羅斯駭客一直明目張膽、厚顏無恥地干預美國政治，但對於基礎設施，卻是暗中刺探、潛伏，拿烏克蘭開刀作為警告，再消失得無影無蹤。而今，他們已經滲透進美國的核電廠，靜靜守在那裡等待哪天普丁下令開火。那年七月，美國人對俄羅斯的能耐如果還有那麼一點點不確定，只要看看烏克蘭就夠了，或者看看俄羅斯駭客在一個月後對沙烏地阿拉伯拉比格煉油廠（Petro Rabigh）發動的網路攻擊。他們利用零時差漏洞，透過一名工程師的電腦闖進煉油廠的控制系統，把安全裝置關上——這是觸發爆炸所需解除的最後一道關卡。至此，要發動大規模殺傷性網路攻擊的技術障礙已經排除，我們全被困在一場等待的遊戲中，回不了頭了。

隔年三月，在國土安全部和聯邦調查局再度聯合發布的警戒報告中，兩家機構正式把俄羅斯列為攻擊美國輸電網路及核電廠的幕後黑手。報告中有一張圖看了令人不寒而慄，卻是美國眼前困境的真實寫照，那是一張螢幕截圖，圖中俄羅斯駭客的手就放在開關上。「我們有證據顯示，他們已經掌握了機器的控制權。」賽門鐵克的技術總監錢艾力（Eric Chien）告訴我：「這等於說，他們可以把機器關掉，或者蓄意破壞。我們看得出來，他們就在裡面，隨時可以關機，現在就只欠政治動機了。」

報告中還有一張透露端倪的時間表，俄羅斯駭客在二〇一六年三月加快了攻擊美國輸電網路的腳步，正是波德斯塔和民主黨全委會被駭的那個月。八個月後，就連克里姆林宮也很驚訝，他們支持的人竟然選上了總統。但俄羅斯駭客並沒有因此收手，川普當選反而讓他們更膽大妄為，在川普的關照下，他們偷偷潛進全美各地不知多少核電廠和其他電廠的系統裡。

仲宗根將軍在二〇一八年五月確定接任國安局局長和網路司令部司令之前，曾經在參議院報告說：「我想可以這麼說，他們現在不太擔心往後會怎麼樣，他們不怕我們了。」

仲宗根接下新職務的時候，他底下的人還在持續評估俄羅斯對美國系統的攻擊。原來不只狼溪核電廠，俄羅斯駭客還滲透進內布拉斯加州的庫柏核電廠（Cooper Nuclear Station），以及其他許許多多尚待釐清的發電廠。仲宗根的人也發現，成功解除沙烏地煉油廠安全裝置的俄羅斯駭客也曾「虛擬路過」美國的化工廠、石油及天然氣廠，俄羅斯已經十分接近發動殺傷性攻擊的一刻了。

長久以來，仲宗根的立場一向是：美國必須在網路領域採取「防禦前置」（defend forward）戰略。身為日裔美國語言學家的兒子，由於父親經歷過珍珠港事件，仲宗根認為，唯有在戰場上跟敵人短兵相見，才能避免大規模戰爭。他是領導氦氣宙斯計畫的重要功臣，也就是美國在伊朗輸電網路中設置地雷的行動；他也曾極力主張，俄羅斯攻擊美國的關鍵基礎設施，美國不能沒有回應。現在，網路司令部在他接任領導下，正著手策畫對俄羅斯做出反擊。

接下來幾個月，網路司令部開始在俄羅斯的系統中植入足以造成嚴重傷害的惡意軟體，深入程度和攻擊性都是前所未有的。多年來，美國一直是網路戰場上行動最隱祕的國家之一，現在則不吝展示實力，要讓俄羅斯知道，只要敢動美國的開關，美國一定會還以顏色。有些人認為，美國多年來在網路戰場上一直挨打、被癱瘓，早就該反擊了；有些人則擔心，這樣做等於正式把輸電網路奉為合法的打擊目標——當然，這早已是不爭的事實。

我和大衛．桑格花了三個月，竭盡所能了解這場華府和莫斯科之間不斷升級的數位冷戰。這些攻擊都是最高機密，可是國家安全顧問約翰．波頓卻開始在公開場合做出暗示，就在我們準備發稿那個星期，波頓在某個會議上說：「我們認為去年必須最優先處理的問題，是針對外國勢力干預選舉，在網路上做出回應，所以這是去年關注的重點。現在，我們會把眼光放大，擴大準備採取行動的範圍。」提到俄羅斯的時候，他說：「我們會讓你付出代價，直到你搞清楚狀況為止。」

接下來幾天，我們聯繫波頓和仲宗根的發言人，希望採訪波頓和仲宗根關於美國輸電網路遭到攻擊的事，卻都遭到拒絕。然而，當大衛前往國家安全委員會，請委員審閱我們準備發表的內容，奇怪的事情發生了。一般碰到敏感的國家安全議題時，總有一些細節會被禁止發表，但這次完全沒有，委員們說，我們報導的內容沒有任何國家安全疑慮。這是目前為止最明確的證據，美國對俄羅斯輸電網路的攻擊就是要引起注意。

事實上，五角大廈官員對這篇報導見報的唯一顧慮，是還沒有人向川普詳細說明對俄羅斯輸電網路發動攻擊的事。這一方面是由於在新的權力安排下，網路司令部的行動並不需要知會他或取得他的同意，但這只是檯面上的說法。實際上，官員們不是很願意向川普彙報，因為擔心他會撤銷行動，又或者像兩年前那樣，向俄國官員脫口而出，他真的曾經漫不經心地向俄羅斯外交部長透露美國一項高度機密的行動——由於非常敏感，這項行動連許多美國高層都不知情。

我們的報導在二〇一九年六月見報後，川普大發雷霆，在他最愛的社群平台推特上，要求我們馬上公開消息來源，還指控我們「等於是叛國行為」。這是川普第一次祭出「叛國」這字眼。

多年來，我們早已習慣他的攻擊，什麼「假新聞」、「人民公敵」、「日漸衰敗的《紐約時報》」，但他這次指控我們的，可是足以判處死刑的罪。這種指控以往只有專制政權和獨裁者會拿出來用，川普和新聞界的戰爭，已經升級到另一個層次。拜他所賜，我們的發行人A．G．蘇茲伯格（A. G. Sulzberger）旋即站出來為我們辯護，在《華爾街日報》的一篇專欄文章指出，總統已經跨越了「危險的界線」。

蘇茲伯格在文章中質問：「既然已經用盡最煽動性的言辭，接下來除了把他的威脅付諸行動，還剩下什麼？」

那一刻，我擔心的不是自己，而是我外派的同事。從開始報導這個主題那一刻起，我就發現自己跨入了危險地帶，但我一直把我的恩師菲利普．陶布曼（Philip Taubman）告訴我的話記在心裡。陶布曼曾在冷戰期間擔任《紐約時報》莫斯科分社社長，在那篇中國駭客攻擊《紐約時報》的報導見報當天，我和他相約共進午餐，席間他問我怕不怕，這是我刻意不去想的問題，所以就只好不安地對他笑了笑。陶布曼接著告訴我，他派駐莫斯科的時候，每天開車送小孩上學，都有蘇聯國家安全委員會的人跟著他，那些情報人員毫不掩飾，經常故意做得很明顯，目的就是要他知道，他的一舉一動都受到監視。

「妳要假設自己現在也是這樣。」陶布曼那天這樣對我說，但他同時要我明白一點：身為《紐約時報》記者的一大特權，就是你會有一層隱形盔甲，萬一出了什麼事，將會是一起國際事件。蘇聯國家安全委員會跟監他跟得那麼緊，卻從來沒有越界，並不是沒有原因。這七年來，我一想到他的話——**隱形盔甲、國**

際事件——心裡就安穩得多。

但這些日子以來，我開始懷疑自己是不是真的有一層隱形盔甲。卡舒吉被殺害，以及美國對命案沒有任何嚴正回應，在我內心敲響了警鐘。我從來不相信川普會真的兌現他的威脅，但我擔心他這種言行看在中國、土耳其、墨西哥、緬甸、俄羅斯和波灣政府眼裡，會讓他們更肆意妄為。悲哀的是，這種現象已經發生：墨西哥的駭客事件；土耳其記者遭當局監禁；土耳其總統雷傑普·塔伊普·艾爾段（Recep Tayyip Erdogan）訪問華府時，保鑣被授予全權毒打在場外抗議的美國人；北京驅逐美國記者；沙烏地王儲駭入貝佐斯的手機。二〇一九年，埃及當局肆無忌憚地逮捕了我在開羅的同事大衛·柯克派崔克（David Kirkpatrick），把他驅逐出境。其實兩年前也發生過另一起類似事件，只是一直沒公開，直到川普指控我們「叛國」。當時《紐時》接到一位憂心的美國官員來電，對方表明是他個人決定要向《紐時》通報，埃及當局正準備逮捕另一名《紐時》記者迪克蘭·華爾希（Declan Walsh），華爾希近期發表了一篇調查報導，揭發埃及當局涉及虐殺一名義大利學生，並棄屍在開羅一條主要公路上。電話內容雖然令人擔心，卻相當常見，過去《紐時》接過許多美國外交官的類似警示，但這次跟以往不同，電話那頭的官員很苦惱，告訴《紐時》其在美國大使館的老闆已經向埃及當局示意不會插手干涉，川普政府打算坐視記者被捕。當華爾希致電美國大使館求救，官員裝作擔心，卻建議身為愛爾蘭公民的他致電愛爾蘭大使館。最後是愛爾蘭大使館人員把他安全送出境，而不是美國伸出援手。華爾希後來寫道，這次事件讓大家看得很清楚，「以前記者可以指望美國政府支持，現在完全不是這麼回事了。」換句話說，我們的隱形盔甲不見了，在川普就職當天已經徹底消失。

駭客、官員、烏克蘭人、江湖高手，他們總是告訴我，一場由網路引發的大災難，終究會把美國打垮——網路版的珍珠港事件。我在將近十年前開始報導這個主題的時候，每次聽到一定會問：「是喔，那麼，會是什麼時候？」他們的回答千篇一律得近乎滑稽：「十八到二十四個月。」我的線圈環裝筆記本上寫滿「18～24✓」，時間剛好近得讓他們的預測顯得很有急迫性，卻又遠得萬一沒發生，我也不至於找他們對質。

現在已經過了一百多個月，雖然還沒看到蘑菇雲，跟蘑菇雲的距離卻是前所未有地近。就在美國總統大選前幾個星期，潛進美國核電廠的同一批俄羅斯駭客開始駭入美國的地方輸電網路。由於攻擊時機十分接近大選，駭客又應該是來自俄羅斯聯邦安全局屬下單位，加上攻擊性質很可能造成巨大破壞，國安局進入高度警戒。但選舉日來了又去，什麼事也沒發生，撰寫本文的此刻，我們還是不知道，那些駭客究竟在那些系統裡做什麼，又為什麼要潛進那裡？有人猜測，俄羅斯派行蹤最隱祕的駭客入侵美國的國家和地方系統，是一種兩面下注的做法：普丁如果相信川普會連任，想和美國打好關係，就會希望盡量不要給人俄羅斯在干預的印象；現在當選的是拜登，俄羅斯可能就會利用已經在美國系統裡建立的據點，來打擊他的勢力和正當性，又或者靜觀其變，先不招惹剛上任的新政府，但也等同於坐守網路空間裡，拿槍抵著拜登的頭。

「有一種可能是，他們正在召集真正專業的駭客——精選駭客部隊，習慣在這種高度敏感的關鍵基礎設施中作業的人。在這種環境中，你不會聲張，一旦聲張就是出擊。」前國土安全部網路安全次長蘇珊・史波丁告訴我：「部署的時候盡量安靜低調，這樣你會有更多選擇。」

事實是，我多年來一直被告誡的這場由網路引發的大災難，不知道什麼時候會發生，也不知道究竟會不會發生。但把它比喻成珍珠港事件，其實不大恰當，珍珠港事件令美國完全措手不及，而網路版珍珠港事件，我們從十年前就開始預言了。結果美國人正在經歷的，不是一場大突擊，而是肉眼看不見的瘟疫，以驚人的速度在全國各地蔓延，鑽進基礎設施，鑽進民主和選舉，鑽進美國人的自由、隱私和心靈，而且愈鑽愈深，看不到盡頭。在美國，每三十九秒就發生一起駭客事件，只有在出現嚴重事故的時候，我們才會停下來反省，但就算從破壞力強大的攻擊中學到教訓，往往也很快就拋在腦後。我們已經把駭客攻擊正常化，即使風險正日益增加，威脅愈來愈致命，攻擊頻率也愈來愈高。很少有人意識到，正在我們眼前開展的危機有多嚴重，這種危機超出多數人的理解，幾乎每隔一天就癱瘓美國的城市、鄉鎮和醫院。有時候，美國以起訴或制裁反擊，但愈來愈傾向以加強自己的網路攻勢回應。我們也開始忘記，網路是無國界的，這裡沒辦法畫定紅線，我們沒辦法幸免於自己的攻擊。敵人確實是最好的老師，美國已不可能再壟斷網路武器市場，也無法再保證自己的網路武器不外流，這些武器有可能被用來攻擊我們，事實上也已經被用來攻擊我們，那些漏洞我們也有，而且還比別人都多。

二〇二〇年總統大選前幾個月，我打電話給美國網路戰爭的頭號人物吉姆．戈斯勒，他正在內華達沙漠的家中拆解一台吃角子老虎機，依然不改本色，永遠在尋找新的漏洞。我會打電話找他，應該是想尋求一點安慰吧。

「沒辦法，該來的總是會來。」戈斯勒說：「有很長一段時間，大家都不認為問題有多嚴重。」他提醒我，現在電腦安全漏洞就像天上的繁星一樣多，敵人只要有耐心，絕對找得到漏洞來對付我們，只是遲早問題而已。這些都已經在發生，而且發生得太過頻繁，以至於大多數攻擊連新聞都沒上。美國的核電廠、醫院、療養院、頂尖研究實驗室和企業屢屢遭到網路攻擊，但不知怎地，無論我寫了多少報導，這一切似乎都進不了美國民眾的心裡，大家繼續把智慧管家Nest或Alexa，把恆溫器、嬰兒監視器、心律調節器、電燈、汽車、爐子和胰島素泵連上網路。

事實上，美國沒人在處理這個危機，我們連網路防守部隊都沒有。而今，疫情以超乎想像的速度虛擬化我們的生活，使我們更加暴露在網路攻擊的危險中，駭客趁病毒大流行之際攻擊醫院、疫苗實驗室和領導美國對抗新冠疫情的聯邦機構，也是意料中的事。目前還不清楚俄羅斯對美國醫院進行的報復性攻擊會多成功，選舉剛過十天，通報遭到網路攻擊的醫院愈來愈多，加上新冠病毒確診案例天天破紀錄，醫療量能吃緊，我擔心網路攻擊遲早會讓我們付出人命代價。

撰寫本文的此時，外國政府和網路犯罪分子正從四面八方攻擊美國的網路，案例多到從我被隔離的一方陋室，已經不大可能一一追蹤。

「我們從很久以前就預見這種情況一定會發生。」戈斯勒這樣告訴我：「被駭一次不會死，被駭一千次就是凌遲致死了。對手基本上看得出，我們有一些影響重大的系統是有安全漏洞的，漏洞利用工具已經有人免費奉送，網路又有匿名的性質，他們不介意冒一點點風險，利用這些工具駭進來，這類攻擊未來只會愈來愈多。」

我們太容易忘記，人類第一次透過網際網路發送訊息，只是短短四十年前的事。我想像再過十年、二十年，網路世界會是什麼樣子，我們對網路的依賴會到什麼程度，我們的基礎設施又會有多少轉移到線上。然後，有那麼一刻，我任由思緒飄到訊息大亂和毀滅性破壞發生的場景。

戈斯勒說：「我跟妳說，妮可，除非妳是非洲山上與世隔絕的修道士，要不然沒辦法對網路安全漏洞置身事外。」

談到這裡，我們的通話也結束了，我讓美國網路戰爭的頭號人物回去研究他的吃角子老虎機。在我們簡短的通話中，不知我又錯過了多少新發動的網路攻擊，多希望我能跟非洲山上的修道士對調位置。

這一刻，我突然無比思念那些大象。

後記

我小時候住在加州的波托拉山谷（Portola Valley），離當時老家一英里外，有一間老式木造的路邊餐酒館，屹立在綠樹成蔭的溪岸邊，店名叫「高山客棧啤酒花園」（Alpine Inn Beer Garden），我們當地人至今仍然叫它「索蒂的店」（Zott's），因為之前的業主是羅索蒂（Rossotti）家族。索蒂的店建於一八五〇年代，起初是一間賭場，後來變成酒吧，再後來才是供應漢堡和啤酒的路邊餐酒館，坐落在它東邊頗具聲望的鄰居史丹佛大學為此傷透腦筋。

史丹佛的校園禁酒，根據創辦人利蘭·史丹佛的契約，不只校園內，連大學所在的城市帕羅奧圖都不能賣酒。校方擔心學生會湧到城外這家路邊酒餐館買醉，史丹佛大學第一任校長就曾極力要求關閉索蒂的店，說它「就算以路邊餐酒館的標準來看，也不是普通地下流」，不過最終並沒有成功。

這裡的確是各路牛鬼蛇神聚集、亂七八糟的地方，回想起來，也難怪會成為網際網路誕生之地。

現在的客人已沒幾個知道，一九七六年夏大的某個午後，整個數位宇宙繞著索蒂的店後方一張戶外餐桌開始運轉，電腦科學家從那裡發出了第一封透過網際網路傳送的訊息。那年八月，一群科學家從附近門洛帕克（Menlo Park）的史丹佛國際研究院（SRI International）開著老爺麵包車，來到索蒂的店旁停車場，要為專程從五角大廈飛過來的國防部官員做示範。選擇這個示範地點的原因後來被圈內人當笑話傳開，史丹佛國際研究院的阿宅們希望現場會有一批地獄天使機車俱樂部（Hells Angels）的騎士作為背景，他們和國防部的將軍打招呼時，果然有人忍不住問：「見鬼，跑到騎士酒吧的停車場，到底搞什麼？」

「就知道你們會問這個，」其中一位科學家答道：「我們想找帶點敵意的環境來做這個示範。」

於是，科學家把笨重的德州儀器電腦終端機搬到最遠那頭的戶外餐桌，在西部牛仔和機車騎士虎視眈眈的注目下，用一條電線把終端機接上停車場的麵包車。這些科學家花了幾個月，把麵包車改裝成大型行動無線電基地台，配備了價值五萬美元的無線電裝置。該接的電線都接好之後，大家點了一輪啤酒，發出網際網路上的第一封電子郵件。

短短幾毫秒內，電子郵件透過麵包車的行動無線電基地台離開索蒂的店，傳到第二個網路：高等研究計畫署網路，再傳到最終目的地波士頓。這是第一次兩個不同的電腦網路之間連接了起來。再過一年，第一次有三個電腦網路「互相聯繫」，我們今天所知的網際網路也開始逐漸成形。

店內牆上還看得到一塊紀念牌匾寫著「網際網路時代之始」，以及一張當時的照片，照片中一群男士和一位女士站在一旁，看著他們的同事一手拿啤酒杯，一手在電腦上打出網際網路上的第一封電子郵件。幾年前，我決定追查這位仁兄的下落，他名叫戴夫．雷茨（Dave Retz）。我問雷茨，那天在場的人裡面，有沒有人對他們正在建構的東西產生任何安全上的疑慮。

「完全沒有，」他答：「我們只想讓這東西運作起來。」

那時候，沒有人想到這組由老爺麵包車組裝起來的互聯系統，有朝一日會成為人類的集體記憶，會奠定現代銀行、商業、交通、基礎設施、醫療、能源和武器系統的數位基礎。不過，雷茨仔細回想後承認，有件事確實預告了日後發展。

在他們把麵包車開到索蒂的店的兩年前，舊金山機場的飛航管制員抱怨雷達受到「來源不明」的波束干擾，原來史丹佛國際研究院的無線電頻率滲入機場的飛航管制系統。即使如此，這群科學家根本不會想到，他們的發明有朝一日可以使飛機墜毀、供水中斷，或者操縱選舉。四十幾年後，二〇二〇年，舊金山國際機場的工作人員發現，供機場旅客和員工使用的網路入口遭到挾持，攻擊者跟入侵美國核電廠、輸電網路和各州政府系統的攻擊者是同一批俄羅斯駭客。

我問雷莰，有沒有什麼是他希望可以收回的，他想都不想就直截了當地說：「什麼都可以被攔截、被奪取，沒有人有辦法驗證這些系統是沒有問題的，我們那時根本沒在想這些事。」他一臉無奈地接著說：「但事實就是，沒有一樣東西是安全的。」

十年前，對美國國家安全造成主要威脅的因素，大部分仍屬於實體領域：劫機者開著飛機衝進建築物、流氓國家發展核武、毒品從南部邊界源源不絕湧進來、駐守中東的美軍屢遭簡易爆炸裝置攻擊、本土恐怖分子在馬拉松比賽中引爆簡易爆炸裝置。國安局的任務一向是找出各種新方法來追蹤這些威脅，避免下一次憾事發生，假如明天又再發生一起九一一事件，我們第一個問自己的問題仍然會跟二十年前一樣：怎麼會毫無察覺？

然而，九一一事件過後的二十年，整個國安威脅的型態起了翻天覆地的變化。流氓國家或行為者現在要破壞嵌入波音七三七MAX飛機的軟體，比恐怖分子劫機撞向建築物可說容易得多，十年前還只是假設的威脅場景，現在千真萬確在發生：俄羅斯已經證明它有能力在嚴冬發動一場大停電；把沙烏地煉油廠的安全裝置關閉的俄羅斯駭客，現在正從美國的類似目標「虛擬路過」；一次簡單的網路釣魚攻擊，最後改變了美國總統選情的走向；我們看到醫院因北韓的網路攻擊拒收病患；我們抓到伊朗駭客在水壩系統中搞破壞；美國的醫院、鄉鎮、城市，最近還有天然氣管線，都遭到勒索軟體挾持；美國盟友一再透過網路監視、騷擾無辜老百姓，這些老百姓中還有美國的民眾；新冠病毒大流行期間，不只中國、伊朗這些意料中的國家，連越南、南韓這些新手都曾入侵負責帶領美國對抗疫情的機構。

疫情在全球擴散，大家的應變步伐卻很不一致。不管是盟友還是敵人，都訴諸網路間諜活動，盡量蒐集情報以了解各國是如何控制疫情、治療病症和做出應變。俄羅斯網路犯罪分子則趁美國人在家工作的機會，入侵財星五百大中的許多企業。

這簡直是個無底洞，就在我撰寫本文的這個星期，網路犯罪分子以勒索軟體挾持旗下有四百多個據點的連鎖醫院「環球健康服務公司」（Universal Health Services），成了美國史上規模最大的醫療設施網路攻擊。一家臨床試驗管理系統的軟體商也遭到勒索軟體攻擊，幾百項臨床試驗無法進行，其中也包括針對新冠病毒開發篩檢試劑、療法和疫苗的緊急臨床試驗。就連沒什麼駭客功力可言的國家也展現出新的潛力：在奈及利亞，傳統詐騙集團學會駭客伎倆，以新冠病毒主題的電子郵件為餌，誘騙因封城被困在家中的人點開連結或附件，拱手把電腦權限交出來。激進駭客也不甘示弱，為了表示對「黑人性命攸關」運動的支持，報復非裔男子喬治．佛洛伊德（George Floyd）遭明尼亞波利斯警察殺害，過去十年少有動靜的鬆散駭客組織匿名者（Anonymous）駭進全美兩百多個警察部門和聯邦調查局分局，把十年來的執法資料公布在網路上，成為美國執法單位最大規模的資料外洩駭客事件。以色列官員剛剛對伊朗做出譴責，指伊朗駭客入侵供水設施，顯然是想讓成千上萬困在家中的以色列人無水可用。隨著美國新冠疫情愈趨嚴重，駭客試圖入侵電腦的案件是以往的四倍，套用一位前情報人員告訴我的說法，攻擊的頻率和被鎖定的範圍是「天文數字，完全破表」，而且這些還只是偵測得到的攻擊而已。

「問題大多了，我們看到的只能算以管窺天。」威脅研究人員約翰．霍特奎斯特告訴我。

多年來，美國情報機構不斷以「監視敵人」、「規畫作戰計畫」和「確保國家安全」，來合理化隱匿數位漏洞的做法。這些理由已愈來愈站不住腳，這種論調忽略了一個事實：網際網路已把全世界緊密連結在一起，就跟我們這次在全球疫情中所看到的很多現象一樣。數位漏洞只要能影響一個人，就能影響所有人。實體世界和數位世界的界限愈來愈模糊，沒錯，「什麼都可以被攔截」，而且重要的東西也大都已經被攔截：個資、智慧財產、化工廠、核電廠，甚至連美國自己的網路武器都保不住。我們的基礎設施正朝虛擬化方向發展，而且隨著疫情以幾個星期之前還無法想像的規模和速度，把我們的活動轉移到網路上，變得更加虛擬化。在此情況下，我們的攻擊面和基礎設施被蓄意破壞的可能性也變得空前巨大。

美國自認為網路攻擊能力傲視群雄，就進攻能力來說確實如此。NOBUS的想法——「除了我們沒有別人」能找到和利用美國情報機構所發現的那些漏洞——有一段時間確實適用，這要感謝戈斯勒這些先驅人物。震網絕對是傑作，它讓以色列的戰鬥機不必出動，死的人變少，伊朗的核計畫因此倒退好幾年，把德黑蘭逼到談判桌上。但也向世界各國展示了大家原本不知道的做法，受到攻擊的國家尤其學到最多。

十年後，全球網路軍備競賽如火如荼展開，各國政府為了尋找漏洞，投入大量時間和金錢，比企業界和開放原始碼社群修補漏洞所花的時間和金錢多得多。俄羅斯、中國、北韓和伊朗都在儲備零時差漏洞，在別人的系統中設置邏輯炸彈，這些國家非常了解美國的數位地形，事實上，他們已經潛進美國的很多系統裡面了。在影子仲介商洩漏國安局工具、現成駭客工具日漸普及、數位雇傭兵市場愈來愈成熟之下，我們應該可以合理推斷，美國和敵人之間原本懸殊的能力已經大幅縮小。

世界正處於網路大災難的懸崖邊，我在幾年前都還把這些話當危言聳聽，甚至認為說這話的人不負責任。太多人用「FUD」來賣膏藥，資安產業過於頻繁地向我們渲染了過多末日場景，我們早就膩煩了。但在數位威脅中浸淫了十年後，我擔心這些話已變得再真實不過，我們正處於一場目光短淺的向下競爭中，現在，為了緊急國家利益，是時候該停下腳步，開始挖掘一條逃生之路了。

大家都說解決問題的第一步是承認問題存在。本書是我個人為了「主動抑制爆炸」而做出的努力，書中敘述我們周遭巨大的數位漏洞，這些漏洞是怎麼來的，為什麼會存在，政府如何利用和隱匿漏洞，大家的風險又如何日益提高。這些情況對部分人來說也許不陌生，但相信知道的人仍屬少數，真正理解問題的人則少之又少。對這些問題無知，成了我們最大的弱點，政府就是仗著我們無知，利用國家機密法規、幌子公司和問題的高度專業性，掩蓋和混淆一個不爭的事實：負責保護人民安全的機構一而再、再而三選擇陷人民於易受攻擊的危險之中。希望這本書可以敲響警鐘，喚醒大家的意識，要解決堪稱數位時代最複雜的難題，對問題不能沒有意識。

本書專門針對一般讀者而寫，不以電腦機器，而以人為重點，希望能達到「友善介面」的效果，我這麼做是有原因的：網路世界沒有靈丹妙藥，需要靠人民的力量，才能從這攤泥淖中闢出一條生路。科技人肯定認為我太籠統，把問題過於簡化，的確，有些問題和解方非常專業，比較適合留給他們想辦法。但我也想說，還有很多不是技術性的問題，每個人都可以發揮作用。把普通人蒙在鼓裡愈久，就愈是把問題交給那些最沒有解決問題動機的人去處理。

要解決眼前的數位困境，勢必得在國家安全、經濟成長，以及我們已視為理所當然的日常便利上做出一些妥協，這不是容易的選擇。但另一種選擇——什麼都不做——正把我們帶上一條危險的路。我如果告訴你，我完全知道該怎麼做，那是騙人的，我也沒有答案，只知道凡事總得有個開頭，因此我想建議，何妨借用駭客的思維：從零和一開始，再一步步堆疊上去。

首先，我們得確保程式碼安全無虞，如果連最底層的基礎都不牢固，有誰會花心力去防護上層的東西？我們已不可能把網際網路打掉重練，或換掉所有使用中的程式，也沒這個必要，但可以大大提高網路犯罪分子和國家級駭客破壞基礎設施並從中獲利的門檻。要做到這點，就不能再容許程式碼中有明顯的錯誤，問題的根源之一在於，我們的經濟模式獎勵的仍然是市場先行者，誰能搶在競爭對手之前把具有最多功能的小玩意推出市場，誰就先贏。但速度一向是良好安全性設計的天敵，目前的模式對使用最安全、經過徹底審查的軟體驅動的產品很不利。

然而，馬克・祖克柏在臉書草創時期強調的核心精神「快速行動，打破陳規」（move fast and break things），卻一次又一次地令人失望。全球每年因網路攻擊遭受的損失已大大超越恐怖攻擊，以二〇一八年為例，恐怖攻擊在全球造成三百三十億美元的經濟損失，比前一年減少了百分之三十八；同年，蘭德公司針對五百五十多筆資料進行研究，堪稱同類研究中最全面的資料分析，結果顯示，網路攻擊造成的全球損失應在數千億美元之譜。這還是保守估計，有個別資料更預估網路攻擊造成的年損失超過兩兆美元。

這些成本只會不斷增加，因為北韓這些國家會不斷發現，網路比實體世界可以撈到更多錢，可以造成更大傷害。對於這些損失，我們做了什麼？我們以利潤、速度和國家安全之名，繼續榨乾數位系統最後一點點的彈性和安全性。如果說過去這幾年屢屢登上頭條新聞的網路攻擊有什麼好處，或許就是我最近一次拜訪臉書時，在牆上看到的一句新語錄，有人把「快速行動，打破陳規」槓掉，寫上「放慢腳步，收好你的爛攤子」（Move slowly and fix your shit）。

安全問題應該從源頭就處理好，長久以來，我們總是在有漏洞的程式已經進入無數人手中，進入汽車、飛機、醫療器材和輸電網路，才開始解決問題。資安產業保護有漏洞系統的方式，是以防火牆和防毒軟體築起一道數位護城河，結果證明沒有用，現在已經很難找到還沒被駭客入侵過的企業或政府機構了。我們必須採取美國國安局稱之為「縱深防禦」（defense in-depth）的做法，這是一種從程式做起的多層次網路安全策略。要設計出安全的程式，唯一的方法就是先了解漏洞存在的原因、出現的地方和攻擊者怎麼利用漏洞，再利用這些知識來檢查程式，減少受到攻擊的可能性，而這些最好都能在程式進入市場之前執行。目前，軟體開發人員和業者通常只做最低限度測試，功能只要沒問題就過關。資安工程師一定要從一開始就介入，執行完整性測試（sanity check），檢查原始碼和引用第三方程式碼的安全性問題。

這並不是什麼新觀念，資安專家早在網際網路誕生以前，就不斷強調從程式設計就要考慮到系統安全性。微軟二〇〇二年推出的可信賴運算（Trustworthy Computing）指引是個轉捩點，雖然未臻完善，一路走來經歷不少失誤和挫折，Windows系統漏洞也仍是震網、「想哭」和NotPetya利用的破口，但在其他方面，這套指引確實有用。微軟曾被當成笑柄，現在卻已普遍被視為資安先驅，Windows系統的零時差漏洞行情從不值錢，一路漲到一百萬美元，有人認為反映的正是繞過微軟安全措施所需要花的時間和精力。用戶對Windows系統的安全疑慮逐漸消退，反倒是Adobe和Java開始成為讓大家不放心的軟體。

這就涉及開放原始碼軟體的問題，這種自由軟體構成了網路上大部分功能的隱形骨架。蘋果和微軟這些電腦公司雖然經營專屬系統，其中其實不乏用開放原始碼軟體建構起來的基礎材料，這些軟體通常由志願者維護，透過類似科學界或維基百科那種同儕評議制度，大家互相檢查彼此負責的軟體——至少理論上是如此。現代生活中使用的每一種軟體當中，都有百分之八十到九十的開放原始碼軟體。目前，一輛高級車款平均有一億多行的程式碼，比波音七八七、F-35戰鬥機和太空梭還要多，這些程式碼驅動了車內的串流音樂服務、免持聽筒功能、油耗及車速監控系統等等，而其中大約四分之一是開放原始碼程式。在「軟體蠶食世界」[177]的年代，開放原始碼軟體已經滲透進你能想到的所有裝置中，大多數使用這類軟體的公司和政府機構甚至不清楚他們的系統中有哪些程式或誰在維護這些程式。

二〇一四年，當資安研究人員在開放原始碼的OpenSSL加密協定中發現了心臟出血漏洞，我們才學到教訓。這個嚴重的漏洞存在已經兩年，無數電腦系統因而極易受到攻擊，卻完全沒人發現。心臟出血漏洞揭露了一個事實，儘管OpenSSL的使用者包括連鎖醫院、亞馬遜、安卓系統、美國聯邦調查局和五角大廈，維護程式的工作卻只有一位名叫史蒂夫、過著三餐不繼日子的英國人負責。

在人類的美麗新世界中，這些不起眼的開放原始碼協定成了關鍵基礎設施，我們卻連理都懶得理。心臟出血漏洞問題揭發後，非營利的Linux基金會和使用OpenSSL的科技公司積極行動，著手尋找和資助重要的開放原始碼計畫。Linux基金會及哈佛創新科學實驗室（Laboratory for Innovation Science at Harvard）目前正進行一項普查，希望確認哪些是最關鍵、最廣泛使用的開放原始碼軟體，並向開發者提供資金、培訓和工具來保護這些軟體。另外，微軟和臉書聯合舉辦網路漏洞回報獎勵計畫，鼓勵駭客回報廣泛使用的技術中的漏洞，以獲得現金獎勵。軟體開發者平台GitHub（現已被微軟併購）也提供獎金給回報開放原始碼漏洞的人，同時為回報的駭客提供法律保護。這些努力很值得肯定，我們需要有更多類似行動，但對於解決問題卻是杯水車薪。

政府也要有所作為，經過心臟出血漏洞的教訓，歐盟委員會開始贊助開放原始碼軟體的審查工作，同時也設立漏洞回報獎金。目前美國的一些政府機構也朝這個方向慢慢努力，例如美國食品藥物管理局（Food and Drug Administration）要求醫療器材商提交「資安材料清單」，列出醫療器材中可能藏有漏洞的每一種商用、現成及開放原始碼軟硬體組件。在信用監測業者易速傳真公司（Equifax）遭到駭客利用還沒修補的一段開放原始碼程式入侵，造成全美超過一半消費者的資料外洩後，眾議院能源和商業委員會也開始推動材料清單。比較近期則有由國會議員、行政官員和資安專家組成的美國網路空間日晷委員會（Cyber Solarium Commission），提議成立新的國家網路安全認證及標章機構，讓消費者購買科技產品和服

---

177 瀏覽器之父馬克・安德里森語。

務時，有足夠訊息評估產品的安全性。

這些都是找出關鍵程式以及背後成千上萬負責維護的開發人員，予以重視、支持及檢定的第一步。終端使用者將因此有機會了解他們的系統裡有些什麼，並根據風險決定哪些程式可以信任、哪些還需要進一步評估。網路空間日晷委員會還建議採取措施，讓企業在發生駭客利用已知漏洞入侵的事件時，必須承擔損失賠償責任，這個建議將大大改善漏洞修補的狀況。

我們也必須開始檢定程式開發人員，Linux基金會最近開始頒發數位證章給修完安全程式編寫培訓課程，並通過檢定考試的程式設計者。該基金會執行理事吉姆・澤姆林（Jim Zemlin）最近告訴我，他認為政府應該考慮強制要求維護關鍵程式的開發人員考取相當於駕照那樣的網路安全證照。仔細想想，這些程式最終會用在我們的手機、汽車和武器系統，他的提議聽起來十分合理。

還有一個現象也必須解決：近年來，開放原始碼開發人員頻頻成為網路犯罪分子和國家級駭客的目標。攻擊者竊取他們的帳號，在已嵌入無數系統的程式中插入軟體後門，這類攻擊凸顯出開發人員很需要多重要素驗證（Multi-Factor Authentication）和其他身分驗證工具。

我們必須重新思考電腦的基本架構。要建立安全的架構，就得先確認哪些是比較關鍵的系統，像是客戶數據、醫療紀錄、商業機密、生產系統，還是汽車的剎車和轉向系統……把它們跟非關鍵系統區隔開來，只在危急的時候才允許互通。

資安界創業人士凱西・艾利斯（Casey Ellis）曾經對我說：「建立架構的時候，最好假設你已經被駭客入侵，企業應該假設他們已經受到攻擊，再想想看什麼樣的設計能把傷害減到最低。」

知道iPhone對第三方應用程式進行「沙盒處理」（sandboxing）的讀者大概最熟悉這種模式，蘋果把自家系統設計成任何第三方應用程式都無法存取裝置內的資料或其他應用程式，除非經過用戶明確許可。雖然攻擊者還是找得到嚴重漏洞和「沙盒逃逸」，但蘋果已把門檻大大提高，駭客付出的時間和成本都增加不少。蘋果減低傷害的措施正是政府以及做政府生意的仲介商願意付兩百萬美元向駭客購買iPhone遙控越獄工具的原因，價格反映的是其中的人力成本。

硬體方面，資安研究人員目前正重新思考電腦的最基本組件——微晶片的架構，其中最被看好的是由美國國防部先進研究計畫局、史丹佛國際研究院和英國劍橋大學三方合作的計畫。史丹佛國際研究院和美國國防部上一次的大型合作或多或少催生了網際網路，最新的這項計畫同樣雄心勃勃，構想是從裡到外重新設計電腦晶片，增設污染室，隔絕可疑或惡意程式，防止這些程式在手機、個人電腦和伺服器內的晶片運行。

全球各大晶片製造商——包括為大多數智慧手機生產處理器的安謀（ARM）——已經表示願意在自家晶片中融入這種簡稱為CHERI的新設計，微軟、谷歌、惠普等科技公司也在探索這個概念。關於晶片性能會不會因此變差，仍有許多問題待解，而且新設計要是讓效能變慢，許多人難免又會嚷嚷經濟損失吃不消，但在當前資安恐怖事件不斷上演之下，晶片和裝置製造商已經可以接受為了安全犧牲一點速度。

然後就是位於最上層的終端用戶——我們，都說安全性足不足夠，端看最弱那一環，而身為終端用戶的我們始終就是最弱的一環。我們還是會點開那些惡意連結和電郵附件，即使系統漏洞已經推出修補，也沒有及時更新。網路犯罪分子和國家級駭客經常入侵還沒安裝修補的軟體，軟體商推出修補那一天，通常也是漏洞被利用得最多的時候，什麼道理？因為我們通常不會即時安裝軟體更新。

此外，密碼都已被看光光——被沒有負起保管責任的商家洩漏光。希望不久的將來，我們可以不必再使用密碼，但在新的模式出現之前，最簡單的自保之道就是針對不同網站使用不同密碼，並盡可能啟用多重要素身分驗證。絕大多數網路攻擊（高達百分之九十八）都是從網路釣魚開始，只是騙我們把密碼打出來，沒有用上零時差漏洞，也並非使用惡意軟體。儘管零時差漏洞充滿魅力，領導特定入侵行動辦公室的羅布・喬伊斯（可以說就是美國的頂尖駭客）四年前罕見地發表演講，指出零時差漏洞的影響力被過度渲染，國家級駭客更常利用的媒介是尚未安裝修補程式的漏洞，以及竊取身分驗證資訊。

過去三年來，所謂的「密碼噴灑攻擊」（password-spraying attacks）激增，駭客以常見密碼（例如「123456」）在多個用戶帳號上測試，這完全不需要什麼技術，卻非常有效。伊朗駭客組織奉伊斯蘭革命衛隊之令，入侵美國三十六家民營企業、多家政府機構和非政府組織，靠的也就只是噴灑密碼。多重要素身分驗證是防禦這類攻擊的最好辦法，只要有選擇，現在就馬上啟用。

至於選舉，網路投票絕不可行，完全沒得商量。二〇二〇年的美國大選由於疫情延燒，德拉瓦州、新澤西州和科羅拉多州嘗試了網路投票，這是非常愚蠢的行為。套一句電腦科學教授暨選舉安全專家阿利克斯・賀德曼（J. Alex Halderman）最近告訴我的話：「這樣做非常冒險，這些選區的選舉結果很有可能失去正當性。」

到目前為止，沒有任何一個線上投票平台是賀德曼這些資安專家還沒駭進去過的，如果一、兩位學者有辦法駭進這些系統、操縱系統來選出他們屬意的候選人，俄羅斯、中國和任何其他想要把有利於他們的候選人送進白宮的國家也辦得到。

美國選民登記系統的安全性在二〇二〇年獲得很大改善，我們絕不能掉以輕心，以為這些資料既然是公開的，就不需要保護。選民登記資料庫有可能被勒索軟體鎖住，或遭竄改，導致選民喪失選舉權，只要有一名駭客潛進關鍵選區的選民登記名冊就夠了，駭客可以把已登記的選民刪除，或者竄改地址，誤導系統以為選民已遷出該選區。即使駭客只是進入選民登記名冊，什麼也沒做，當選舉出現爭議的時候，也足以讓人對開票結果存疑。

美國需要重新設立國家網路安全協調官這個角色，這個職位在二〇一八年被川普政府撤銷。白宮需要有人負責協調全國的網路安全策略，並主導政府面對網路攻擊和網路威脅的回應，這些都是至關重要的工作。

以法規監管雖不能解決眼前困境，但如果能強制要求業者遵守基本的網路安全規範，關鍵基礎設施將更能抵禦網路攻擊。美國在這方面遠遠落後其他國家，規定關鍵基礎設施業者必須達到基本標準的法案一次又一次在國會受阻。在無法可管的情況下，歐巴馬和川普分別發布過行政命令，認定哪些是關鍵基礎設施，設定「最佳範例」供業者自主遵循，並鼓勵業者分享威脅情報。這些都是立意良好的舉措，但只要美國醫院和地方政府仍不斷受到勒索軟體攻擊，我們就必須有更多作為。

我們可以從通過有約束力的法案開始，例如要求關鍵基礎設施業者必須做到以下幾點：不使用軟體商已終止支援的舊軟體、定期進行滲透測試、不沿用生產商的密碼、啟用多重要素身分驗證，以及最關鍵的系統必須設置物理隔離網閘等。多年來，美國商會的說客一直主張，即使是非強制性的準則，對管理全美關鍵基礎設施的民營公司仍然負擔太重。我的看法是：無所作為的成本現在已遠遠大於必須做點什麼的負擔。

研究顯示，全球以數位角度來說最安全的國家（即每台電腦平均被駭客成功入侵次數最少），都是數位化程度最高的地方，排名最前面的都是北歐國家——挪威、丹麥、芬蘭、瑞典，而日本最近也加入行列。其中數位安全度最高的挪威，數位化程度在全球排名第五，該國政府從二〇〇三年開始推行全國網路安全策略，之後每年重新審視、加以更新，以應對當前威脅。凡是提供金融、電力、衛生、糧食、交通、暖氣、通訊和媒體平台等「基本國家功能」的挪威企業，都必須達到「合理」的安全性要求，如果沒有執行滲透測試、威脅監控，或遵循其他資安最佳範例，政府就會開罰；此外，挪威政府部門員工必須使用電子身分識別、多重要素身分驗證和加密通訊，挪威企業也把網路安全視為員工培訓和企業文化的重點。

日本的例子也許更值得參考，根據賽門鐵克的資料所做的一項實徵研究顯示，在日本，得逞的網路攻擊案例在一年內驟降了超過百分之五十。研究人員把日本的長足進步歸功於網路衛生文化，此外就是日本政府於二〇〇五年開始實施網路安全總體計畫，相關政策巨細靡遺，針對政府機構、關鍵基礎設施業者、民營企業、大專院校和個人，全都有明文規定的資安要求。研究也發現，日本是唯一在國家網路安全計畫中要求關鍵系統必須設置物理隔離網閘的國家，而在這項總體計畫實施後的幾年裡，比起其他國內生產毛額相近的國家，日本的設備更不容易受到網路攻擊。

面對網路攻擊和外國勢力散布不實資訊，美國如果要建立防禦能力，政府的良好政策和全民對網路威脅的意識缺一不可。我們應該把網路安全和媒體素養列為美國教育的必修課程，有太多網路攻擊是利用美國系統的弱點，例如使用舊版軟體，或者沒有及時安裝修補更新，而這很大程度上是教育的問題。資訊戰也一樣，美國人很容易被假資訊和陰謀論收買，因為他們缺乏一眼看穿來自國內外的影響戰的方法。誠如俄羅斯干預二〇一六年美國大選的行動曝光後，政治學者約瑟夫．奈伊（Joseph S. Nye）所說的：「在網路資訊戰的時代，捍衛民主不能光靠科技。」

我認為，美國過去幾十年來催生了利用程式漏洞的網路武器市場，並持續挹注資金，現在應該利用這種強大的購買力，促成一場以公眾利益為前提的軍備競賽。《軟體安全》（*Software Security*）一書作者蓋瑞．麥格羅（Gary McGraw）認為，政府應該考慮讓開發安全軟體的公司可以抵稅，只要政府撤出去讓駭客保持漏洞大開的錢，遠比軟體商為修補漏洞投入的多，美國的防禦能力就不可能好起來。政府可以從擴大抓漏獎勵計畫著手，不管是國防部自己的計畫，還是Synack、駭客一號、Bugcrowd等民間平台私下邀請頂尖駭客入侵政府網路的活動，這類計畫也可以從抓政府網路的漏洞，擴大到抓開放原始碼和關鍵國家基礎設施的漏洞。政府可以考慮像谷歌的零計畫那樣，從情報機構以及銀行、矽谷、資安公司等民營企業吸納最優秀的駭客人才，執行為期一到兩年的國防輪值勤務，原則上第一年讓這些頂尖駭客抓出全國最關鍵程式中的漏洞，並撰寫修補程式；第二年則實地到全國各地的醫院、城市、發電廠、管線營運商、生醫研究實驗室、州以及地方選舉辦公室，協助資訊科技管理人員減低被駭的風險。

這要做起來絕不容易，因為聯邦政府面臨巨大的「信任赤字」，做什麼都綁手綁腳。聯邦政府對地方網路安全問題的協助，尤其得不到州郡選舉官員的信任，這個現象本身就值得寫成一本書。以紅州為主的某些州政府一向懷疑聯邦協助處理選舉問題的動機，認為是中央過度干預地方。北卡羅萊納州的官員就拖了三年，才點頭讓國土安全部對二〇一六年大選時達蘭郡（Durham County）出問題的電腦進行鑑識分析，達蘭郡是搖擺州內偏藍的郡，二〇一六年大選時曾發生大規模電腦當機和異常狀況，導致無數選民無法投票，而一份外洩的國安局報告證實，選民簽到軟體的廠商曾遭到俄羅斯駭客入侵。在這樣的前提下，州官員竟任由媒體報導了三年、選民心中存疑了三年，直到二〇一九年年底，才肯讓國土安全部介入調查（鑑識分析的結論是，大選時的電腦異常應該是技術問題，不是駭客入侵）。

在私部門之間，聯邦政府的信任赤字更嚴重。史諾登洩密案後，民營企業——尤其是無辜捲入紛爭的科技公司——對提供聯邦政府任何法律要求之外的訊息或權限，愈來愈感到不耐煩。理論上，大部分美國企業和國會議員都同意，跟政府互通威脅情報對保護公共和私人網路至關重要，但企業仍然不願採取行動，建立可靠管道即時向政府傳輸威脅資料，主要原因就是對外界觀感有所顧慮。史諾登洩密案後，企業擔心和政府互通威脅情報的機制，即使只是用來互通跟漏洞、主動攻擊和技術有關的資料，也可能被中國、德國和巴西的外國客戶誤以為是幫美國政府設置的軟體後門。

優步資安長馬特・歐爾森（Matt Olsen）在最近的一場網路安全演講中就這麼說：「所有問題的障礙是什麼？就是從六年前史諾登事件後，一直困擾我們的信任赤字問題。」他又說：「我認為，為了重新贏得美國民眾對情報蒐集的信任，政府推行了相當不錯的政策，在重建國際盟友的關係上，也取得很好的進展，但做得還是不夠。」

美國政府的漏洞利用攻勢只會讓這種信任赤字更加惡化。心臟出血漏洞逼得政府出來說明內部的漏洞公正性評估流程，我們先是從麥可・丹尼爾的公開聲明中得知這個流程，後來電子前哨基金會以「資訊自由法」提出申請，迫使政府交出經過刪節的漏洞公正性評估流程方針。再後來，政府展現誠意披露更多資訊，白宮網路安全協調官這個職位被撤銷前的最後一任官員羅布・喬伊斯，於二〇一七年十一月公布了漏洞公正性評估流程的高階流程圖，他說因為這是在「做正確的事」。喬伊斯披露的文件成了最全面的資料，讓我們得以一窺政府決定隱匿還是披露手中零時差漏洞的過程，包括之前屬於機密的參與決定的政府機構名稱，也首次在文件中公開。文件中重申：「這項政策的重心是以公眾的網路安全利益為優先，透過披露〔美國政府〕發現的漏洞，保護重要網路基礎設施、資訊系統、關鍵基礎設施系統，以及美國的經濟；唯相關漏洞須為不具備使用於合法情報執法，或國家安全目的之明顯壓倒性利益。」從文件的附錄可以看到，參與漏洞公正性評估流程的決策者用來衡量是否披露漏洞的重要依據：「普及率、依賴度及嚴重性」。

政府的開誠布公值得肯定，尤其全球沒有哪個國家的政府做到這樣的事。然而，一旦把國安局的永恆之藍漏洞工具（利用的是全球最普及軟體協定中的一個錯誤）拿來兩相對照，這些說辭就顯得很空洞。以文件中列出的任何一項衡量依據來看——**存在漏洞的軟體有多普及？威脅行為者利用漏洞的機率高不高？**

影響有多嚴重？萬一被外界知悉政府對漏洞早有掌握，對政府和業界的關係會造成什麼負面影響？——永恆之藍所利用的微軟漏洞都早該通報微軟修補，而不是等到影子仲介商把它公開在網路上。只要看看北韓和俄羅斯駭客後來利用漏洞在全球造成的巨大破壞，就知道這個漏洞有多普及；再看看醫院和航運樞紐被癱瘓的狀況，還有疫苗短缺，就知道漏洞被利用的後果有多嚴重，難怪一位前特定入侵行動辦公室的駭客把永恆之藍漏洞工具比作「用炸藥捕魚」。儘管漏洞公正性評估流程文件載明，美國政府只會把零時差漏洞隱匿「一段有限時間」，國安局事實上把永恆之藍隱匿了超過五年。影子仲介商的洩密內容還包括國安局植入甲骨文軟體中已長達四年的漏洞工具，這個漏洞同樣影響到全球最普及的幾種資料庫系統。

我們不可能要求情報機構把找到的每一個零時差漏洞都通報軟體商，這未免太天真，尤其國安局的任務本來就是暗中入侵。有些人認為，政府只要有辦法利用零時差漏洞進入電腦系統和裝置，就比較不會向臉書、蘋果這些公司施壓，要他們降低產品的加密功能。最明顯的例子就是二〇一六年蘋果公司拒絕協助聯邦調查局的事件，當聯邦探員找到一名駭客提供零時差漏洞程式，讓他們順利進入加州聖貝納迪諾市攻擊案槍手的iPhone，也就不再逼迫蘋果公司降低手機的安全性。

很顯然，漏洞公正性評估流程本來就是以進攻為重，儘管官方說法正好相反，但防守真的只是次要。我認為只要做一些常識性的調整，就可以兩者兼顧，取得平衡。目前，參與評估的政府機構的職能明顯偏向進攻，國家情報總監、司法部，以及包括聯邦調查局、中央情報局、網路司令部和國家安全局在內的進攻職能代表占有相當比例，雖然財政部、國務院、商務部、國土安全部，以及有幾百萬筆資料被中國駭客盜走的管理預算局（Office of Management and Budget）等機構，也許會傾向披露漏洞，但以目前美國醫院、醫療機構和交通系統不斷遭到網路攻擊的情況來看，我認為應該要有更多像衛生及公共服務部、交通部這樣的民政機構參與決定。

目前，負責監督討論過程的主任祕書是國安局底下負責網路安全事務的資訊保障部門主管。哈佛大學貝爾佛科學暨國際關係研究中心（Belfer Center for Science and International Affairs）的研究人員就質疑，雖然負責的官員在國安局內部屬於防守職能，但國安局是否真能做到立場中立？他們認為，漏洞公正性評估流程應該交由國土安全部負責，並由稽核長以及隱私與民權監督委員會（Privacy and Civil Liberties Oversight Board）全程旁聽。我認同這是不錯的開端，可以藉此重建民眾對該流程的信心，並確保它真正成為美國進攻性計畫的把關機制。

更實際的做法是，漏洞公正性評估流程應該給零時差漏洞設定類似有效期限的限制。已經有明確的案例擺在眼前，當國安局把普及系統中的零時差漏洞隱匿五年，結果會發生什麼事。根據蘭德公司的研究，零時差漏洞的平均壽命是一年多，由此看來，我們應該把有效期限設定在比這再短一些。想要無限期保有零時差漏洞，或者等到有明確證據顯示另有敵人正利用這些漏洞來對付我們才通報，等於陷自己於一場贏不了的比賽（而且輸家就是我們自己）。

二〇一七年，某跨黨派團體推動《保護實力打擊駭客法案》（Protecting our Ability to Counter Hacking Act, PATCH，有修補漏洞之意），希望把漏洞公正性評估流程納入法律，強制任何隱匿的零時差漏洞都必須定期重新審視，並且每年向國會和公眾提交報告。雖然PATCH法案在參議院受阻，發起團體表示將會重新推動。

我們至今仍然不見政府公布有關零時差漏洞儲備的總體數字，國安局官員曾經駁斥指該局儲備大量零時差漏洞的說法是誇大其詞，他們大可以公布每年披露和保留的零時差漏洞數字，以及漏洞平均會保留多久，來支持自己的論點。當然，不是每個漏洞都生而平等，有時只要一個漏洞（例如心臟出血漏洞）就足以影響幾百萬個系統，但數字愈具體，民眾才能愈有信心政府不會無限期地隱匿成千上萬個零時差漏洞。

軟體商在推出修補程式的時候，一般會注明通報漏洞的人，以示表揚，但如果通報漏洞的是政府，卻不會做任何表示，例如當微軟為永恆之藍漏洞推出修補，通報人欄位就是空的。政府通報軟體商修補漏洞的時候，如果能讓民眾知悉，應該有助於重建民眾的信心；而科技公司和系統管理員如果知道發現漏洞的人是全球頂尖菁英駭客，也一定會更加警覺漏洞的嚴重性。最近就有一個這樣的例子，當英國情報機構政府通信總部在二〇一九年通報微軟重大系統漏洞BlueKeep，美國國安局特別發出公告，呼籲用戶盡快安裝修補。政府通信總部最近已開始公布每年通報的零時差漏洞總數，美國也朝這個方向牛步前進，例如網路司令部從二〇一九年開始把發現的惡意軟體樣本上傳到VirusTotal，這是谷歌的一種搜索引擎，專門搜尋在用戶端發現的惡意程式。

漏洞公正性評估流程仍存有嚴重瑕疵，最不容忽視的就是政府向第三方購買的零時差漏洞。從最新披露的流程資料可以看到，政府披露漏洞的決定「有可能受到（美國政府的）境外或民營合作單位限制，例如雙方簽訂了保密協議」。有保密協議的零時差漏洞連評估都不必評估，因為根本不能披露。美國政府一向依賴承包商和駭客取得零時差漏洞，而保密協議在漏洞市場上又很常見，由此看來，漏洞公正性評估流程中這個不起眼的例外狀況，根本就是影響重大的免責條款。

身為零時差漏洞市場上資歷最久、規模最大的參與者，美國的購買力無人能及。假如美國政府機構從明天就開始要求有業務往來的所有零時差仲介商和駭客，必須把漏洞工具的專屬權授予美方，包括美方有權通報軟體商修補漏洞，這種模式應該就會成為業界慣例，還可以防堵駭客把同樣的零時差漏洞再賣給其他可能用來損害美國利益的政府。也許我是癡人說夢，但政府應該要求販售監視工具給美國的公司（世界各地諸如NSO、駭客隊這樣的公司），不得與有利用這些工具來監視美國人或執行明顯侵犯人權的任務等不良紀錄的國家交易，例如沙烏地利用漏洞工具監視賈邁勒・卡舒吉，阿聯從Gamma Group、駭客隊、暗物質和NSO等公司弄到漏洞工具，用來監視艾哈邁德．曼蘇爾。

此外，你可以說我有毛病，但曾經任職國安局的駭客就是不應該幫外國政府竊取美國第一夫人的電子郵件，就是不可以把諜報技術傳授給土耳其的將軍。我們得有法律規範駭客、仲介商和國防承包商可以向外國政府透露的東西，但有一個重要但書，訂定這些規範的時候，不能妨礙到防守職能與外國互通網路威脅情報。有些駭客和資安研究人員擔心，一旦禁止跨境交易漏洞利用工具，也等於給防守職能戴上手銬。關於這一點，我有信心我們能訂出不致太籠統的規範，如果說這樣就會被難倒，那也未免過分誇大勇於改變思維所必須克服的困難。

只要俄羅斯、中國和伊朗仍然把見不得人的勾當外包給網路犯罪分子和承包商，美國大概永遠不會簽署數位版日內瓦公約，也不可能簽署任何使美國的戰略作戰計畫處於不利地位的協議。然而，我們還是需要畫定紅線，我相信大家都能認同有些目標必須是網路攻擊的禁區，或許可以先從醫院、選舉基礎設施、飛機、核設施等開始。

這些就是我們這個時代的關鍵任務，許多人會說，這太難了，是不可能的任務。但我們過往曾經召集科學界、政府、產業界和民間最優秀的頭腦，一起克服了攸關存亡的嚴峻挑戰，再這麼做一次又何妨？

寫這篇後記的時候，我正因為全球大流行疫情就地禁足，看著全世界都在問同樣的問題，心中很清楚這些問題如果放到網路領域也同樣適用：**為什麼沒有早點做好準備？為什麼會檢測不足？防護配備為什麼不夠用？為什麼沒有更好的警示系統？復原計畫呢？**

只能祈求好運，希望下一場大規模網路攻擊等到疫情結束後再發生，但好運從來就靠不住，我們不必等到大難臨頭才有所行動。

寫到這，我又想起紐西蘭駭客麥克曼納斯，還有他那件T恤上印的字：**總有人要做點事**。

誌謝

記得收到外子第一次約我出去的電子郵件，正是我被帶進《紐約時報》機密室當天。我當時在全美各地跑，進行一項不能對外透露的報導計畫，完成之日遙遙無期。於是，他專程飛到拉斯維加斯來見我，就在我獲准參加一年一度的黑帽大會那一天。他來得很是時候，正好趕上帶我去吃一頓生日晚餐，那是我們的第一次約會，從那時起，他對我、對我的事業、對我這項報導計畫，一直都盡心盡力從旁支持。像他這樣的人著實不多，我由衷感激他的愛與鼓勵，還有在我閉關給這本書收尾期間扮演單親爸爸。我也要感謝我的兒子荷姆斯（Holmes），在我大腹便便卻繼續在首都圈奔波採訪，繼續追蹤網路武器工廠和出差世界各地的時候，並沒有在我肚子裡踢得太過厲害。我等不及他自己讀這本書的那一天，他會知道這本書是他跟著我一起完成的。還要感謝我們最難得的幫手莎莉．亞當斯（Sally Adams）——我的保母，也是我現在最好的朋友——感謝她在我缺席的時候幫忙照顧兒子，沒有她，就沒有這本書。

職業帶給我的榮耀，莫過於能這樣自我介紹：「我是《紐約時報》的妮可．柏勒斯。」替「灰女士」[178]工作是我這輩子最大的榮幸，這裡的同事都是我的偶像，任職《紐時》這十年，我從其他記者、主編、審稿編輯和攝影師身上學到的東西比念書時學到的還要多。每天早上看到報紙，我都感到很不可思議，要讓

178《紐約時報》早年版面風格古典嚴肅，故被暱稱為「灰女士」（Gray Lady）。

這份報紙出刊，背後得花費多大的洪荒之力。我心裡很清楚，要不是菲利普．陶布曼和費莉西蒂．巴林格（Felicity Barringer）的推薦，我永遠不可能被《紐時》錄用，他們是我的良師益友，在我還是一張白紙的研究生時期，就經常照顧我、指點我，當《紐時》想找一位年輕、飢渴的記者加入，他們就把我的名字呈上去。《紐時》副主編葛蘭．克拉蒙（Glenn Kramon）一直是我的精神和靈感支柱，前《紐時》主編約翰．格迪斯（John Geddes）不但大膽錄用了我，還允許我報導《紐時》本身遭到中國軍方網路攻擊的新聞，這則報導多少改變了美國企業以往不敢承認自己遭到網路攻擊的態度，政府也變得更願意點名批評入侵美國網路的攻擊者。我對前《紐時》商業版主編賴瑞．英格拉西亞（Larry Ingrassia）心懷無限感激，他給了我一份工作，而且從來不曾低估我的能力。我還要感謝戴蒙．達林（Damon Darlin）和大衛．加拉格爾（David Gallagher），他們是我共事過最棒的兩位編輯。我永遠感謝《紐時》執行總編輯狄恩．巴奎特，是他邀我進入《紐時》機密室；還有狄恩．墨菲（Dean Murphy），大方地給了我時間寫這本書。譚（Pui-Wing Tam）和詹姆斯．克斯特（James Kerstetter）負責的科技團隊是最棒的，他們給我時間進行這項正職以外的報導計畫，在我身心俱疲的時候不斷給予鼓勵，讓我能夠堅持下去。特別感謝約翰．馬爾科夫（John Markoff），在我接手他的職務時耐心傾聽我的諸多問題，並提供各種採訪資源和建議，他樹立的榜樣讓許多剛加入舊金山分社、驚魂未定的記者大受激勵。我有幸能跟新聞界最優秀的國家安全記者和編輯一起工作，包括史考特．夏恩、大衛．桑格、麗貝卡．科貝特、馬克．馬澤蒂（Mark Mazzetti）、馬修．羅森伯格（Matthew Rosenberg）、比爾．漢密爾頓（Bill Hamilton）以及湯姆．尚克（Thom Shanker），也特別感謝傑夫．甘恩（Jeff Cane）協助編輯我的最後文稿，讓我能放心文稿品質沒有問題，還要感謝伊娃．博容（Ewa Beaujon）對全書內容做了精確的事實核查，讓本書不至於出現許多令人尷尬的錯誤。感謝來自矽谷以及其他領域的許多志同道合的朋友：布萊恩．陳（Brian X. Chen）、尼克．比爾頓（Nick

Bilton）、克萊爾・凱恩・米勒（Claire Cain Miller）、珍娜・沃瑟姆（Jenna Wortham）、麥克・艾薩克（Mike Isaac）、昆汀・哈迪（Quentin Hardy）、新手媽媽們，還有報界最壞分社的每個人。我還要感謝蘇茲伯格家族對勇敢、優質新聞報導的不懈支持，特別感謝亞瑟・蘇茲伯格讓出他的儲藏室給我們用，還有A・G・蘇茲伯格在川普總統指控我和大衛・桑格「叛國」的時候站出來幫我們講話。

特別感謝我的競爭同業，他們的報導充實了本書內容，日復一日鞭策我成為更好的作家和記者。在星期天晚上十點拿著自己寫的報導和各家比對，絕不會是有趣的事，但說到底，我們都是站在同一陣線的人，在此特別向喬・曼恩（Joe Menn）、安迪・格林伯格（Andy Greenberg）、凱文・波爾森（Kevin Poulsen）、布萊恩・克雷布斯（Brian Krebs）、金・澤特（Kim Zetter）、艾倫・中島（Ellen Nakashima）以及克里斯・賓（Chris Bing）致敬。

本書構想始於丹妮爾・斯維特科夫（Danielle Svetcov）請我吃的一頓飯，在此之前，有幾位經紀人也探詢過我的寫書意願，但丹妮爾的用心無人能及。我第一次用谷歌搜尋她的時候，發現她是幾位食譜書作者的經紀人，其中包括我最喜歡的舊金山廚師，也許她能幫我訂到舊金山最難訂的餐廳？或者幫我先生捉刀寫食譜書？（丹妮爾，別忘記妳答應過我的。）沒想到，她帶著厚厚一疊剪報文件出現，裡面收錄我幫《紐時》寫過的每一則可讀性較高的報導，而且還分章下標、想好幾個書名，更列出曾在報導中出現過、她認為可以發展成主角的人物清單，我別無選擇，只能一頭栽進去。她陪我走過跟出版商的各種無情談判、多到記不清的健康狀況、結婚、生孩子，編輯功力更不輸給我合作過的所有編輯。丹妮爾不是普通的作家經紀人，她本身就是傳奇。特別感謝我的聯合經紀人吉姆・萊文（Jim Levine），他是出版界正直無私的好人，在我最需要的時候總能給我一股安定的力量。

在我已經搞不清楚自己對這本書還有沒有信心的時候，安東・穆勒（Anton Mueller）和布魯姆斯伯里

（Bloomsbury）出版社的團隊始終相信這個出書計畫。安東努力讓本書在極大的時間壓力下順利出版，他的真知灼見讓全書每一處都變得更好。他從一開始就看到全貌，帶著這個出書計畫堅持跑到終點，在此向您和布魯姆斯伯里出版社說聲感激不盡。

寫書是一件孤獨的事，大多數時候都是在自己的腦子裡打轉，這段期間，生命中各個階段的好朋友給了我不少鼓勵和歡樂，包括梅根・克蘭西（Megan Clancy）、朱莉婭・文亞德（Julia Vinyard）、勞倫・格勞巴赫（Lauren Glaubach）、勞倫・羅森塔爾（Lauren Rosenthal）、賈斯汀・弗朗西斯（Justin Francese）、瑪麗娜・詹金斯（Marina Jenkins）、弗雷德里克・維亞爾（Frederic Vial）、艾比（Abby）和邁克爾・格雷戈里（Michael Gregory）伉儷、瑞秋（Rachel）和馬特・斯奈德（Matt Snyder）伉儷、莎拉（Sarah）和本・西勞斯（Ben Seelaus）伉儷、派蒂・吉川（Patty Oikawa）、麗茲・阿米斯特德（Liz Armistead）、比爾・布魯姆（Bill Broome）、可可（Coco）和伊森・米爾斯（Ethan Meers）伉儷、蕭恩・里奧（Sean Leow）、卡羅琳・塞布（Carolyn Seib）、內特・塞林（Nate Sellyn）、珍・克拉斯納（Jen Krasner）、保羅・蓋塔尼（Paul Gaetani）、讓・博斯特（Jean Poster）、梅麗莎・詹森（Melissa Jensen）、丹（Dann）一家、保羅・湯姆森（Paul Thomson）、珍娜（Jenna）和約翰・羅賓森（John Robinson）伉儷、亞歷克斯・達科斯塔（Alex Dacosta）、泰森・懷特（Tyson White），以及我們在「楚加奇指南[179]」的家人。

我的父母凱倫（Karen）和馬克・柏勒斯（Mark Perlroth），還有我的兄姊維特（Victor）和妮娜（Nina），我此生所有的成就都跟他們的愛與支持有直接關係。小時候，他們輪流教我做學校作業，檢查我的學期論文，當時絕沒想到有一天我會變成記者，還出書，更別說是關於網路武器祕密黑市的書。特別感謝哥哥幫我整理思緒，還在半路加進無關痛癢的小插曲，以向他的股東訓話。感謝媽媽為我做的一切，我現在終於能體會身為人母的重責大任。

感謝在本書中提供資訊的幾百位受訪者，沒有他們好心帶著我了解這個奇妙的領域、這個神祕至極的市場的來龍去脈，就不會有這本書。感謝你們耐心告訴我這些事，其中有許多本來是不能說的祕密，多謝你們相信我不會亂寫。有許多受訪者名字並沒有出現在書中，但提供的資訊非常寶貴，你們心裡知道我是在說你們，在此由衷向你們說謝謝。

最後，我要向幾年前過世的大哥特里斯坦（Tristan）致敬，我發誓至今仍能聽到你的聲音在我耳邊低語。你讓我上了最寶貴的一課，從此明白生命短暫，所以要活得有意義。謹將本書獻給你。

179 編注：楚加奇指南（Chugach Powder Guides），美國一家位於阿拉斯加的滑雪旅行社。

NEW
RG8044

零時差攻擊

一秒癱瘓世界！《紐約時報》記者追蹤7年，訪問逾300位關鍵人物，揭露21世紀數位軍火地下產業鏈的暗黑真相

This Is How They Tell Me the World Ends: The Cyberweapons Arms Race

•原著書名：This Is How They Tell Me the World Ends: The Cyberweapons Arms Race•作者：妮可．柏勒斯（Nicole Perlroth）•翻譯：李斯毅、張靖之•封面設計：蔡佳豪•協力編輯：林婉華•校對：呂佳真•主編：徐凡•責任編輯：李培瑜•國際版權：吳玲緯•行銷：何維民、吳宇軒、陳欣岑、林欣平•業務：李再星、陳紫晴、陳美燕、葉晉源•總編輯：巫維珍•編輯總監：劉麗真•總經理：陳逸瑛•發行人：涂玉雲•出版社：麥田出版／城邦文化事業股份有限公司／104473台北市中山區民生東路二段141號5樓／電話：(02) 25007696／傳真：(02) 25001966、發行：英屬蓋曼群島商家庭傳媒股份有限公司城邦分公司／台北市中山區民生東路二段141號11樓／書虫客戶服務專線：(02) 25007718；25007719／24小時傳真服務：(02) 25001990；25001991／讀者服務信箱：service@readingclub.com.tw／劃撥帳號：19863813／戶名：書虫股份有限公司•香港發行所：城邦（香港）出版集團有限公司／香港灣仔駱克道193號東超商業中心1樓／電話：(852) 25086231／傳真：(852) 25789337•馬新發行所／城邦（馬新）出版集團【Cite(M) Sdn. Bhd.】／41-3, Jalan Radin Anum, Bandar Baru Sri Petaling, 57000 Kuala Lumpur, Malaysia.／電話：+603-9056-3833／傳真：+603-9057-6622／讀者服務信箱：services@cite.my•印刷：漾格科技股份有限公司•2021年10月初版一刷•2022年1月初版四刷•定價550元

國家圖書館出版品預行編目資料

零時差攻擊：一秒癱瘓世界！《紐約時報》記者追蹤7年，訪問逾300位關鍵人物，揭露21世紀數位軍火地下產業鏈的暗黑真相／妮可．柏勒斯（Nicole Perlroth）著；李斯毅、張靖之譯. – 初版. -- 台北市：麥田出版：家庭傳媒城邦分公司發行, 2021.10

面；　公分. --（NEW不歸類；RG8044）

譯自：This Is How They Tell Me the World Ends: The Cyberweapons Arms Race

ISBN 978-626-310-068-8（平裝）

599.7　　110011441

城邦讀書花園
www.cite.com.tw